U0162601

装备科技译著出版基金

光学结构分析

Opto – Structural Analysis

［美］约翰·W. 佩皮（John W. Pepi）　著

连华东　陈晓丽　译

国防工业出版社

·北京·

著作权合同登记　图字:军-2020-017号

图书在版编目(CIP)数据

光学结构分析/(美)约翰·W. 佩皮
(John W. Pepi)著;连华东,陈晓丽译. —北京:国
防工业出版社,2023.2
书名原文:Opto-Structural Analysis
ISBN 978-7-118-12876-5

Ⅰ. ①光… Ⅱ. ①约… ②连… ③陈… Ⅲ. ①工程光
学-技术集成-研究 Ⅳ. ①TB133

中国国家版本馆 CIP 数据核字(2023)第037859号

※

国防工业出版社出版发行

(北京市海淀区紫竹院南路23号　邮政编码100048)
北京虎彩文化传播有限公司印刷
新华书店经售

*

开本710×1000　1/16　印张27¼　字数476千字
2023年2月第1版第1次印刷　印数1—1500册　定价188.00元

(本书如有印装错误,我社负责调换)

国防书店:(010)88540777　　书店传真:(010)88540776
发行业务:(010)88540717　　发行传真:(010)88540762

译 者 序

在光机系统设计中,结构分析发挥了非常重要的作用,特别是随着有限元分析软件在光机设计中的广泛应用,它们极大地推进了光机结构设计水平和效率。当前,高精度的光学系统对于变形要求已经严苛至微纳级别,没有这些现代的仿真分析工具以及对它们的正确应用,将很难实现这些指标要求。然而,在这些仿真软件应用普及的同时,它们背后基本的力学理论和分析技巧越来越容易被分析人员所忽视。增强对这些理论和技巧的理解不仅可以提高分析人员对仿真软件的应用水平,还可以极大地增强光机设计人员的洞察力和创新能力。

本书编写的目的在于帮助光机设计人员理解光学系统基本的结构变形和应力分析技巧,从而提高光机结构分析设计能力。作者 John W. Pepi 在国际光机领域具有非常高声望,先后在 L‒3、洛马公司、JPL/NASA 戈达德空间飞行中心工作,主要负责地面及空间大型轻量化反射镜的研制,在反射镜设计方面发表了许多著作。本书内容非常全面,对于提高光机设计人员的力学分析能力具有非常大的帮助,同时对于从事光机系统研发的人员也具有很好的参考作用。

本书是在北京空间机电研究所和中央军委装备发展部装备科技译著出版基金的资助下,继《光机集成分析》《光机约束方程原理及应用》之后出版的第三部光机仿真译著。在出版过程中,得到了北京空间机电研究所领导、科技委、二室等部门的大力支持;陈晓丽研究员完成了本书审阅;北京航空航天大学黄海老师为本书基金申请撰写了推荐意见;国防工业出版社冯晨编辑、科技委的王盟都在出版过程中都给予了大力支持;翻译过程中还就很多专业问题和许多同事进行过有益的交流;同时,家人的帮助和支持也是不可缺少的。衷心感谢为本书出版提供各种支持和帮助的人们,希望本书的出版能够为国内光机仿真技术的发展提供参考。

本书涉及的范围和学科比较广泛,限于译者的水平,书中难免有错误和不当之处,敬请各位读者批评指正。

连华东

2022. 10. 1

前　　言

关于结构分析以及力学分析的著作数不胜数,本书所有内容都是建立在本领域其他人开拓性的工作基础之上的。本书借鉴了这些著作,同时还假定读者掌握了关于材料强度的工作知识(参考 SPIE 出版社 2014 年出版的《玻璃与陶瓷材料的强度特性》)。在此基础上,我们把机械工程原理应用到了光机结构的分析中。在精密光学领域里,我们经常需要关注极小量值的位移和变形,从可见光波长的几分之一到微米和纳米级别(百万分之一英寸)。此外,为飞行设计的光学系统通常还要求非常轻。虽然在任何情况下的分析技术和宏观变形情况下都是相同的,但是,当小数点位置向左移动非常多时,就需要更加慎重地进行分析。

在准备撰写本书时,关于题目的选择有些考虑。在选用《光学结构分析》书名之前,曾经考虑用另一个术语——"光机分析"作为书名。不过,目前已有几本优秀的著作都是采用后者作为书名。采用前者作为书名,当然不是为了替代那些有价值的著作,而是作为它们的补充。为此,书名中包含了"光学结构"(Opto – Structural)这个术语,也许是因为作者是一个结构工程师吧,并且更重要的是,作者还想指出本书主题的"静态"本质。如果定义结构分析(Structural Analysis)适用于一旦发生变形就不再移动的物体,力学分析(Mechanical Analysis)适用于运动的物体(诸如机构),而动态分析(Dynamic Analysis)适用于轻微运动的物体,那么,书名选择就会更加清晰(尽管后两方面内容书中也有讨论)。

本书编写的目的在于理解应用于光学系统的基本的结构变形和应力分析。书中提供了在详细设计之前的方案设计中评价初步性能所需的分析工具。不断发展的计算机技术允许我们使用有限元分析能够快速解决之前单调乏味并且笨重的问题。然而,不幸的是,仅仅依赖这些快速求解方法,而不辅以手工分析,可能会导致意想不到的错误。因而,对于目前愈发依赖计算机设计技术的行业现状,一阶特性计算可以为之提供一个优秀的补充方式。通过对关键控制参数的理解,以及允许快速开展折中设计和灵敏度研究以降低成本与周期,这些计算可以大大加速设计进程。由这些计算获得的对设计的洞察力,还可以指导建立合理的有限元模型,包括模型的置信度以及重点在关键和最敏感的设计参数处的细节。这样建立起来的模型就会更加有效,可以为光机结构工程师提供一个全面而富有洞察力的设计方法。这个方法还可以为降低风险和环境测试提供指导。

　　尽管有限元分析对于成功的设计是至关重要的,但本书的目的不是使用有限元分析来验证手工分析,而是用手工分析来验证有限元模型。手工分析会强制形成一种规则,它可以大大帮助我们理解光机系统的结构特性。本书的目的就是不要忘记这些技巧。

"Forsan et haecolimmeminisseiuvabit."①

---

① 来自维吉尔的《埃涅阿斯纪》,意思是:也许有一天,我们会深情地怀念这些东西。

致　谢

没有前人开拓性的工作，我们就无法学习和掌握任何知识。这里深深感谢工程力学之父斯提芬·铁木辛柯的工作，他的技术才华和直截了当的沟通技巧奠定了本书的基础。

我还要感谢多年来帮助我的老师、教授、导师、同行，没有他们，本书也无法完成。特别感谢 Jr. Paul Yoder ，很遗憾，他已经去世，感谢他鼓励我写作本书；还有 Dan Vukobratovich，感谢他的洞察力和专业知识。

非常感谢机械工程师 Stefanos Axios 为我准备、编辑和检查了书中给出的许多公式，以及他的勤奋、对手稿的建议和评论。

我要特别感谢并把这本书献给 Francis G. Bovenzi 和 Joseph E. Minkle，我在马萨诸塞州列克星敦市 Itek 光学系统公司的导师，他们教会了我很多东西。

最后，我要感谢我的妻子 Sandy，感谢她在本书编写过程中的耐心和鼓励。

John W. Pepi

2018. 10

单位符号说明

  本书混合使用了美国(习惯)单位制和国际单位制(米制,SI)。在合适的地方,都注明了另一个单位制下等价的数值。大多数静态分析算例都使用了美国单位制,而大多数断裂力学分析都将使用国际单位制。实际上,符合和不符合这个规则的情况都是存在的。例如,我们在所有情况下都使用了摄氏温度单位(SI)。读者可以很容易地使用下面简单的单位换算进行分析。

量	单位换算	
	美国单位制(US)	国际单位制(SI)
力	1 磅(lb)	4.55 牛(N)
	0.22 磅(lb)	1 牛(N)
应力、压力	1 千磅/平方英寸(ksi)	6.895 兆帕(MPa)
	0.145 千磅/平方英寸(ksi)	1MPa
应力强度	$1\mathrm{ksi} \cdot \mathrm{in}^{1/2}$	$1.099\mathrm{MPa} \cdot \mathrm{m}^{1/2}$
	$0.91\mathrm{ksi} \cdot \mathrm{in}^{1/2}$	$1\ \mathrm{MPa} \cdot \mathrm{m}^{1/2}$
长度	1 英寸(in)	0.0254 米(m)
	39.37 英寸(in)	1 米(m)
质量	1 斯勒格(slug)(磅/32.2 英尺/秒^2)	14.594 千克(kg)
	0.0685 斯勒格	1 千克(kg)
	1 磅(质量)	0.454 千克(kg)
重力加速度	32.17 英尺/秒^2	9.814 米/秒^2(m/s^2)
温度	1 华氏度(℉)	0.566 摄氏度(℃)
	1.8℉	1℃
力矩、扭矩	$1\mathrm{lb} \cdot \mathrm{in}$	$0.113\mathrm{N} \cdot \mathrm{m}$
	$8.86\mathrm{in} \cdot \mathrm{lb}$	$1\mathrm{N} \cdot \mathrm{m}$
密度	$1\mathrm{lb/in}^3(\mathrm{pci})$	27.68 克/厘米^3(g/cc)
	0.036pci	1g/cc
体积	$1\mathrm{in}^3$	16.387cc
	$0.061\mathrm{in}^3$	1cc

量	单位换算	
	美国单位制（US）	国际单位制（SI）
弹簧刚度/线性力	1lb/in	175.1N/m
	0.0057lb/in	1N/m
1slug = 32.17 磅（质量） 1 英尺 = 12in 1ksi = 1000psi 1Pa = 1N/m² 1000MPa = 1GPa		

目　　录

第1章 应力和应变

1.1 引　　言

光机分析人员不仅要关心诸如在镜片装配过程中形成的外部载荷以及诸如重力或者加速度等引起的内部载荷产生的应力和变形,还要关注温度的变化,它们也会产生变形,一般也会产生应力。对于极端高低温应用工况来说,显然这些数值都是至关重要的。对于比较温和的工作环境,由于我们关注的变形量都是几分之一波长级别的,温度、载荷,以及自重变形等仍旧是需要关注的一个问题。因此,本章首先介绍结构分析的一些基本原理,以便为后续介绍奠定基础。

1.2　胡克定律

在介绍高精度光学系统所需的结构分析方法之前,有必要先回顾一下结构分析的来源。尽管关于材料强度和结构分析的基础的、高级的理论和原则已经非常丰富,这里我们还是回顾一下后续将要用到的基本知识。在 1660 年,罗伯特·胡克[1]提出了以下简单关系,他写道“ut tensio sic vis”,字面上的意思就是“有多大的伸长量,就有多大的力”[2]。这个表达式简单地表明,对于任何可以简化为机械弹簧的系统(包括弹性体),只要变形量足够小,力或者载荷就与变形成正比,即

$$F = kx \qquad (1.1)$$

式中:F 是外力;x 是产生的变形;k 是弹簧或者刚度常数。按照这个理论,弹簧在去除载荷后会恢复到初始长度。

对胡克定律进行逻辑扩展,就会得到以类似方式表示的应力 – 应变关系。

考虑如图 1.1 所示的长为 L、截面积为 A 的杆件,轴向力为 P,轴向应力为

$$\sigma = \frac{P}{A} \qquad (1.2)$$

注意,这仅是应力的一种定义方式,它的单位为力/面积,即 MN/m^2(MPa),或者磅每平方英寸(psi)。

1

在图 1.1 中物体被拉长,载荷和产生的应力都是拉伸的;相反地,当物体长度变短,载荷和应力则都是压缩的。拉应力和压应力都称为直接应力,作用在截面法向。

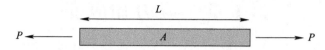

图 1.1　一维单元在轴向拉力作用下应力的定义,
即拉力 P 除以截面积,方向为截面法向

由于应力和力除以面积的大小成正比关系,而应变(一个无量纲的量)和变形的关系为

$$\varepsilon = \frac{x}{L} \tag{1.3}$$

那么,重写胡克定律,可以得到

$$\sigma = E\varepsilon \tag{1.4}$$

式中:E 是材料的刚度常数;对于在单向轴向载荷作用下的各向同性固体材料,E 是材料的固有属性,称为弹性模量,或者拉伸模量、杨氏模量。由于应变是无量纲的,弹性模量和应力具有相同的单位(psi)。

把式(1.4)代入到式(1.2)中,可以很容易计算出图 1.1 杆件的轴向变形量为

$$x = \frac{PL}{AE} \tag{1.5}$$

这个计算公式非常简单,然而,对于多向载荷作用下三维实体应力的计算却是非常复杂的。为了说明这点,并且为了完整起见,可以看到,力是矢量(具有大小和方向的量),也就是一阶张量,而应力却是一个二阶张量,它是一个多方向的量,需要遵循一套与简单的矢量叠加法则不同的规则。进一步来说,对于各向异性材料,表示应力 – 应变关系的刚度矩阵一般由一个四阶张量构成,具有 21 个独立项,此时,胡克定律的形式如下所示:

$$\sigma_{ij} = \sum_{k=1}^{3} \sum_{i=1}^{3} E_{ijkl}\, \varepsilon_{kl} \tag{1.6}$$

式中:下标 i、j、k 分别取值 1、2 或 3。幸运的是,在本书中不使用这些高级分析方法,仅仅需要讨论二维状态的应力和应变,因而可以使分析更加简化和精确。对各向同性三维固体物体在载荷作用下,刚度矩阵缩减为仅有两个量,即 E 和 G,后者称为剪切模量,或者刚性模量。剪切模量和弹性模量之间的关系为

2

$$G = \frac{E}{2(1+v)} \qquad (1.7)$$

式中:泊松比 v 是轴向载荷作用下横向收缩量和轴向伸长量的比值,对大部分常见材料而言,介于 0 和 0.5 之间。例如,对于软木材料,泊松比一般为 0;而对于橡胶材料,这个值一般接近 0.5,基本上就是不可压材料。换个方式来说,就是对于诸如橡胶类的材料,在载荷作用下它的体积保持不变,而当泊松比降低至 0 时,材料的体积则会发生急剧变化(泊松比的理论值可以低到 -1,某些特定材料已经实现这个值,这些超出了本书的讨论范围)。

对于二维情况,弹性模量表达式为

$$E_x = \frac{(\sigma_x - v\sigma_y)}{E} \qquad (1.7a)$$

$$E_y = \frac{(\sigma_y - v\sigma_x)}{E} \qquad (1.7b)$$

考虑到本书的目的,这两个公式是最为有用的,它可使我们不必使用笨拙的三维连续体矩阵。二维效应的引入导致产生了与剪切应力有关的胡克定律的另一种形式,即

$$\tau = G\lambda \qquad (1.8)$$

式中:λ 是剪切应变角(无量纲量)。

剪应变作用在截平面内。对于如图 1.2 所示的剪切载荷 V,平均剪切应力为

$$\tau = \frac{V}{A} \qquad (1.9)$$

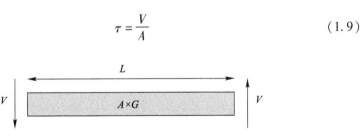

图 1.2　直接剪力而没有弯曲作用在一维单元上时,
剪应力定义为剪力除以面积,作用在剪切平面内

把式(1.8)代入到式(1.9)中,可以很容易计算图 1.2 中的剪切变形(忽略弯矩产生的梁弯曲),即

$$y = \frac{VL}{AG} \qquad (1.10)$$

1.3 拉压剪之外的考虑

到目前为止,我们已经介绍了胡克定律在 3 个平动方向的应用,即轴向(x,拉压)和横向(y,z,剪切)。除此之外,还有 3 个转动方向,在其上作用有弯曲和扭转力矩,和 3 个平动共同构成了 6 个可能的自由度。力矩(单位为英寸·lb)施加在任意一个横向正交轴上(y,z)就会产生弯曲;施加在轴向(x)则会产生扭转。图 1.3 描述了这 3 个自由度。同样,对于这些工况,使用胡克定律也可以确定应力–应变关系,进而得到变形。

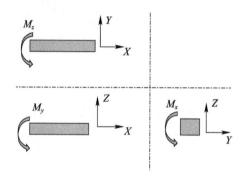

图 1.3 在纯弯矩(绕 y、z 轴)、扭矩(绕 x 轴)作用下的
一维梁单元。弯曲产生了法向应力,扭转产生了剪切应力

1.3.1 弯曲应力

有必要说明弯曲情况下的胡克定律。考虑如图 1.4 所示纯弯曲的梁。

可以看到,顶部表面(凹面)缩短,底部表面(凸面)伸长;中间表面长度无变化,这是梁的中性轴。相邻平面转动角度 $\mathrm{d}\theta$,在中性面产生的弧长 s 为

$$s = \mathrm{d}x = R\mathrm{d}\theta \tag{1.11}$$

式中:R 是梁的曲率半径。

在远离中性面的地方,梁的纤维束缩短或者拉长量为 $y\mathrm{d}\theta$。由于纤维束初始长度为 $\mathrm{d}x$,因此应变 ε 为

$$\varepsilon = \pm \frac{y\mathrm{d}\theta}{\mathrm{d}x} = \pm \frac{y}{R} \tag{1.12}$$

式中:± 分别表示拉伸和压缩。利用胡克定律(式(1.4)),可以很容易计算出应力为

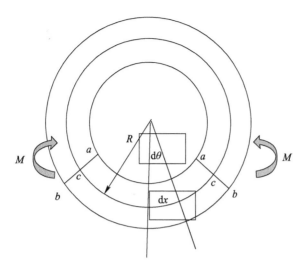

图 1.4　弯曲应力图说明了力矩作用下截面上不同半径 R 的曲线
变形情况,相对中性面 c—c,a—a 面变长而 b—b 面变短

$$\sigma = \frac{Ey}{R} \tag{1.13}$$

作用在梁单元截面上的应力产生了力,进而形成了力矩。由于净力为零,因此可以得到下面的等式,即

$$\frac{E}{R} \int y \mathrm{d}A = 0 \tag{1.14}$$

也就是说,中性轴在截面的质心。净力矩 M 是力和距离积的总和,即

$$M = \int y \sigma \mathrm{d}A = \frac{E}{R} \int y^2 \mathrm{d}A \tag{1.15}$$

式中的积分表达式称为截面的惯性矩 I,量纲是长度的 4 次幂。由此可以得到

$$\frac{1}{R} = \frac{M}{EI} \tag{1.16}$$

代入到胡克定律公式(1.13),得到

$$\sigma = \frac{My}{I} \tag{1.17}$$

应力最大值发生在最远端纤维处,或者拉伸或者压缩。最远端纤维束的位置用 $y = c$ 表示,那么,最大应力值为

$$\sigma = \frac{Mc}{I} \tag{1.18}$$

1.3.1.1 合成正应力

如果轴向拉或压载荷和力矩载荷同时存在,那么式(1.18)的应力需要和式(1.2)叠加到一起(作用在相同方向的正应力可以累加到一起),即

$$\sigma = \frac{P}{A} + \frac{Mc}{I} \tag{1.19}$$

据说结构工程中90%都需要使用这个公式。虽然明显有些夸张,但是不可否认,这个公式是结构分析中最常用的公式之一。

1.3.2 弯曲变形

对于一个长度为 L 的梁,使用如下近似的二次关系式计算弯曲变形 y 是非常简单的,即

$$y = \frac{L^2}{8R} \tag{1.20}$$

对于纯弯曲的梁,由式(1.16)可以得到

$$y = \frac{ML^2}{8EI} \tag{1.21}$$

正如在有横向剪切载荷作用下的例子中介绍的那样,更为常见是力矩非均匀分布的情况。此时,沿着梁长度方向曲率会发生变化,利用微分方程可以确定在载荷和边界约束条件下对应的变形,这些在基础的材料强度文献[3]中都有详细的说明,这里不再过多介绍。对于图1.5所示的悬臂梁的简单情况,在载荷 P 作用下变形为

$$y = \frac{PL^3}{3EI} \tag{1.22}$$

对于图1.6所示的简支梁,变形为

$$y = \frac{PL^3}{48EI} \tag{1.23}$$

应该说明的是,在变形的同时会伴随发生转动,也就是变形曲线的斜率。表1.1给出了不同的载荷和支撑边界条件下梁变形和转动的几种典型情况。支撑边界条件有几种情况:自由边界也就是说没有约束,能够自由平动和转动;滚动支座在某个方向可以自由平动,约束其他自由度方向的平动,转动都是自由的;铰支就是约束了3个方向平动,而转动都是自由的;固支是指约束了所有平动和转动;滑动支座仅在一个方向上能平动,其他自由度都是约束的。

6

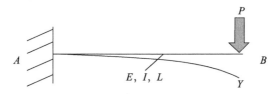

图 1.5 端部载荷作用下悬臂梁弯曲变形,B 端变形由式(1.22)计算,A 端无转动和平动

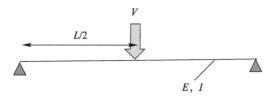

图 1.6 中心载荷作用下简支梁弯曲变形,中心挠度变形
由式(1.23)计算,两个端点无平动但可以自由转动

表 1.1 不同载荷和支撑边界条件下的力矩、变形及转动

载荷边界条件	最大弯矩	最大变形	端部转动	
			A	B
悬臂梁、末端载荷	PL	$PL^3/3EI$	0	$PL^2/2EI$
悬臂梁、末端弯矩	M	$ML^2/2EI$	0	ML/EI
滑动支撑悬臂梁、末端载荷	$PL/2$	$PL^3/12EI$	0	0
悬臂梁、均匀载荷	$WL/2$	$WL^3/8EI$	0	$WL^2/6EI$
铰支悬臂梁、末端弯矩	M	$ML^3/27EI$	0	$ML/4EI$
简支梁、中心载荷	$PL/4$	$PL^3/48EI$	$PL^2/16EI$	$PL^2/16EI$
简支梁、末端弯矩	M	$0.0612ML^2/EI$	$ML/6EI$	$ML/3EI$
简支梁、两端弯矩	M	$ML^2/8EI$	$ML/2EI$	$ML/2EI$
简支梁、均匀载荷	$WL/8$	$5WL^3/38EI$	$WL^2/24EI$	$WL^2/24EI$
固支梁、中心载荷	$WL/8$	$WL^3/192EI$	0	0
固支梁、均匀载荷	$WL/12$	$WL^3/384EI$	0	0

1.3.3 弯曲导致的剪切应力

1.1 节介绍了直接剪切产生的剪切应力的情况。对剪切伴随发生弯曲的情形,最大剪切应力发生在中性轴上,并且随着到达自由边界处逐渐变为零。

在这个情况下,中心区域的应力超过了式(1.9)计算出的"平均"剪切应力。最大剪切应力可以由下式计算:

$$\tau = \frac{VQ}{It} \qquad (1.24)$$

式中:Q 是关于中心区域的惯性矩,即

$$Q = \int y \mathrm{d}A \qquad (1.24a)$$

t 是中心区域截面的厚度。这样,式(1.24)可以重新写为

$$\tau = \frac{kV}{A} \qquad (1.25)$$

其中

$$k = \frac{AQ}{It} \qquad (1.26)$$

对于矩形形状,剪切应力为

$$\tau = \frac{3V}{2A} \qquad (1.26a)$$

对于圆形形状,剪切应力为

$$\tau = \frac{4V}{3A} \qquad (1.26b)$$

1.3.4 弯曲导致的剪切变形

类似地,在 1.1 节介绍了由于直接剪导致的剪切变形。当剪切伴随有弯曲发生时,剪切变形(有时也称为剪切流变),不仅和剪切载荷 Q 有关,还和沿着梁长度方向剪切力的分布有关。对于悬臂梁纯弯曲的情况,修改式(1.10),可以得到

$$y = \frac{kVL}{AG} \qquad (1.27)$$

对于其他沿着梁的长度剪力会发生变化的载荷和边界条件,可以使用能量方法来计算变形量。例如,对于一个简支梁,在中心集中载荷作用下(表 1.1 中第一

8

行),其变形为

$$y = \frac{kVL}{4AG} \tag{1.28}$$

对于 k 值(式(1.26)计算中得到的),假设在计算剪切变形时,截面能够自由翘曲。对于许多剪切力变化较大的载荷条件,这个假设就不成立,如上面承受中心集中载荷的简支梁的例子。利用更为复杂的应变能公式进行计算,发现对于矩形截面,系数需要修改为 $k = 6/5$,而对于圆形截面,系数为 $k = 7/6$。

除非梁的跨度比较小或梁的截面积比较深,剪切导致的变形相对弯曲导致的变形一般来说都很小。不过,对于轻量化反射镜(第 6 章),剪切变形的确实非常重要。

1.3.5 扭转

最后一个自由度是绕梁轴线的转动,或者说扭转。扭矩 T(单位为 lb·in)是产生扭转的力矩。同样,胡克定律也适用于剪切情况(式(1.8))。和之前弯曲条件下类似(这里未给出),可以推导出扭转应力 τ 为

$$\tau = \frac{\alpha T t}{K} \tag{1.29}$$

式中:α 是截面修正系数;t 是最小厚度;K 是扭转常数,单位为长度的 4 次幂。对于圆形截面来说(实心或者中空),扭转常数等于截面的极惯性矩:

$$J = 2I \tag{1.30}$$

在这个情况下,$\alpha = 0.5$(注意到 t 等于直径),因此,有

$$\tau = \frac{TR}{J} \tag{1.31}$$

式中:R 是截面的半径。

对于非圆截面,扭转常数不等于截面的极惯性矩,需要单独计算。对于矩形实心截面,扭转常数为

$$K = Bbt^3 \tag{1.32}$$

式中:b 是截面长边宽度;t 是截面短边厚度。图 1.7 中给出了扭转刚度 B 和截面宽度 – 厚度比的函数曲线。可以看到,对于薄截面,B 值接近 1/3。

在图 1.8 中给出了扭转应力常数 α 的值。可以看到,对于薄截面,α 的值接近于 1。

对于中空的封闭薄壁(厚度为 t)的矩形截面,它的扭转常数 K 为

$$K = \frac{4tA_0^2}{U} \qquad (1.33)$$

式中:A_0 是薄壁中心线包络的面积;U 是中心线的周长。

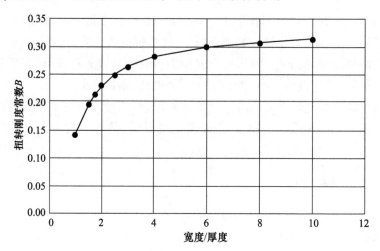

图 1.7 矩形截面梁扭转刚度常数 B 与截面宽度 - 厚度比关系

（薄壁截面 B 值接近 1/3）

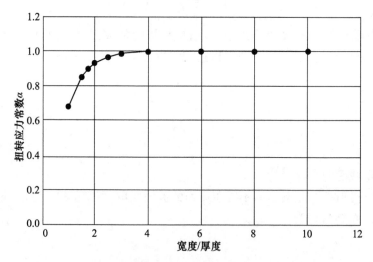

图 1.8 矩形截面梁扭转应力常数 α 与截面宽度 - 厚度比关系

（薄壁截面 α 值接近 1）

式(1.29)中 α 值由下式给出

$$\alpha = \frac{2A_0}{Ut} \qquad (1.34)$$

10

由此,可以得到

$$\tau = \frac{T}{2A_0 t} \qquad (1.35)$$

注意到,对于中空的圆形截面,式(1.35)简化为

$$\tau = \frac{TR}{J}$$

1.3.5.1 扭曲旋转

与上述类似,可以推导出扭转的角度,如下式所示:

$$\theta = \frac{TL}{KG} \qquad (1.36)$$

式中:K 为扭转常数,和上述讨论那样,它也取决于截面。对诸如槽型或者 U 型等薄壁截面,作为一阶近似,b 值可以假定为截面总的展开宽度。表 1.2 总结了典型截面的 K 值。

表 1.2 不同截面的扭转常数(量纲为长度的 4 次幂)

截面类型	截面形状	扭转常数 K
实心圆		$\pi D^4/32$
实心正方形		$0.141b^4$
实心矩形		图 1.7
空心方形管		b^3/t
圆管		$\pi D^3 t/4$
开放截面(薄壁)		$0.333(b_1 + b_2)t^3$

1.3.6 胡克定律总结

这里使用胡克定律推导出了一些基本的公式。对于复杂情况下应力和位移计算的介绍,即便不是近乎全面,也是非常详尽的(同样在标准的工程教科书以及手册都有详细介绍),不过这里介绍的目的仅是为后续适用于光机分析的材料奠定基础。掌握了胡克定律的基本原理后,我们就能更好地理解它更为细致一些的公式。

1.4 组 合 应 力

拉压或者弯曲在某点处产生的正应力(和截面垂直)可以直接合成,扭转或者直接剪力在截面某点处产生的剪应力也可以直接合成。不过,正如在 1.2 节指出的那样,应力和力不同,它不是一个矢量,它具有多个方向。因此,在合并某点处的剪应力和正应力时,既不能直接代数加,也不是能矢量加,需要采用张量加法的规则。张量加法也可以通过考虑平衡条件来公式化表示。在平面内任意角度,正应力和剪切应力分别如下:

$$\sigma = \frac{(\sigma_x + \sigma_y)}{2} + \frac{(\sigma_x - \sigma_y)}{2}\cos2\theta - \tau_{xy}\sin2\theta \tag{1.37}$$

$$\tau = \frac{(\sigma_x - \sigma_y)}{2}\sin2\theta - \tau_{xy}\cos2\theta \tag{1.38}$$

由于这些公式确定了在一个圆上的正应力和剪切应力,因此,利用这些应力之间的关系,使用一个称为莫尔圆的技术,对于这些应力可视化有很大的帮助:在某个角度上正应力最大,正是剪切应力为零的地方。

对式(1.37)关于角度 θ 取微分,并令得到的表达式为零(最大最小值问题),可以得到正应力最大时的角度 θ,即

$$\tan2\theta = \frac{2\tau}{(\sigma_x - \sigma_y)} \tag{1.39}$$

通过代入,可以计算出最大正应力为

$$\sigma_1 = \frac{(\sigma_x + \sigma_y)}{2} + \sqrt{\frac{(\sigma_x - \sigma_y)^2}{4} + \tau^2} \tag{1.40}$$

这个最大应力称为最大主应力。类似地,可以得到最小正应力为

$$\sigma_2 = \frac{(\sigma_x + \sigma_y)}{2} - \sqrt{\frac{(\sigma_x - \sigma_y)^2}{4} + \tau^2} \tag{1.41}$$

称为最小主应力。

最大剪切应力总是发生在和主应力呈45°角的位置上,由下式计算:

$$\tau_{max} = \frac{(\sigma_1 - \sigma_2)}{2} \tag{1.42}$$

注意:主应力总是等于或大于施加的正应力,通常用它来确定结构强度。

1.4.1 脆性和韧性材料

由于脆性材料抗压强度一般都比抗拉强度高,它们的主应力和测试得到的强度数据具有很好的相关性。脆性材料在达到屈服点后,很小的应变伸长就会导致失效。注意到上述我们介绍的所有内容,都适用于应力 – 应变图上的线性区域,也就是说,在进入非线性的屈服点以下,胡克定律都成立。

对于韧性材料,应力不是保守的,可能会产生过早屈服。在这种情况下,使用变形能方法预测的最大应力,称为 von Mises 应力。二维 von Mises 应力由下式给出

$$\sigma_{max} = \sqrt{\sigma_1^2 - \sigma_1 \sigma_2 + \sigma_2^2} \tag{1.43}$$

它适用于在屈服失效前具有较大应变伸长的材料。应当注意到的是,von Mises 应力是用来和材料屈服强度相比较的一种"等效"应力,不是实际的应力。根据变形能理论,其前提条件是材料由于变形或者剪切失效,这在后边例子中可以看到。

使用 von Mises 准则,对于一个物体受到拉伸(只有 x 轴方向)以及剪切的情况,根据式(1.40)、式(1.41)以及式(1.43),可以得到最大应力为

$$\sigma_{max} = \sqrt{\sigma_x^2 + 3\tau^2} \tag{1.44}$$

在纯剪切模式下:

$$\sigma_{max} = \sqrt{3}\,\tau \tag{1.45}$$

或者

$$\tau = \frac{\sigma_{max}}{\sqrt{3}} = 0.577\sigma_{max} \tag{1.46}$$

因而,由变性能理论预测的剪切强度是拉伸强度的 0.577 倍。对于大多数金属以及其他各向同性的韧性材料,这个关系式是很常见的。

在表 1.3 中给出了典型二维应力状态下 von Mises 应力和主应力的对比。

13

表 1.3　几种基本加载类型对应的主应力和 von Mises 应力

（一般在二维分析中,von Mises 应力等于或大于主应力）

载荷类型	主应力		von Mises 应力 MPa
	最大 MPa	最小 MPa	
单向拉力	1	0	1
纯剪切	1	−1	1.732
双向拉力	1	1	1
拉压组合	1	−1	1.732
单向拉力和剪力组合	1.618	−0.618	2

1.5　实　例　分　析

用一些简单的实例来说明刚才讨论这些原理是很有帮助的。这里强调简单一词,是因为这部分旨在为后续内容定义基本原理和基础知识。后面根据需要,会介绍更为复杂的计算。

例 1　考虑一个一端固支的梁（悬臂梁）,自由端承载轴向拉力载荷（轴线 x 方向）$P = 1000 \text{lb}$,以及剪切载荷（y 方向）$V = 2000 \text{lb}$。梁的长度为 5 英寸,矩形截面宽 1/2 英寸、深 2 英寸。梁的材料为铝,弹性模量为 $1.0 \times 10^7 \text{psi}$,泊松比为 0.33,屈服强度为 35000psi。计算下列项目。

（1）正应力 σ_x。

（2）剪切应力 τ。

（3）主应力 σ_1、σ_2。

（4）von Mises 应力 $\sigma_{\max}$。

（5）最大剪切应力 $\tau_{\max}$。

（6）轴向位移 x。

（7）弯曲变形 y_b。

（8）剪切变形 y_s。

求解如下。

（1）轴向载荷作用下的正应力（由式（1.2）计算）为

$$\sigma = \frac{P}{A} = \frac{1000}{1} = 1000\,\mathrm{psi}$$

剪切产生的正应力根据最大弯曲力矩计算,弯曲力矩为 $M = VL$,产生的最大正应力（由式 1.18 计算）为

$$\sigma = \frac{VLc}{I} = \frac{6VL}{bh^2} = 7500\,\mathrm{psi}$$

在最外端纤维某点上把正应力相加,合成的正应力为

$$\sigma = 1000 + 7500 = 8500\,\mathrm{psi}$$

（2）剪切应力（由式（1.26a）计算）为

$$\tau = \frac{3V}{2A} = 3000\,\mathrm{psi}$$

（3）最大主应力（式（1.40）计算）为

$$\sigma_1 = \frac{\sigma_x}{2} + \sqrt{\left(\frac{\sigma_x}{2}\right)^2 + \tau^2} = 9450\,\mathrm{psi}$$

最小主应力（由式（1.41）计算）为

$$\sigma_2 = \frac{\sigma_x}{2} - \sqrt{\left(\frac{\sigma_x}{2}\right)^2 + \tau^2} = -950\,\mathrm{psi}$$

（4）根据式（1.43）计算 von Mises 应力为

$$\sigma = \sigma_{\max} = \sqrt{\sigma_1^2 - \sigma_1\sigma_2 + \sigma_2^2} = 9960\,\mathrm{psi}$$

von Mises 应力仅仅比主应力略高一点,由于材料为韧性材料,因此,应当使用 von Mises 应力。

（5）根据式（1.42）计算最大剪切应力为

$$\tau_{\max} = \frac{(\sigma_1 - \sigma_2)}{2} = 5200\,\mathrm{psi}$$

（6）轴向位移（由式（1.5）计算）为

$$x = \frac{PL}{AE} = 0.0005\text{in}$$

（7）由式（1.22）或者表 1.1 计算弯曲变形为

$$y_b = \frac{VL^3}{3EI} = 0.025\text{in}$$

（8）剪切变形（由式（1.27）计算）为

$$y_s = \frac{kVL}{AG}, \quad k = \frac{6}{5}$$

$$y_s = 0.0032\text{in}$$

剪切变形可以和弯曲变形直接相加。注意：除非梁的长度非常短或者截面非常深，剪切变形相对于弯曲变形一般都很小。

例 2 考虑一个悬臂梁，材料属性和尺寸参数和例 1 相同，在自由端承受 4000lb·in 的扭矩。计算下列项目。

（1）剪切应力。

（2）最大主应力。

（3）von Mises 应力。

（4）扭转角。

求解如下。

（1）剪应力（由式（1.29）计算）为

$$\tau = \frac{T}{abt^2} = 24800\text{psi}$$

（2）最大主应力（由式（1.40）计算）和剪应力相等，即

$$\sigma_1 = 24800\text{psi}$$

（3）von Mises 应力（由式（1.45）计算）为

$$\sigma_{max} = \sqrt{3}\,\tau = 43000\text{psi}$$

可以看到，von Mises 应力远大于主应力，实际上也超过了材料的屈服强度。由于材料为韧性材料，应当使用 von Mises 应力。如果使用主应力，可能会产生一种错误的安全感，除非用户意识到设计是由剪切强度驱动的。对于后面这种情况，如果使用主应力，明智的分析者会同时检查主应力和最大剪切应力，并确认设计是否由剪切强度驱动。

（4）根据式（1.36）计算扭转角度，即

$$\theta = \frac{TL}{KG} = \frac{TL}{Bbt^3} = 0.066\mathrm{rad} = 3.8°$$

1.6 热应变和热应力

正如我们从胡克定律（式（1.1）和式（1.4））看到的那样，一个元件在外力作用下会产生应力，而应力总是会伴随着出现应变。然而，有些情况下施加应变而不产生应力，在温度载荷下就会产生这种情况。例如，考虑一个长度为 L 的梁，在温度变化载荷 ΔT 下自由膨胀的情况。

在无约束的条件下，梁的伸长量为

$$y = \alpha L \Delta T \tag{1.47}$$

式中：α 是在感兴趣温度范围内材料的等效热膨胀系数。梁的伸长如图 1.9（a）所示，产生的应变为

$$\varepsilon = \frac{y}{L} = \alpha \Delta T \tag{1.48}$$

因为这是梁发生的自然状态，不会产生应力。没有应力的应变称为本征应变。

如果梁受到完全约束，不能自由伸长，如图 1.9（b）所示，那么，梁自然状态下的伸缩量就会受到一个力的限制，这样就会产生应力。因此，根据式（1.5）和式（1.48），可以得到

$$\frac{PL}{AE} = \alpha L \Delta T$$

$$P = AE\alpha \Delta T \tag{1.49}$$

$$\sigma = \frac{P}{A} = E\alpha \Delta T \tag{1.50}$$

这个简单的公式非常重要（这是因为约束条件下热应变产生的应力很少会超过这个量），它可以作为一阶近似计算的一个上界。和式（1.18）一样，式（1.50）也是光学结构分析中最简单也最重要的关系式之一，在第 4 章我们将把这个关系式扩展到二维应用。

注意：梁中的抗力和梁的长度无关，产生的应力和梁的长度以及截面面积都无关，这是一个很好的结果。进一步还可以看到，一个受到约束的元件膨胀产生的力和应力都是受压的；反之，一个受到约束的元件收缩产生的力和应力则都是拉伸的。

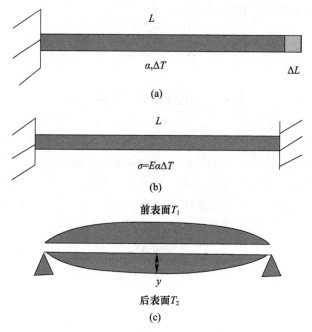

图 1.9 均匀温度浸泡条件下梁的热膨胀变形
(a)无约束无应力状态；(b)完全约束产生了正应力 σ；
(c)两端简支的无应力梁在前后表面均匀线性温度梯度下的热膨胀

类似地,考虑在沿着梁截面高度方向施加温度梯度的情况。对于线性梯度,如果梁是无约束的,我们又可以得到一个本征应变情况,也就是它会发生无应力的弯曲,形状如图 1.9(c)所示。此时,梁中性轴的曲率半径为

$$R = \frac{t}{\alpha \Delta T} \tag{1.51}$$

假如热膨胀系数为正值,并且梁的上表面有一个正温度变化,那么,梁的上面就会扩张,使梁朝凸起的方向弯曲。同样,如果梁是完全约束的,就会在梁的上表面产生压应力(在热分析工况中,有时不得不反向考虑问题)。完全约束条件下梁上产生的应力为

$$\sigma = \frac{E\alpha \Delta T}{2} \tag{1.52}$$

需要再提及的是,在这种情况下,产生的应力和梁的长度以及截面积或者弯曲惯性矩是无关的。这是一个很好的结果。在第 4 章中,我们将进行详细讨论,另外还会讨论非线性梯度的情况,此时确实需要截面信息。从这点来说,我们仅仅是为后续更详细的分析奠定基础。

1.6.1 热环应力

发生热应力的一个常见例子,就是当两个具有不同热膨胀系数的圆环在热环境下接触产生干扰时,在两个元件上都会产生环向应力,如图 1.10 所示。环向应力为

$$\sigma = \frac{qR}{A} \tag{1.53}$$

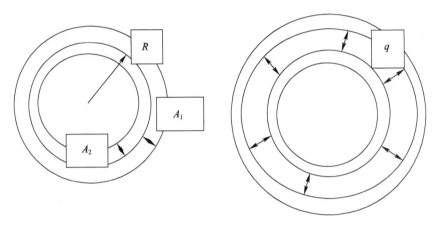

图 1.10　热环应力图示:两个圆环具有单位宽度和均匀的厚度(分别为 A_1 和 A_2),
弹性模量为 E,以及不同的热膨胀系数 α,在温度变化下产生了自平衡压力 q

式中:R 是两个圆环接触处的平均半径;q 是产生的干扰压力,单位为 lb/in;A 是单个圆环的截面积。现在需要求解热浸泡条件下产生的压力 q。根据胡克定律,圆环产生的轴向应变为

$$\varepsilon = \frac{\sigma}{E} = \frac{qR}{AE} \tag{1.54}$$

热应变就是 $\Delta\alpha\Delta T$,其中 $\Delta\alpha$ 为

$$\Delta\alpha = \alpha_1 - \alpha_2$$

式中:下标数字分别代表外环和内环。根据相容性原则,可以得到

$$\alpha_1 \Delta t - \frac{qR}{(AE)_1} = \alpha_2 \Delta t + \frac{qR}{(AE)_2} \tag{1.55}$$

通过求解,可以得到

$$q = \frac{\Delta\alpha\Delta T (AE)_2}{\left[1 + \dfrac{(AE)_2}{(AE)_1}\right]R} \tag{1.56}$$

19

根据式(1.53)可以恢复应力数值。

注意:如果内环相对外环来说非常刚硬,则在式(1.55)中,可以令$(AE)_2$为无限大,这样可以简化得到

$$q = \frac{(AE)_1 \Delta a \Delta T}{R} \tag{1.57}$$

外环应力(由式(1.55)计算)和梁的截面积以及半径都无关,它的表达式为

$$\sigma = \frac{qR}{A} = E_1 \Delta \alpha \Delta T \tag{1.58}$$

1.6.1.1 圆环中的实心圆盘

正如在镜框中受到径向约束的光学透镜,实心圆盘产生的应力到处都是均匀的,也就是说,在任何点上的主应力都相等。这种情况下透镜应变为

$$\varepsilon = \frac{\sigma}{E} = \frac{q}{Eb} \tag{1.59}$$

产生的应力为

$$\sigma = E\varepsilon = \frac{q}{b} \tag{1.60}$$

因此,在热浸泡的条件下,修改式(1.55)可以得到

$$\Delta \alpha \Delta T = \frac{qR}{tbE_1} + \frac{q}{E_2 b} \tag{1.55a}$$

式中:下标1和2分别代表圆环和实心盘。因此,式(1.56)可以写为

$$q = \frac{\Delta \alpha \Delta T}{\left(\dfrac{R}{tbE_1} + \dfrac{1}{E_2 b}\right)} \tag{1.56a}$$

从式(1.56a)可以看到,如果圆盘相对圆环非常刚硬,那么圆环应力和半径无关,它的表达式为

$$\sigma = E_1 \Delta \alpha \Delta T \tag{1.58a}$$

圆盘的应力为

$$\sigma = \frac{E_1 t \Delta \alpha \Delta T}{R} \tag{1.60a}$$

它和圆环的半径成反比例。

由式(1.56a)可以看到,如果圆环相对于圆盘非常刚性,那么圆环的应力为

$$\sigma = \frac{E_2 \Delta \alpha \Delta T R}{t} \tag{1.58b}$$

它和圆环半径呈正比。圆盘应力与半径无关,其表达式为

$$\sigma = E_2 \Delta\alpha\Delta T \qquad (1.60\mathrm{b})$$

实例分析如下。

把上述这些公式应用到透镜框支撑的光学透镜中。透镜的材料为硫化锌,深度 b 为 1in,直径为 4in,透镜框材料为铝,截面深度为 1in,厚度为 0.10in。温度从室温变化至 150K,计算透镜及透镜框上产生的应力。在温度变化范围内,材料的有效属性如下:

$$E_1 = 9.9 \times 10^6 \mathrm{psi}$$

$$E_2 = 1.08 \times 10^7 \mathrm{psi}$$

$$\alpha_1 = 2.10 \times 10^{-5}/\mathrm{K}$$

$$\alpha_2 = 5.6 \times 10^{-6}/\mathrm{K}$$

由于透镜相对于透镜框非常刚硬,可以根据式(1.57)计算,其中 $A = bt$,得到的压力 q 为

$$q = \frac{1 \times 0.1 \times 9.9 \times 15.4 \times 143}{2} = 1090\mathrm{lb/in}$$

根据式(1.58)得到透镜框上的应力为

$$\sigma = 9.9 \times 15.4 \times 143 = 21801.78\mathrm{psi}$$

作用在透镜上的线压力同样也作用在透镜框上。透镜内的主应力到处都是均匀分布的,根据公式(1.60)恢复透镜应力为

$$\sigma = \frac{q}{b}$$

$$\sigma = \frac{1100}{1} = 1100\mathrm{psi}$$

1.6.2　三级环嵌套

和两环干扰产生热应力类似,回顾 3 个环热干扰的情况也很有帮助。这种情况是可能发生的,如当一个薄隔离环装配在中心带孔的镜片和一个支撑框之间时,或衬套和支撑结构胶接时。此时,我们需要考虑内环和中心环,以及中心环和外环之间应变兼容性关系。和二环结构相比,这个情况稍微有点复杂。

图 1.11 是一个三环嵌套设计的示意图,同时还给出了一个压力平衡图。在这个情况中,不必限制每个薄环的厚度。根据厚环理论[4],经过繁琐的计算,我们可以得到每个环的应力。包括径向和环向应力,总共要计算 12 个应力(因为

内外径向压力总是为零,因此需要计算的应力为 10 个)。表 1.4 中列出了这些应力。表 1.5 定义了多个常数。使用电子表格软件,这些常数非常易于把表 1.4 中的应力公式实现程序化。表 1.6 给出了表 1.5 中径向和环向应力公式计算中所需要的材料特性常数。

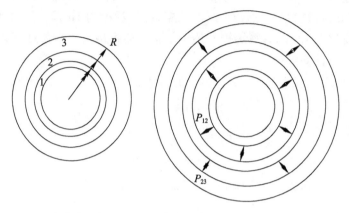

图 1.11　三层环嵌套产生的环向应力(每个环都具有自己的内外半径 R,并且模量、厚度和热膨胀系数都不同,热膨胀变形使得每个接触面都产生了自平衡压力)

当没有给出最外环或者最内环,并且所有环都是薄环时,可以把这个问题简化为式(1.53)和式(1.56)所示的二级环情况,误差小于 5% 。

表 1.4　三层嵌套环的环向及径向应力(下标 1~3 分别表示内环、中环及外环,下标 o 和 i 分别代表每个环的内外面,
r 是指定接触界面处的半径,其他常数来自于表 1.5)

σ_{r1i}	内环内表面径向应力	0
$\sigma_{\theta1i}$	内环内表面环向应力	$-2p_{12}r_{1o}^{2}/A_{1m}$
σ_{r1o}	内环外表面径向应力	$-p_{12}$
$\sigma_{\theta1o}$	内环外表面环向应力	$-p_{12}A_{1p}/A_{1m}$
σ_{r2i}	中环内表面径向应力	$-p_{12}$
$\sigma_{\theta2i}$	中环内表面环向应力	$(p_{12}A_{2p}-2p_{23}r_{2o}^{2})/A_{2m}$
σ_{r2o}	中环外表面径向应力	$-p_{23}$
$\sigma_{\theta2o}$	中环外表面环向应力	$(2p_{12}r_{2i}^{2}-2p_{23}A_{2p})/A_{2m}$
σ_{r3i}	外环内表面径向应力	$-p_{23}$
$\sigma_{\theta3i}$	外环内表面环向应力	$p_{23}A_{3p}/A_{3m}$
σ_{r3o}	外环外表面径向应力	0
$\sigma_{\theta3o}$	外环外表面环向应力	$2p_{23}r_{3i}^{2}/A_{3m}$

表 1.5　计算表 1.4 中径向及环向应力所需要的常数,温度变化 ΔT

A_{1p}	几何常数	$r_{1o}^2 + r_{1i}^2$
A_{1m}	几何常数	$r_{12o}^2 - r_{12i}^2$
A_{2p}	几何常数	$r_{2o}^2 + r_{2i}^2$
A_{2m}	几何常数	$r_{2o}^2 - r_{2i}^2$
A_{3p}	几何常数	$r_{3o}^2 + r_{3i}^2$
A_{3m}	几何常数	$r_{3o}^2 - r_{3i}^2$
c_1	几何/材料常数	$r_{2i}(A_2p/A_{2m} + v_2)/E_2 + r_{1o}(A_1p/A_{1m} - v_1)/E_1$
c_2	几何/材料常数	$-2r_{2i}r_{2o}^2/(E_2 A_{2m})$
c_3	几何/材料常数	$-2r_{2i}^2 r_{2o}/(E_2 A_{2m})$
c_4	几何/材料常数	$r_{3i}(A_3p/A_{3m} + v_3)/E_3 + r_{2o}(A_2p/A_{2m} - v_2)/E_2$
d_{12}	内环对中环的干涉	$\Delta T(-r_{2i}\alpha_2 + r_{1o}\alpha_1)$
d_{23}	中环对外环的干涉	$\Delta T(-r_{3i}\alpha_3 + r_{2o}\alpha_2)$
p_{12}	内环对中环的压力	$(c_4 d_{12} - c_2 d_{23})/(c_1 c_4 - c_2 c_3)$
p_{23}	中环对外环的压力	$d_{12}/c_2 - c_1 p_{12}/c_2$

表 1.6　计算表 1.5 环向及径向应力所需要的材料特性常数

E_1	内环杨氏模量	输入
v_1	内环泊松比	输入
α_1	内环热膨胀系数(CTE)	输入
E_2	中环杨氏模量	输入
v_2	中环泊松比	输入
α_2	中环 CTE	输入
E_3	外环杨氏模量	输入
v_3	外环泊松比	输入
α_3	外环 CTE	输入

1.6.2.1　实例分析

考虑一个具有中心孔的硅镜,其支撑是通过一个相对较柔软的 Vespel® 隔离环和铝合金内环刚性连接来实现的,如图 1.12 所示。这个组件经历一个 100℃ 的温度变化。对于给定的尺寸,确定镜片上的应力。表 1.7 给出了在温度变化范围内材料的有效属性。由表 1.4 ~ 表 1.6 可以得到最大环向应力为

$$\sigma_{\theta 3i} = \frac{p_{23} A_{3p}}{A_{3m}} = 5360\text{psi}$$

注意:虽然这个应力量级可能远低于抛光硅的许用强度,但是如果存在较深的裂纹,就可能会出现问题,正如我们在第 12 章中将要讨论的。

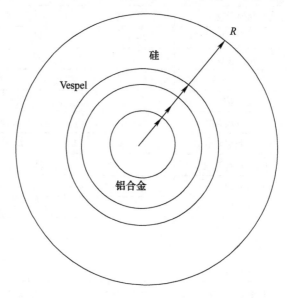

图 1.12　分析实例的结构示意图(铝环放置在硅镜片中心孔处,通过 Vespel®
隔离环和镜片连接,温度变化为 100℃,材料特性和结构尺寸同 1.6.1.1 节中的例子)

表 1.7　分析实例的材料特性及尺寸数值

材料	模量/psi	泊松比	CTE /(10^{-6}/℃)	半径/in	
				内环	外环
铝合金	1.00×10^7	0.33	2.15×10^{-5}	5	5.50
Vespel	4.70×10^5	0.35	4.00×10^{-5}	5.5	5.75
硅	1.90×10^7	0.2	2.00×10^{-6}	5.75	8.00

1.6.3　非均匀截面

前面关于均匀截面梁的讨论,表明热应力和梁的截面积或者长度是无关的,接近式(1.50)给出的最大值。然而,对于非均匀截面,这些情况将不再成立。

例如,考虑图 1.13 所示的一个受到约束的一维变截面梁,经历温度变化 ΔT。随着温度升高,为了保证无应力状态,梁的膨胀变形为

$$y = \sum \alpha_i L_i \Delta T \tag{1.61}$$

24

E_1,L_1,A_1 E_2,L_2,A_2 E_1,L_1,A_1

图 1.13 受约束的变截面梁经历温度浸泡会产生极端应力状态

然而,刚性墙壁阻止了梁的膨胀,从而在梁上产生了压力 P。由于总的变形为零,根据胡克定律可以得到

$$P\left[\sum\left(\frac{L_i}{A_iE_i}\right)\right] = \sum \alpha_iL_i\Delta T \qquad (1.62)$$

因此,压力 P 和应力 σ 为

$$P = \frac{\sum \alpha_iL_i\Delta T}{\left(\sum \dfrac{L_i}{A_iE_i}\right)}$$

$$\sigma = \frac{P}{A_i} \qquad (1.63)$$

对于图 1.13 所示的例子,可以得到

$$P = \frac{(2\alpha_1L_1 + \alpha_2L_2)\Delta TA_1A_2E_1E_2}{(2L_1A_2E_2 + L_2A_1E_1)} \qquad (1.64)$$

$$\sigma_1 = \frac{P}{A_1} = \frac{(2\alpha_1L_1 + \alpha_2L_2)\Delta TA_2E_1E_2}{(2L_1A_2E_2 + L_2A_1E_1)} \qquad (1.65a)$$

$$\sigma_2 = \frac{P}{A_2} = \frac{(2\alpha_1L_1 + \alpha_2L_2)\Delta TA_1E_1E_2}{(2L_1A_2E_2 + L_2A_1E_1)} \qquad (1.65b)$$

注意:和均匀截面情况不同,应力同时取决于面积以及长度。

对于图 1.13 所示的梁,材料的弹性模量和热膨胀系数为常数,但是每个分段的长度和截面积不同,假定 $\beta = A_2/A_1$,$\gamma = L_2/L_1$,代入到式(1.64)中,可以得到

$$\sigma_2 = \frac{2 + \gamma}{2\beta + \gamma}E\alpha\Delta T \qquad (1.66)$$

对于等长度分段$(L_1 = L_2)$的情况,如果中心梁段长度相比两端的很小,则此时应力近似为

$$\sigma_2 = \frac{P}{A_2} = 3E\alpha\Delta T \qquad (1.67)$$

可以看到,这个结果远远超过了式(1.50)均匀截面情况下得到的结果。

当热应力超过了某种特定韧性材料的屈服点时,只要热应变在材料的伸长能力之内,材料就不一定会发生失效。不过,它会处于屈服状态,对于关键的性能指标需要慎重考虑。此外,如果载荷是压缩性质的,则可能会发生屈曲,这在下一部分讨论。

1.7 屈 曲

本章最后介绍梁的临界屈曲。轴向压缩载荷达到一定极限时,梁就会发生屈曲,从而导致结构失稳。失稳一般发生在细长梁上。虽然屈曲也可以发生在板壳上,但这些情况超过了本书所介绍的范围,这里我们集中讨论一维不稳定性问题。

考虑图1.14所示的梁,沿着 x 轴向承受压力载荷。在轴向载荷的位置,施加一个小的横向载荷或者位移,梁就会发生轻微弯曲。去除横向载荷后,梁会恢复到初始竖直位置。不过,如果继续增加轴向载荷,由于横向偏心导致的弯矩逐渐增大,梁就会变得不稳定,去除横向载荷后不再能恢复到初始位置。轴向载荷进一步增加,梁位移会大幅增加,同时变得不稳定。此时,这个载荷称为临界屈曲载荷。请注意,由于拉伸载荷会拉直任何偏心的横向位移,这个现象只会发生在受压状态。

根据1.3节中弯曲和曲率的关系[式(1.16)]和图1.4,计算临界载荷,从而确定失稳点。由下式我们可以得到

$$M = \frac{EI}{R} = EI \frac{d^2 y}{dx^2} = P(\delta - y) \tag{1.68}$$

利用微积分技术[33]很容易求解上述微分公式,以得到失稳定状态的临界载荷,即

$$P_{cr} = \frac{\pi^2 EI}{4L^2} \tag{1.69}$$

这个解和材料的强度无关,只是刚度的函数。

式(1.69)是对于悬臂梁得到的解,这个临界值是发生失稳时最小可能的载荷值,对于其他不同的边界条件也可以得到相应解。对于两端简支的梁,临界载荷为

$$P_{cr} = \frac{\pi^2 EI}{L^2} \tag{1.70}$$

图 1.14 由于存在小的横向位移,在临界载荷下会发生屈曲不稳定。载荷施加点可以是
自由、铰接或者轴向滑动支撑;固定端点铰接或者固支。临界载荷和边界条件有关

对于两端固支的梁,临界载荷为

$$P_{cr} = \frac{4\pi^2 EI}{L^2} \qquad (1.71)$$

这是另外一个极限情况,这样,我们就得到了这个问题的两个极值。

对于光学结构中许多应用来说,由于屈曲可能是设计驱动因素,因此即使应力值低于许用值,也需要对屈曲问题进行深入研究。在第 3 章我们将看到这样一个例子。

参 考 文 献

1. R. Hooke, *Lectures of Spring*, Martyn, London (1678).
2. R. Hooke, "A Latin (alphabetical) anagram, *ceiiinosssttuv*," originally stated in 1660 and published 18 years later.
3. S. Timoshenko and D. Young, *Strength of Materials*, Fourth Edition, D. Van Nostrand Co., New York (1962).
4. R. J. Roark and W. C. Young, *Formulas for Stress and Strain*, Fifth Edition, McGraw-Hill, New York, p. 504 (1975).

第 2 章　材 料 特 性

在所有结构分析中,变形和许用应力的计算都依赖于设计中所使用材料的特性。因此,这里列举了一些全书要用到的基本材料特性。

2.1　材料特性及定义

一个完整的基本材料性列表会非常长,这里我们集中介绍在光学系统设计中经常使用的特性。所介绍的都是材料的名义特性,它们可以很好地满足本书目的;材料成分不同,这些材料特性可能会发生变化。为了帮助读者理解,下面总结了材料特性的一些定义。

(1) **密度**。材料的重量密度就是材料的重量除以它的体积。质量密度就是材料的质量除以它的体积,质量乘以重力加速度就等于重量,单位可以采用特定的国际单位制或者用户习惯使用的单位。单位采用克每立方厘米时的质量密度称为比重,水的比重值为1,因此,比重是相对于水的一个无量纲的量。

(2) **弹性模量**。弹性模量也称为杨氏弹性模量。材料的弹性模量就是应力 – 应变曲线图上线性区域的斜率(根据第 1 章的胡克定律)。和具体材料有关,弹性模量常数的数值在拉伸、压缩或者弯曲方向可能有些差别。在本书中,我们给出的是拉伸模量。在线性范围外,杨氏模量也有称为切线模量(应力应变曲线上某点处的斜率),或者割线模量(应力应变曲线上某个范围内割线的斜率,由这个范围两个端点处的线性比值得到)。

(3) **剪切模量**。剪切模量也称为刚性模量。剪切模量和弹性模量有关,是泊松比函数。

(4) **泊松比**。泊松比就是侧向(横向)收缩量除以加载方向的伸长量。

(5) **屈服强度**。屈服强度就是材料进入非线性处的应力值,卸载后会产生永久变形。韧性材料的标准的屈服点选择在 0.2% 应变处,也就是说,在卸载后试样产生的永久应变为 0.002,或者百万分之 2000。虽然这个选择有些随意,不过,这个标准是基于应力应变测量曲线上明显为非线性的点得到的。

(6) **微屈服强度**。在有些情况下,对于镜片及其支撑而言,变形及支撑的运动必须保持非常小,微屈服强度就非常关键;微屈服强度定义为试样卸载后能产生百万分之一永久应变的应力值。这个值需要精密测量,无法从常见的应力应变曲线上显示或得到。微屈服强度通常也称为材料的精密弹性极限(PEL)。

(7) **极限强度**。材料发生灾难性的失效时的应力值称为极限强度。拉、压的极限强度可能会不同,特别是对于非各向同性材料或者脆性材料。对于轴向加载的柱形杆,极限强度可通过失效载荷除以它初始的截面积得到(工程应力)。失效载荷除以失效前变小的颈缩截面积,得到的应力称为真实应力。不过,真实应力不应当用在光学结构分析计算中。

(8) 剪切强度。 在纯剪切方向加载情况下,材料发生灾难性失效时的应力值称为剪切强度。根据 von Mises 强度理论,韧性材料的剪切强度和它的极限拉伸强度有关(见第 1 章中的定义)。

(9) 热膨胀系数(CTE)。 定义为温度变化导致材料产生的膨胀或者收缩值,单位为每度温度的变化量。在特定温度处的热膨胀系数称为瞬时热膨胀系数,瞬时 CTE 是热应变曲线图上在指定温度处的斜率(切点)。在某个温度范围内规定的热膨胀系数称为割线热膨胀系数,或者更准确的说法为等效热膨胀系数,它是热应变曲线图上在给定温度范围内的斜率,由两个端点处的数值线性计算得到。

(10) 热胀均匀性系数。 就是对一定数量的材料,在 3σ 概率水平下预期的热膨胀系数的变化情况。

(11) 湿胀系数。 定义为材料在水分(湿度)环境影响下产生的膨胀或者收缩数值,单位为百分之一水分的变形量。

(12) 热导率。 热导率是材料的热传导特性。热导率数值越高,就意味着在热流出现的条件下会产生的热梯度就越小,由温度分布产生的局部加热效应就越小。在计算热变形时候,热导率必须结合热膨胀系数一起使用。

(13) 临界应力强度。 临界应力强度是材料在惰性(干燥)环境中、在存在裂纹缺陷条件下抵抗失效的一种材料固有属性,也称为材料的断裂韧性。这个特性需要在拉(模式Ⅰ)和剪(模式Ⅱ和Ⅲ)方向同时测量,不过最常用的是模式Ⅰ(在第 11 章讨论)。

(14) 断裂模量。 断裂模量是材料在具有已知裂纹的条件下的强度特性,是在惰性环境下发生自发断裂的强度值。断裂模量和材料的应力强度因子呈正比,和裂纹深度的平方根呈反比(见第 11 章)。

(15) 疲劳强度。 疲劳强度是材料在完全或者部分反复应力作用下、在给定循环次数时发生失效的强度数值。疲劳强度最常用于韧性材料(见第 11 章)。

(16) 静态疲劳。 静态疲劳是在恒定应力作用下随着时间发生失效时的强度数值。这是在潮湿的环境下一种称为应力侵蚀或者低速裂纹扩展过程作用的结果。静态疲劳最常用于脆性材料(见第 12 章)。

(17) 裂纹增长敏感性。 裂纹增长敏感性指数是把脆性材料在潮湿环境下的裂纹增长与失效联系起来的一个实测值。数值越高,材料对低速裂纹增长越不敏感(见第 12 章)。

(18) 玻璃化转变温度。 玻璃化转变温度是诸如环氧类材料特有的一个属性,定义为材料属性在脆性(硬)和橡胶(软)之间的转变温度,也就是说,它的弹性属性在某种程度上会发生突然变化(见第 9 章)。

表 2.1 ~ 表 2.4 给出了这些特性的有关数据。

表 2.1 光机结构分析中常用金属材料的机械特性

材料	一般备注	密度/(lb/in³)	弹性模量/Msi	泊松比	力学屈服强度/ksi	微屈服强度/ksi	极限拉伸强度/ksi	热学 CTE/(10⁻⁶/K)	CTE均匀性/(10⁻⁶/K)
铝2024-T4	条和杆	0.1	10.5	0.33	42		62	22.4	
铝6061-T6	退火/热处理薄板	0.098	9.9	0.33	36	18	42	22.5	0.06
铝A356.0-T6	铸造	0.097	10.4	0.33	28		38	20.8	
铝铍合金(AM162)	拉伸	0.076	29.3	0.17	47		61.9	14.7	
铍O-30	真空热压	0.067	44	0.1	43.5	5	59	11.4	0.04
铍I-70H	热等静压	0.067	44	0.1	30	3	50	11.4	0.08
铍I-220	热等静压	0.067	44	0.1				11.4	
铍S200F	真空热压	0.067	44	0.1	35	5	47	11.4	0.1
铍I-400	热等静压	0.067	44	0.1	60			11.6	
铍铜合金TH02	条带	0.298	18.5	0.27	160		185	17.5	
铸造铍铝363	铸造	0.078	29.3	0.20	31		42	14.2	
铜	纯,退火	0.322	18	0.343	4.8		30.3	16.7	
金	纯	0.697	11.3				14.9	14.2	
铬镍铁合金718	条,杆,管,板	0.296	29	0.29	150		180	10.6	
钢	铸造	0.26	1.83	0.45	0.135	11.3	0.232	24.8	
殷钢36	退火	0.291	20.5	0.259	40		71	1.3	
镁AZ31B	退火薄板	0.064	6.5	0.35	22	3.2	37	26	
钼合金	电弧熔铸	0.367	46	0.33	90	23.9	120	4.9	

30

材料	一般	力学						热学	
	备注	密度/(lb/in³)	弹性模量/Msi	泊松比	屈服强度/ksi	微屈服强度/ksi	极限拉伸强度/ksi	CTE/(10⁻⁶/K)	CTE均匀性/(10⁻⁶/K)
TZM									
镍	纯	0.322	30	0.31	8.6		46	13.3	
镍-化学镀	膜层	0.28	15					12	
银	纯,退火	0.379	10.3	0.37			18	19	
不锈钢440C	条,退火	0.28	29	0.27	65		110	10.1	
钢A286	高强度紧固件	0.287	29.1	0.21	120		160		
钢18-8类型300	标准强度紧固件	0.29	28	0.27	45	10	90	17	
钛6AL-4V	薄板,退火及热处理	0.16	16	0.31	120	70	130	8.9	

表 2.2 玻璃和陶瓷材料特性（其中强度和裂纹增长在第 12 章讨论）

材料	形式/条件	密度/(lb/in³)	弹性模量/Msi	泊松比	CTE/(10⁻⁶/K)	均匀性ΔCTE/(10⁻⁶/K)
BK-7	制造	0.091	12.27	0.208	8.6	—
氟化钙（CaF2）	制造	0.115	10.99	0.26	18.7	—
熔石英	制造	0.0796	10.3	0.17	0.52	0.01
铍金属	标准光学等级	0.192	14.9	0.278	5.7	—
硅	制造	0.184	19	0.266	2.6	—
硅致密层	致密层	—	—	—	2.93	—
硅化碳化硅	制造	0.105	44.5	0.2	2.43	0.04
碳化硅	化学气相沉积	0.115	61	0.2	2.2	0.03

材料	形式/条件	密度/(lb/in³)	弹性模量/Msi	泊松比	CTE/(10⁻⁶/K)	均匀性 ΔCTE/(10⁻⁶/K)
ULE® 标准	标准	0.0797	9.8	0.17	0±0.03	0.012
ULE® 优级	优质	0.0797	9.8	0.17	0±0.03	0.01
ULE® 反射镜	反射镜	0.0797	9.8	0.17	0±0.03	0.015
ULE® TSG	TSG	0.0797	9.8	0.17	0±0.1	0.03
Zerodur® 1级	制造:1级	0.091	13.2	0.24	0±0.05	0.02
Zerodur® 顶级	顶级	0.091	13.2	0.24	0±0.007	0.01
Zerodur® 特殊	特殊	0.091	13.2	0.24	0±0.01	0.01
Zerodur® 0级	0级	0.091	13.2	0.24	0±0.02	0.02
Zerodur® M	无误差	0.091	11.8	0.24	—	—
硒化锌	制造	0.19	9.75	0.28	7.2	—
硫化锌(Cleartran™)	制造	0.148	10.8	0.28	5.2	—

表 2.3 室温下胶黏剂的物理属性

材料	未固化状态典型属性			固化后典型属性						
	典型用法	使用时间	固化时间	颜色	邵氏 D 硬度	弹性模量/ksi	泊松比	层剪切强度 铝/铝/psi	伸长率/%	CTE@293K/(10⁻⁶/K)
3M Scotch Weld 2216	结构胶	90min(75°F)	7天(25℃)/30min(93℃)	灰色	50-65	150	0.43	3200		100
CT 5047-2	银填充导电环氧树脂	60min	24h(25℃)/1h(100℃)		82	150		100		40

材料	未固化状态典型属性			固化后典型属性						
	典型用法	使用时间	固化时间	颜色	邵氏D硬度	弹性模量/ksi	泊松比	层剪切强度 铝/铝/psi	伸长率/%	CTE@293K/(10⁻⁶/K)
EA9361	低温高应变	120min(77°F)	5~7天(77°F)	灰色	70	155	0.433	3500	40	104
EA9394	高温	90min(75°F)	3~5天(75°F)	灰色	88	615		4200		60
Epibond 1210-A/9615-10	低温胶	2~4h	48h(77°F)	蓝色	80	396	0.38	2500	1.7	80
Epo-tek 301-2	薄胶层结构环氧胶	8h(75°F)	2天(75°F)	透明	82	532	0.358	2000		63
RTV 566	硅橡胶镜片支撑	90min(77°F)	7天(77°F,湿度50%RH)	暗橙	61(邵氏A硬度)	1		465	120	222
Stycast 2850 FT/24LV	热传导	30min	24h(77°F)	黑色	92	1340		4200	0.73	39

表2.4 几种复合材料和塑料的属性

形式/条件	密度/(lb/in³)	泊松比	0°方向拉伸强度/ksi	0°方向拉伸模量/Msi	90°方向拉伸强度/ksi	90°方向拉伸模量/Msi	0°方向抗压强度/ksi	0°方向抗压模量/Msi	90°方向抗压强度/ksi	90°方向抗压模量/Msi	0°方向CTE/(10⁻⁶/K)	90°方向CTE/(10⁻⁶/K)
G-10CR 准各向同性 玻璃纤维环氧树脂	0.0668	0.34	34	2.5	—	2.5					10.5	—
K13C2U/954-3 单向 石墨树脂			199	74.7	2.9	0.71	50.4	74.9	16.3	0.7	-1.26	32.6

形式/条件	密度/(lb/in³)	泊松比	0°方向拉伸强度/ksi	0°方向拉伸模量/Msi	90°方向拉伸强度/ksi	90°方向拉伸模量/Msi	0°方向抗压强度/ksi	0°方向抗压模量/Msi	90°方向抗压强度/ksi	90°方向抗压模量/Msi	0°方向CTE/(10⁻⁶/K)	90°方向CTE/(10⁻⁶/K)
K13C2U/954-3 准各向同性	石墨树脂		0.34	82	25.5	88	25.6	26.8	24.9	28.1	24.8	-0.88	-0.85
M55J/954-3 单向	石墨树脂	0.058	0.32	290	45.5	5.5	0.82	134	41.8	27.6	0.82	-0.97	34.6
M55J/954-3 准各向同性	石墨树脂	0.058	0.36	108	15.88	65	14.8	48.7	15.3	60.6	14.1	-0.11	-0.18
MC511SN (Norplex-Micart)	碳化玻璃纤维环氧树脂	0.0614	0.14	20	1.7	—	—					18	—
Vespel SP-1	塑料	0.0517	0.41	11.7	0.36			19.2				44.4	

2.2 低热膨胀系数材料

由于许多光学应用都需要工作在一个极端的温度范围内,微小的运动也可能会严重破坏光学性能,因此具有低热膨胀系数的材料非常重要。表 2.1 和表 2.2 列举了一些这类材料,包括熔石英、超低膨胀(ULE)玻璃、Zerodur 之类的玻璃和陶瓷,以及硅、碳化硅、石墨环氧复合材料、金属殷钢等。所有这些材料室温下热膨胀系数都低于 $3 \times 10^{-6}/℃$,有些材料非常接近于零膨胀系数。

下面给出对这些材料的讨论。

2.2.1 熔石英

熔石英或称二氧化硅(SiO_2),是一种非晶体形状的熔融石英,一般通过一种称为火焰水解的合成工艺来制备,该工艺能够产生高纯度和高均匀性熔石英。熔石英室温下热膨胀系数为 $0.5 \times 10^{-6}/℃$,热膨胀系数不均匀性小于 $10 \times 10^{-9}/℃$。由于它的热膨胀系数随温度降低可以很快降到零,因此是低温应用中一种理想的候选材料。它的瞬时热膨胀系数仅在 150K 时才接近于零。这就意味着,当接近这个工作温度时,镜片上的温度梯度或者微小的温度变化不会影响系统性能。

此外,熔石英在一个约 100K 的温度范围内热应变接近于零,使得这个温度范围内等效或者割线热膨胀系数近似为零,也就是说,在这个范围内不会发生形状变化。图 2.1 给出了一个典型的熔石英材料和其他几种材料从室温到极低温度情况下的热应变曲线。从图 2.2 中可以看到,瞬时热膨胀系数(热应变曲线上在某温度点处的斜率)在低于 100K 并最终接近绝对零度时会变为负值,并且所有熔石英材料都是如此。

熔石英镜片可以通过金刚石磨头或者水射切割进行机械加工实现轻量化。当然,它们也可以通过熔融方法制备,也就是通过把镜片加热至高温而实现面板的结合,这样可以根据需要实现背部封闭构型的设计(见第 5 章)。这个工艺可以制备直径大至 8m 的镜片[1]。在接近室温的条件下,铁镍合金的殷钢和熔石英具有很好的热匹配性,是装配镜片的理想材料。

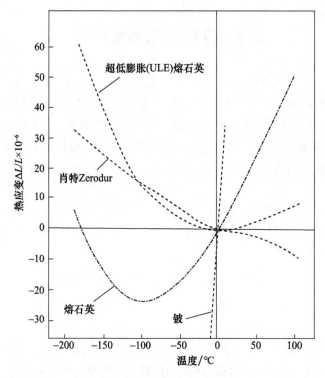

图 2.1 几种玻璃及微晶玻璃热应变 – 温度曲线(为了说明,给出了和铍的对比。注意到熔石英在特定温度可能具有零热应变,同时几种玻璃在低温下都具有负热膨胀系数)

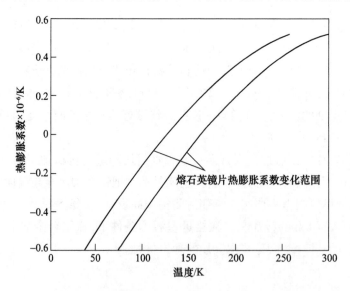

图 2.2 熔石英瞬时热膨胀系数和温度关系,在低于 100K 为负值

2.2.2 ULE®熔石英

超低膨胀(ULE)熔石英(康宁公司制备[1])是一种掺杂了含量接近 7.5% 的沉淀二氧化钛(TiO_2)的熔石英材料。它的热膨胀系数在室温下可以接近零,能够保证在 $\pm 0.003 \times 10^{-6}$/℃ 以内,并且根据质量等级要求,热膨胀系数还可以降低到 $\pm 0.02 \times 10^{-6}$/℃。ULE 熔石英热膨胀系数的不均匀性小于 15×10^{-9}/℃。主要是由于二氧化钛的变化,镜片在抛光以后进行切边会导致产生少量残余应力,表现为镜片的微小误差。这个应力很小(低于 100psi),除非对于很大径厚比的镜片(见第 7 章),一般情况下都是无关紧要的。随着温度降低到室温以下,材料的热膨胀系数会快速变为负数,如图 2.3 所示。

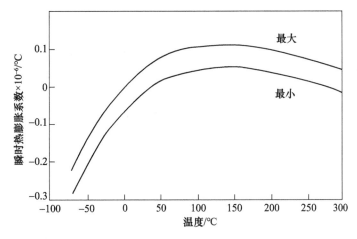

图 2.3 ULE 在室温具有近零的热膨胀系数

和熔石英类似,ULE® 也可以通过机械加工轻量化或者熔融制备;也可以在一个相对较高的温度,使用热膨胀系数接近的陶瓷焊料将其黏接到一起。

2.2.3 Zerodur®

Zerodur®(由肖特玻璃厂制备[2])是一种包含熔石英以及多种其他氧化物的微晶玻璃。这些成分的组合使得室温下热膨胀系数名义值为零,能保证热膨胀系数为 $\pm 0.03 \times 10^{-6}$/℃,并且根据产品质量等级要求,还可以减低到 $\pm 0.01 \times 10^{-6}$/℃。材料热膨胀系数不均匀性小于 15×10^{-9}/℃。主要是由于高温制备过程冷却效应的影响,镜片在抛光以后进行边缘切割,会产生少量残余应力,表现为镜片上的微小误差。这些应力很小(低于 30psi),除非是对于很高径厚比镜片(见第 7 章),一般来说都无关紧要。

Zerodur 可以铸造成直径尺寸达到 4m 的镜坯。从图 2.1 的曲线图上可以看到,在低于室温下它的热膨胀系数变为负值。已经被证实,在经过 130℃ 以上的高温时,Zerodur 的热膨胀系数具有滞后性,加热速率不能特别控制。通过在配方中去掉二氧化锰,一个称为 Zerodur - M 版本的 Zerodur 可以消除这个虽然微量但是还能观测到的现象。不过,这种做法一般不能保证精度要求,其中基体材料本身几乎总是占有更大比重。

Zerodur 会受到延迟弹性效应影响(见第 7 章),在承受压力或者压力释放时会慢慢表现出来。造成这个现象的原因是存在碱性氧化物(特别是氧化锂),在加载或卸载下发生的应力松弛所致。延迟应变大约为 1% ,但是可以完全恢复;除非变形很大,否则,不会影响它优良的性能以及机加特性。

2.2.4 硅

硅是一种经常用作半导体的非金属材料,由于它具有低的热膨胀系数(室温下为 $2.6 \times 10^{-6}/℃$)、优异的抛光性以及良好的机械性能和热性能(见第 8 章),因此也是一种制备镜片的理想材料。硅采用晶体成型来制备,因此,如果不使用连接技术,它的大小被限制在最大直径 18in(0.45m)以下。由于它对温度梯度和进而产生的热变形能最小化,因此特别适用于高能激光或者极端热流的情况(见第 4 章)。硅具有很好的均匀性,非常适宜在冷环境中应用。和其他材料相比,它具有很好的机械和热学品质因数(见第 8 章)。

2.2.5 碳化硅

碳化硅是一种由硅和碳构成的陶瓷,在光学镜片及其支撑结构上都有着非常重要的应用。它具有低的热膨胀系数(约为 $2.4 \times 10^{-6}/℃$)、高的热导率,以及高的弹性模量,使它在许多轻量化应用中都成为一种理想和具有吸引力的候选材料。所有碳化硅的制造技术都需要非常高的温度(超过 1600℃)。碳化硅可以通过几种方法来制备,如由石墨制备,和硅一起转化;化学气相沉积(β 类型的碳化硅);热压;热等静压;由碳化硅粉末浇铸成型、干燥、烧结、烧后硅化(α 类型碳化硅以及反应烧结碳化硅)。铸造技术使得反应烧结碳化硅非常适宜制备轻量化反射镜;不过由于它是二相材料,不能像玻璃和硅那样容易抛光,但是,使用特殊的技术还是能够进行抛光的。为了辅助抛光处理,通常在表面制备一个硅或者化学气相沉积的碳化硅层。如果不采用连接方法,目前已经能够制备口径 1m 级别的碳化硅镜片。

不同于玻璃材料,由于它具有高的断裂韧性,碳化硅材料还可以用作结构材料,包括计量结构以及镜片的支撑结构。采用与之热匹配的碳化硅镜片,光学设计可以实现自计量特性。不管制造工艺如何,碳化硅作为一种优良的材料已经得到人们的青睐。

2.2.6 石墨复合材料

一般来说,尽管石墨基复合材料由于抛光性能差和存在吸湿效应而不适宜制作镜片,然而,由于它密度低、热膨胀系数低、强度高的特点,对于结构支撑和计量结构来说,却是一种理想的轻量化材料。它们的树脂体系(以前主要由环氧构成,现在多用氰酸酯或者硅氧烷制备)可以允许实现近零热膨胀系数的铺层,这在第 13 章给出了更为详细的描述。这样,它们就可以和 2.2.1 节~2.2.3 节介绍的玻璃和陶瓷具有很好的匹配性。利用碳纤维复合材料,可以制备非常巨大的结构。

2.2.7 Invar® (殷钢)

Invar®(殷钢)是一种具有独特性能的低膨胀金属,值得进行详尽阐述。这是一种铁镍合金,由瑞士冶金学家查尔斯·纪尧姆于 1896 年在法国巴黎发明。Invar 是法国 Imphy Alloys 公司(现在名为 ArcelorMittal[3])的一个商标名称。在 Imphy Alloys 公司参与利用铁镍合金开发海军舰船装甲的开发过程中,纪尧姆的专业是温度纪录,他对测量很感兴趣,在这个过程中他发现了殷钢令人感兴趣的热膨胀性能。

Invar® 36 是一种大约含有 36% 的镍和 64% 的铁的铁镍合金($Fe_{64}Ni_{36}$),被证实在所有铁镍合金中具有最低的热膨胀系数。纪尧姆为其发现获得了 1920 年诺贝尔物理学奖[4],他是唯一一个曾经获得诺贝尔奖的冶金学家(爱因斯坦在次年也获得这个奖)。由于殷钢的低热膨胀系数以及在室温附近的一个温度范围内具有良好的稳定性,殷钢这个名字本身就代表着"恒定"。热膨胀系数之所以低,不是因为铁镍机械特性任何常见的混合法则——二者具有类似的热膨胀系数,而是由于复杂的铁磁键合的相互作用导致。纪尧姆指出(根据别人的研究结果),虽然铁和镍本身都有磁性,但如果铁镍合金中镍的含量为 22%,那么该材料将不具有任何磁性。他进一步指出,铁镍合金可以具有比铁或镍本身更高的热膨胀系数(接近铜的热膨胀系数)。他还测试了镍含量为 30% 的铁镍合金,发现它不仅具有磁性,还具有比铁或镍本身更低的热膨胀系数。这一发现使他进行了更深入的研究,最终发现镍含量为 36% 时铁镍合金具有最低的热膨胀系数。

2.2.7.1 热膨胀系数和稳定性

不出所料,铁镍合金的热膨胀系数和镍的含量高度相关,具体取决于温度、化学成分以及热处理。此外,它的时间稳定性(也就是在没有温度变化情况下随时间出现的膨胀量)也和热处理高度相关,这将在第 16 章进一步讨论。

镍的含量变化 2%,铁镍合金室温下热膨胀系数会增加 1 倍。对于得到认证的 Invar 36,它的镍含量必须在 35.5% 和 36.5% 之间。图 2.4 中展示了铁镍合金这一戏剧性的效应。镍含量 22% 的情况下,热膨胀系数非常高,甚至比纯镍或纯铁还高。在镍含量为 36% 时,热膨胀系数取最小值(恒定不变,因此称为 Invar)。含量超过 36% 时,热膨胀系数再次增加,最终会接近纯镍的热膨胀系数。

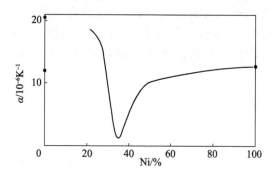

图 2.4　铁镍合金瞬时热膨胀系数(尽管铁镍具有类似的热膨胀系数,
但由于铁磁相互作用,铁镍合金不再遵从材料的混合法则)

自从纪尧姆发现殷钢这个特性,这个发明已经被大家采用了各种各样的处理方式,包括退火、锻造、锤炼、冷加工、热处理、粗锯、炉内冷却、空气冷却、慢速冷却、快速冷却、水中淬火、盐水淬火、油淬火、气体淬火、应力释放、热循环、脱碳、提纯、非提纯、陶瓷化以及超大尺寸制备等。鉴于此,殷钢的热膨胀系数和具体的处理工艺有关,数值在 $-0.3 \times 10^{-6} \sim 1.7 \times 10^{-6}/℃$ 变化。大部分实现稳定性的热处理工艺,都可以使材料的热膨胀系数在 $0.8 \times 10^{-6} \sim 1.6 \times 10^{-6}/℃$。Invar 36 热膨胀系数的最高值发生在退火状态。热处理(淬火)、机加工、冷加工会使材料热膨胀系数变小,在机加工以后重新进行退火以及应力释放,会使热膨胀系数达到名义状态,可以得到非常高的尺寸稳定性(按时间变化而言)。在第 16 章将讨论时间稳定性问题。

2.2.7.2　热膨胀系数和温度

CTE 数据由某个温度范围的热应变曲线得到。正如之前提及的,在一个温度范围内规定的热膨胀系数称为等效热膨胀系数,或者平均热膨胀系数,或者更准确的说法是割线热膨胀系数。由于应变(式(1.3))是长度变化量除以初始长度,因此,在一个温度范围内的割线 CTE 就是热应变除以温度范围值,即

$$\alpha_{sec} = \frac{\Delta L}{L \Delta T} \tag{2.1}$$

瞬时或者切线热膨胀系数 α_i 是热应变曲线上在给定温度处的斜率。Invar 36 经过适当的热处理,瞬时热膨胀系数在室温下(UNS K93603)名义值可以达到 $1.3 \times 10^{-6}/℃$。在室温之上,热膨胀系数变化非常大;在室温之下,热膨胀系数在一个很宽的范围内能够明显地保持一个恒定值,这可以从图 2.5 中的曲线看到。从图中还可以看出,随着温度降低,曲线的斜率相当稳定,而随着温度增加,则急剧增加,特别是在接近居里温度(接近270℃)时,所有的磁性都会消失。

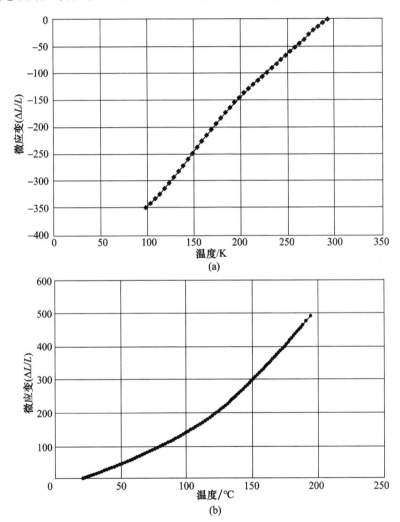

图 2.5　(a)在室温下 Invar 36 的热应变曲线,在很宽的低温范围内都具有很低的等效热膨胀系数;(b)在室温之上 Invar 36 的热应变曲线。瞬时 CTE(热应变曲线斜率)随温度显著升高增加(感谢曼彻斯特州康科德的先进材料实验室的阿尔特舒勒提供图片)

2.2.7.3 Invar 36 的变种

（1）低碳殷钢。20世纪90年代早期的研究表明[5]，如果把碳的含量取最小值（小于0.01%），其他杂质也保持在绝对的最小值，那么，殷钢的热膨胀系数会低于$1 \times 10^{-6}/\text{℃}$，并且具有非常优秀的时间稳定性（见第16章）。不过，实现这些指标需要特制的钢坯（棒材），其制备不仅困难，而且成本昂贵。

（2）易切削的殷钢（UNSK-93050）。易切削的Invar 36中添加了少量的元素硒，有助于提高机械加工性能，特别是对于难加工的区域。在某种程度而言，它的室温热膨胀系数比常规殷钢高，不过，对于大部分应用来说都是可以接受的。如果在制备后经过适当的热处理，则会具有非常良好的稳定性。

（3）淬火的殷钢。在达到退火温度后，用水、盐水或者油淬火使殷钢快速冷却，可使热膨胀系数降低到$0.6 \times 10^{-6}/\text{℃}$以下。不过，控制淬火工艺非常困难，成本也很昂贵，这会使所需的CTE值出现不确定性。因此，对于一般应用，不推荐淬火工艺，除非需要使用特别低的热膨胀系数，同时还要给出使用的注意事项。

（4）Elinvar。为了在比较宽的温度范围内保持恒定的弹性模量，铁镍合金的这个变种（ELastically INVARiable缩写）中加入了大量的铬。不过，它的热膨胀系数非常高，很适合手表制造商使用，对于光学系统不是一个很好的选择。

（5）氮化硅加强的殷钢。最近在实验室研究中引入的一个具有低密度低热膨胀系数的陶瓷化的殷钢材料变种，称为氮化硅加强的铁镍合金。不过，对这种材料还要进行更多实验验证，以确定CTE值和尺寸稳定性随时间和温度变化的情况。

2.2.8 铁镍合金的变种

根据镍的含量不同，殷钢的变种通常称为Invar××，符号××为镍含量的百分数。技术上来说，Invar这个词（首字母大写）是指Invar 36，因此，其他铁镍合金更合适的说法为合金××。

（1）超殷钢（UNSK-93500）。超殷钢含有大约32%的镍和5%的钴，具有铁镍家族最小的热膨胀系数（小于$0.3 \times 10^{-6}/\text{℃}$），并且在室温下具有良好的时间稳定性。不过，超殷钢制造和机加工都非常困难，并且如果压降（dropped）、磁化或者冷却处理，则会造成CTE特性的变化。冷却过程造成的CTE特性的变化，是由于不可逆的相变所致，会在温度范围220~270K内使得CTE和时间稳定性产生急剧的退化。一般不推荐使用超殷钢。

（2）合金39。合金39是一种镍含量为39%的铁镍合金，在室温下它的CTE升高到了$2.3 \times 10^{-6} \sim 3.0 \times 10^{-6}/\text{℃}$（图2.6）。乍一看这个合金和硅或者碳化硅材料能够很好匹配，但是当温度在室温之上或之下变化时，就不能很好地匹配，一般来说不是一个很好的选择。

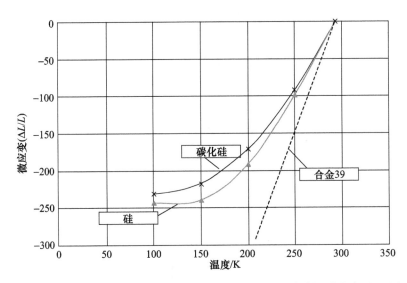

图2.6 合金39和硅产品热应变曲线(合金39和这些硅材料不能很好地匹配)

（3）合金42。作为一种铁镍合金，合金42中镍含量为42%，从而进一步增加了它的CTE，可以从室温到100K一个宽的温度范围内和硫化锌、锗以及钼具有良好匹配性。和其他铁镍合金变种对比，合金42非常容易获取。图2.7给出了它的热应变曲线。

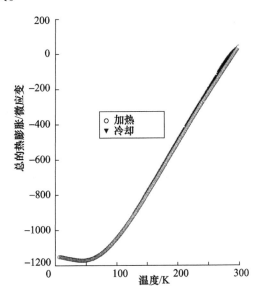

图2.7 合金42热应变曲线(和陶瓷诸如硫化锌、锗具有很好的热匹配性
（测试数据由先进材料实验室的阿奇舒勒提供))

（4）Kovar。也是一种铁镍合金,含有 29% 的镍和 42% 的钴,CTE 可以和硼硅酸盐玻璃具有很好匹配性。它的镍含量使它能在磁变换领域发挥作用,然而,由于随温度存在相变和热膨胀系数变化问题,在关键应用中不推荐使用。不过,由于热膨胀系数的匹配性,它经常用在光学系统探测器的封装方面,因而,它在特定领域确实发挥着作用。

2.2.9 铁镍族合金

表 2.5 给出了铁镍族合金热膨胀系数的名义值,其中包括 Invar 36 的几个变种。

表 2.5　殷钢家族室温下近似热膨胀系数

材料	室温 CTE/(10^{-6}/℃)	备注
超殷钢	0.3	加工困难,温度变化不稳定;相变不可逆
淬火 Invar 36,冷加工	0.3	制备和获得困难,成本昂贵;高纯度
低碳 Invar 36	0.6	成本昂贵,CTE 对淬火敏感
粗加工的 Invar 36	0.6	切割大于 0.05in;重机加工
低碳 Invar 36,热处理	0.8	制备、获取困难
半精加工的 Invar 36	1.1	切割小于 0.005in;需评估
退火、快冷的 Invar 36	1.1	需评估
退火、慢冷、机加工、热处理、消应力的 Invar 36	1.3	推荐
自由切割的 Invar 36	1.6	较高 CTE,有添加物
合金 39	2.9	不推荐,和碳化硅匹配
合金 42	4.7	和锗、硫化锡、钼能很好匹配
Kovar	5	不推荐
Elinvar	7	不推荐

2.2.10 管理规范

低热膨胀系数材料的管理规范是 ASTM F1684——"用于铁镍钴低热膨胀系数合金的标准规范"。这个标准规定了化学成分、热膨胀、特性测试条件等。它规定了在室温之上一个温度范围内的热膨胀系数(割线热膨胀系数),对室温及其之下的应用没有意义。需要使用如图 2.5 所示热应变曲线来计算室温时的值。

表 2.6 的例子给出了在符合控制规范的材料合格证书中实测割线 CTE 数据,同时还给出了使用图 2.5 外插得到的室温下瞬时 CTE 值。

表 2.6 Invar 36 测量的 CTE 值与标准规定值,室温数值根据图 2.5 外插得到

试样批次	30~150℃割线 CTE/(10^{-6}/℃)		室温 CTE（外插）	备注
	证书中的数据	F-1684 规范数据		
1	1.7	1.2~2.7	1.00	低碳
2	2.02	1.2~2.7	1.19	
3	2.05	1.2~2.7	1.21	低碳
4	2.05	1.2~2.7	1.21	低碳
5	2.09	1.2~2.7	1.23	
6	2.15	1.2~2.7	1.26	低碳
7	2.16	1.2~2.7	1.27	
8	2.18	1.2~2.7	1.28	
9	2.18	1.2~2.7	1.28	
10	2.19	1.2~2.7	1.29	
11	2.21	1.2~2.7	1.30	
12	2.27	1.2~2.7	1.34	
13	2.33	1.2~2.7	1.37	易切削
14	2.4	1.2~2.7	1.41	易切削
15	2.4	1.2~2.7	1.41	
16	2.4	1.2~2.7	1.41	
17	2.4	1.2~2.7	1.41	易切削
18	2.5	1.2~2.7	1.47	
19	2.6	1.2~2.7	1.53	
20	2.7	1.2~2.7	1.59	
21	2.7	1.2~2.7	1.59	

注意:由于化学成分以及热处理的不同,尽管使用了一些控制工艺,热膨胀系数在室温下也会在 $1.0 \times 10^{-6} \sim 1.6 \times 10^{-6}$/℃ 变动（$(1.3 \pm 0.3) \times 10^{-6}$/℃）。

2.2.11 殷钢材料总结

由于铁磁相互作用,室温下 Invar 36 具有金属材料中最低的 CTE。Invar 36 是一种铁镍合金(FeN),名义上包含 36% 的镍和 64% 的铁。铁镍含量相对 64%

和36%的偏离都会导致热膨胀系数显著增加。合金42和硫化锌、钼以及锗的匹配具有很好的用处。Invar 36 的热膨胀系数在 $-40 \sim +40℃$ 都能保持最小值，并且恒定不变；在50℃以上使用时，热膨胀系数会显著增加。杂质（碳、硒等）会增加 Invar 36 的 CTE。对于给定组成的 Invar 36，在其退火状态会具有最高的热膨胀系数。

淬火、冷加工、机加可以降低殷钢的热膨胀系数。如果不经过热处理，Invar 36 是时间不稳定的。AMS－F－1684 是采购管理规范。

不推荐使用超殷钢。没有好的原因不要进行淬火。最后，Invar 36 由于工艺不同，CTE 可从 $1.0 \times 10^{-6}/℃$ 到 $1.6 \times 10^{-6}/℃$。对数值及范围更严格控制，需要专门定制。

2.3　中等热膨胀系数的材料

有些光学材料尽管热膨胀系数很高，但仍旧具有很大的吸引力；这在于它们具有高热导率、轻量化、低成本，以及高刚度。当然，当对温度变化不采用主动调焦时，计量结构需要选用相同的材料。中等热膨胀系数（not－so－low）材料包括铝、铍及铝铍合金，它们在2.3.4节中的表2.7中列出。这里给出了这些材料的一些评论。

2.3.1　铝

铝 6061－T6 在室温下 CTE 为 $22.5 \times 10^{-6}/℃$，是元素周期表中具有较高热膨胀系数的材料之一。正因为如此，它需要采用铝制计量结构。铝具有良好的热导率，相对轻的重量，易于机加和金刚石车削。机加后必须经过应力释放，以得到一个稳定性的镜片。特定级别的铝不经过镀膜直接抛光，表面粗糙度仍可以满足散射指标要求（双向反射率分布函数（BRDF）），因此在一些应用中，铝合金可以不用镀膜而直接进行抛光。不过，许多光学抛光人员喜欢镀膜（如镍膜）后抛光，此时，由于 CTE 的不匹配可能会产生性能误差。尽管铝是一个良好的热导体，但它的热学品质因数并不是那么好。铝最大的吸引力是它的成本，它是迄今为止成本最低的选择。

2.3.2　铍

铍在室温下热膨胀系数为 $11.4 \times 10^{-6}/℃$，一般而言，需要配合使用铍材料的计量结构。它的成本很高，并且在机加工过程中需要特别小心，以避免可能会吸入有毒灰尘。不过，铍的吸引力在于它良好的热导率，特别是它具有极低的密度、高的刚度,从而使它具有优秀的机械品质因数。正因为如此,在所有可能的材料组合中,铍可以得到最轻的设计结果。尽管可以进行裸抛,一般还是需要增加一个可抛光的膜层,诸如镍层等。合理选用含有一定量磷的镍进行电镀,由于和基体具有很好的热匹配性,所以可使性能误差最小化。

诸如 O30 等光学级的铍采用了精细球形粉末技术,具有非常好的 CTE 均匀性,比早期真空热压级(VHP)的材料性能显著改善。VHP 级的铍不仅 CTE 均匀性差,在温度漂移后滞后性也很差。

铍通过机加工可得到良好的光学表面,但还需要进行热处理释放残余应力,特别是对于机加的光学表面,由于磨粒的各向异性,会存在残余应力。

机械加工过程产生的残余应力,是由于机械切割或者磨料研磨导致。进一步来说,由于晶体颗粒的重定向,材料的机械加工会使损坏层区域的 CTE 增加。在最终机加完成前进行酸洗有助于解决这个问题。此外,从理论上讲,使用直径越来越小的粒子,直到去除所有机加损坏的区域,这种精细控制的研磨工艺也能够消除机加产生的影响。不过,温度释放经常是一种更有前途的应用方法。

如果需要在极端温度变化的情况下实现尺寸稳定性,采用热循环进行应力释放非常关键[6]。为了释放机加过程的残余应力,推荐温度需要高至 300℃。实际上,为了释放全部应力甚至需要接近 600℃ 的温度。然而,由于会发生氧化和大的翘曲,大部分生产商都不会尝试这么做。对残余应力的研究表明[7],最小的应力释放在 150℃ 以下进行热循环;显著的应力释放温度要高于 400℃;进一步的应力释放,热循环需要从 −200℃ 到 400℃;低于 −200℃ 就不会再有更多益处了。和等温热处理相比,热循环可以释放更多的应力。一般来说,三次热循环就足够使零件达到稳定。为了避免热冲击,一般来说,循环的速率不应超过60℃/h。

由于完全应力释放的温度非常高,那么,正好在零件最大预期生存温度之上或最小预期生存温度之下进行热循环,至少实现部分应力释放,就显得非常重要了。只要没有超出生存温度范围,这种热循环就会实现零件的稳定化。

2.3.3 铝铍合金

有些情况下,可以使用铝铍合金机加或者铸造的镜片,最著名的就是AlBeMet®[8]和 Beralcast®[9],它结合了纯铝和纯铍两种材料的优点,可以作为一个令人满意的折中选择。铝铍合金更轻,刚性更好,CTE 优于铝合金,成本优于铍。它易于连接、机加或者铸造,因此还可以用来制造支撑及计量结构。

2.3.4 光学计量结构

不是所有的候选材料都适用于制造光学元件和光学计量结构,因此镜片和结构材料需要进行不同组合。表2.7列出了上面描述的可能的光学候选材料,同时还给出了与之可能组合的结构材料。

表2.7 (a)~(f)基于热性能的镜片和计量结构的材料组合。
包括近似无热化设计组合的优缺点的注释

(a)

	镜片	计量结构	备注
	ULE	碳纤维复合材料	解吸湿
	Zerodur	碳纤维复合材料	解吸湿
	熔石英	碳纤维复合材料	解吸湿
	熔石英	Invar	重,温度有限
	熔石英	熔石英	风险大
	铝	铍	成本低;要控制梯度
	铍	碳化硅	成本高;超轻
	硅	碳化硅	尺寸有限
	碳化硅	碳化硅	结构连接;结构尺寸
	碳化硅	碳纤维复合材料	可能需要调焦;设计最轻(除非全铍)
	碳化硅	Invar	可能需要调焦;设计很重

(b)

	镜片		计量结构	
		CTE/(10^{-6}/K)		CTE/(10^{-6}/K)
	ULE	0.03	碳纤维复合材料	-0.2
	Zerodur	0.03	碳纤维复合材料	-0.2
	熔石英	0.52	Invar	1.3
	铝	22.5	铝	22.5
	铍	11	铍	11
	硅	2.6	碳化硅	2.4
	碳化硅	2.4	碳化硅	2.4
	碳化硅	2.4	碳纤维复合材料	-0.2

48

（c）

	镜片		计量结构	
		模量/Msi		模量/Msi
	ULE	9.8	碳纤维复合材料	15
	Zerodur	13.1	碳纤维复合材料	15
	熔石英	10.6	Invar	20.5
	铝	10	铝	10
	铍	44	铍	44
	硅	20	碳化硅	44.5
	碳化硅	44.5	碳化硅	44.5
	碳化硅	44.5	碳纤维复合材料	15

（d）

	镜片		计量结构	
		密度/（lb/in³）		密度/（lb/in³）
	ULE	0.08	碳纤维复合材料	0.06
	Zerodur	0.091	碳纤维复合材料	
	熔石英	0.08	Invar	0.3
	铝	0.1	铝	0.1
	铍	0.07	铍	0.07
	硅	0.08	碳化硅	0.105
	碳化硅	0.105	碳化硅	0.105
	碳化硅	0.105	碳纤维复合材料	0.06

（e）

	镜片		计量结构	
		热导率/（（W/m）·K）		热导率/（（W/m）·K）
	ULE	1.31	碳纤维复合材料	32
	Zerodur	1.64	碳纤维复合材料	32
	熔石英	1.38	Invar	10
	铝	150	铝	150
	铍	200	铍	200

	镜片		计量结构	
	热导率/((W/m)·K)			热导率/((W/m)·K)
	硅	125	碳化硅	150
	碳化硅	150	碳化硅	150
	碳化硅	150	碳纤维复合材料	32

(f)

	镜片		计量结构	
	强度/psi			强度/psi
	ULE	1500	碳纤维复合材料	40000
	Zerodur	1500	碳纤维复合材料	40000
	熔石英	1500	Invar	71000
	铝	42000	铝	45000
	铍	35000	铍	35000
	硅	6500	碳化硅	12000
	碳化硅	12000	碳化硅	12000
	碳化硅	12000	碳纤维复合材料	40000

2.4 很高热膨胀系数材料

有些材料,诸如塑料和环氧胶,具有非常高的热膨胀系数。

2.4.1 塑料

尽管热膨胀系数很高,但是当低弹性模量很重要时,如为减小接触应力(见第16章)或者作为隔离应力的屏障等,诸如 Vespel® 或者 Teflon® 等塑料材料经常是很适宜的。因此,虽然对镜片或者支撑结构都不理想,但是它们在特定应用中确实发挥着重要作用。这些材料室温下的热膨胀系数都超过了$50 \times 10^{-6}/℃$。

2.4.2 胶黏剂

表2.8给出了光学工业在宇航应用方面经常使用的胶黏剂(几种胶的特殊属性在表2.3给出)。这个列表给出的只是超过1000多种胶黏剂中的一小部

分。但是对于那些最常使用的胶黏剂来说,它可以作为的一个很有帮助的使用指南。表中还包括了这些胶黏剂的典型用法。

胶黏剂的选择取决于许多因素,包括工作和生存的温度范围、材料特性以及胶接强度等。列举的胶黏剂可用来黏接大部分工程材料,包括金属、塑料、陶瓷以及玻璃等,前提是黏接表面需要经过适当处理。关于黏接的问题在第9章将详细讨论,同时还会针对特定应用,详细讨论如何选择合适的胶黏剂。

表 2.8 光学行业在宇航应用方面典型的结构胶黏剂

材料	典型用法
3M SCOTCH weld 2216	室温到低温
EA 9361	低温,高应变
EA 9394	高温
Epibond 1210 – A/9615 – 10	低温胶
Epo – tek 301 – 2	薄胶层结构胶;毛细浸润 环氧树脂(wicking)
RTV 566	硅橡胶光学支撑

2.5 强   度

光学结构分析人员关心的是刚度。在截面给定的情况下,高弹性模量材料具有更高刚度,这是许多光学系统所需要的属性。另外,分析人员还要关心强度;高刚度的光学系统只有能够在环境载荷下生存,才能有良好工作性能,因而,一般不仅是需要高强度,而且还要应力水平足够低,以避免发生永久变形,这样做可能会削弱高刚度的好处。后续章节将详细讨论这方面主题。接下来根据应力-应变数据介绍刚度和强度的一些基本概念。

2.5.1 加载失效

图2.8给出了一种结构钢典型的应力-应变示意图。这个图可以说明后续分析中使用的定义和概念,有必要首先研究下这个曲线。

沿着杆的轴线方向施加拉力以确定它的应力-应变特性。一般来说,使用集成了测力传感器和应变伸长计的拉伸试验机,确定不同载荷作用下的应力(式(1.2)),以及产生的应变(式(1.3))。随着载荷增加,应力应变曲线最初为直线,表现出线弹性特性,此时适用胡克定律(式(1.4))。大部分光学设计使用的参数指标都集中在这个区域。此时,如果去除载荷,应变会恢复到起点时的零值。如果继续加载超过线性区域,应力和应变不再保持正比关系,材料变形所需的载荷会减小。材料可以在一段时间内保持弹性,也就是或能够恢复到(近似)零应变,直到达到比例极限为止。超过这个极限,材料将表现为非线性,在超过材料屈服点后去掉载荷会产生永久应变,也就是呈现出"塑性"。一般来说,大部分材料的屈服点选择在产生0.2%应变偏移量处,或者说卸载后会保留0.002永久应变。

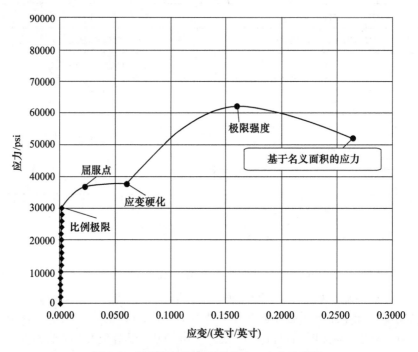

图2.8 低碳结构钢典型的应力−应变示意图

载荷释放路径一般和弹性区域的斜线平行,如图2.9所示。随着载荷继续增加,材料在一个称为应变硬化的过程中变硬;在这里卸载并重新加载,会显著提高材料的屈服点,同时也会提高它的断裂强度。实际上,这些过程在许多高强度应用中都得到了使用。随着载荷增加,材料最终会在某点发生断裂,这点称为材料的极限强度。在实际试验过程中,材料的截面面积会降低,导致实际强度会更高;不过,在分析中我们是使用初始的截面积,报告的强度值(工程应力)也基于此得到。

52

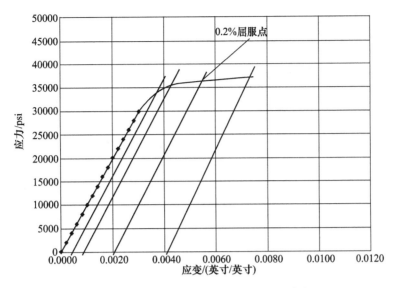

图 2.9 铝的屈服点,卸载后会产生永久应变

2.5.2 屈服

正如刚才讨论的那样,韧性材料达到屈服点后不会再回复到零应变,而是会产生一个永久应变。例如,考虑如图 2.10 所示铝的一个典型应力 – 应变曲线。

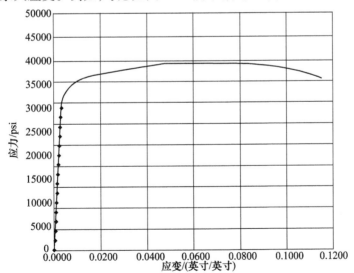

图 2.10 铝 6061 – T6 典型的应变失效曲线示意图
(在 30000psi 下材料为弹性的,发生失效时具有高的伸长率)

屈服强度可以根据产生的永久应变的具体值确定。注意：可使用多种应变偏移值；不过 0.2% 偏移是很常见的，对于镜片有时需要设置更低的值。

2.5.3 微屈服

在光学领域，有时我们要关注微屈服，它定义为卸载后产生 1×10^{-6} 永久应变，或者产生 0.0001% 偏移量处的应力。这个值也称为材料的精密弹性极限。由于永久应变非常小，仅为典型屈服点数值的 1/2000，因此很难测量，需要采用专门的技术。因为呈现为线性，在曲线上很难发现这个值。尽管"弹性""比例极限"这些词隐含没有永久应变的意思，但是从微观角度来讲，实际不是这样的。

光学结构分析人员必须确定永久应变对失调以及波前差的影响，其中波前差是由位置失调或者镜片残余应力产生。微屈服一般不会成为一个问题，因此，需要考虑它的使用需求，不能盲目使用，否则，会产生过分保守或者太重的设计。在第 16 章将看到这方面的例子。

2.5.4 脆性材料

光学系统中使用的许多材料，如玻璃和陶瓷，本质上都是脆性材料，也就意味着没有明确定义或者存在的屈服点，材料在载荷作用下发生失效不会经历塑性变形。如图 2.9 所示，随着应力增加韧性材料会表现出非线性特性，在某种程度上允许材料超过屈服点，比如在接近应力奇异处或者在热应力作用下。而脆性材料则不能如此，因此需要特别小心，更多讨论见第 12 章。

2.5.5 安全因子

为了保证设计成功，一般需要采用安全因子(FS)。安全因子定义为材料的强度(屈服、极限等)除以实际应力。表 2.1 ~ 表 2.4 给出了许多材料的强度。这些强度值在报告中一般称为"A"值(威布尔 A)，也就是说，可实现 99% 的生存概率以及 95% 的置信度。所需要的安全因子取决于用户指标或者内在设计要求，不过，对于韧性材料，一般规定屈服强度安全因子取 1.25，对极限强度取 1.4 或者 1.5。对于胶黏剂、某些复合材料，以及一些缺少特性参数的材料等，为了避免极限强度失效，通常采用安全因子 2.0。对于脆性材料，通常采用安全因子 3。对于提升装置或者人命攸关之处，通常取安全因子 5，或更高。

对于疲劳(见第 11 章)和应力侵蚀(见第 12 章)，采用对应时间的散射因子替代对应强度的安全因子。散射因子和程序及应用相关，不过一般常用的类型有 4 种。

经常采用安全余量(MS)来确定许用应力,MS 定义为

$$MS = FS - 1 \qquad (2.2)$$

对于一个可接受的设计,安全余量必须大于零。

2.5.6 总结

屈服强度就是材料进入塑性的那点,此时应力不再和应变呈正比。超过屈服点后,微小的载荷就会使应变显著增加。屈服强度对于避免永久变形非常重要。尽管常见的永应变偏移量取 0.2%,在镜片附近的关键区域,有时也会采用更加精细的量级(精密弹性极限)。极限强度对于避免灾难性失效非常重要。因此,为避免此类事故的发生,并考虑设计中各种不确定性,需要采用足够的安全因子。对于脆性材料,则需要特别小心。

参 考 文 献

1. Corning, Inc., Canton, New York.
2. Schott Glaswerke AG, Mainz, Germany.
3. ArcelorMittal, Stainless and Nickel Alloys, Imphy, Neuvre Department, Bourgogne, France.
4. R. Guillaume, "Invar and Elinvar," *Nobel Lecture* **11** December 1920, from *Nobel Lectures, Physics, 1908–1926*, Elsevier Publishing Co., Amsterdam (1967).
5. S. F. Jacobs, "Variable invariables: Dimensional instability with time and temperature," *Proc. SPIE* **10265**, 102650I, *Optomechanical Design: A Critical Review* (1992) [doi: 10.1117/12.61115].
6. R. A. Paquin, "Dimensional instability of materials: How critical is it in the design of optical instruments?" *Proc. SPIE* **10265**, 1026509, *Optomechanical Design: A Critical Review* (1992) [doi: 10.1117/12.61106].
7. I. Kh. Loskin, "Heat treatment to reduce internal stresses in beryllium," *Metal Sci. Heat Treat* (USSR) p. 426 (1970).
8. Materion Corp., Beryllium and Composites, Elmore, Ohio.
9. Beralcast Corp., a subsidiary of IBC Advanced Allots Corp., Franklin, Indiana.

第3章 运动学支撑

3.1 运动学原理

运动学支撑正好约束了三维物体的6个自由度(3个平动和3个转动)而没有过约束,是镜片和光学结构的一种理想支撑方式。它需要约束6个独立自由度而没有冗余。换句话说,运动学支撑是静定的,在三维坐标系(x,y,z)中可用如下6个平衡方程来描述,即

$$\begin{cases} \sum F_x = 0 \\ \sum F_y = 0 \\ \sum F_z = 0 \\ \sum M_x = 0 \\ \sum M_y = 0 \\ \sum M_z = 0 \end{cases} \quad (3.1)$$

这种支撑允许被支撑物体沿着或绕着与其连接的参考基础的任意轴线平动或转动,被支撑物体只有刚体运动而不发生变形。

例如,考虑图3.1所示的理想支撑结构,它包括3个凹槽,或者由球–凹槽、球–锥孔以及球–平面构成。在图3.1(a)中,球–凹槽限制了结构在竖直和切向的运动;在图3.1(b)中,球–锥孔约束了3个平动自由度(x,y,z),球–凹槽限制了两个平动自由度(y,z),而球–平面限制了沿z轴的一个平动自由度。上述构型完全满足式(3.1)的平衡方程。换一种说法,就是这种构型消除了3个平动自由度和3个转动自由度(俯仰、偏航以及滚动)而没有冗余。

读者可能会注意到,不是所有的6个自由度约束都是运动学的。图3.2(d)和(e)都不是运动学的。在图3.2(d)中,由于平衡方程不能满足,镜片能够自由转动,不能处于平衡状态。注意:由于约束是径向的,径向热膨胀受到限制而产生力,会导致镜片扭曲变形。对图3.2(e)也可以做类似讨论。在这个图中,沿着x轴的反作用力是共线的,平衡方程同样不能满足。如前所述,图3.2(a)是

56

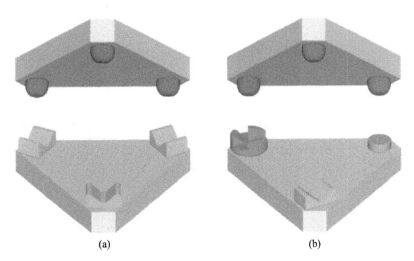

(a)   (b)

图 3.1　理想的运动学支撑共有 6 个(并且只有 6 个)
静定约束自由度。所有其他 12 个自由度都是无约束的
(a)凹槽约束了结构竖直和切向 2 个自由度；(b)锥坑、凹槽和平面
分别约束了结构的 3 个、2 个和 1 个平动自由度。

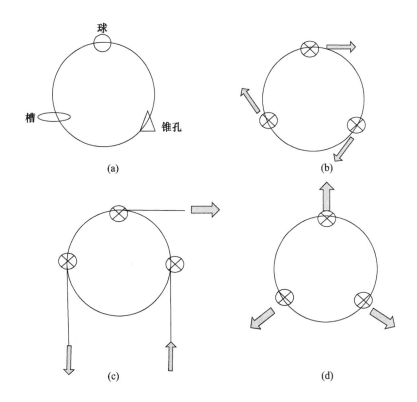

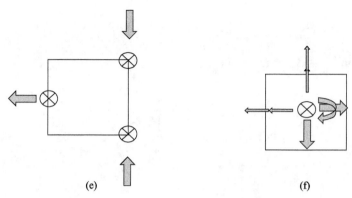

图3.2　6个自由度运动学和非运动学布局
(其中(a)、(b)、(c)、(f)为运动学的,(d)、(e)为非运动学的)

运动学的。图3.2(b)也是运动学的,每个支撑都限制了镜片沿着轴向和切向的自由度,总共约束了6个自由度,满足了平衡方程的要求。对于图3.2(c),由于所有沿着 x 方向的载荷都作用在一个点上,这会影响到准运动学支撑的刚度和强度,虽然不太令人满意,但同样是运动学的,下面将会讨论。图3.2(f)是另外一种运动学支撑的例子,其中所有6个自由度都约束在一个点上。

运动学支撑能够允许无变形的装配,这对于几分之一波长的变形都会破坏光学性能的情况而言是非常关键的。这就意味着,可以把镜片(或者结构,如果它也是运动学支撑)视作一个刚体而不用担心,通过任意移动支撑底座就可以完成装调。一位管理人员曾经问我们为什么要采用运动学的、静定的支撑;毕竟,我们在学校都学会了如何做非静定分析,并且多个点能更好地支撑镜片。虽然有使用多点支撑(见第7章)的情况,这位管理人员显然没有理解这个要点:运动学对于避免镜片变形非常关键。例如,考虑一个非运动学支撑,它在4个角上过约束支撑(图3.3)。这是个方形薄镜片,在这个支撑下非常容易发生弯曲。从对称性讲,四个角支撑可能会是一个好的方案;同只有3个角的运动学支撑相比,它还能够承载更多载荷。

然而,假定3个角的支撑是运动学的,第4个角的支撑在光轴方向偏移了0.001in。镜片装好以后,就会发生0.001in的弯曲变形。然而,0.001in变形等于40个可见光波长,远远超过了几分之一个波长的要求(这是一个真实例子)。无需多说,尽管我们当然有能力分析超静定结构,但是运动学支撑是非常关键的。

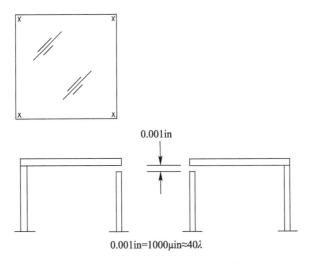

图 3.3　四点非运动学支撑会产生很大装配误差

3.2　准运动学支撑

完全运动学支撑也有缺点。因为它依赖于点接触,在载荷作用下会产生高应力(见第16章)。此外,由于每个单独支撑都可以自由转动(根据需要,只约束了平动),摩擦力、黏着力等会使镜片产生过约束。摩擦力和黏着力在测定和重复性方面存在问题,会严重影响性能预算。

这种情况可以通过合理设计准运动学支撑来缓解。准运动学支撑可以限制需要的6个自由度,并以可预测、可重复的方式,稍微过约束剩余的自由度。可预测、可重复的方式,就是意味着没有活动部件。

注意:正如我们所描述的,对于三点运动学支撑来说,每个单独的支撑点都具有6个可能的自由度,总共有18个自由度,其中根据需要只约束了6个自由度,剩下12个自由度则无约束。对于准运动学支撑来说,这12个自由度则需要非常柔顺,以使装配过程中或者温度偏移情况下的装配或热载荷实现最小化,进而使变形最小。这一般是通过一个柔顺的支撑方案来完成的。

这样的柔顺支撑可通过挠性设计来实现,它利用了金属的弯曲,具有很好的预测性,而不是像完全运动学支撑那样依靠零或者不可预测的摩擦力(以及高接触应力)。

准运动学支撑通常采用梁形式的挠性系统,它在需要运动的自由度上柔顺,在需要约束的6个方向上刚硬;或者采用Bipod(二足杆)支撑系统,也可以实现在需要的自由度上柔顺,同时在需要约束的 6 个方向上刚硬。本章我们将说明和分析这两种类型的系统。

3.3 挠性支撑分析

挠性元件无非就是一种梁,根据运动学要求,它很容易在所需的自由度(平动和转动)发生弯曲和扭转,并能在静定约束的轴上提供足够的刚度。如图 3.4 所示,给出了一个三点挠性设计的例子。镜片的支撑通过安装与之相切并相隔 120°的挠性元件来实现。同样,柔顺性不为零,所需的约束也不能提供零位移。因此,必须进行详细的分析,以确保在支撑引起的载荷下保持足够的柔顺性能,同时保持适当刚度以满足变形和基频要求(见第 10 章)。

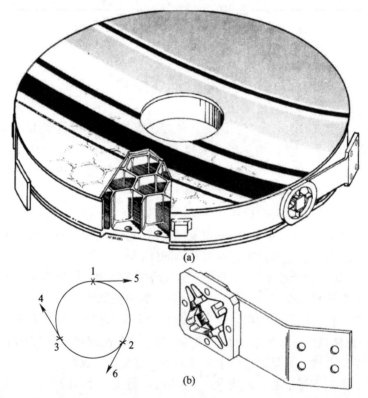

图 3.4 (a)轻量化镜片采用挠性元件的三点准运动学支撑和(b)挠性支撑示意图

注意,挠性元件在 z 轴平动方向刚度相对较大,与其较强的轴向弯曲刚度 EI 成正比,其中

$$I_s = \frac{tb^3}{12} \tag{3.2}$$

挠性元件在横向(x 和 y 轴)刚度也很大,能承受拉压载荷,载荷大小和其截面积 A、弹性模量 E,以及它们的积成正比,其中

$$A = bt \tag{3.3}$$

这个构型满足静定约束条件。

应该注意的是,这个挠性元件在径向平动方向是柔顺的,并且和它较弱的轴向弯曲刚度 EI 成正比,其中

$$I_w = \frac{bt^3}{12} \tag{3.4}$$

这个挠性元件绕 z 轴弯曲转动以及绕切向轴的扭转也都是柔顺的;不过,绕着径向直线的转动不是柔顺的。为了实现这个柔顺目的,有时会引入一个枢轴提供这个自由度,如图 3.4 所示,或者采用锥形柔性元件以增加柔性。

3.3.1 绕径向直线的转动柔顺性

图 3.4 所示的叶片形挠性元件,在没有增加枢轴的情况下,本身不具有绕着径向的转动柔顺性。如果这个自由度非常关键——通常情况下都是这样的,就需要引入枢轴释放这个刚度。这可以通过采用市场上可买到的悬臂式挠性枢轴弹簧来实现[1],如图 3.5 所示。这些枢轴利用十字形挠性元件提供径向转动柔顺性,同时保持足够的轴向和径向刚度。它可以容许非常大的转动角度,不过会发生一些偏心现象。小的转角可以使偏心效应最小化。关于枢轴的承载能力,制造商会提供表格化的数据。

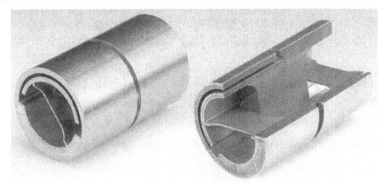

图 3.5 单端(左)和双端(右)十字叶片枢轴具有径向转动柔顺性和承载能力
(转载自参考文献[1]并经 Riverhawk 公司许可)

或者,可使用"自制的"枢轴设计,如图3.6所示。利用第1章的公式,这种枢轴可以在所需自由度上具有适当刚度,仅承受拉压载荷。轴向应力(和屈曲极限)很容易根据式(1.2)和式(1.63)分别计算。为了确定转动柔顺性,使用表1.1悬臂梁工况下的相容性关系。参考图3.6,对于每个辐条(spoke)可以得到

$$\frac{PL^3}{3EI} - \frac{ML^2}{2EI} = y = a\theta \tag{3.5}$$

$$\frac{PL^2}{2EI} - \frac{ML}{EI} = -\theta \tag{3.6}$$

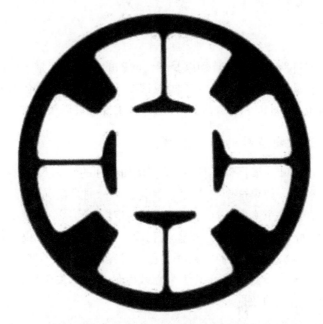

图3.6 在图3.4挠性元件上连接的枢轴可提供高度径向转动柔顺性。
为实现承载,必须调整叶片尺寸,以提供足够刚度和强度,同时避免发生屈曲

求解 M 和 P,然后用绕枢轴中心的力矩 M_t 除以角度来计算转动刚度,即

$$K_\theta = \frac{4M_t}{\theta} \tag{3.7}$$

其中

$$M_t = M + Pa \tag{3.8}$$

由此可得到

$$K_\theta = \frac{4EI}{L}\left(4 + \frac{12a}{L} + \frac{12a^2}{L^2}\right) \tag{3.9}$$

62

3.3.2 约束自由度分析

首先,考虑图 3.5 所示的支撑,其中挠性元件和镜片刚性连接(无径向枢轴)。对于脆性材料的光学镜片(如玻璃或者陶瓷),这种连接方式一般是通过环氧胶黏接实现(见第 9 章),或者对于金属光学元件,有时可通过螺栓连接(见第 14 章)。

3 个挠性元件在沿着镜片法向,也就是沿着光轴方向,承载镜片重量时,考虑简单的平衡条件,可以知道每个挠性元件都支撑了镜片⅓的重量,即

$$P = \frac{W}{3} \tag{3.10}$$

这个梁就如同一个末端滑动支撑的悬臂梁,根据表 1.1,它的变形为

$$Y = \frac{PL^3}{12EI} = \frac{WL^3}{36EI} = \frac{WL^3}{3Etb^3} \tag{3.11}$$

产生的应力为

$$\sigma = \frac{Mc}{I} = \frac{6M}{tb^2} = \frac{3PL}{b^2} = \frac{WL}{tb^2} \tag{3.12}$$

当沿着 x 轴线方向承载镜片重量时,顶部挠性元件承受很小载荷,而其他两个承受镜片的大部分重量,根据平衡条件,得到

$$P = \frac{W}{2\cos 30°} = 0.577W \tag{3.13}$$

镜片沿着 x 轴向的变形为

$$Y = \frac{PL}{AE\cos 30°}$$

或者

$$Y = \frac{0.577WL}{AE\cos 30°} \tag{3.14}$$

$$Y = \frac{0.666WL}{AE} \tag{3.15}$$

产生的应力为

$$\sigma = \frac{P}{A} = \frac{0.577W}{A} \tag{3.16}$$

当在 y 轴方向承载镜片重量时,每个挠性元件都会承受载荷,但大小不等。根据平衡条件,挠性元件 1 承受的反作用力最大:

$$P = \frac{2W}{3} = 0.666W \qquad (3.17)$$

参考图 3.4(b),可以推导出以下结果:假设挠性元件 1 在 y 反向的反作用力为 A,根据对称性,假定挠性元件 2 和 3 的反作用力都为 B。每个挠性元件上的力分别为 F_1,F_2 和 F_3。R 是 3 个挠性支撑形成的内接圆的半径,点 O 为原点。在 y 方向重力 W 的作用下,可以得到

$$\sum M_O = 0$$

$$AR = 2BR\sin30° + 2CR\cos30°$$

$$W = A + 2B$$

$$AR = FR + FR$$

$$AR = BR/\sin30° + BR/\sin30°$$

$$AR = 2BR + 2BR = 4BR$$

$$A = 4B$$

$$W = A + 2B = 6B$$

$$B = W/6$$

$$A = F_1 = 2W/3$$

$$C = W\cos30°/3$$

可以看到,由 $\sin30° = B/F_2 = B/F_3$,可以得到 $F_2 = F_3 = B/\sin30°$,也就是 $F_2 = F_3 = 2B = W/3$。接下来就可以得到镜片在 y 轴方向的变形为

$$Y = \frac{PL}{AE}$$

或者

$$Y = \frac{0.666WL}{AE} \qquad (3.18)$$

结果和式(3.15)得到的相等,也就是说,横向两个方向的刚度是相同的,尽管这对于不经意的观察者来说直觉上并不是显而易见的。

得到的应力为

$$\sigma = \frac{P}{A} = \frac{0.666W}{A} \qquad (3.19)$$

这个应力结果大于 x 轴向的应力(式(3.16))。

3.3.2.1 实例分析

考虑如图 3.4(a)所示支撑在 3 个挠性元件上的刚性镜片(未显示径向柔性

64

枢轴)。镜片重 10lb,在任何方向都要承受 30g 发射载荷。6061－T6 铝制挠性元件的长度为 3in,宽度为 1in,厚度为 1/8in,确定发射时挠性元件的应力以及在每个正交轴方向的自重变形。计算时使用表 2.1 中列出的铝的属性。

发射时沿着 z 轴方向的应力,根据式(3.12)可以得到

$$\sigma = \frac{WL}{tb^2} = 10 \times 30 \times 3/(0.125 \times 1 \times 1) = 7200\text{psi}$$

这个值远低于材料的许用应力(表 2.1)。

沿着横向 x 轴的应力,根据式(3.16)得到

$$\sigma = \frac{P}{A} = \frac{0.577W}{A} = 0.577 \times 10 \times 30/(0.125 \times 1 \times 1) = 1385\text{psi}$$

沿着横向 y 轴的应力,可以根据式(3.19)得到

$$\sigma = \frac{P}{A} = \frac{0.666W}{A} = 0.666 \times 10 \times 30/(0.125 \times 1 \times 1) = 1600\text{psi}$$

沿着 z 轴方向的自重变形,根据式(3.11)得到

$$Y = \frac{WL^3}{36EI} = 10 \times 30 \times 3 \times 3 \times 3/(3 \times 10^7 \times 0.125 \times 1^3) = 0.0007\text{in}$$

沿着 x 或者 y 轴方向的自重变形,根据式(3.15)和式(3.18)得到,即

$$Y = \frac{0.666WL}{AE} = 0.666 \times 10 \times 3/(0.125 \times 1 \times 10^7) = 0.00016\text{in}$$

3.3.3 柔顺自由度分析

接下来,考虑这个切向挠性系统所需的柔顺度。假定由于装配误差或者与支撑边框 CTE 的不匹配,挠性元件需要沿着径向容许一个位移 Y。

为此,通过滑动支撑的悬臂梁在较弱轴向发生弯曲变形实现。同样,由表 1.1 可以得到

$$Y = \frac{PL^3}{12EI} = \frac{PL^3}{Ebt^3} \tag{3.20}$$

作用在镜片上的力为

$$P = \frac{bt^3 EY}{L^3} \tag{3.21}$$

镜片上的弯矩为

65

$$M = \frac{PL}{2} = \frac{bt^3 EY}{2L^2} \tag{3.22}$$

挠性元件上的弯曲应力为

$$\sigma = \frac{Mc}{I} = \frac{3EtY}{L^2} \tag{3.23}$$

注意:这个应力和梁的惯性矩无关,只取决于其厚度,这个情况非常好。这是一个恒定变形问题,即挠性元件的宽度不会影响应力,因此可以根据需要增加梁的宽度,从而进一步增加刚度;不过,作用在镜片上的力也会增加,因此需要进行折中选择。这个问题后续将进一步讨论。

接下来,假定由于装配误差影响,挠性元件需要在扭转方向(或者说是沿着挠性元件的切向方向)提供一个转角。

根据式(1.36)计算扭转力矩 T,即

$$\theta = \frac{TL}{KG} = \frac{3TL}{bt^3 G}$$

$$T = \frac{\theta bt^3 G}{3L} \tag{3.24}$$

这就是传递到镜片上的扭矩。

剪切应力根据式(1.29)计算,即

$$\tau = \frac{3T}{bt^2} = \frac{Gt\theta}{L} \tag{3.25}$$

可以看到,这个应力也与挠性元件的宽度无关。

从上面分析,我们看到准运动学支撑提出了相互矛盾和相反的要求:一方面,它必须刚硬和牢固(也不能发生弯曲);另一方面,它必须具有弱的刚度和良好的柔顺性,以避免传递大的载荷到镜片,同时使挠性元件产生过大的应力。为了应对这个挑战,在3.5节给出了优化设计求解的几种方法。在第4章讨论了镜片的变形和它的限制。

3.3.3.1 实例分析

图3.4(a)中一个安装在支撑框上的刚性镜片,由于装配误差影响,导致径向平动0.003in以及绕切向轴转动0.003rad。对于3.3.2.1节中的挠性元件,确定镜片上承受的力和力矩。

根据式(3.21),径向力为

$$P = \frac{bt^3 EY}{L^3} = 1 \times 0.125^3 \times 10^7 \times 0.003 / (3 \times 3 \times 3) = 2.17 \text{lb}$$

66

根据式(3.22),绕轴向方向的弯矩为

$$M = \frac{bt^3EY}{2L^2} = 1 \times 0.125^3 \times 10^7 \times 0.003/(2 \times 3 \times 3) = 3.26 \text{lb} \cdot \text{in}$$

根据式(3.24),绕切向轴的扭矩为

$$T = \frac{\theta bt^3G}{3L} = 0.003 \times 1 \times 0.125^3 \times 3.8 \times 10^6/(3 \times 3) = 2.47 \text{lb} \cdot \text{in}$$

在第4章,我们将会看到这些力对镜片性能的影响。

3.4　Bipod

Bipod 就是一个由两个杆构成的 A 字形桁架,最简单的形式如图 3.7 所示。

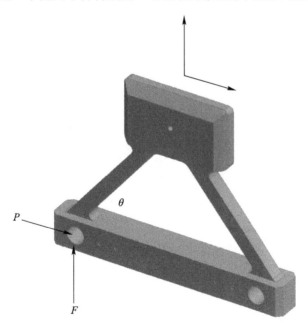

图 3.7　单个 Bipod 在所需的两个自由度上很刚硬,而在另外 4 个自由度上相对柔软(柔顺)

　　和前面描述的挠性梁一样,Bipod 在需要运动的自由度(包括平动和转动)上很容易弯曲和扭转,但能在运动学需要的静定约束的轴向提供足够刚度。图 3.8 给出了一个三点 Bipod 设计的例子。这里,镜片的支撑通过安装 3 个与其垂直且沿圆周间隔 120°的 Bipod 元件来实现。同样,柔顺性也不是为零,所需的约束也不能提供零位移。因此,需要进行详细分析,以确保在支撑导致的载荷下具有足够柔顺性能,同时保持适当刚度要求以满足变形和基频指标。

注意:Bipod 在 z 轴平动方向具有相对较高的刚度,能承受拉压载荷,大小和其截面积、模量以及它们的积 AE 呈正比,其中如式(3.3)所示,$A = bt$。

为了在径向和切向易于变形,Bipod 一般采用方形或者圆形截面,对于方形截面来说,$b = t$。从制造的角度来说,方形优于圆形。和挠性梁类似,Bipod 在面内横向轴线方向(x 和 y)具有高刚性,能承受拉压载荷,满足静定约束条件。

注意:对于方形截面,Biopd 在径向平动方向是柔顺的,变形大小和其刚度 EI 成正比,其中 I 为

$$I = \frac{b^4}{12}$$

图 3.8　一组 Bipod 元件的准运动学支撑约束了镜片的 6 个自由度而无过分约束

同时,绕 z 轴的弯曲转动以及绕切向轴的扭转方向也都是柔顺的;此外,和挠性梁不同,它在绕着径向直线的转动方向也是柔顺的(Bipod 可以看作具有较大切口的宽锥形挠性元件)。因此,Bipod 在其顶点不需要枢轴组件。

3.4.1　约束自由度分析

考虑图 3.8 所示的支撑,其中 Bipod 和镜片采用了刚性连接。重力沿着镜片法向也就是光轴方向,每个 Bipod 元件都承受了 1/3 的镜片重量。下面计算镜片自重作用产生的位移 Y 和应力 σ,它们都是 Bipod 夹角的函数。

参考图 3.7 以及桁架的平衡条件,忽略可能产生的微小的次要弯矩,每个支杆上的反力为

$$F = \frac{W}{6\sin\theta} \tag{3.26}$$

产生的应力为

$$\sigma = \frac{F}{A} = \frac{W}{6b^2\sin\theta} \tag{3.27}$$

这是$1g$重力加速度下的应力。在考虑重力加速度值为G(如在发射、飞行器机动、冲击事件等条件下)时的力为

$$F = \frac{WG}{6\sin\theta} \tag{3.28}$$

相应的应力为

$$\sigma = \frac{WG}{6b^2\sin\theta} \tag{3.29}$$

式中:G是加速度量级。

当然,在加速度载荷下,每个支杆都不能发生屈曲。根据式(1.63),临界屈曲载荷为

$$P_{\mathrm{cr}} = \frac{\pi^2 EI}{L^2} = \frac{\pi^2 Eb^4}{12L^2} \tag{3.30}$$

它需要大于支杆的反作用力。

Bipod 位移的计算不如挠性梁那样直接。采用能量方法,如虚功原理,或者虚载荷法(两者都超过了本书讨论范围),可以得到沿着竖直方向z的位移为

$$Y = \frac{WL}{6AE\sin^2\theta} = \frac{WL}{6b^2 E\sin^2\theta} \tag{3.31}$$

镜片在x轴或者y轴方向承受重力时,Bipod 顶点的反作用力和挠性梁一样,在x方向为

$$P = 0.577W \tag{3.32}$$

在y方向为

$$P = 0.666W \tag{3.33}$$

参考图 3.9 以及桁架平衡条件,在加速度值为G下每个支杆x向的反作用力为

$$F = \frac{0.577WG}{2\cos\theta} \tag{3.34}$$

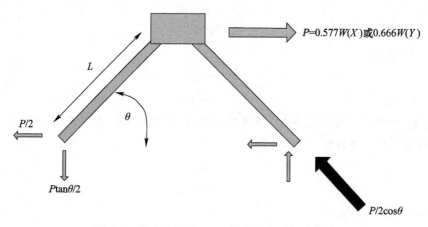

图 3.9　铰支边界下 Bipod 横向受力平衡示意图

产生的应力为

$$\sigma = \frac{F}{A} = \frac{0.577WG}{2b^2\cos\theta} \quad (3.35)$$

在 y 轴方向的力和应力分别为

$$F = \frac{0.666WG}{2\cos\theta} = \frac{WG}{3\cos\theta} \quad (3.36)$$

$$\sigma = \frac{F}{A} = \frac{WG}{3b^2\cos\theta} \quad (3.37)$$

利用虚载荷法计算位移,可以得到 x 轴和 y 轴向的位移为

$$Y = \frac{WL}{3AE\cos^2\theta}$$

或者

$$Y = \frac{WL}{3b^2E\cos^2\theta} \quad (3.38)$$

3.4.1.1　最优底角

注意:为了在所有正交轴线方向都具有相等的刚度,令式(3.31)和式(3.38)相等,可以得到

$$\sin^2\theta = \frac{\cos^2\theta}{2}$$

或者

70

$$\frac{\sin^2\theta}{\cos^2\theta} = \frac{1}{2}$$

$$\cos\theta = \sqrt{2}$$

$$\theta \approx 35°$$

这是一个非常平坦的角度,除非设计包络空间不足,否则它是最优值。

为了在最恶劣情况下保证横向和竖直轴向具有相等强度,假定横向和竖直方向载荷相等,令式(3.28)和式(3.36)相等,可以得到

$$\sin\theta = \frac{\cos\theta}{2}$$

也就是

$$\frac{\sin\theta}{\cos\theta} = \frac{1}{2}$$

$$\tan\theta = \frac{1}{2}$$

$$\theta \approx 26°$$

这个比位移相等所需要的角度更平坦。实际这样的角度很少见。考虑到实际包络的限制,一般选择45°角,除非对于刚度和/或强度有其他特殊要求。

3.4.2　柔顺自由度分析

接下来,考虑 Bipod 系统所需要的柔顺性。假设由于装配误差或者由于和支撑框 CTE 的不匹配,Bipod 每个支杆都需要沿着径向容许一个位移 Y。

这里我们根据滑动支撑的悬臂梁计算。由表 1.1 可以得到位移为

$$Y = \frac{PL^3}{12EI} = \frac{PL^3}{Eb^4}$$

因此得到镜片承受的载荷为

$$P = \frac{b^4 EY}{L^3} \tag{3.39}$$

镜片承受的力矩为

$$M = \frac{PL}{2} = \frac{b^4 EY}{2L^2} \tag{3.40}$$

支杆上的弯曲应力为

$$\sigma = \frac{Mc}{I} = \frac{3EbY}{L^2} \tag{3.41}$$

71

3.4.2.1 实例分析

考虑图 3.8 所示的 Bipod 支撑设计,指标要求它必须在所有正交轴线方向独立承受 50g 发射加速度条件下能够支撑重量 5lb 的镜片。为了满足基频要求(见第 10 章),最大的自重变形规定为 0.0003in。热浸泡条件下支撑框膨胀产生 0.020in 的径向变形时,镜片承受的最大弯矩限制在 1lb·in。Bipod 可以径向移动,制备材料为 Invar 36。

现在需要确定下述指标。

(1)发射条件支杆的应力。

(2)1g 条件下最恶劣的轴向变形。

(3)热浸泡条件的产生的弯矩。

(4)热浸泡条件下支杆应力。

(5)临界屈曲载荷。

求解如下。

(1)最恶劣的支杆应力发生在横向 y 轴方向。根据式(3.37),发射应力为

$$\sigma = \frac{F}{A} = \frac{WG}{3b^2 \cos\theta}$$

$$\sigma = \frac{5 \times 50}{3 \times 0.06^2 \times \cos 45°} = 32700 \text{psi}$$

表 2.1 中的数据表明,这个值低于 Invar 36 的屈服应力,但是考虑安全因子取 1.25 时,它将超过许用屈服点,数值可能太高而不可接受。

(2)根据式(3.31)和式(3.38),竖直方向的变形和 $1/(\sin^2\theta)$ 成反比,横向变形和 $2/(\cos^2\theta)$ 成反比。在底角为 45° 时,可以看到最大的变形发生横向(x, y)轴向。因此,根据式(3.38),可以得到

$$Y = \frac{WL}{3b^2 E \cos^2\theta}$$

代入数值,结果为

$$Y = 0.0002 \text{in}$$

这个值低于要求的最大值 0.0003in,因此可以接受。

(3)热变形 0.020in 条件下的最大弯矩由下式给出,即

$$M = \frac{b^4 EY}{2L^2}$$

代入数值,可以得到 $M = 0.106 \text{lb·in}$,低于规定的最大值,因此可以接受。

72

(4）在热变形 0.020in 条件下支杆的应力由式(3.41)给出,即

$$\sigma = \frac{3Eby}{L^2}$$

代入数值,可以得到

$$\sigma = 2950\text{psi}$$

这是一个可以接受的数值,结果很好,远低于许用屈服点处的数值。

（5）临界屈曲载荷根据式(1.63)来计算,即

$$P_{\text{cr}} = \frac{\pi^2 EI}{L^2}$$

这个值需要大于式(3.36)给出的支杆反作用力。支杆反作用力为

$$F = \frac{WG}{3\cos\theta} = 118\text{lb}$$

临界载荷 $P_{\text{cr}} = 8.7\text{lb} \ll 118\text{lb}$,因此这个结果完全可以接受。

在上述例子中,不是所有指标都满足要求;为了满足所有要求,如果可能,则需要更改一些参数。可以通过试错法来修改(更改长度 L 和宽度 b),不过更好的是采用图形化的方法,这将在下一部分讨论。在随后的部分中,我们将探讨使 Bipod 满足所有设计指标的一种更好的方法。

3.5　Timmy 曲线方法

正如在上一章所看到的那样,图形化描述有助于我们找到具有相互矛盾、对立指标要求的设计方案。尽管这不是一个新方法,我还是把这种描述形式称为 Timmy 曲线方法,这个命名来自于一个高中新生,他是从他的代数老师那里学到的这个方法。

Timmy 曲线方法是使用两个变量在 x 轴和 y 轴上绘制出一系列方程,这些方程给出了相互矛盾的指标要求;也就是说,在一组方程中的一个变量取较高值是优选的,而在另一组方程中则取较低值为优选。我们可以使用 Timmy 曲线求解上一部分 Bipod 方程组的最优解,其中宽度和长度变量是矛盾的。实现过程是:用方程组中一个变量求解另一个变量,并确定许用值的范围,然后用一系列的曲线和箭头表示最大、最小可接受值的范围。

我们现在使用 Bipod 设计实例来说明这个方法,这个设计要满足加速度条件下的强度、临界屈曲载荷、自重变形、装配或者热变形导致的应力以及对镜片产生的弯矩指标要求。在给定材料和底角的条件下,使用之前介绍的适当的公

式,根据所需的位移、力矩和应力,求解作为支杆长度 L 函数的支杆宽度 b。

根据式(3.38),可以得到满足自重变形条件(横向轴)的 b 为

$$b > \sqrt{\frac{WL}{3EY\cos^2\theta}} \tag{3.42}$$

根据式(3.30)和式(3.36),得到在满足临界屈曲载荷条件下:

$$b > \sqrt[4]{\frac{4WGL^2}{p^2E\cos\theta}} \tag{3.43}$$

根据式(3.37),得到在满足横向发射加速度的应力条件下:

$$b > \sqrt{\frac{WG}{3\sigma\cos\theta}} \tag{3.44}$$

根据式(3.40),得到在满足热致变形对镜片产生的力矩条件下:

$$b < \sqrt[4]{\frac{2ML^2}{EY}} \tag{3.45}$$

根据式(3.41),在满足热变形或者装配误差导致的支杆应力条件下:

$$b < \frac{\sigma L^2}{3EY} \tag{3.46}$$

我们现在可以利用简单的电子表格程序,由这些指标要求绘制出 $b-L$ 曲线。在绘制好的曲线上,用向上箭头表示更大的宽度和长度是可接受,用向下箭头表示更小的长度和宽度是可接受的。于是,上下箭头包围的封闭区域都在可接受的范围以内。在下面的例子中对此进行说明。

3.5.1 实例分析

例1 再次考虑图3.7中 Bipod 例子,这个例子要求 Bipod 支撑结构必须在所有正交轴向独立承受50g的发射加速度载荷下能够承载5lb的镜片。为了满足基频要求,最大横向自重变形规定为0.0003in。当镜框热膨胀产生0.010in的径向变形时,镜片上产生的最大力矩限制在2lb·in。Bipod 由 Invar 36 制备,现在需要确定 Bipod 支杆合适的宽度和长度,以满足应力、变形、热致运动和屈曲等所有要求。假定许用发射应力为24000psi,许用热应力为8000psi。同时假定这两个应力同时发生时的组合应力仍能低于材料的屈服极限,并具有1.25倍的安全系数。选择的 bipod 底角为45°。

利用式(3.42)和式(3.46),把这些数据绘制成如图3.10所示的曲线,其中

斜线阴影区域表示满足所有指标要求范围。由此可以选择合适的宽度和长度，不需进行繁琐的试错，我们完成了设计选择。

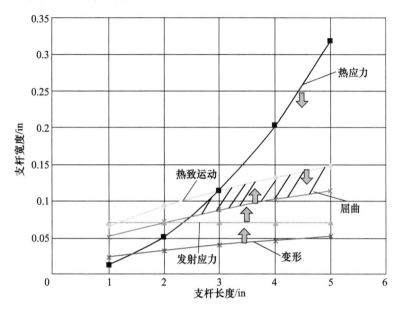

图 3.10 例 1，Bipod 支杆宽度与长度的 Timmy 曲线

（斜线阴影区域表示满足所有要求的解空间）

例 2 考虑前面部分图 3.8 中 Bipod 的例子，在选择宽度 0.06in 和长度 5in 时，设计不能满足全部的指标要求。因此，我们把这两个尺寸作为变量。同样，在这个例子中，Bipod 支撑必须在所有正交轴向独立承受 50g 的发射加速度载荷下能够承载 5lb 的镜片。为了满足基频要求，最大的横向自重变形规定为 0.0003in。当支撑框热膨胀引起径向 0.0200in 变形时，传递到镜片的最大弯矩限制为仅 1lb·in。如果 Bipod 由 Invar 36 材料制备，确定合适的支杆宽度和长度，以满足应力、变形、热致运动以及屈曲等所有要求。假定许用发射应力为 24000psi，许用热应力为 8000psi。假定这两个应力同时发生时的组合应力仍需低于材料的屈服强度，并具有 1.25 的安全系数。选择的 bipod 底角为 45°。

使用式（3.42）～式（3.46），把这些数据绘制成图 3.11 所示曲线。和例 1 不同，我们发现没有能够满足所有要求的公共区域。虽然我们可以满足大部分要求，但是屈曲要求却阻止了实现一个合理的设计方案。因此，我们无法选择宽度和长度尺寸，看起来又进入一个困难的境地。不过，我们可以采用更好的方式解决这个难题以完成 Bipod 设计，这将在下一部分中讨论。

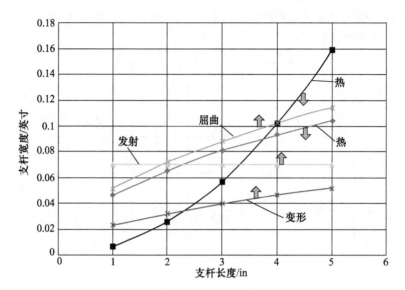

图 3.11　例 2,Bipod 支杆长度与宽度的 Timmy 曲线
不存在满足所有指标要求的封闭区域解

3.5.2　其他影响

除了屈曲、变形、应力以及性能指标要求外,其他参数也可以绘制在这些曲线上。例如,这些参数可包括装配误差(一般会比热应变大),以及在多次循环载荷下的疲劳应力极限,其中后者将在第 11 章中进行讨论。

3.6　更好的 Bipod 设计

在 3.5.1 节的实例 2 中,我们看到对于给定的设计标准,Bipod 设计不能满足所有要求(无论截面积或者长度参数如何变化)。在这个例子中,设计驱动为屈曲载荷要求。这个问题可以通过图 3.12 所示的 Bipod 设计来克服,其中 Bipod 支杆中间部分的截面变宽,而两端截面仍旧保持相对薄弱。这种做法不仅增加了 Bipod 抗屈曲能力,也改善了它的自重变形,从而能够提高刚度和基频。如果中间部分的宽度足够大,那么在计算变形和屈曲载荷时,Bipod 的长度可以看作仅仅是两个短端长度的和。注意:发射应力没有改变,仅仅是较薄宽度的函数,而与长度无关。增加中部截面的宽度会牺牲柔顺性,不过,柔顺性的降低并不显著,正如我们看到的那样,这是由于包括中间部分在内的总长度在这方面发挥了作用。

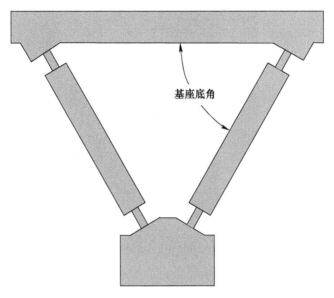

图 3.12　更好的 Bipod 设计构型,支杆两端截面的颈缩提供了
弯曲柔性,同时也能够提供抵抗屈曲的刚度和强度

3.6.1　约束自由度分析

考虑到支杆的中部是刚性的,特别当其宽度是较薄部分的 3～5 倍时,这是个很好的近似,这样,可以按照不同的要求准则重写参数方程。也就是说,用较薄部分长度的和 2l 替代之前使用的全部长度。

对于刚度和强度,公式变为(竖直方向载荷条件下)

$$F = \frac{WG}{6\sin\theta} \tag{3.47}$$

$$\sigma = \frac{WG}{6b^2\sin\theta} \tag{3.48}$$

$$P_{cr} = \frac{\pi^2 EI}{L^2} = \frac{\pi^2 Eb^4}{12L^2} > \frac{WG}{6\sin\theta} \tag{3.49}$$

$$Y = \frac{WL}{6AE\sin^2\theta} = \frac{Wl}{6b^2 E\sin^2\theta} \tag{3.50}$$

在上面式子中,$L = 2l$。

当重力沿着 x 轴或 y 轴方向时,可以得到

$$F = \frac{0.577WG}{2\cos\theta} \quad (x \text{ 轴}) \tag{3.51}$$

$$\sigma = \frac{F}{A} = \frac{0.577WG}{2b^2\cos\theta} \quad (x\,\text{轴}) \tag{3.52}$$

$$F = \frac{WG}{3\cos\theta} \quad (y\,\text{轴}) \tag{3.53}$$

$$\sigma = \frac{F}{A} = \frac{WG}{3b^2\cos\theta} \quad (y\,\text{轴}) \tag{3.54}$$

由于没有使用长度参数,式(3.51)~式(3.54)和之前一样,保持不变。对于屈曲载荷,可以得到

$$P_{cr} = \frac{\pi^2 EI}{4l^2} = \frac{\pi^2 Eb^4}{48l^2} > \frac{0.577WG}{2\cos\theta} \quad (x\,\text{轴}) \tag{3.55a}$$

$$P_{cr} = \frac{\pi^2 EI}{4l^2} = \frac{\pi^2 Eb^4}{48l^2} > \frac{WG}{3\cos\theta} \quad (y\,\text{轴}) \tag{3.55b}$$

注意:式(3.55)使用支杆两端部组合长度 $2l$ 由式(1.63)推导出。由式(1.62)只使用一端长度 l 也可以推导出相同的结果(梁自由端)。

x 轴和 y 轴方向的变形为

$$Y = \frac{2WI}{3b^2 E\cos^2\theta} \tag{3.56}$$

和之前一样,以宽度和长度参数重写上式,可以得到

$$b > \sqrt{\frac{2Wl}{3EY\cos^2\theta}}\,(\text{自重变形}) \tag{3.57}$$

$$b > \sqrt[4]{\frac{16WGl^2}{p^2 E\cos\theta}}\,(y\,\text{轴方向临界屈曲载荷}) \tag{3.58}$$

$$b > \sqrt{\frac{WG}{3\sigma l\cos\theta}}\,(\text{发射应力}) \tag{3.59}$$

3.6.2 柔顺自由度分析

尽管 Bipod 支杆中部刚度很高,但是由于整个支杆截面是变化的,因此,确定 Bipod 的柔顺性不如之前那样简单。虽然仍旧是一个滑动支撑的悬臂梁,这里我们需要使用叠加原理确定装配或者热变形导致的力 P 和力矩 M。经过冗长的计算(其证明很容易演示,但是太庞大难以包含在本书中),可以发现,如果中间刚性部分的长度定义为

$$L' = L - 2l \tag{3.60}$$

78

则可以得到力 P 和力矩 M 为

$$P = \frac{6EIY}{4l^3 + 6L'l^2 + 3lL'^2} \qquad (3.61)$$

$$M = \frac{P(2l + L')}{2} \qquad (3.62)$$

薄弱处为宽度 b 的方形截面时,上式可写成

$$P = \frac{Eb^4y}{(8l^3 + 12L'l^2 + 6lL'^2)} \qquad (3.63)$$

$$M = \frac{Eb^4Y(2l + L')}{(16l^3 + 24L'l^2 + 12lL'^2)} \qquad (3.64)$$

支杆上的弯曲应力为

$$\sigma = \frac{Mc}{I} = \frac{3EbY(2l + L')}{(8l^3 + 12L'l + 6lL'^2)} \qquad (3.65)$$

为了在 Timmy 曲线绘图中应用,以宽度和长度参数重写式(3.64)和式(3.65),对于装配或者热变形导致的力矩条件:

$$b < \sqrt[4]{\frac{M(16l^3 + 24L'l^2 + 12lL'^2)}{EY(2l + L')}} \qquad (3.66)$$

对于装配或者热变形导致的应力条件:

$$b < \frac{\sigma(8l^3 + 12L'l^2 + 6lL'^2)}{EY(2l + L')} \qquad (3.67)$$

3.6.3　实例分析

我们现在以这种更好的 Bipod 设计方法重新检查 3.4.2.1 节例子中的问题(薄直支杆型 Bipod 未得到设计方案)。首先重申一下这个问题,考虑图 3.12 所示的 Bipod 支撑设计。指标要求它必须在所有正交方向独立承受 50g 发射加速度条件下能够承载 5lb 的镜片。为了满足基频要求,最大自重变形规定为0.0003in。支撑框热膨胀沿径向产生 0.020in 运动时,传递到镜片的力矩限制在1lb·in。如果 Bipod 由 Invar 36 制备,试建立薄弱截面处宽度与长度的设计图,以满足过载应力、变形、支杆热致力矩和热应力等所有指标要求。将结果和图 3.7 直支杆方法得到的结果进行对比。假定许用发射应力为 24000psi,许用热应力为 8000psi。假定二者的组合应力仍要小于材料的屈服强度,并具有 1.25 的安全系数。支杆总长度与之前相同,即 5in。

这里不采用试错方法,而是使用 Timmy 曲线方法得到解的范围。使用

式(3.60)~式(3.67),绘制薄弱截面处宽度 b 与长度 l 的曲线。支杆总长度为 5in,因此 $L' = 5 - 2l$。

在图3.13的 Timmy 曲线中给出了所有工况下的设计结果。注意:我们确实得到了一个封闭的区域,并具有很大的选择范围。其中,发射强度增加了2倍,屈曲载荷提高了6倍,而柔顺性增加量很小(大约25%),由此可以允许我们得到一个合适的解决方案。如果 Bipod 的包络范围有限制,这个更好的设计方法可以允许我们缩短支杆长度,这是一个额外的收益。另外,还注意到,为了实现所需要的结果,截面可以做成圆形或者正方形;不过,制造的便利性决定了采用正方形方法。

当然,我们没有详细讨论这个设计空间。如果这里提出的所有其他指标(其中一些尚未提出)都能满足,则根据需要,就可以对不同的热和发射载荷、底角、包络尺寸,甚至还有材料等进行设计选择。

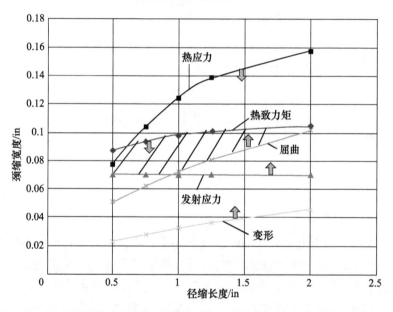

图3.13 Bipod 支杆颈缩部分宽度与长度的 Timmy 曲线,与3.4.2.1节的例子相比得到了更好的 Bipod 设计,所有指标都能满足要求,阴影区域显示具有非常大的设计空间

3.7 另一种 Bipod 设计

既然我们有了一个"更好的"Bipod 设计方法,现在考虑如图3.14所示的另外一个设计。这个设计所需的柔性和刚度,是在每个支杆的端部采用一组十字

80

叶片挠性元件来实现的。十字叶片的每个叶片都是在一个方向柔顺,而在其他方向刚硬。按之前提出的方法进行计算,柔性在一定程度上会比3.4节得到的设计有所提高,并且不会牺牲刚度。不过,这会牺牲抵抗屈曲的能力,因此同样需要进行一个详细的设计选择。从图上可以清楚地看到,这种方法的制造难度有所增加,需要进一步进行优化选择。因此,有时更好的并不一定是最好的。

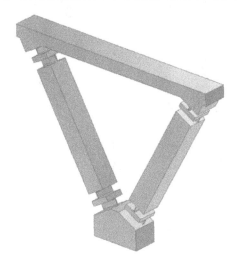

图 3.14　支杆端部采用十字叶片挠性元件的 Bipod 构型能够提供必要的
柔度和刚度并改善性能,不过必须解决屈曲问题

3.8　行 程 算 法

由于 Bipod 组件是 6 自由度的准运动学系统,因此,可以通过准运动学的刚体运动进行定相(phasing)和调整。例如,可以通过在支杆上集成机械作动器来实现,如图 3.15 所示。沿着杆件的轴线施加运动,可以实现所需自由度的运动,而无需采用运动部件(这种运动中,支杆颈缩部分会发生弯曲变形)。

例如,考虑图 3.8 所示的间隔 120° 对称分布的 Bipod 系统。令 x、y、z、ϕ_x、ϕ_y、ϕ_z 分别表示所需要的全局运动。令 Δ 表示每单个支杆的驱动量,则平台 6 个最大的独立运动量为

$$x = \frac{\Delta}{\sin\phi\cos 30°}$$

$$y = \frac{\Delta}{\sin\phi}$$

图 3.15　一种 Bipod 支撑方案,通过金属材料的弯曲而不是采用球铰提供
6 个独立自由度的运动,不会对支撑的镜片或结构传递较大载荷

$$z = \frac{\Delta}{\cos\phi}$$

$$\phi_x = \frac{z}{R\cos 30°} = \frac{\Delta}{R\cos\phi\cos 30°}$$

$$\phi_y = \frac{z}{R} = \frac{\Delta}{R\cos\phi}$$

$$\phi_z = \frac{\Delta}{R\sin\phi}$$

式中:ϕ 为 Bipod 顶点夹角的 1/2。

　　每个作动器的单独运动,都会产生耦合的全局运动。作动器最佳的运动方式就是产生一个解耦的运动,也就是沿/绕 6 个自由度中每一个自由度方向的纯单位平移或转角(包括绕 z 轴的转动,这在直观上不太明显)。表 3.1 给出了完整的运动行程计算算法。正号表示向上的行程,负号表示向下的行程。例如,为了实现沿着 z 轴的纯平动,每个作动器都需要向上运动 $\cos\phi$。为了实现绕 z 轴的纯转动,每个作动器都需要依次向上和向下运动 $R\sin\phi$。

82

表 3.1 行程算法给出了实现任意 6 个独立自由度的
刚体运动时每个支杆所需要的运动量

实现单位全局平移或转角所需的支杆沿轴向的运动						
作动器	全局运动					
	x	y	z	ϕ_x	ϕ_y	ϕ_z
1	0	$+\sin\phi$	$\cos\phi$	0	$-R\cos\phi$	$+R\sin\phi$
2	0	$-\sin\phi$	$\cos\phi$	0	$-R\cos\phi$	$-R\sin\phi$
3	$-C\sin\phi$	$-S\sin\phi$	$\cos\phi$	$+CR\cos\phi$	$+SR\cos\phi$	$+R\sin\phi$
4	$+C\sin\phi$	$+S\sin\phi$	$\cos\phi$	$+CR\cos\phi$	$+SR\cos\phi$	$-R\sin\phi$
5	$+C\sin\phi$	$-S\sin\phi$	$\cos\phi$	$-CR\cos\phi$	$+SR\cos\phi$	$+R\sin\phi$
6	$-C\sin\phi$	$+S\sin\phi$	$\cos\phi$	$-CR\cos\phi$	$+SR\cos\phi$	$-R\sin\phi$
	$C=\cos 30°, S=\sin 30°, R=$ 半径					

参 考 文 献

1. Riverhawk Company, New Hartford, New York.
2. Physik Instrumente USA, Auburn, Massachusetts.

第4章 实体镜片性能分析

4.1 波前差与性能预测

为了限制支撑结构产生的力传递到与之连接的关键结构上,第3章介绍了关于支撑方法的研究,展示了准运动学支撑设计的精妙之处,光学镜片特别是反射镜对于微小变形误差非常敏感,这种支撑方法就更加至关重要。

在诸如建筑设计等许多工程领域,强度通常比变形更为关键。例如,仓库的结构支撑梁在指定跨度上变形,只要不使下面天花板上的石膏开裂(或者使人感到害怕),甚至允许接近1in那么大。承载大的交通和家具载荷的梁,也是受到强度的限制。对于镜片来说,变形一般不是限制在1in,而是在百万分之一英寸。当然,镜片的结构强度也需要检查,不过结构变形更为关键。

高精度光学系统的设计一般要求接近衍射极限性能,全局系统误差大约在1/10个光的波长级。如果一个系统包括多个镜片及其支撑结构,如在光学望远镜组件中那样,那么,每个镜片和支撑结构都需要从已经很小的系统性能预算中分配更小的一部分。后续将说明满足这个要求的方法。

光学变形性能以光学表面的波前差(WFE)峰谷值(P-V)或其与理想形状的偏离来衡量。变形以英寸或者米为单位给出时,在计算波前差时需要除以光的波长。对于可见光谱,波长选取 $0.6328\mu m(25\mu in)$,也就是激光干涉仪中使用的氦氖波长(光学工程师可以在可见光谱两端的数值间选择)。反射镜变形会产生表面误差。对于反射镜,由于光线的反射,光程差也就是波前差,是表面误差的2倍。不仅仅是表面误差的局部峰值,镜片在整个表面上的误差性能也非常关键,因而,一般将位移的P-V值转换为整个口径上一个更广泛意义上的平均值,称为波前差的均方根值(RMS),它由波前偏差的平方与波前偏差均值的平方的差值的均方根来计算。在数学上来讲,其表达式形式为

$$\text{RMS} = \sqrt{\frac{1}{N}\sum_{i}^{N} z_i^2 - \bar{z}^2} \qquad (4.1)$$

84

$$\overline{z} = \frac{1}{N} \left(\sum_i^N z_i \right)$$

式中:下标代表光学表面上给定点的单个位移值。因此,从统计学上说,均方根值就是标准差,或者方差的平方根。波前差 RMS 是由平方值推导出的,因此和波前差 P – V 的符号无关,它总是为正值。为了得到可靠的结果,波前差 RMS 必须根据光学表面上大量的离散点来计算。

根据式(4.1)可知,波前差 RMS 和波前差 P – V 有关。RMS 误差值取决于光学口径上的变形形状。把镜面变形形状分解为一系列正交多项式形式一般是很方便的,如采用 Zernike 多项式形式来描述[1]。尽管关于这些多项式的详细讨论超出了本书的目的,不过下面的描述就足够说明,即由于它们的正交性,人们可以很容易合并变形形状以及移除特定像差而不会影响其他像差。一个具体的变形形状可以分解为无限多项的 Zernike 多项式,不过在大部分应用中前 12 项左右都是必须的。

离焦项也称为 power,形状为球形,非常有用,特别是在可以消除离焦误差的情况下;从光学结构角度来说,离焦误差一般发生在有热梯度的情况下(见4.5节)。象散项称为"土豆片"或"马鞍"状像差,一般由装调误差产生。从光学结构角度来看,由于这个形状很常见,实现这些形状所需能量最少,因此像散项经常发生在重力或者温度场中,或者是在制造以及装配过程中。慧差,或者也称为"S 形状"像差,一般在次镜相对主镜横向(偏心)移动时产生。三角(tricorn)像差,也称为三叶草像差,呈三点形状,通常发生在镜片准运动学支撑中。最后,球差项也称为"水手帽形状"像差,一般是焦距变化的副产品,由于它不易消除,对于性能误差预算可能会造成重要影响。从光学结构工程的角度来说,这种球差通常发生在具有高曲率和高方位比(径厚比)的镜片上(见第 7 章)。

在图 4.1(a)～(e)中以图形方式描述了这些像差,在表 4.1 则给出了相对 P – V 变形的 RMS 误差(由式(4.1)计算得到)。注意:P – V 和 RMS 比值范围介于 3.4～5.6(Zernike 项的阶数越高比值会越大)。当形状分解无法预知时,一般使用的比值取 4～5。

图 4.2 给出了光学望远镜组件典型的性能预算。初始的性能预算是基于经验自顶而下性能预测得到。不过,光学结构工程师借助本书提出的技巧,对于从环境、制造以及装配角度来说可以控制的误差项利用一阶近似原理,可以在初始阶段自底向上协助进行性能预算。

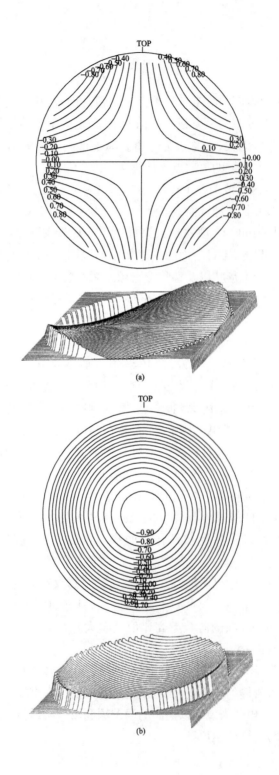

(a)

(b)

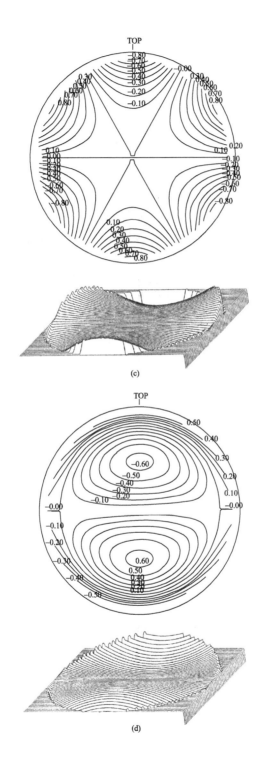

(c)

(d)

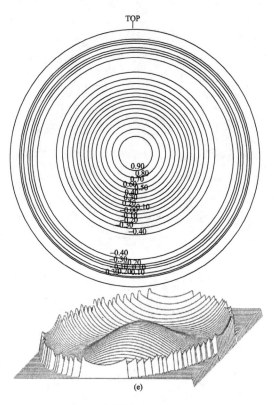

图 4.1

(a)Zernike 项 $C(2,-2)$、$R^2\sin2\theta$ 产生的像散等高线图(马鞍形),$C(2,2)/R^2\cos2\theta$ 项和上图夹角 $45°$;
(b)Zernike 项 $C(2,0)$、$2R^2-1$ 产生的离焦像差等高线图(球形);(c)Zernike 项 $C(3,-3)$、$R^3\sin3\theta$ 产生的三叶草像差等高线图(三点状),$C(3,3)$ 项产生的形状和上图夹角 $60°$;(d)Zernike 项 $C(3,-1)$、$(3R^3-2R)\sin2\theta$ 产生的慧差等高线图(S 形状),$C(3,1)$ 项产生的形状和上图夹角 $90°$;(e)Zernike 项 $C(4,0)$、$6R^4-6R^2-1$ 产生的球差等高线图(水手帽状)。

表 4.1　几项 Zenike 系数 PV/RMS 关系

阶数	项		多项式	形状描述	Peak/RMS
0	$C(0,0)$	Z1	1	平移	N/A
1	$C(1,-1)$	Z2	$R\sin\theta$	倾斜	$2\sqrt{4}=4$
	$C(1,1)$	Z3	$R\cos\theta$	倾斜	$2\sqrt{4}=4$
2	$C(2,-2)$	Z4	$R^2\sin2\theta$	像散	$2\sqrt{6}=4.9$
	$C(2,0)$	Z5	$2R^2-1$	离焦	$2\sqrt{3}=3.46$
	$C(2,2)$	Z6	$R^2\cos2\theta$	像散	$2\sqrt{6}=4.9$

阶数	项		多项式	形状描述	Peak/RMS
3	$C(3,-3)$	Z7	$R^3\sin3\theta$	三叶草	$2\sqrt{8}=5.66$
	$C(3,-1)$	Z8	$(3R^3-2R)\sin2\theta$	慧差	$2\sqrt{8}=5.66$
	$C(3,1)$	Z9	$(3R^3-2R)\cos2\theta$	慧差	$2\sqrt{8}=5.66$
	$C(3,3)$	Z10	$R^3\cos3\theta$	三叶草	$2\sqrt{8}=5.66$
4	$C(4,0)$	Z13	$3R^4-6R^2-1$	球差	$1.5\sqrt{5}=3.35$

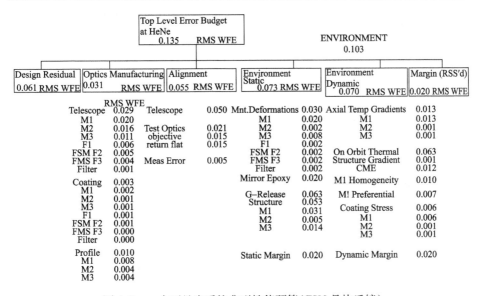

图 4.2　一个可见光系统典型性能预算(FSM 是快反镜)

在这个预算的例子中,我们假定顶层误差为 0.135λRMS(可见光谱段)。设计残差由光学工程师给出的具体设计决定,是设计指标自身规定的最小误差。装调误差基于系统的光学灵敏度;加工误差部分上取决于镜片光学加工精度。环境影响部分由光学结构工程师决定,光学结构工程师需要分配各种环境工况下的误差,包括重力、支撑、抛光、热浸泡、热梯度(需要借助热力工程学)、热膨胀均匀性、吸湿膨胀、环氧胶影响、镀膜及镀层误差以及振动等。后面将讨论这些误差源如何计算。

注意:大部分误差都不是系统误差,也就是说,它们具有不同的像差形状。正是因为如此,这些误差不能线性叠加,而是需要使用和方根(RSS)的方法。正如名字暗示的那样,每项误差都要先平方,然后再求和的平方根。从数学上来

89

说,顶层误差的表达式形式为

$$\text{RSS} = \sqrt{\sum_i^N E_i^2} \tag{4.2}$$

式中:E_i 为每项感兴趣的设计误差。

4.2 支撑产生的误差

在第 3 章,我们看到了如何设计准运动学支撑,以保证在装配以及工作条件下,把传递到关键光学结构和反射镜上的弯曲力矩限制到较低值。现在,回顾一下镜片对这些力矩的灵敏度。这些力矩可能是切向的、径向的或者轴向的,具体取决于装配或者环境影响产生的运动。

4.2.1 切向力矩

考虑切向力矩,也就是绕着圆周某条切线的力矩。对于圆周上 3 个离散分布的切向力矩,无法容易获得其解。不过,我们可以做如下近似。

考虑图 4.3 所示的实心圆形镜片,在其边缘作用着均匀、连续的切向力矩,单位为(lb · in)/in 圆周长。很容易获得扁平圆盘变形的解,其表达式为[2]

$$Y = \frac{6M'a^2(1-\nu)}{Et^3} \tag{4.3}$$

式中:a 为反射镜半径;t 为其厚度。

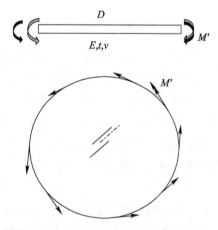

图 4.3 实心镜片圆周作用着连续的边缘切向力矩(单位:(lb · in)/in)

虽然这个解特别适用于平板,但是对于典型的弯曲反射镜,只要它的曲率和方位比都相当小,这个公式也能很好地近似。一般来说,当镜片的曲率半径大于其直径的2.5倍,并且径厚比(方位比)小于15∶1时,这个公式都能适用。需要注意到,这里我们考虑的正是一阶近似分析方法。

对于大小为M、单位为lb·in的三点离散分布的切向力矩(图4.4),我们假设这些局部力矩分布在整个圆周上。由于力矩作用在局部位置,因此镜片变形形状不再是离焦(power),而是在力矩施加位置附近具有峰值,会产生三叶草状像差。假设的"分布"力矩M'为

$$M' = \frac{3M}{2\pi a} \tag{4.4}$$

因此,式(4.3)可以变为

$$Y = \frac{6M'a^2(1-\nu)}{Et^3} = \frac{2.86Ma(1-\nu)}{Et^3} \tag{4.5}$$

这个近似和有限元计算结果具有非常好的一致性。

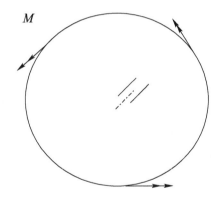

图4.4 在实心镜片圆周上等距三点施加的离散的切向边缘力矩(单位:lb·in)

4.2.2 径向载荷

对于扁平镜片,在施加三点径向力时,产生的变形很微小。对于弯曲镜片,通过计算等效切向力矩,并使用式(4.5),也可以得到很好的近似。等效切向力矩M就是径向力P_r乘以镜片的弧高(sagitta)e,镜片弧高e为

$$e = a^2/2R_S \tag{4.5a}$$

式中:R_S是镜片的曲率半径。等效切向力矩M为

$$M = P_r a^2 / 2R_S \qquad (4.5b)$$

4.2.3 实例分析

考虑一个圆形熔石英光学零件,直径为20in,厚度为2in(径厚比为10∶1)。镜片的 Bipod 支撑设计根据第3章公式计算得到,在 Bipod 支撑装配过程中,镜片受到了沿圆周120°三点等距分布、大小为2lb·in 的切向力矩。计算镜片在可见光谱段的波前差(WFE)。

根据式(4.5)和表2.2给出的属性,可以得到 $Y = 5.6 \times 10^{-7}$in。这是表面误差的 P – V 值。它乘以2转换到波前差(WFE),再除以 2.5×10^{-5} 波长/in,得到在可见光谱段的波前差 P – V 值为 $Y = 0.045\lambda$。由于这个形状包含了部分三叶草、部分局部变形、部分全局变形,以及其他更高阶的误差,假定P – V 和 RMS 的比值为5∶1是比较合理的,因此,得到 $Y = 0.009\lambda$ RMS WFE。
注意:这个值可能会很好地满足误差预算要求。如果这个数值非常高,就有必要进行支撑和反射镜的迭代设计。

4.2.4 径向和轴向弯矩

当三点力矩绕径向直线作用时,会产生类似的变形。在这里,通过有限元分析表明近似误差可以表述为

$$Y = \frac{3.08Ma(1 + v)}{Et^3} \qquad (4.6)$$

当三点力矩绕轴向直线时,扁平镜片几乎不会产生变形;弯曲镜片产生的变形,在一定程度上比上述径向和切向力矩产生的变形要小。

注意:如果需要计算载荷和力矩产生的最大误差以作为性能预测的输入,可以计算许用力矩,然后使用第3章的准运动学支撑方法来设计合适的支撑。

4.3 重 力 误 差

重力是反射镜的敌人。无论是为地面、航空还是航天应用设计的高精度镜片,仅仅是由于镜片自重变形,地球的重力环境都是非常值得关注的。

对于地面应用的系统,光学望远镜可能需要扫描天空,指向天顶和地平线。虽然重力矢量的方向不会改变,但是镜片相对于重力的方向却会改变。

类似地,对于航空应用的光学系统,相机可能会指向地面或者水平线,以进行远距离摄影和侦察。同样,镜片相对重力场的方向也会发生变化。

最后,对于空间应用设计的光学系统,在轨运行期间实际存在零重力(0g),而镜片必须首先在地球1g环境下测试。在这种情况下,测试方向应该尽可能地使地面测试误差最小,以免掩盖其他需要测量的重要误差。如果这样做还不够,则可以采用翻转测试来确定重力的影响,但是,这种剔除重力的干涉测试方法成本很昂贵,且测量范围有限。另外一种方法,可以在零重力支撑模拟装置上加工镜片,如采用有液压活塞的支撑装置,或者可以在气囊支撑上进行测试,不过两种方法成本都很昂贵,并且还会引入它们自身的误差。

我们现在研究不同的准运动学支撑区域,在镜片相对重力场方向可变的姿态下对变形的影响。

4.3.1 光轴竖直

4.3.1.1 边缘支撑情况

参考图4.5(a),当重力矢量和镜片垂直,也就是和光轴平行时,镜片在边缘支撑下会发生变形。小镜片可以采用连续(或者分段)的软胶(如硅橡胶)在镜片周边连续支撑。在这种情况下,镜片变形就如同一个简支梁系统。对于圆形镜片,它的 P – V 值误差如下[2]:

$$Y = \frac{3(5+\nu)\rho\pi r^4(1-v)}{16\pi E t^2} \qquad (4.7)$$

这个误差由 power 像差主导(Zernike 多项式的 $C(2,0)$ 项)。

回到准运动学支撑方法,相对较大的镜片一般采用三点支撑。在这个情况下,当支撑位置在镜片边缘等距分布时,得到的变形误差为[3]

$$Y = \frac{0.434\rho\pi r^4(1-v)}{E t^2} \qquad (4.8)$$

对比式(4.7)和式(4.8),并以泊松比取0.25为例,三点支撑下的变形比圆周简支下的增大了约40%。误差形状主要为三点状的 $C(3,3)$,还有一些 power($C(2,0)$)。然后,把位移转换为波长后再除以4.5,就可以得到 RMS 误差。尽管这些值特别适用于扁平镜片,不过对于常见小径厚比的弯曲镜片,它同样能很好地近似。

4.3.1.2 内部支撑

当空间和质量预算允许,并且如果三点支撑是在镜片内部而不是边缘处,则可以降低反射镜自重变形。支撑位置在0.7倍半径附近,可以实现变形最小化(等面积分界线在0.707倍半径处)。最佳支撑带位置比等面积分界线在半径上略小一些;由于局部支撑以及面积分布的影响,使得等面积分界线位

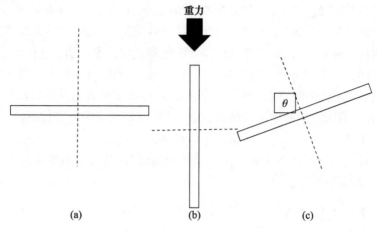

图 4.5 重力和光轴的相对位置
(a)垂直光学表面;(b)垂直光轴;(c)倾斜。

置处的精度无法保证;支撑带的位置放置在 0.7 倍半径处就足够了。在这种

情况下,变形减小至 $\frac{1}{4}$,并且不会出现任何离焦误差,会有部分水手帽形状误

差($C(4,0)$)。

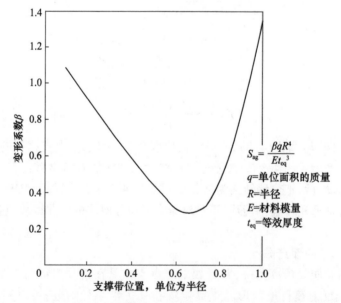

$$S_{ag} = \frac{\beta q R^4}{E t_{eq}^3}$$

q = 单位面积的质量

R = 半径

E = 材料模量

t_{eq} = 等效厚度

图 4.6 重力下垂变形和支撑带位置的函数关系(其中镜片光轴竖直放置,
周边 3 点支撑;对于实体镜片 t_{eq} 等于镜片厚度 t,面密度 q 等于 pt)

94

随着反射镜支撑位置继续向中心移动,变形会再次增加,如图4.6所示。误差更趋于离焦形状,并且在最佳的0.4倍半径处形成了伞状。在此处,去除离焦项之前的误差比0.7倍半径处的高约2倍,不过,在去除离焦项后的误差则约是0.7倍半径区域处的1/2。将支撑带位置更加接近中心会使误差增加,如图所示。支撑位置在0.4倍半径内是不常见的,取而代之的是通常采用"蘑菇头式"支撑的反射镜,如图4.7所示。注意:当支承带位置的半径接近于零时,可以采用准运动学支撑,以精确约束6个稳定的自由度。

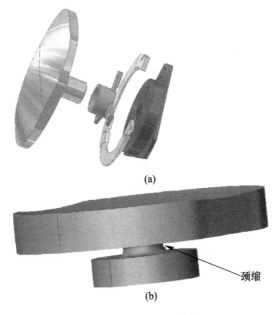

图4.7 "蘑菇式"支撑构型

(a)镜片和支撑结构胶接,具有一定的装配柔顺性和足够刚度;(b)一体化构型,
实现准运动学柔顺性的颈缩需要和足够的强度和刚度保持均衡。

4.3.1.3 实例分析

考虑一个圆形实心铝镜,直径为20in,厚度为2in(也就是径厚比为10∶1),镜片采用边缘等距的三点准运动学支撑。在光轴竖直情况下,也就是重力方向和光轴平行,计算在可见光谱段的波前误差的 RMS 值。

根据式(4.8)和表2.2中的属性数值,可以得到

$$Y = \frac{0.434\rho\pi r^4(1-\nu)}{Et^2} = 0.434 \times 0.1\pi(10)^4/(10^7 \times 2 \times 2)$$

$$= 22.8 \times 10^{-6} \text{in}$$

取 P – V 和 RMS 的比值为 4.5,则波前差的 RMS 值为

$$Y_{RMS} = \frac{2Y}{4.5 \times (2.5 \times 10^{-5})} = 0.405\lambda_{RMS}$$

4.3.2 光轴水平

4.3.2.1 边缘支撑

参考图 4.5(b),在重力场中当重力矢量垂直于光轴,也就是说光轴水平,镜片在边缘三点支撑下会发生面外变形,并且和垂直方向情况相比变形程度也不同。

对扁平镜片,除了微量的泊松效应影响外,波前差非常小(接近于零)。然而,对于弯曲的镜片,则会发生面外弯曲,从而导致产生波前误差。对于光轴水平情况下的变形问题,虽然通过理论求解是可能的,不过,这里通过详细的有限元建模快速得到了一个解。在这个方法中,研究了不同的径厚比和曲率半径的情况,由此得到了一个关系式。对于边缘三点运动学支撑来说,峰值误差为

$$Y = \frac{0.849\rho\pi R^5}{R_s E t^2} \tag{4.9}$$

产生的误差很大程度上都是像散(图 4.1)。因此,为了得到 RMS 误差,如表 4.1 所列,把上述数值除以 4.9。有趣的是,误差的大小和镜片在平面内相对于重力的方向无关。不过,像散的角度将变为重力与支撑夹角的 1/2。例如,如果镜面在其平面内旋转 180°,那么像散误差的大小会相同,而符号会相反。

如果把支撑的位置放置在反射镜质心处,那么像散误差会大大降低。当边缘支撑位置超出了反射镜的厚度,对于弯曲镜片,质心并不在边缘支撑的中心。

4.3.2.2 内部支撑

随着三点支撑带的位置向中心径向移动,和光轴竖直情况下一样,误差会降低。误差降低的原因是由于支撑位置逐渐接近镜片质心(不是其中性面),在这个位置误差是最小的。误差不再是像散,并且相对边缘支撑的情况降低至 1/4 以下。对于许多典型曲率的镜片而言,质心位置在接近 0.7 倍半径处。在这个位置可以实现理想上最小的误差,不过由于对于质心偏移非常敏感而不易实现,因此采用 4 倍的因子是合理的。此处的峰值误差为

$$Y = \frac{0.212\rho\pi D^5}{R_s E t^2} \tag{4.10}$$

为了得到 RMS 误差,把上述值大约除以 5。

96

4.3.2.3 实例分析

考虑一个圆形实心铝镜,直径为 20 英寸,厚度为 2 英寸(也就是方位比为 10:1),曲率半径为 60 英寸,采用边缘等距三点运动学支撑。在重力场中光轴竖直情况下,也就是重力和光轴垂直,计算可见光谱段的波前误差 RMS。

根据式(4.9),并利用表 2.1 中的属性,可以得到

$$Y = \frac{0.849 \rho \pi R^5}{R_s E t^2} = 11.1 \times 10^{-6} \, \text{in}$$

(P - V)/RMS 的因子取 4.5,则波前差 RMS 为

$$Y_{\text{RMS}} = \frac{2Y}{45(2.5 \times 10^{-5})} = 0.197 \lambda_{\text{RMS}}$$

4.3.3 零重力测试

在地面测试中,当在轨重力释放误差不易满足时,最好采用可以产生最小镜面误差的倾斜构型测试(angular configuration),最常用的就是光轴水平放置。为了确定这个误差,令式(4.8)和式(4.9)相等,并假定泊松比为 0.25,求解镜片的曲率半径,可以得到

$$R_s = 2.6R \tag{4.11}$$

这是一个相对快速(小 F 数)的系统,因此,对于大部分镜片而言,最理想的地面测试就是在光轴水平条件下进行。例如,一个卡式系统,它的 F 数为

$$F = \frac{R_s}{4R} \tag{4.12}$$

把式(4.11)代入式(4.12),得到

$$F = \frac{2.6R}{4R} = 0.65 \tag{4.13}$$

这确实是一个非常快速的反射镜,因此,我们又一次看到光轴水平是最常见且比较好的地面测试形式。

4.3.4 其他角度

我们已经研究了光轴水平和竖直情况下的重力变形,现在,再考察一下在其他角度情况下的情况。正如预期,与竖直轴夹角的余弦使得竖直方向误差降低,与竖直轴夹角的正弦使得水平方向误差降低。参考图 4.5(c),对于边缘支撑,由式(4.8)可以得到

$$Y_z = Y\cos\theta \tag{4.14}$$

由式(4.9)可以得到

$$Y_x = Y\sin\theta \qquad (4.15)$$

式中:下标表示坐标轴的方向。

这两个误差需要加在一起,不过,由于它们的形状不同(三叶草和像散),它们不是相同类型的,不能线性叠加,而是需要采用均方根的方法(这已经通过有限元分析和光学后处理得到验证)。因此,偏角误差为

$$Y = \sqrt{(Y_z\cos\theta)^2 + (Y_x\sin\theta)^2} \qquad (4.16)$$

需要注意的是,只是单纯出于好奇考虑,有曲率的镜片在竖直误差和水平误差相等的特殊条件下(由式(4.11)得到 $R_s = 2.6$),可以看到式(4.16)将变为

$$Y = \sqrt{2Y^2(\cos^2\theta + \sin^2\theta)} \qquad (4.17a)$$

根据三角恒等式关系,上式实际为

$$Y = Y\sqrt{2} \qquad (4.17b)$$

因此,此时的误差和角度大小无关。

4.3.5 脑筋急转弯

假设 4.3.1.3 节中的镜片在制造时,采用三点边缘支撑,此时,当光轴竖直并且光学表面朝上时,镜片重力误差会被"抛光",理想上会得到零误差。这样,如果镜片采用三点边缘支撑,试计算如下项。

(1)反射镜在地面条件下光轴竖直支撑时,计算重力下垂变形。

(2)当反射镜安装在飞机上,光轴竖直向下指向(直接向下指向地面)时,计算重力下垂变形。

(3)当反射镜安装在飞机上,光轴水平(指向水平面)时,计算矢高变形。

(4)计算轨道零 g 空间环境下的重力矢高变形。

上述问题的解如下。

(1)4.3.1.3 节中镜片上被抛光的误差为 0.405λ。因而,在三点支撑下,由于误差已经被抛光,所以此时误差为零。

(2)如果镜片指向下,那么误差就会是初始误差的 2 倍,也就是 0.81λ RMS。

(3)如果反射镜指向水平面,除了光轴水平产生的重力矢高变形外,另外,根据 $\cos\theta = 0$ 可知,抛光误差会释放,因此会重新出现,由 4.3.1.3 节和 4.3.2.3 节可知,使用式(4.8)和式(4.9),可以得到误差为

$$Y_{RMS} = \sqrt{(Y_z^2 + Y_X^2)} = 0.450\lambda_{RMS}$$

（4）由于 1g 下的误差被抛光，在 0g 下会弹出。因此这个误差为 $0.405\lambda_{RMS}$。

4.4 热 浸 泡

所有材料在均匀温度变化下都会膨胀或收缩。膨胀的程度取决于材料的分子结构。对于理想的运动学支撑的结构来说，发生膨胀的时候不会产生应力。梁膨胀时的变形公式为

$$\Delta L = \alpha L \Delta T \tag{4.18}$$

式中：α 为材料的热膨胀系数 CTE；ΔT 为热浸泡的温度变化。大部分材料都会受热膨胀遇冷收缩，不过，也有一些材料确实变化正好相反。也就是材料受热时收缩，或者在遇冷的时候膨胀，这种材料具有负的热膨胀系数 CTE。

注意到应变的公式为

$$\varepsilon = \frac{\Delta L}{L} = \alpha \Delta T \tag{4.19}$$

对于圆形扁平镜片，其径向膨胀由下式给出

$$\Delta r = \alpha r \Delta T \tag{4.20}$$

对于准运动学支撑来说，镜片相对于支撑结构（通过挠性元件、Bipod、软胶以及类似结构传递）的膨胀，需要满足设计要求，以避免出现过大的波前误差。

此外，对于弯曲的反射镜，它的曲率半径也会发生相应变化，即

$$\Delta R = \alpha R \Delta T \tag{4.21}$$

膨胀改变了光学组件焦点位置，导致产生离焦误差；不过，如果该镜片和其他镜片之间的计量结构也具有相同的热膨胀特性，那么，这个误差就可以实现自补偿（参看第 13 章）。

由于在一个给定温度范围内，热膨胀系数一般不是一个常数，因此，在任何情况下，都需要合理评估感兴趣温度范围内的 CTE 数值。在给定温度处的热膨胀系数，称为瞬时热膨胀系数，而在一个温度范围内的热膨胀系数，称为割线热膨胀系数，也称为有效热膨胀系数。

确定瞬时和有效 CTE 需要使用诸如线性可变差分位移传感器（LVDT）或者更高精度的激光热膨胀仪之类的探测器，通过干涉测量或者其他方法（诸如电容膨胀法）来精确测量膨胀变形。采用这些方法，可以实现十亿分之几的精度。得到感兴趣温度范围内的测量值，然后就可以确定热应变。根据热应变曲线，就可以确定瞬时和有效热膨胀系数。

确定有效 CTE 很简单，但是经常被工程师误解。工程师可能获得了不同温

度下的瞬时 CTE 值,为了得到有效值,可能会花费大量的时间对这些数据进行乏味的积分。实际上,在确定了热应变曲线时,就已经得到了有效的 CTE 数值,从热应变曲线可以推导出有效和瞬时 CTE 值。

为了说明这个情况,考虑用膨胀仪得到的熔石英的热应变曲线,如图 4.8 所示。纵坐标轴为热应变,由式(4.19)可得到

$$\varepsilon = \frac{\Delta L}{L} = \alpha \Delta T$$

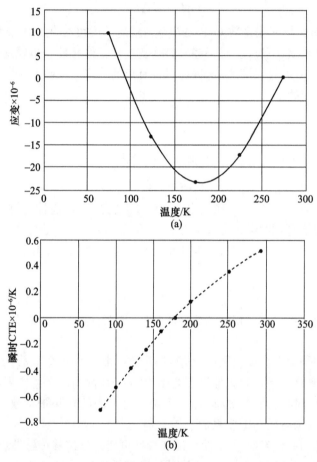

图 4.8

(a)熔石英热应变曲线:从室温至接近 100K 时净膨胀为 0(割线 CTE 为 0);在 180K 处局部或瞬时 CTE(也就是曲线在此处斜率)接近于 0,因此不用考虑温度梯度;(b)熔石英的瞬时 CTE,在 180K 接近 0,因此不需要考虑热梯度。

100

横轴是温度,因而在任何温度范围内的有效 CTE 值就已经确定。有效 CTE 值就是任意两个温度处的应变差除以温度的变化量。换句话说,如果把感兴趣范围的两个端点用一条和这个曲线交叉的直线连接(几何上,这条直线称为割线),这条直线的斜率就是有效 CTE,或者割线 CTE,即

$$\frac{\alpha \Delta T}{\Delta T} = \alpha_{\text{eff}} \qquad (4.22)$$

它和到达温度的路径无关。

请注意的是,如果感兴趣的温度范围很小,接近一个无限小的变化量,那么热应变曲线上割线 CTE 也就变成了切线 CTE。在任意给定的温度处,热应变曲线在此处的切线就是该温度处的瞬时 CTE,对于计算一个小温度范围内的热浸泡变形非常有用。图 4.8(b)给出了熔石英材料的瞬时 CTE 和温度的关系。

这个使用熔石英材料的例子非常值得关注。进一步考虑一个熔石英物体经历一个由室温到 80K(−193℃)工作温度的变化。由图 4.8(a)可知,产生的应变为 0,因此有效的热膨胀系数(连接两个端点的直线的斜率)为零,和到达终点的路径无关。这意味着,随着温度降低到工作温度,形状没有发生变化。

接下来,假定在工作温度 80K 时,发生了 1K(1℃)的温度变化。我们可以使用应变曲线来确定这个小范围内的有效 CTE,或者也可以采用图 4.8(b)所示在 80K 温度处的切向或者瞬时 CTE。可以看到 $\alpha_i = -0.14$,因此可以得到曲率半径的变化量为

$$\Delta R = \alpha_i R \Delta T \qquad (4.23a)$$

在进行误差预算时,如果不能进行调焦,曲率半径变化必须通过计量结构来补偿。

接下来考虑同样的镜片,经历由室温到其工作温度 173K(−100℃)的温度变化。根据图 4.8(a)可知,热应变为 20×10^{-6},因此有效 CTE(端点连线的斜率)为 0.19×10^{-6}/K。曲率半径的变化量为

$$\Delta R = a_e R \Delta T \qquad (4.23b)$$

这就意味着,如果性能预算有要求,除非能进行调焦,否则,这个半径的变化量 ΔR 必须通过计量结构来补偿。

接下来假定在工作温度 100K 处,温度变化 1K(1℃)。可以使用图 4.8(a)的热应变曲线确定这个小范围内的有效 CTE,或者采用图 4.8(b)给出的这点处的瞬时 CTE 值。这里,$\alpha_i = 0$,也就是说,曲率半径不会发生变化,系统的焦距保持不变。

在上述的例子中,我们看到 CTE 从正值变化到了负值。对于大多数材料而

言,负的热膨胀系数一般发生在极端低温工况。当然,在绝对零度,由于分子运动停止,所有材料的 CTE 都是零。有一些材料,诸如 ULE® 熔石英、Zerodur® 和 CLEARCERAM® – Z 玻璃等,在室温下都具有接近零值的热膨胀系数,或者具有微小的负值。

4.5 热 梯 度

第 1 章中的公式表明了在纯弯矩作用下,梁或者板会发生弯曲。上表面收缩(压缩),下表面膨胀(拉伸),而中性面既不收缩也不膨胀。

梁或板在受到轴向线性变化的热梯度时,具有类似的效应,也就是说,不会发生面内的变化,从上到下表面之间的变化仅仅是相对于平均温度。如果考虑一个 1℃ 单位梯度,上表面为 0.5℃,下表面为 – 0.5℃,那么,这个梯度会使上表面区域收缩,而下表面区域膨胀,中性面保持不变。

除了对于运动学支撑的物体膨胀不会产生应力外,此时和纯弯曲力矩作用下梁的情况类似。因此,当板弯曲后的弧长为 s = 直径/r 时,板的初始直径保持不变,其中 r 是板的半径。参考图 4.9,有如下关系式:

$$s = R\theta \tag{4.24}$$

式中:R 是板的曲率半径。但是,对于厚度为 t 的板在轴向梯度 ΔT 作用下,在半径为 a 处的上表面则会产生如下的收缩量:

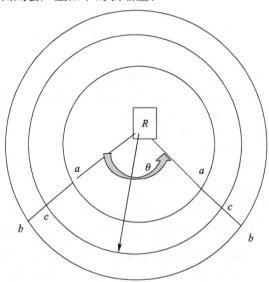

图 4.9 自上至下表面均匀的轴向热梯度。表面 c – c 弯曲后的半径为 $t/\alpha\Delta T$,不会产生应力

102

$$\frac{a\alpha\Delta T}{2} \qquad (4.25)$$

而下表面也会膨胀同样的量。上下表面具有相同的曲率中心,但半径不同。因而,就产生了一个没有应力的弯曲,从图上可以看出

$$\frac{\alpha\Delta T}{2} = \frac{t}{2R}$$

或者

$$\frac{1}{R} = \frac{\alpha T}{t}$$

式中:t 为板的厚度。可以得到半径为

$$R = \frac{t}{\alpha\Delta T} \qquad (4.26)$$

利用近似的球面关系式:

$$Y = \frac{r^2}{2R} \qquad (4.27)$$

可以得到

$$Y = \frac{\alpha\Delta T r^2}{2d} \qquad (4.28)$$

这就是板在线性轴向梯度情况下表面位移(P-V值)。我们看到这个误差都是 power 类型,为了计算 RMS 误差,根据表 4.1 可以得到

$$Y_{RMS} = \frac{Y}{\sqrt{12}}$$

注意:这个位移和截面的惯性矩是无关的,它只是板厚度的函数。对于具有常见的低于 15∶1 径厚比、名义曲率的弯曲反射镜,这个位移也可以作为一个很好的近似。以类似的方式,根据基本的微分公式,我们可以计算曲率半径的微小变化量为

$$\frac{\mathrm{d}Y}{\mathrm{d}R} = \frac{-r^2}{2R^2}$$

因此,有

$$\mathrm{d}R = \frac{2R^2 \mathrm{d}Y}{r^2} \qquad (4.29)$$

和热浸泡工况不同,这个曲率半径的变化量不能通过计量结构来补偿。

4.5.1 实例分析

例1 考虑一个扁平铍镜,在室温下经历一个大小为 0.03℃ 的均匀线性轴向温度梯度,并且不会发生任何热浸泡变化。如果镜片的半径为 10in,厚度为 2in,计算在可见光谱段的表面误差的 RMS 值。

根据式(4.28)以及表 2.1 给出的瞬时 CTE,可以得到

$$Y_{RMS} = \frac{\alpha \Delta T r^2}{2d} \frac{1}{\sqrt{12}} = 2.49 \times 10^{-6} \text{in}$$

$$Y_{RMS} = \frac{2.49 \times 10^{-6}}{2.5 \times 10^{-5}} = 0.1 \lambda_{RMS}$$

例2 考虑和上述例子相同的镜片,不过曲率半径为 100in。计算曲率半径的变化量。

由于径厚比较低,镜片的下垂变形的 P - V 值近似和平板变形相同。因此,可以使用式(4.28)式(4.29)来计算,即

$$\Delta R = \frac{2R^2 \Delta y}{r^2} = \frac{\alpha \Delta T R^2}{d} = 0.001725 \text{in}$$

4.5.2 非线性梯度

当轴向梯度是非线性时,就不会再产生无应力的状态。在这种情况下,和之前的线性梯度的情况不同,变形是截面惯性矩的函数。对于实心截面来说(我们的讨论暂时限于这种情况),可以表明,有效 CTE 可以由下式给出

$$\Delta T_{eff} = \int T(z) z \mathrm{d}z \left(\frac{h}{I} \right) \qquad (4.30)$$

如果积分不易求解,大部分情况都是这样的,我们可以把截面分解成许多小的部分使用数值求和技术,即

$$\Delta T_{eff} = \sum_{i}^{n} T_i z_i \Delta z_i \left(\frac{h}{I} \right) \qquad (4.31)$$

式中:ΔT_{eff} 为上下表面之间的有效的热梯度;T_i 为截面上 i 点处的温度;z_i 为 i 点到截面中性轴的距离;Δz_i 为截面在 i 点处的高度增量;h 为截面的高度;I 为单位截面宽度的惯性矩 $I = h^3/12$。

一旦计算出了有效热梯度,就可以根据式(4.28)计算变形。运动学支撑下尽管存在应力状态,但它的变形形状仍为 power。此时,在线性梯度下,截面惯性矩将会相互抵消,正如在接下来一部分的例1中看到的那样。

4.5.3 实例分析

例1 证明使用有效梯度方法得到的变形解,和4.5.1节提出的线性轴向梯度问题的解相同。

4.5.1 节中例1的线性梯度为 $0.03℃$。根据式(4.30),可以得到

$$\Delta T_{\text{eff}} = \int T(z) z \mathrm{d}z \left(\frac{h}{I}\right)$$

如图4.10所示,在2in厚度上绕着截面的中性轴 $T(z) = 0.015z$,因此,等效温度梯度为

$$\Delta T_{\text{eff}} = 2\int 0.015 z^2 \left(\frac{h}{I}\right)$$

由于 $I = \dfrac{h^3}{12}$,因此可以得到 $\Delta T_{\text{eff}} = 0.03℃$,和之前得到的结果相同。

另外,为了避免使用积分,可把截面分成许多小的部分,采用式(4.31)进行数值积分,做法如图4.10右所示。需要注意的是,得到的解和选取的增量的数量有关,在选择分块数为10时,得到的结果和精确解近似相同。

例2 考虑一个实心镜片经历一个贯穿上下表面的峰值为 $1°$、分布形状为抛物型的轴向温度梯度,如图4.11左所示。假定实体镜片的直径为12in,厚度为1in,计算有效梯度和变形。

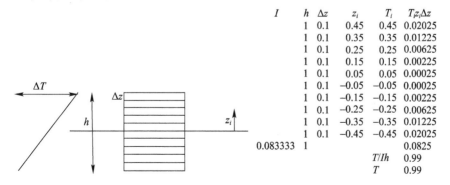

I	h	Δz	z_i	T_i	$T z_i \Delta z$
	1	0.1	0.45	0.45	0.02025
	1	0.1	0.35	0.35	0.01225
	1	0.1	0.25	0.25	0.00625
	1	0.1	0.15	0.15	0.00225
	1	0.1	0.05	0.05	0.00025
	1	0.1	-0.05	-0.05	0.00025
	1	0.1	-0.15	-0.15	0.00225
	1	0.1	-0.25	-0.25	0.00625
	1	0.1	-0.35	-0.35	0.01225
	1	0.1	-0.45	-0.45	0.02025
0.083333	1				0.0825
				T/Ih	0.99
				T	0.99

图4.10 左:求和积分使用的上下表面之间线性梯度分块;
右:4.5.2节例1的计算表明有效梯度和实际梯度非常接近

105

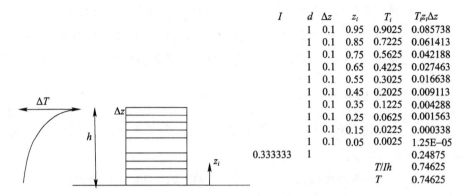

I	d	Δz	z_i	T_i	$T_i z_i \Delta z$
1	0.1	0.95	0.9025	0.085738
1	0.1	0.85	0.7225	0.061413
1	0.1	0.75	0.5625	0.042188
1	0.1	0.65	0.4225	0.027463
1	0.1	0.55	0.3025	0.016638
1	0.1	0.45	0.2025	0.009113
1	0.1	0.35	0.1225	0.004288
1	0.1	0.25	0.0625	0.001563
1	0.1	0.15	0.0225	0.000338
1	0.1	0.05	0.0025	1.25E-05
0.333333	1				0.24875
				T/Ih	0.74625
				T	0.74625

图 4.11　左:求和积分使用的上下表面抛物型梯度分块;右:4.5.2 节例 2
积分求和的计算表明有效梯度是线性梯度的 3/4,和实际积分很接近

为了避免使用积分,根据式(4.30),可以得到

$$\Delta T_{\text{eff}} = \sum_i^n T_i z_i \Delta z_i \left(\frac{h}{I} \right)$$

为了进行数值积分,把截面分成 10 个小块,计算每个分块的温度,如图 4.11 右所示。在这个例子中,由温度为 0 值的下表面到温度为 1° 的上表面进行积分,相比由中性轴开始积分更为简便。在这个情况下,我们将会采用关于截面底部的惯性矩。根据平行轴定理,惯性矩为

$$I = \frac{h^3}{12} + \frac{h^3}{4} = \frac{h^3}{3}$$

我们发现 $\Delta T_{\text{eff}} = 0.75℃$,也就是线性梯度情况下的 3/4。然后根据式(4.28)可以计算位移。

此外,我们还可以使用式(4.30)进行积分。同样,我们还是选择由截面的下边开始积分,并使用根据平行轴定理得到的惯性矩,从而可以有

$$\Delta T_{\text{eff}} = \int T(z) z \mathrm{d}z \left(\frac{h}{I} \right), \quad T(z) = z^2, \quad \Delta T_{\text{eff}} = \int z^3 \mathrm{d}z \left(\frac{h}{I} \right)$$

把 $I = \dfrac{d^3}{12}$ 代入,可以得到精确解为 $\Delta T_{\text{eff}} = 0.75℃$。

例 3　考虑一个实心镜片,直径 12in,厚度 3in,上表面 0.2in 厚度范围内承受了一个 1℃ 的轴向梯度。计算有效梯度和变形。

由于这个积分不能由一个公式来定义,参考图 4.12 左边所示,和之前做法一样使用式(4.30)。图 4.12 右边总结了这个计算结果。需要注意的是,如果梯度是纯线性,则有效梯度(0.96℃)非常接近 1℃。

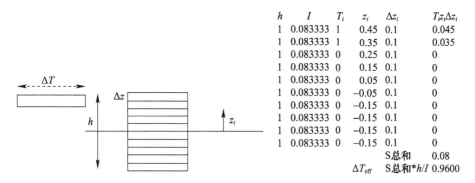

h	I	T_i	z_i	Δz_i	$T_i z_i \Delta z_i$
1	0.083333	1	0.45	0.1	0.045
1	0.083333	1	0.35	0.1	0.035
1	0.083333	0	0.25	0.1	0
1	0.083333	0	0.15	0.1	0
1	0.083333	0	0.05	0.1	0
1	0.083333	0	−0.05	0.1	0
1	0.083333	0	−0.15	0.1	0
1	0.083333	0	−0.15	0.1	0
1	0.083333	0	−0.15	0.1	0
1	0.083333	0	−0.15	0.1	0
				S总和	0.08
			ΔT_{eff}	S总和*h/I	0.9600

图 4.12　左:仅仅在上表面厚度 20% 的截面内有梯度时的积分求和;
右:4.5.2 节例 3 积分求和计算的有效梯度和纯线性梯度相同

如果把梯度仅限制在该截面上半部(也就是说,在 0.5 英寸的厚度范围内均匀分布),我们会发现有效梯度为 1.5℃,比上下表面线性梯度产生的结果要高 50%。这个练习留给读者。

4.5.4　其他梯度情况

当温度梯度沿着镜片直径方向时,除了倾斜和偏心不会产生其他误差。这些误差需要满足误差灵敏度预算,但不会产生变形。如果梯度是径向的,不管线性或者非线性的,都会产生应力和变形,从而产生波前差。产生的误差取决于径厚比以及曲率,超出了本书讨论范围;需要采用详细的有限元分析计算这些误差。

4.6　膜层和覆层

我们将注意力转向确定薄膜应力表面层产生的应力和变形,诸如有膜层或者覆层的镜片在表面沉积或者热浸泡条件下发生的那样。图 4.13 给出了这些所谓的双金属片的一个例子。

依赖于光学系统和工作波长的具体要求,所有的反射镜和透镜都需要一个膜层以提高发射率、反射率、透射率、太阳辐射抑制、保护或者之类性能。镀膜的厚度范围从 0.1μm 左右(几个微英寸)到 1μm 多。镀膜可以是单层的,也可以是多层的;可以单独使用,也可以再增加保护层。

另外,对于某些材料来说,诸如多相碳化硅、铝合金、铍,镜片在镀膜之前为了提高表面的粗糙度以及防止过高的散射,还需要增加覆层。

4.5 节介绍的热梯度,在存在轴向非线性热梯度条件下,对于恒定的有效

CTE,会产生变形和应力。类似地,膜层和覆层如果存在不均匀的热膨胀系数,在恒定浸泡温度下,也会产生变形和应力。因此,式(4.25)、式(4.26)和式(4.28)仍是有效的,只需要把热梯度替换为 CTE 的变化量,把 CTE 替换为热浸泡温度即可,即

$$\alpha\Delta T = T\Delta\alpha \tag{4.32}$$

不过,镀膜和镜片的弹性模量也可能是不相同的。在这种情况下,有效梯度的计算可仍如前所示,不过还需利用模量和 CTE 比技术附加计算截面的有效宽度。

图 4.13 双金属片,具有不同 CTE 两层金属在热浸泡的条件下会产生应力和变形

有效宽度就是模量比乘以截面的实际宽度。对于轴向梯度,结果修改为

$$\Delta T_{\text{eff}} = \int T(z)\alpha(z)E(z)b(z)z\mathrm{d}z(h/I) \tag{4.33}$$

或者,采用小增量求和的积分方法,即

$$\Delta T_{\text{eff}} = \sum_i^n T_i\alpha_i E_i b_i z_i \Delta z_i \left(\frac{h}{I}\right) \tag{4.34}$$

式中:ΔT_{eff} 为上下面板之间的有效梯度;T_i 为一个重复截面上 i 点处的温度;b_i 为截面上 i 点处的宽度;z_i 为截面的中性轴到 i 点处的距离;Δz_i 为截面 i 点处的高度增量;α_i 为 CTE 比(材料 1 对于材料 2);E_i 为模量比(材料 1 相对于材料 2);h 为截面的高度;I 为一个重复截面的有效截面惯性矩。

在恒定温度、CTE 变化的情况下,实体截面的 b 值和 T 值是不变的,因此有

$$\Delta\alpha_{\text{eff}} = \sum_i^n \alpha_i E_i z_i \Delta z_i \left(\frac{h}{I}\right) \tag{4.35}$$

然后,就可再次使用式(4.28)和式(4.28a)以及材料 1 的 CTE 来计算变形。

另外,膜层和覆层沉积过程也会产生内部残余应力,它与热膨胀系数大小无关。为了计算在这种应力条件以及温度变化条件下的变形,有一种可以避免繁琐积分或求和计算的更为简练的方法。先看一下双层金属片的铁摩辛柯解[4]。

108

由于这个参考公式是针对一维单元(梁)推导出的,对于二维(板)单元(也就是像镜片的情况)需要进行修改(需要注意的是,由于剪应力引起的边缘效应,实际应力要高于铁摩辛柯理论预测的结果。这将在第9章进一步讨论)。

根据力和弯矩的平衡条件(其推导见本章后面),包含两种材料的梁的一般变形公式为[4]

$$\frac{1}{R} = \frac{6(\Delta\varepsilon)(1+m)^2}{\left[3(1+m)^2 + (1+mn)\left(m^2 + \frac{1}{mn}\right)\right]} \tag{4.36}$$

式中:R 为变形产生的曲率半径;$\Delta\varepsilon$ 为两种材料之间的应变差;m 为两种材料的厚度比(T_1/T_2);n 为两种材料的模量比(E_1/E_2);T_1 为材料 1 的厚度;T_2 为材料 2 的厚度;E_1 为材料 1 的模量;E_2 为材料 2 的模量;h 为两种材料总的高度$(T_1 + T_2)$。

广义应力关系为

$$\sigma = \frac{1}{R}\left[\frac{2(E_1I_1 + E_2I_2)}{hT} \pm \frac{TE_1}{2}\right]$$

$$I_1 = \frac{T_1^3}{12}$$

$$I_2 = \frac{T_2^3}{12}$$

$$T = T_1 \text{ 或 } T_2 (材料 1 或 2 的最大纤维应力)$$

注意:当其中一种材料的厚度 T_1 相对另一种很小时,我们可以通过代数方法展开这个公式,并且通过消除涉及 $T_1(T_2, T_3, hT)$ 的高阶项来简化[5](由于这些项都趋于零),也可以通过修改涉及 $h-T_1$ 的项(它们趋于 h)来简化。

按照这种方式,令 $T_1 = t, T_2 = h$,并使用式(4.27)的关系式,可得到

$$Y = \frac{D^2}{8R}$$

式中:D 是一维(梁)长度。这个变形很容易计算。代入 $m = t/h$,可以得到

$$Y = \frac{3E_1\Delta\varepsilon D^2 t}{4E^2 h^2} \tag{4.37}$$

薄层材料的应力为

$$\sigma_1 = E_1\Delta\varepsilon \tag{4.38}$$

厚基体材料在界面处的应力为

$$\sigma_2 = - E_1 \Delta\varepsilon \left(\frac{4t}{h} \right) \tag{4.39}$$

厚材料在相对面(自由面)的应力为

$$\sigma_2(\text{free}) = E_1 \Delta\varepsilon \left(\frac{2t}{h} \right) \tag{4.40}$$

需要注意的是,基体中热致应力显著低于薄膜中的应力,并且在界面处应力的符号相反(不过,这些公式并不适用于基体边缘附近。在这种情况下,需要采用更先进、更一般理论化的单搭胶接公式来考虑剪切约束的影响。边缘附近的应力会急剧增加,为了避免使用深奥又显得笨拙的通用理论,可能必须使用详细的有限元建模。第9章将讨论这个理论及其近似)。

在均匀温度变化 T 下产生热致应力时,应变可以简单地由式(4.19)给出,即 $\Delta\varepsilon = T\Delta\alpha$,这样,式(4.37)~式(4.39)变为

$$\sigma_1 = E_1 T\Delta\alpha \tag{4.41}$$

$$\sigma_2 = - E_1 T\Delta\alpha \left(\frac{4t}{h} \right) \tag{4.42}$$

$$\sigma_2(\text{free}) = E_1 T\Delta\alpha \left(\frac{2t}{h} \right) \tag{4.43}$$

对于二维情况,如之前指出的,这些应力和变形式(式(4.36)~式(4.42))需要修改。在这个情况下,我们可以使用第1章讨论的二维广义胡克关系式(式(1.7a)),其中

$$\varepsilon_x = \frac{1}{E}(\sigma_x - v\sigma_y)$$

$$\varepsilon_y = \frac{1}{E}(\sigma_y - v\sigma_x)$$

对于热浸泡或者均匀沉积的双轴应力则有

$$\varepsilon_x = \varepsilon_y$$

$$\sigma_x = \sigma_y$$

由此可以得到

$$\sigma_x = \frac{\varepsilon_x E}{(1-v)} \tag{4.44}$$

在热浸泡条件下,式(4.40)~式(4.42)变为

$$\sigma_1 = \frac{E_1 T\Delta\alpha}{(1-v)} \tag{4.45}$$

$$\sigma_2 = \frac{-E_1 T \Delta\alpha \left(\frac{4t}{h}\right)}{(1-\nu)} \qquad (4.46)$$

$$\sigma_2(\text{free}) = \frac{E_1 T \Delta\alpha \left(\frac{2t}{h}\right)}{(1-\nu)} \qquad (4.47)$$

式(4.36)变为

$$Y = \frac{3E_1 \Delta\varepsilon D^2 t (1-\nu_2)}{4E_2 h^2 (1-\nu_1)} \qquad (4.48)$$

式中:D 为主要的二维长度参数(如直径)。

注意到,对于二维薄膜内在应力的情况,可以得到

$$Y = \frac{3\sigma D^2 t (1-\nu_2)}{4E_2 h^2} \qquad (4.49)$$

这就是在 1909 年首次提出的所谓的 Stoney 公式[6]。

4.6.1 实例分析

利用简化的一阶近似计算,确定镀膜、覆层和基体中的应力以及由应力导致的变形。与薄膜应力相比,基体中的应力明显较低。这里不考虑剪切应力导致的边缘效应。

例 1 考虑一个由 Zerodur 玻璃陶瓷制备的实心镜片,直径 16in,厚度 2in,镀金膜的厚度为 6μin(0.15μm 或者 1500Å)。镜片经历由室温(293K)到 200K 的温度变化。在这个温度范围内 Zerodur 的 CTE 接近于零,而金的 CTE 为 12.5×10^{-6}/K。使用表 2.1 中的模量属性,并假定两种材料的泊松比都是 0.25,计算下列内容。

(1)可见光谱段的波前差的 RMS。

(2)镀膜中的应力。

(3)镜片中的应力。

使用式(4.44)~式(4.47),可以得到

(1) $Y = \dfrac{3E_1 \Delta\varepsilon D^2 t (1-\nu_2)}{4E_2 h^2 (1-\nu_1)} = 0.294 \times 10^{-6}$ in

波前差的 RMS 计算如下(注意到形状都是 power):

$$Y_{\text{RMSWFE}} = 2Y/(25 \times 10^{-6} \times 3.46) = 0.007\lambda$$

(2) $\sigma_1 = \dfrac{E_1 \alpha \Delta T}{(1-\nu)} = 18600$psi。

（3）$\sigma_2 = \dfrac{-E_1\alpha\Delta T\left(\dfrac{4t}{h}\right)}{(1-\nu)} = 0.3\text{psi}$（非常低）

注意：为了计算变形（上边的（1）项），此外还可以使用积分方法（式（4.32））（参考表4.2），可以得到

$$Y = 0.294 \times 10^{-6}\text{in}$$

和前边得到的解相同，也必须是这样，尽管这个方法非常麻烦。

例2 考虑和例子1相同的镜片，沉积过程在镀膜中残余的压应力为4000psi，计算室温条件下可见光谱段的波前差RMS。

使用式（4.48）和RMS转换因子计算，得到 $Y_{\text{RMSWFE}} = 0.001\lambda$（非常低）。

例3 一个铍镜的直径为16in，厚度为2in，沉积的镍层厚度0.003in（75μm），经历由室温（293K）到200K的温度变化。在这个范围内，铍的有效CTE为10.0×10^{-6}/K，镍的有效CTE为9.5ppm/K。使用表2.1中的模量属性，计算可见光谱段波前差RMS。

表4.2　4.6.1节例1的数据列表

E_1	E_2	E_i	α_i	T_i	Δz	z_i	$T_i z_i \Delta z \alpha_i E_i$	h
1.20×10^7	1.31×10^7	0.916031	1.20×10^{-5}	93	0.000006	1	6.13×10^{-9}	2
		0.916031	0	93	0.4	0.8	0	
		0.916031	0	93	0.2	0.5	0	
		0.916031	0	93	0.2	0.3	0	
		0.916031	0	93	0.2	0.1	0	
		0.916031	0	93	0.2	0	0	
		0.916031	0	93	0.2	−0.1	0	
		0.916031	0	93	0.2	−0.3	0	
		0.916031	0	93	0.2	−0.5	0	
		0.916031	0	93	0.4	−0.8	0	
						总和	6.13×10^{-9}	
						$T\Delta\alpha_{\text{eff}}$	1.84×10^{-8}	
						Y	2.94×10^{-7}	

根据式（4.47），计算出 $Y = 2.28 \times 10^{-6}\text{in}$ 以及 $Y_{\text{RMSWFE}} = 0.053\lambda$，可以看出，光学性可能会发生显著退化。如果误差预算有要求，通常在镜片另一侧表面也进行镀膜以消除这种影响。

4.7 混 合 规 则

正如早前提到的,镀膜一般不止一层。在这种情况下,我们可以使用混合规则来计算有效的 CTE 和有效的模量,然后使用之前的公式计算变形。

4.7.1 两层情况

对于两层膜层的情况,可以使用并联混合规则来确定它的弹性模量和 CTE。这种混合规则很简单;对于一种具有两层不同质量密度的材料(这里不用并联或者串联规则,由于质量没有方向性),其密度可以简单表示为

$$\rho = \rho_1 \nu_1 + \rho_2 \nu_2 \tag{4.50}$$

式中:ρ_1、ρ_2 分别是材料 1 和材料 2 的密度。

这里引入了体积关系,由于 ν_1、ν_2 分别是材料 1 和材料 2 的厚度与总厚度之比,因此,$\nu_1 + \nu_2 = 1$。

对于并联的弹性模量,由于在载荷下每层的应变都相同,因此,根据胡克定律,可以得到

$$E = E_1 \nu_1 + E_2 \nu_2 \tag{4.51}$$

式中:E_1、E_2 分别是材料 1 和材料 2 的弹性模量,这和密度的混合规则类似。需要注意的是,串联的模量不适用于膜层,它每部分的应力都是相同的,在这种情况下,根据胡克定律,有

$$E = \frac{E_1 E_2}{E_1 \nu_2 + E_2 \nu_1} \tag{4.52}$$

当然,对于两层情况,我们也可以使用并联法则来计算等效模量。

对于等效 CTE,我们再次使用并联规则。同样,在边界上应变是兼容的,也就是相等,而不是应力兼容,因此,可以写成

$$\alpha_1 \Delta T - \frac{\sigma_1}{E_1} = \alpha_2 \Delta T + \frac{\sigma_2}{E_2} \tag{4.53}$$

计算出等效 CTE 为

$$\alpha = \frac{E_1 \alpha_1 \nu_1 + E_2 \alpha_2 \nu_2}{E_1 \nu_1 + E_2 \nu_2} \tag{4.54}$$

虽然串联规则也不适用于镀层,为了完整起见,串联下等效的 CTE 为

$$\alpha = \alpha_1 \nu_1 + \alpha_2 \nu_2 \tag{4.55}$$

113

现在,当计算出等效 CTE 和模量后,我们仅使用式(4.47)就可计算变形。这里,镀膜的等效厚度 t 是每个镀膜厚度的总和,即

$$t = t_1 + t_2 \qquad (4.56)$$

4.7.1.1 实例分析

4.6.1 节镀金镜片具有一个保护银膜,厚度 $12\mu in(0.3\mu m)$,模量为 $7 \times 10^6 psi$,有效 CTE 为 $7 \times 10^{-6}/K$,计算镜片的变形。

使用式(4.50)计算有效模量,即

$$E = E_1 t_1 + E_2 t_2 = 7 \times 10^6 \times 12/(18 + 1.2 \times 10^7 \times 6/18) = 8.67 \times 10^6 psi$$

使用式(4.53)计算有效 CTE,即

$$\alpha = \frac{E_1 \alpha_1 t_1 + E_2 \alpha_2 t_2}{E_1 t_1 + E_2 t_2}$$

$$= (7 \times 7 \times 0.667 + 12 \times 12.5 \times 0.333)/(7 \times 10^6 \times 0.667 + 1.2 \times 10^7 \times 0.333)$$

$$= 9.5 \times 10^{-6}/K$$

把上面数据代入式(4.47)(使用厚度和),就可计算镜片的变形。

根据式(4.44)～式(4.46),可以恢复计算镜片的应力以及镀层中的等效应力,不过无法计算出每个镀层中的单个应力。

4.7.2 多层情况

对于镀膜超过两层的情况,可以采用类似的方式来计算等效模量和 CTE。在这里仍旧用 ν 表示体积百分数,我们可以发现

$$\alpha = \frac{\sum E_n a_n \nu_n}{\sum E_n \nu_n} \qquad (4.57)$$

以及

$$E = \sum E_n t_n \qquad (4.58)$$

串联规则在这里不适用,不过为了其他应用情况,给出如下:

$$\alpha = \alpha_1 v_1 + \alpha_2 \nu_2 + \cdots + \alpha_n \nu_n = \sum \alpha_i v_i \qquad (4.59)$$

以及

$$E = \sum_{i=1}^{n} \left[\left(\prod_{i=1}^{n} E_i \right) v_n / E_n \right] \qquad (4.60)$$

虽然式(4.59)看上去很难求解,它只是乘积和再求和的一个数学表示,在 $n = 2$ 的情况下就简化为式(4.50)。以四层为例,式(4.59)变为

$$E = \frac{E_1 E_2 E_3 E_4}{E_2 E_3 E_4 \nu_1 + E_1 E_3 E_4 \nu_2 + E_1 E_2 E_4 \nu_3 + E_1 E_2 E_3 \nu_4} \qquad (4.60\text{a})$$

4.8 三层金属条带

在三层情况中,通常需要计算变形和每个层的应力。常见的例子如在镜片上涂覆两层膜层,或者第一层材料(比如挠性元件)胶接(第二层)到第三层材料(镜片)。在这些情况下,可以把双金属片的情况扩展到三金属条带,从三金属条带可以导出双金属片的情况。

考虑一个由三种材料刚性连接到一起的板,如图4.14所示,在温度范围 T 内均匀加热。对于小变形来说,板的形状变为球形,曲率相等且为常数。作用在板的任何截面上的所有力必须处于平衡状态,即

图4.14 三层金属条带,不同CTE的三种材料在热浸泡条件下会产生变形和应力

$$P_1 \left[\frac{t_1 + t_2}{2} + \frac{P_2}{P_1} \left(\frac{t_2 + t_3}{2} \right) \right] = M_1 + M_2 + M_3$$

其中

$$\begin{cases} M_1 = \dfrac{E_1' I_1}{R}, M_2 = \dfrac{E_2' I_2}{R}, M_3 = \dfrac{E_3' I_3}{R} \\[2mm] E_1' = \dfrac{E_1}{1-v_1}, E_2' = \dfrac{E_2}{1-v_2}, E_3' = \dfrac{E_3}{1-v_3} \\[2mm] I_1 = \dfrac{t_1^3}{12}, I_2 = \dfrac{t_2^3}{12}, I_3 = \dfrac{t_3^3}{12} \end{cases} \qquad (4.61\text{a})$$

在每个表面上,都必须满足应变兼容性条件,因此,有

$$\begin{cases} \alpha_1 (\Delta T) + \dfrac{P_1}{E_1' t_1} + \dfrac{t_1}{2R} = \alpha_2 (\Delta T) - \dfrac{P_1 - P_2}{E_2' t_2} - \dfrac{t_2}{2R} \\[3mm] \alpha_2 (\Delta T) + \dfrac{P_1 - P_2}{E_2' t_2} + \dfrac{t_2}{2R} = \alpha_3 (\Delta T) - \dfrac{P_2}{E_3' t_3} - \dfrac{t_3}{2R} \end{cases} \qquad (4.61\text{b})$$

消去 P_1 和 P_2 项,并经过繁琐的计算和处理,可以发现

$$\frac{1}{R} = \frac{-\left[\left(\frac{h_{12}+h_{23}}{t_2}+\frac{n_{23}h_{12}}{t_3}\right)(\alpha_1-\alpha_2)+\left(\frac{h_{23}}{n_{12}t_1}+\frac{h_{12}+h_{23}}{t_2}\right)(\alpha_2-\alpha_3)\right](\Delta T)}{\frac{1}{2}\left(\frac{h_{23}{}^2}{n_{12}t_1}+\frac{(h_{12}+h_{23})^2}{t_2}+\frac{n_{23}h_{12}{}^2}{t_3}\right)+2\left(I_1+\frac{I_2}{n_{12}}+\frac{I_3}{n_{13}}\right)\left(\frac{n_{13}t_1+n_{23}t_2+t_3}{t_1t_2t_3}\right)}$$

$$(4.62)$$

其中

$$h_{12}=t_1+t_2,h_{23}=t_2+t_3,h_{13}=t_1+t_3$$

以及

$$\begin{cases} n_{12}=\dfrac{E_1'}{E_2'} \\[2mm] n_{23}=\dfrac{E_2'}{E_3'} \\[2mm] n_{13}=\dfrac{E_1'}{E_3'} \end{cases}$$

注意:如果删除底层 $(t_3=0,E_3=0)$,可以发现曲率变为

$$\frac{1}{R} = \frac{(\alpha_2-a_1)(\Delta T)}{\frac{h_{12}}{2}+\frac{2(n_{12}I_1+I_2)}{h_{12}}\left(\frac{1}{n_{12}t_1}+\frac{1}{t_2}\right)}$$

$$(4.63)$$

这和式(4.35)是相等的。

使用更为一般的三层材料情况下的曲率,可以计算出力和力矩如下:

$$P_2=\left[(\alpha_1-\alpha_2)(\Delta T)+\frac{h_{12}}{2R}+\frac{2M}{h_{12}}\left(\frac{1-\nu_1}{E_1t_1}+\frac{1-\nu_2}{E_2t_2}\right)\right]\left(\frac{h_{12}}{C_1}\right)$$

$$P_1=\frac{2M}{h_{12}}-P_2\left(\frac{h_{23}}{h_{12}}\right)$$

其中

$$M=M_1+M_2+M_3$$

$$C_1=\frac{h_{23}(1-\nu_1)}{E_1t_1}+\frac{(h_{12}+h_{23})(1-v_2)}{E_2t_2}$$

$$(4.64)$$

最终可以得到每层上下表面的正应力为

116

$$\begin{cases} \sigma_{11} = \dfrac{P_1}{t_1} - \dfrac{t_1 E_1}{2R(1-\nu_1)} \\[2mm] \sigma_{12} = \dfrac{P_1}{t_1} + \dfrac{t_1 E}{2R(1-\nu_1)} \\[2mm] \sigma_{21} = \dfrac{-(P_1-P_2)}{t_2} - \dfrac{t_2 E_2}{2R(1-\nu_2)} \\[2mm] \sigma_{23} = \dfrac{-(P_1-P_2)}{t_2} + \dfrac{t_2 E_2}{2R(1-\nu_2)} \\[2mm] \sigma_{32} = \dfrac{-P_2}{t_3} - \dfrac{t_3 E_3}{2R(1-\nu_3)} \\[2mm] \sigma_{33} = \dfrac{-P_2}{t_3} + \dfrac{t_3 E_3}{2R(1-\nu_3)} \end{cases} \qquad (4.65)$$

这些量在图 4.15 中定义。

然后,对于一个直径为 D 的板,根据式(4.27)很容易计算出它的变形,即

$$Y = \frac{D^2}{8R}$$

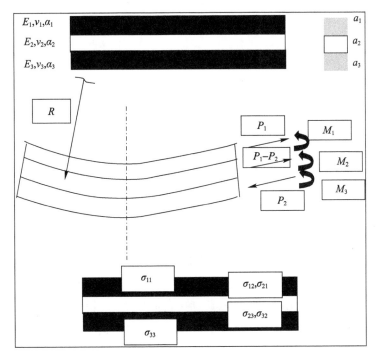

图 4.15　三层金属条带描述性的分析术语和界面应力

117

正如大家容易看到的那样,最好将这些公式编制成电子表格,以避免繁琐的重复操作和可能出现的错误,更不用说无聊了。

4.8.1 实例分析

在直径 16in、厚度 1in(0.025m)的实心铍镜上,依次沉积了 0.003in(75μm)的镀镍层和 40μin(1μm)的镀金膜,经历由室温(293K)到 193K 的均匀的热浸泡。使用表 2.1 中的属性,以及镀金膜的有效 CTE 为 12.0×10^{-6}/K,镀镍层的有效 CTE 为 10.0×10^{-6}/K,镜片的 CTE 为 10.5×10^{-6}/K,计算 3 个层的应力和变形。所有材料的泊松比都使用 0.25。

经过繁琐的计算(使用电子表格后已经大大简化),并使用式(4.63)和式(4.64),可以发现镀金膜和镀镍层最大的应力分别为 2500psi 和 -1000psi,而镜片的应力只有 10psi。计算得到的变形结果为 9.5×10^{-6}in,或者波前差 $0.22\lambda_{RMS}$(对于可见光反射镜来说,这个值非常高,一般不可接受)。

需要注意的是,计算得到的应力为远离边缘处的,在边缘处会发生一些有趣的事情,关于边缘应力的讨论见第 9 章。

4.9 热膨胀系数的随机分布

我们已经看到,具有均匀 CTE 的材料在轴向温度梯度下,产生的变形根据式(4.28)的有效或者等效的梯度来计算,即

$$Y = \frac{\alpha \Delta T r^2}{2d}$$

类似地,我们也已经看到,一个 CTE 轴向梯度分布的材料在经历均匀温度浸泡时,产生的变形按照式(4.28a)计算,可以得到

$$Y = \frac{T\Delta\alpha D^2}{8d} \tag{4.66}$$

需要注意的是,对于一个较大的温度变化和一个轴向线性 CTE 变化,产生的变形误差可能会对误差预算产生严重破坏。例如,考虑一个直径 40in、厚度 4in 的大型镜片,经历从室温 293K 降低到 100K 的低温浸泡;从前到后面板 CTE 的变化仅有 1×10^{-9}/K。根据式(4.65)得到表面峰值误差为 $Y = 193 \times 0.01 \times 10^{-6} \times 40 \times 40(8/4) = 9.7$μin。使用 power 的 RMS 转换因子 $\sqrt{12}$,转换到可见光谱段,得到 $Y = 0.22\lambda_{RMS}$。

对于无主动调焦系统,这将会是一个非常大的误差。由于几乎所有光学材

料的 CTE 变化量都会超过 $1 \times 10^{-9}/K$（实际上比这个高 $10 \sim 50$ 倍），所以大家就会好奇在没有调焦的情况下性能预算如何满足要求，特别是对于大型镜片。答案在于这样的事实：大部分材料前后面板间的 CTE 变化在这个过程中都是随机的，也就是说，可能在某个地方存在着从前到后面板超过 $1 \times 10^{-9}/K$ 的变化，但是，在另一个地方可能存在着相反变化（负的），或者沿着直径方向不存在这样的另一个位置。

对于随机分布的情况，无法轻易获得其解析解。不过，我们可以使用有限元模型把 CTE 随机化从而计算出分析结果，并和在均匀温度浸泡变化条件下干涉测试得到的已知结果进行对比。

因此，在 20 世纪 70 年代，使用随机 CTE 分布建立了一系列的有限元模型[7]。其中考虑了不同直径、厚度以及曲率半径的镜片。每个都赋予了 10 个不同的热膨胀系数轴向变化的随机历程以及 10 个不同的热膨胀系数面内变化的随机历程（都采用了 3σ 分布）。结合不同的径厚比和曲率半径，就产生超过 1000 多个工况。结果曲线拟合得到了一个近似方程，即 Pepi-Nagle-Lowe 方程（或 $\Delta\alpha$ 方程）：

$$Y_{\mathrm{RMSWFE}} = \sqrt{\left(\frac{56\,\overline{T}\,\Delta\alpha_{\mathrm{a}}D^2}{d}\right)^2 + \left(\frac{22\,\overline{T}\,\Delta\alpha_{\mathrm{p}}D^{7/2}}{d^{3/2}R_{\mathrm{s}}}\right)^2} \qquad (4.67)$$

式中：$\overline{T}$ 为热浸泡温度变化；$\Delta\alpha$ 为 CTE 的总的变化量，单位为（英寸/英寸）/℃；$\Delta\alpha_{\mathrm{a}}$ 为 CTE 轴向变化；$\Delta\alpha_{\mathrm{p}}$ 为 CTE 面内变化；D 为镜片直径，单位为英寸；R_{s} 为反射镜曲率半径；d 为反射镜高度，单位为英寸。

同样，给出的结果为可见光谱段的波前差。

需要注意的是，公式中的第一项为随机变化的轴向梯度。可以看到，和线性变化的轴向梯度对比，这个误差减少至 1/50。这个误差通常具有很小的 power，更多的是像散以及高阶误差。

还可以看到，公式的第二项是横向（面内）随机变化的梯度。这项和反射镜的曲率半径有关；半径越小，这个误差就越大。这个误差同样具有很小的 power，在去除离焦项后，主要是高阶像散以及高阶误差。

由于式(4.66)是基于有限元分析工具得到的，它需要根据实际测试数据进行修正。因此，在 20 世纪 70 年代之后的 25 年间，由样本测试中获得了多种光学材料膨胀不均匀性的数据，包括碳化硅、熔石英、ULE 熔石英、Zerodur、硼硅酸盐、铍以及铝等。然后，对不同直径的各种镜片进行了一个文献综述，检查了在热浸泡至低温条件下去除了离焦项后的表面误差。得到的数据和公式具有非常好的相关性。这样，对于新的或者已有材料进行干涉测试，就可以推断出膨胀的不均匀性。

4.9.1 实例分析

考虑一个直径为 60in 的铍镜，厚度为 2.5in，曲率半径为 240in，由室温 293K 进行一个严苛的低温浸泡至 100K 并保持温度稳定，此时不存在轴向热梯度（也就是均匀热浸泡）。如果样本测试数据表明 3σ 的 CTE 随机变化为 $30 \times 10^{-9}/K$，计算去除离焦后的波前差 RMS 值。

使用式(4.66)，可以得到 $\lambda_{RMSWFE} = 0.52\lambda$。

相反，如果干涉测试得到误差为 0.52λ，我们可以推断这个材料的不均匀性为 $30 \times 10^{-9}/K$。对于高精度镜片来说，这是一个非常大的误差，需要在室温环境下对镜片抛光以消除低温下的误差。

参 考 文 献

1. F. Zernike, "Beugungstheorie des Schneidenver-fahrens und seiner verbesserten Form, der Phasenkontrastmethode," *Physica* **1**, 689–704 (1934).
2. R. J. Roark and W. C. Young, *Formulas for Stress and Strain*, Fifth Edition, McGraw-Hill Book Co., New York (1975).
3. S. Timoshenko and S. Woinowsky-Kreiger, *The Theory of Plates and Shells*, Second Edition, McGraw-Hill Book Co., New York (1959).
4. S. Timoshenko, "Analysis of bi-metal thermostats," *J. Optical Society of America* **11**(3), 233–255 (1925).
5. M. J. Pepi, "Generalized distortion of solid mirrors with stressed surface layer," private memorandum communication, July 1992.
6. G. Stoney, "The tension of metallic films deposited by electrolysis," *Proc. Royal Society A* **82**(533), 172 (1909).
7. J. W. Pepi, "Analytical predictions for lightweight optics in a gravitational and thermal environment," *Proc. SPIE* **748**, pp. 172–179 (1987) [doi: 10.1117/12.939829].

第 5 章　轻量化镜片优化

实体镜片的分析为轻量化镜片的分析奠定了基础。对于航空航天系统来说,为了满足燃料消耗、承载能力以及成本的限制条件,重量极其重要。对于地面系统而言,特别是大口径光学组件,由于运输、提升、装配以及其他要求,重量也受到限制。例如,工作在帕洛玛山的口径 200in(5m) 的 Hale 望远镜,就采用了一种早期的轻量化反射镜方法来制备。这个铸造的硼硅酸盐镜片重量大约是相同厚度实体镜片的 35%。这与今天的轻量化能力有非常大的差距,目前的轻量化程度达到了 90% 以上。作为对比,Hale 望远镜的面密度为 $900kg/m^2$,而 6m 口径的詹姆斯韦伯望远镜主镜的面密度则低于 $20kg/m^2$。

5.1　轻量化镜片

有几种方式可以获得轻量化的镜片:第一种方法是利用较薄的实体来制备,也就是具有高径厚比的镜片;第二种方法是使用三明治构型,一般称为背部封闭构型,它通过把薄实体面板和一个轻量化蜂窝芯层连接得到;第三种方法是使用一个较厚的实体镜坯,通过机加形成一个没有背部面板的轻量化芯层筋板结构,这种形式通常称为背部开放构型。

我们现在快速地回顾一下这 3 种轻量化方法的优缺点。如图 5.1 所示,不同的设计都具有相同的刚度 – 重量比,也就是说,它们实际上具有相同的重力变形和基频。不过,轻量化反射镜的重量仅仅是实体镜片的 10%。一方面,随着直径的增加,这样会节省非常大的重量;另一方面,实体镜片具有更好的刚度,大约高一个数量级,因此会对支撑引起的误差更不敏感。如果质量是设计驱动因素,那么背部开放或者封闭的设计都是可选择的方法。

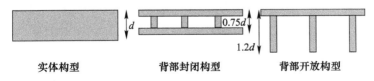

图 5.1　具有相同刚度 – 重量比的 3 块反射镜,其中轻量化镜片的重量仅是实体镜片的 10%

从另一个角度看,考虑图 5.2 所示的另外几个反射镜。这些反射镜具有相同重量。不过,背部封闭或者开放构型的轻量化反射镜具有更高的刚度,大约比实体镜片高两个数量级,因而对于支撑误差敏感性更低,同样,由于高的刚度 – 重量比,对于重力变形的敏感性也更低。这正是为什么选择轻量化反射镜的原因。对于大口径反射镜而言,较薄的实体镜片可能需要多点支撑系统,这将在第 7 章进一步讨论。

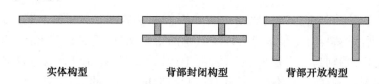

实体构型   背部封闭构型   背部开放构型

图 5.2   具有相同重量的 3 块反射镜,其中轻量化镜片的刚度是实体镜片的 64 倍

在图 5.1 和图 5.2 中可以注意到,为了具有相同的刚度和重量,背部开放构型的截面比背部封闭的要深得多。一般来说,在这种等效性下,背部封闭构型的高度是实体镜片的 75%,而背部开放构型的高度则超过实体镜片的 20%。下节给出的计算将会证实这个结果。

不管是背部开放还是封闭构型,轻量化反射镜设计的关键在于其芯层的设计以及它如何和面板连接。对于封闭构型设计,取决于材料的选择,有几种连接方法可以使用,包括胶接、焊料键合、熔合连接或者直接铸造。对于背部开放构型,芯层一般在镜片上直接机加出来。因而,这种构型不需采用胶接连接,胶接连接会由于 CTE 的不匹配而影响性能。这种方法也不需要成本更高的焊料键合、在相对较高的温度进行融合或者采用复杂的背部封闭形式的铸造。不过,为提供相同的刚度和重量,背部开放构型设计在高度方向上确实需要更大的包络尺寸。此外,这种设计构型必须在考虑其他诸如剪切变形、芯层的各向异性等影响的情况下证明是可行的。本章后续将讨论这些影响因素。如果蜂窝芯的筋板厚度受到加工限制,还需要考虑机械加工技术。

5.2   蜂窝芯形状

等尺寸蜂窝芯形状封装规则表明,只有三角形、正方形或者六角形蜂窝芯才能封装在一个平的或者近似平的表面上。这个规则指出,只有当这个形状的外部夹角除以这个形状的内部夹角是整数时,才可能实现相同蜂窝单元的封装(这点很容易证明[1])。参考图 5.3,我们可以看到,这个整数规则(也称为封装规则)只对具有 3 个、4 个或 6 个边的多边形才适用,也就是说,只能是三角形、正方形或者六角形。这样我们至少已经限制了设计的空间。

122

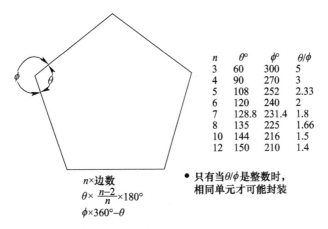

n	$\theta°$	$\phi°$	θ/ϕ
3	60	300	5
4	90	270	3
5	108	252	2.33
6	120	240	2
7	128.8	231.4	1.8
8	135	225	1.66
10	144	216	1.5
12	150	210	1.4

● 只有当θ/ϕ是整数时，
相同单元才可能封装

$n\times$边数
$\theta\times\dfrac{n-2}{n}\times180°$
$\phi\times360°-\theta$

图 5.3　封装几何的整数规则:只有三角形、正方形以及
六角形才能以等尺寸的形状封装在一个平面上

5.2.1　蜂窝芯几何尺寸

　　显而易见,对于三角形、正方形以及六角形状而言,在它们内切圆直径 a 相等时,它们单位面积的重量是相等的,正如图5.4所示。这样,我们就可以得到正方形蜂窝芯边长为 a;六角形蜂窝芯筋板之间的距离也为 a;等边三角形蜂窝芯的边长是 $\sqrt{3}\,a$。下面我们通过计算重复的蜂窝单元的重量来说明这点,如图5.5所示。

　　考虑一个正方形蜂窝,在仅考虑蜂窝截面的情况下,可以得到

$$\frac{W}{A}=\frac{2abd\rho}{a^2}=\frac{2bd\rho}{a} \tag{5.1a}$$

式中:a 是蜂窝芯筋板间距;b 是蜂窝筋板宽度;d 是蜂窝芯高度;ρ 是其重量密度。

　　对于三角形蜂窝来说,有

$$\frac{W}{A}=\frac{3bd\rho\sqrt{3}\,a}{2A}$$

其中,$A=3a^2\sqrt{3}/4$,因此可以得到

$$\frac{W}{A}=\frac{2bd\rho}{a} \tag{5.1b}$$

类似地,对于六角形,可以按下式计算:

$$\frac{W}{A}=\frac{6bd\rho s}{2A}$$

123

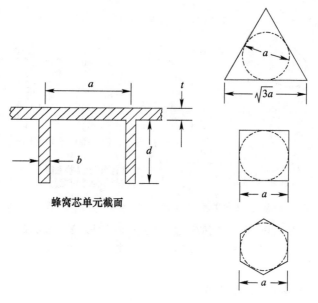

蜂窝芯单元截面

图 5.4　等重量形状:在内切圆直径相等的条件下这些截面具有相等的单位重量

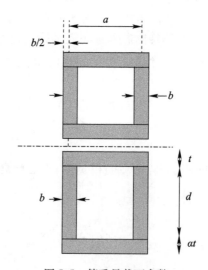

图 5.5　等重量截面参数

式中:边长 $s = \dfrac{\sqrt{3}\,a}{3}$；$A = \dfrac{\sqrt{3}\,a^2}{2}$。因此,可以得到

$$\frac{W}{A} = \frac{2bd\rho}{a} \tag{5.1c}$$

124

注意:尽管在这个公式中理想缝隙处蜂窝芯的重量"双重损失",不过对于典型蜂窝芯间距来说,这种影响很小,为了便于计算可以忽略掉。另外还可以看到,式(5.1a) ~ 式(5.1c)是相等的。

同样,参考图 5.5,把面板和蜂窝芯层综合考虑时,可以得到单位面积重量为

$$\frac{W}{A} = \rho\left[t(1+\alpha) + \frac{2bd}{a}\right] \tag{5.2}$$

式中:t 为前面板厚度;α 为后面板与前面板厚度的比值。对于背部开放构型而言,$\alpha = 0$。

5.2.2　实例分析

考虑一个背部开放、直径为 20in 的熔石英镜片,面板厚度为 0.20in,三角形蜂窝芯筋板间距为 2in,筋板厚度为 0.12in,筋板高度为 3in。计算镜片单位面积重量、总重,以及相对母体实心镜片的轻量化程度。

使用表 2.2 中的数据以及式(5.2),有

$$\frac{W}{A} = \rho\left[t(1+\alpha) + \frac{2bd}{a}\right]$$

$$= 0.08 \times \left[0.20 \times (1+0) + \frac{2 \times 0.12 \times 3}{2}\right] = 0.045\,\text{psi}(31.7\text{kg/m}^2)$$

$$W = \frac{0.045\pi \times 20^2}{4} = 14.1\text{lb}(6.4\text{kg})$$

母体实心镜片的重量为

$$W_p = \frac{\pi \times 20^2 \times 3.2 \times 0.08}{4} = 80.4\text{lb}$$

因此,镜片的轻量化程度为

$$1 - \left(\frac{14.1}{80.4}\right) = 82\%$$

5.3　蜂窝芯刚度

尽管 3 种蜂窝类型都有重复的等面积的截面,但是它们却不一定具有相同的刚度;事实上,重要的是带有面板的总的反射镜刚度。

对于二维板来说,很明显,正方形蜂窝在两个正交方向都具有连续的弯曲刚

度,而三角形蜂窝的弯曲刚度则存在夹角60°的3个连续路径。六角形蜂窝不存在连续的弯曲刚度路径。对于背部开放的构型,这是一个非常关键的信息,它的弯曲刚度同时取决于面板和蜂窝芯。因而,六角形蜂窝的背部开放构型表现效果不佳。

注意:对于背部封闭构型而言,弯曲惯性矩主要由面板而不是蜂窝芯来实现,后者能够提供合适的剪切刚度。在这个情况下,尽管存在一些次要影响因素,但是其弯曲刚度实际上和蜂窝芯形状是无关的。一般来说,此时选择六角形蜂窝芯是为了便于加工,这是由于蜂窝芯的内角不太锐利,从而能够减轻在缝隙处的重量。

为了说明这一点,考虑一个在相等重量条件下,不同几何形式蜂窝的背部封闭和开放截面的例子。利用详细的有限元模型,对比重力变形以及基频。

表5.1 中对于不同几何形式蜂窝,给出了和封闭截面相比背部开放截面重量增加情况,其中三角形截面的重量都归一化为100lb。注意:对于正方形蜂窝芯,在相等重力下垂变形条件下开放构型重量增加了10%;在相同基频条件下,由于各向异性产生的扭转模式,开放截面结构重量增加了约60%。另外,还注意到,对于背部开放的六角形构型而言,由于缺少弯曲抵抗能力,在相同重力和频率条件下,其重量都增加了60%。最后还可以看到,对于三角形蜂窝,背部开放截面相比封闭截面没有增加重量,是我们要选择的方法。

表5.1 背部开放和封闭的不同蜂窝构型重量增加情况对比

	抛光压力产生相同的矢高变形		相同重力矢高变形		相同基频	
	封闭	开放	封闭	开放	封闭	开放
三角形	100	100	100	100	100	100
正方形	97	97	100	110	100	160
六角形	96	96	100	160	100	160

以同样的方式,表5.2 对比了等重量条件下不同蜂窝形状、背部开放构型镜片的性能。同样可以看到,和三角形构型的重力变形对比,正方形构型变形退化至85%,而六角形构型退化至1/4。和三角形截面的基频对比,正方形截面降低超过了2倍,而六角形截面甚至更低。因此,三角形截面胜出。

表5.2 背部开放的不同蜂窝构型性能退化情况

几何形状	重量/lb (研磨压力产生矢高变形 =3μin)	重力变形/μin	基频/Hz
三角形[①]	100	67	200
正方形	97	78	100
六角形	96	280	80
① 选择的设计			

126

图5.6(a)为采用背部封闭技术[2]制造的一个六角形蜂窝芯的玻璃镜片；图5.6(b)给出了一个具有三角形蜂窝芯的背部开放的玻璃镜片；图5.6(c)是一个背部开放的六角形蜂窝芯的镜片。当然,这不是推荐的设计选择。

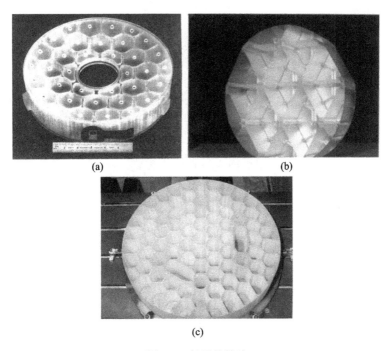

图 5.6　轻量化镜片

(a)六角形蜂窝芯的背部封闭构型(背部表面具有出气孔)；(b)三角形蜂窝的背部开放构型；
(c)背部开放构型设计中性能很差的六角形蜂窝芯(其中(a)转载自文献[2])。

5.4　背部部分封闭的镜片

玻璃陶瓷背部封闭构型的熔合工艺经常无法实现,为了避免使用这种工艺,制造商已经通过在实体镜片背面机加,得到了一个内切圆直径为"a"但入口点直径一定程度上稍小的轻量化孔洞,从而形成了一个背部部分封闭的截面,如图5.7所示。一旦入口点清理好,就可以使用 Corning 公司设计的开扩孔磨头去除镜体上的材料。在这个情况下,可得到六角形的蜂窝芯,和三角形蜂窝芯对比,它具有最大化的内角,从而降低了机加的风险。正如我们已经看到的,六角形蜂窝对于背部封闭构型反射镜来说表现良好。

不过,通过有限元模型研究揭示,除非入口点的直径小于孔洞直径的¾,否

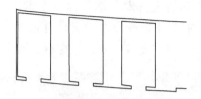

图 5.7 背部部分封闭构型的镜片的截面

则,相对于背部开放的三角形蜂窝截面,这种部分封闭截面不会改善任何性能。实际上,在高度一定的情况下,重量反而会增加。从图 5.8 可以很明显看到,当入口直径是轻量化孔直径 0.75 倍时,背部开放的三角形蜂窝构型优于背部部分封闭的六角形蜂窝构型。如果为了使重量相等,增加了背部开放三角形蜂窝构型的高度,那么,背部部分封闭构型入口点的直径甚至要更小,从而接近磨头的极限。同样,可以看出,三角形蜂窝具有很大的优势。

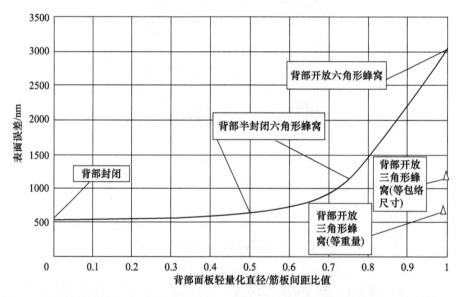

图 5.8　具有六角形蜂窝的不同背部构型镜片(开放、封闭或者部分封闭)光轴竖直条件下的重力变形特性。可以看出,部分封闭构型特性没有超过背部开放的三角形蜂窝芯构型

5.5　抛　　光

具有轻量化蜂窝的镜片在抛光和精修过程中,会产生绗缝现象,也称为网格效应,这在实体镜片上不会出现。当使用相对刚性的研磨头覆盖区域超过几个

蜂窝芯间距时,由于孔洞处面板和筋板处的对比更柔软更易发生弯曲,磨头在筋板处会抛除比轻量化孔处更多的材料。在磨头压力释放后,在筋板处就会出现波谷形状,如图 5.9 所示,从而在镜片全口径上形成绗缝图案。

假定方板的尺寸为 a,厚度为 t,四边固支,这样在远离边缘处,就可以得到近似的绗缝误差。在抛光压力 p 下,可以得到[3]

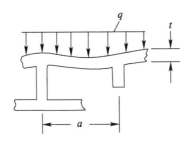

中间下垂变形:$y = \dfrac{C_1 q a^4}{E t^3}$

其中:C_1 为几何常数;q 为研磨压力载荷;E 为面板弯曲模量。

图 5.9 轻量化镜片的绗缝变形,由于面板受压下垂在抛光过程中筋板处会去除更多材料

$$y = \frac{C_1 q a^4}{E t^3} \tag{5.3}$$

式中:对于正方形蜂窝芯,C_1 近似为 0.014;对于三角形和六角形蜂窝芯分别为 0.018 和 0.011;y 为表面绗缝变形误差的 P – V 值。在边缘处,绗缝变形误差会略高一些。

因此,六角形蜂窝芯具有最小的网格效应。抛光压力值 q 取决于抛光工艺。一般来说,光学技师在抛光过程中需衡量镜片或磨头重量;在无压力情况下,去除最小量的材料。采用刚性研磨头的抛光压力范围一般从 0.2psi 到 0.5psi 以上。基于这个信息和蜂窝芯的几何形式,可以很容易计算出网格效应误差。

5.5.1 实例分析

考虑 5.2.2 节例 1 中的镜片,采用刚性研磨头,抛光压力为 0.2psi。计算可见光谱段绗缝变形的波前差 RMS 值。

根据式(5.3),可以得到表面误差的峰值为

$$y = \frac{0.018 q a^4}{E t^3} = 0.68 \mu m$$

129

计算 RMS 时使用比例因子 5，乘以 2 以得到波前，并把单位转为为波长，可以得到

$$\lambda_{\mathrm{RMS}} = \frac{0.68 \times 2}{5 \times 25} = 0.011\lambda$$

5.5.2 先进抛光技术

更先进的抛光技术采用了小磨头和柔性研磨盘。在这种情况下，上述抛光产生的绗缝误差规则就不再适用。不过，尽管这个误差不算大，但还是会存在一定的绗缝误差。一般来说，在镜片模量低于 20Msi 且筋板间距和厚度比小于 15∶1，以及镜片模量大于 40Msi 且筋板间距和厚度比小于 20∶1 时，绗缝误差可以实现最小化，低于 0.01 波长（可见光谱段）。

其他诸如采用磁流变抛光（MRF）的技术，甚至可以进一步消除绗缝误差。不过，由于筋板间距和厚度比值太高时刚度会下降，在这种情况下，比值取20∶1对于所有镜片都是一个合理的限制。

如果不可能使用这些先进技术，那么，在完整高度的筋板之间加工出具有部分高度的筋板，对于绗缝误差的最小化是有利的。对于背部开放的镜片而言，这种方法有时也称为"waffle（华夫饼）"或者"cathedral ceiling（教堂天花板）"方法，如图 5.10 所示。分析表明，当这些部分高度的筋板是完整筋板的⅓高时，它们可以提供足够刚度，使得绗缝误差和这些筋板具有完整高度时的接近，因此可以降低需要增加的质量，不过没有显著增加镜片的全局弯曲刚度。

这种情况下，单位面积镜片的重量变为

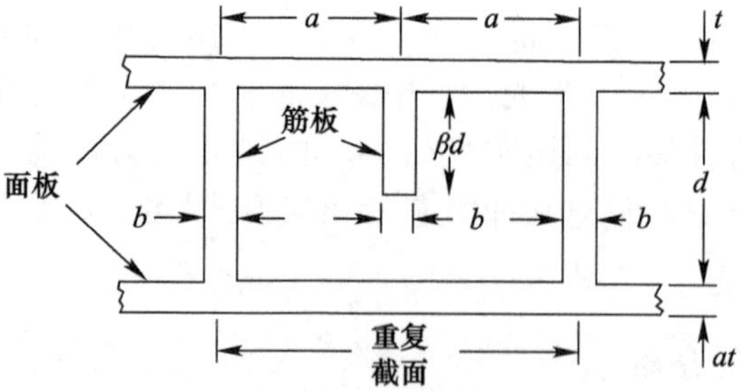

图 5.10 轻量化镜片及其绗缝。部分高度的中间筋板（教堂天花板）减小了重量，增加了抗绗缝变形能力，但不会显著增加刚度

$$\frac{W}{A} = \rho_f t(1+\alpha) + \frac{bd(1+\beta)\rho_c}{a} \tag{5.4}$$

式中：ρ_f 和 ρ_c 分别是面板和蜂窝芯的密度。在这里，β 为部分高度筋板和完整

高度筋板的高度比值。当 $\beta=1$ 时,式(5.4)就退化为式(5.2),实际它也必须是这样的。需要注意的是,在这个公式中 $\beta=1$ 表示是完整高度筋板,也就是没有部分高度筋板。

5.6 重量优化

由式(5.3)很明显地可以看出,对于给定的绗缝误差,筋板间距和面板厚度比值可能有无限多组合。哪种组合会得到最轻量化的设计结果呢?为了回答这个问题,我们求助于微积分中的最大最小值问题。回想一下,一个曲线包含一个斜率为零的特定点时,这个点(一阶导数)就确定了一个最大或最小值。对于刚性研磨抛光准则,为了使得重量最小化,把式(5.30)中的厚度值作为 a 的函数来求解,再代入到单位面积重量的式(5.4)中,然后关于厚度求一阶导数,从而求解出最佳的面板厚度。然后把这个厚度值代入到式(5.3),求解最佳筋板间距。根据

$$\frac{W}{A} = \rho_f t(1+\alpha) + \frac{bd(1+\beta)\rho_c}{a}$$

以及

$$Y = \frac{C_1 q a^4}{E t^3}$$

可以得到

$$a = \sqrt[4]{\frac{EYt^3}{C_1 q}} \tag{5.5}$$

把式(5.5)代入到式(5.4),可以得到

$$\frac{W}{A} = \rho_f t(1+\alpha) + \frac{bd(1+\beta)\rho_c}{\sqrt[4]{\frac{EYt^3}{C_1 q}}} \tag{5.6}$$

式(5.4)关于厚度求导,并令导数等于零,可以得到

$$\frac{W}{A} = \rho_f t(1+\alpha) + \frac{bd(1+\beta)\rho_c}{a}$$

$$Y = \frac{C_1 q a^4}{E t^3} \tag{5.6a}$$

$$a = \left(\frac{Ey}{C_1 q}\right)^{1/4} t^{3/4}$$

把式(5.6a)代入到式(5.4),可以得到

$$\frac{W}{A} = \rho_f t (1 + \alpha) + \frac{bd(1 + \beta)\rho_c}{\sqrt[4]{\dfrac{Edt^3 y}{C_1 q}}}$$

$$= \rho_f t (1 + a) + \frac{bd(1 + \beta)\rho_c (C_1 q)^{1/4} t^{-3/4}}{(Ey)^{1/4}} \qquad (5.6b)$$

为了得到优化解,上式关于 t 微分,并令其等于零,即

$$\frac{d\left(\dfrac{w}{a}\right)}{dt} = 0 = \rho_f t (1 + a) - \frac{3}{4} bd(1 + \beta)\rho_c (C_1 q)^{1/4} t^{-7/4} \qquad (5.6c)$$

$$\rho_f t (1 + a) = \frac{3}{4} bd(1 + \beta)\rho_c (C_1 q)^{1/4} t^{-7/4} \qquad (5.6d)$$

$$\frac{4\rho_f (1 + a)(Ey)^{1/4}}{3bd(1 + \beta)\rho_c (C_1 q)^{1/4}} = t^{-7/4} \qquad (5.6e)$$

因此,最优的面板厚度为

$$t = \left[\frac{0.75bd(1 + \beta)\rho_c}{\rho_f (1 + a)\left(\dfrac{Ey}{C_1 q}\right)^{1/4}}\right]^{4/7} \qquad (5.7a)$$

由式(5.6a)可以得到最佳蜂窝芯间距。

5.6.1 实例分析

再次转到 5.2.2 节和 5.5.1 节中的例子,其中在后面的例子中,我们对于一个给定设计确定了它的网格效应。我们计算出了它的质量为 14.1lb,绗缝误差为 0.68μin。假定绗缝误差不变,根据式(5.7a)和式(5.7b),可以得到重量最优时候的面板厚度以及蜂窝芯筋板距离。结果为 $t = 0.23\text{in}$,$a = 2.27\text{in}$,质量 $W = 13.9\text{lb}$。和镜片初始质量 14.1lb 相比,减重效果不明显。不过,由于面板厚度变得更厚,降低了加工风险,因此更易于加工,从而使得这个设计结果具有一定优势。

如果我们采用了一种先进的抛光技术,对于同样的镜片,可以接受筋板间距和面板厚度的比值取 15:1,即

$$K = \frac{a}{t} = 15 \qquad (5.8)$$

式中:K 为蜂窝芯间距和面板厚度的比值,$a = Kt$。把式(5.8)代入到式(5.4),

132

同样取一阶导数,可以得到

$$\frac{\mathrm{d}W}{\mathrm{d}t} = (1 + \alpha) - \frac{bd(1 + \beta)t^{-2}}{K} = 0 \qquad (5.9)$$

$$t^2 = \frac{bd(1 + \beta)}{K(1 + a)} \qquad (5.9a)$$

$$t = \sqrt{\frac{bd(1 + \beta)}{K(1 + a)}} \qquad (5.9b)$$

$$\alpha = K\sqrt{\frac{bd(1 + \beta)}{K(1 + a)}} \qquad (5.9c)$$

对于这个例子,我们可以得到 $t = 0.219\text{in}$, $a = 3.29\text{in}$, 质量 $W = 11.0\text{lb}$。和镜片初始质量 14.1 对比,减重效果非常明显(20%)。

5.7 刚度准则

在上面讨论中,为了保持较低的抛光误差,我们对重量进行了优化。不过,还未提到刚度以及刚度 – 重量优化。虽然,对于绗缝误差我们已经得到了最轻的重量,但是可能还没有使刚度最大化,进而也可能没有使刚度 – 重量比最大化。现在我们回顾一下这个问题。

对于实体截面的镜片,我们已经看到了弯曲刚度或者惯性矩 I 和它厚度的立方成正比,在筋板间距为 a、厚度为 t 时,惯性矩、单位长度惯性矩以及等效厚度分别为

$$I = \frac{at^3}{12}$$

$$\frac{I}{a} = \frac{t^3}{12} \qquad (5.10a)$$

$$t = \sqrt[3]{\frac{12I}{a}}$$

对于轻量化镜片的截面,一个重复截面相对于弯曲刚度的等效厚度为

$$t_{\text{eq}} = \sqrt[3]{\frac{12I}{a}} \qquad (5.10b)$$

在这种情况下,I 为图 5.5 中重复截面的惯性矩,对于背部封闭构型,这个截面就像大写字母 I,对于背部开放构型,这个截面的形状就如同字母 T。

通过计算截面的中性轴,然后使用平行轴定理,我们可以求解具有完整高度

筋板的一个重复的开放截面的惯性矩。中性面的位置求解如下：

$$\yen = \frac{(a-b)\left(h - \frac{t}{2}\right)t + \left(\frac{bh^2}{2}\right)}{(a-b)t + bh}$$

法兰的质心距为

$$D_1 = h - \frac{t}{2} - \yen$$

筋板的质心距为

$$D_2 = \yen - \frac{h}{2}$$

求解得到惯性矩为

$$I = (a-b)t\left(h - \frac{t}{2} - \yen\right)^2 + (bh)\left(\frac{h}{2} - \yen\right)^2 + \left(\frac{bh^3}{12}\right) \tag{5.11}$$

对于具有上下面板和完整高度筋板的一个重复的封闭截面，根据平行轴定理也可以求解其惯性矩。由于中性面位于截面的中心，因而可以得到

$$I = 2(a-b)t\left(\frac{h}{2} - \frac{t}{2}\right)^2 + \frac{2(a-b)t^3}{12} + \left(\frac{bh^3}{12}\right) \tag{5.12}$$

把式(5.11)或者式(5.12)代入到式(5.10)中，就可以得到等效的截面厚度。

把式(5.11)和式(5.12)分别除以单位面积重量式(5.2)，就可以计算具有完整高度筋板的背部开放和封闭截面的刚度-重量比。

对于背部开放截面，可以得到

$$\frac{I}{W} = \frac{(a-b)t\left(h - \frac{t}{2} - \yen\right)^2 + (bh)\left(\frac{h}{2} - \yen\right)^2 + \left(\frac{bh^3}{12}\right)}{\rho\left[t + \frac{2bd}{a}\right]} \tag{5.13}$$

对于背部封闭截面，可以得到

$$\frac{I}{W} = \frac{2(a-b)t\left(\frac{h}{2} - \frac{t}{2}\right)^2 + \frac{2(a-b)t^3}{12} + \left(\frac{bh^3}{12}\right)}{\rho\left[2t + \frac{2bd}{a}\right]} \tag{5.14}$$

如果除了蜂窝芯高度 h 外所有值都为常数，假定背部开放和封闭截面蜂窝芯的高度分别为 h_1 和 h_2，令式(5.13)和式(5.14)相等，就可以求解出背部开放

和封闭截面在具有相等刚度 – 重量比的条件下的高度比值 h_1/h_2；或者，也可以先求解开放和封闭截面在给定高度条件下最小的优化重量，然后由式(5.6a)和式(5.7a)，或者式(5.9b)和式(5.9c)，根据厚度计算蜂窝芯间距，最后，求解开放和封闭截面在具有相等刚度条件下的高度比 h_1/h_2。

由于计算过程很繁琐，这个最好留给有额外时间的读者亲自练习一下。除此之外，还有更多简单的方法，如可以使用电子表格软件公式功能中的霰弹法(spotgun)。下面的例子演示了这个方法。

5.7.1　实例分析

例1　考虑一个背部开放、直径为 40in 的熔石英玻璃镜片，蜂窝芯高度为 6in，蜂窝芯筋板宽度为 0.12in。采用刚性研磨，抛光压力为 0.2psi，绗缝误差的许用值为 $1\mu in$，确定如下项。

（1）在具有最佳抛光重量条件下，背部开放构型的面板厚度、蜂窝芯间距、重量以及等效实体镜高度。

（2）在和（1）中开放截面具有相同刚度 – 重量比条件下，背部封闭构型的面板厚度、蜂窝芯间距、重量以及等效实体镜片厚度。

（3）和轻量化镜片具有相同等效刚度的实体镜片的重量。

（4）和轻量化镜片具有相同重量的实体镜片的刚度。

（5）和轻量化镜片具有相同刚度 – 重量比的实体镜片的厚度。

求解如下。

（1）为了确定最优抛光重量下的面板厚度、蜂窝芯筋板间距、等效实体厚度，首先用式(5.7a)和式(5.7b)分别计算最小重量下的最佳面板厚度 t 和最佳蜂窝芯间距 a，即

$$t = \left[\frac{0.75bd(1+\beta)\rho_c}{\rho_f(1+a)\left(\frac{Ey}{C_1q}\right)^{1/4}} \right]^{4/7}$$

$$a = \left(\frac{Ey}{C_1q} \right)^{1/4} t^{3/4}$$

式中：$b = 0.12$，$d = 6.0$，$\rho = 0.08$，$\beta = 1$，$\alpha = 0$，可以确定厚度 $t = 0.34in$ 和间距 $a = 3.2in$。

接下来，根据式(5.4)计算质量：

$$\frac{W}{A} = \rho_f t(1+a) + \frac{bd(1+\beta)\rho_c}{a}$$

135

可以计算得到 $W/A = 0.064$，因此质量为

$$W = \frac{\pi D^2}{4(0.064)} = 80\text{lb}$$

利用式(5.12)和式(5.10b)分别确定刚度和等效厚度，即

$$¥ = \frac{(a-b)\left(h-\dfrac{t}{2}\right)t + \left(\dfrac{bh^2}{2}\right)}{(a-b)t + bh}$$

$$D_1 = h - \frac{t}{2} - ¥$$

筋板质心距为

$$D_2 = ¥ - \frac{h}{2}$$

$$I = (a-b)t\left(h-\frac{t}{2}-¥\right)^2 + (bh)\left(\frac{h}{2}-¥\right)^2 + \left(\frac{bh^3}{12}\right)$$

$$t_{eq} = \sqrt[3]{\frac{12I}{a}}$$

计算得到等效厚度 $t_{eq} = 2.8\text{in}$。镜片的总厚度为 $h_1 + t = 6.34\text{in}$。

（2）为了确定和（1）中开放截面具有相同刚度 - 重量比的封闭截面镜片的面板厚度、蜂窝芯间距、重量以及等效的实体镜片高度，可以假定一个封闭截面蜂窝芯高度取一个新值 h_2 时，和开放截面具有同样的刚度 - 重量比。然后，就可以和之前做法一样，利用式(5.7a)和式(5.7b)分别优化面板厚度和蜂窝间距以实现最佳重量，在这里，$b = 0.12$，$\rho = 0.08$，$\beta = 1$，$\alpha = 1$。

虽然新高度 h_2 未知，但是可以使用式(5.4)并结合式(5.12)，求解封闭截面的刚度，使用电子表格公式中的霰弹方法确定相同的刚度和重量，由此得到相同的刚度 - 重量比。可以根据下式快速计算：

$$I = 2(a-b)t\left(\frac{h}{2}-\frac{t}{2}\right)^2 + \frac{2(a-b)t^3}{12} + \left(\frac{bh^3}{12}\right)$$

$$t_{eq} = \sqrt[3]{\frac{12I}{a}}$$

对于给出的 $W/A = 0.064\text{psi}$，$W = 80\text{lb}$，$t_{eq} = 2.8\text{in}$，可以得到：$t = 0.18\text{in}$，$a = 2.6\text{in}$，计算得到蜂窝芯高度 $h_2 = 3.9\text{in}$，镜片总的厚度 $d = h_2 + 2t = 4.26\text{in}$。

（3）为了确定具有同样等效刚度的实体镜片的重量，仅需计算：$W = \rho t_{eq} A =$

280lb。注意:实体镜片重量超过了3倍的轻量化镜片重量。这就是为什么选择轻量化镜片的原因。

（4）为了确定和轻量化镜片具有同样重量的实体镜片的刚度,仅仅需要令 $W=80=\rho dA$；$d=\dfrac{80}{\rho A}=0.80\text{in}$。注意:和同样重量的轻量化镜片相比,刚度小了 $\left(\dfrac{t_{eq}}{d}\right)^3=\left(\dfrac{2.8}{0.80}\right)^3=40$ 倍。同样,这也是为什么采用轻量化镜片的原因。

（5）为了确定和轻量化镜片具有同样刚度–重量比的实体镜片的厚度,令它们的刚度–重量比相等,即

$$\frac{t_{eq}^3}{12\left(\dfrac{W}{A}\right)}=\frac{d^3}{12\rho d}=\frac{d^2}{12\rho}$$

把数据代入计算,可以得到 $d=5.2\text{in}$,质量为525lb,这是轻量化蜂窝芯镜片质量的6倍。这就是为什么选择轻量化镜片的原因。

从上面的例子,我们可以看出,在具有同样刚度–重量比的条件下,背部开放的镜片的高度大约是实体镜片的1.2倍,而背部封闭镜片的高度大约是实体镜片的0.80倍。这和5.1节阐述的一般规则是一致的。

同样也可以看到,在仅考虑弯曲变形时,背部开放的镜片可以具有和背部封闭的镜片相同的刚度和重量(我们将在5.9节回顾蜂窝芯各向异性和剪切变形的影响)。同时,下面给出了另外几个刚度和重量对比的例子。

例2 考虑一个背部开放的熔石英玻璃镜片,蜂窝芯高度为4in,蜂窝筋板厚度为0.12in,直径为20in。采用刚性研磨,抛光压力为0.2psi,许用的绗缝误差峰值为1μin,试确定下述项目。

（1）在最佳抛光重量条件下,镜片的面板厚度、蜂窝间距、重量以及等效的实体镜片高度。

（2）在和(1)中背部开放的镜片具有相同的刚度–重量比的条件下,背部封闭镜片的面板厚度、蜂窝间距、高度、重量以及等效的实体镜片厚度。

（3）和轻量化镜片具有同样等效刚度的实体镜片的刚度。

（4）和轻量化镜片具有同样重量的实体镜片的刚度。

（5）和轻量化镜片具有相同刚度–重量比的实体镜片的厚度。

求解如下:正如在5.7节例1所做的那样,在同样的方程中代入参数,就可以得到适当的数值。

（1）首先确定最佳抛光重量条件下面板厚度、蜂窝间距、重量以及等效的实体镜片厚度,其中,$t=0.27\text{in}$,$a=2.7\text{in}$。单位面积质量 $W/A=0.051\text{psi}$。因此,

质量为

$$W = \frac{\pi D^2}{4 \times 0.051} = 16\text{lb}$$

刚度（等效厚度）为 $t_{eq} = 2.0\text{in}$。镜片总的厚度为 $h_1 + t = 4.27\text{in}$。

（2）为了确定和（1）中开放截面镜片具有相同刚度 – 重量比的封闭截面镜片的面板厚度、蜂窝间距、重量以及等效实体镜厚度，我们假定蜂窝芯高度取一个新值 h_2 时，二者具有相同的刚度 – 重量比。此时，可以发现，当 $t = 0.14\text{in}$，$a = 1.7\text{in}$ 时，对于给定的单位面积的质量 $W/A = 0.051\text{psi}$，可以得到 $W = 16\text{lb}$，$t_{eq} = 2.0\text{in}$。蜂窝芯新的高度 $h_2 = 2.6\text{in}$，镜片总的厚度为 $h_2 + t = 2.88\text{in}$。

（3）为了确定具有相同等效刚度的实体镜片的重量，可以得到 $W = \rho t_{eq} A = 50\text{lb}$。同样，我们可以看到，它比轻量化镜片重 3 倍多。

（4）为了确定和轻量化镜片具有相等重量的实体镜片的刚度，同样令 $W = 16 = \rho d A$，得到 $d = 16/\rho A = 0.64\text{in}$。注意：它比同样重量的轻量化镜片的截面刚度小了 $(t_{eq}/d)^3 = (2/0.64)^3 = 30$ 倍多。

（5）为了确定和轻量化镜片具有同样刚度 – 重量比的实体镜片的厚度，令二者的刚度 – 重量比相等，可以得到

$$\frac{t_{eq}^3}{12(W/A)} = \frac{d^3}{12\rho d} = \frac{d^2}{12\rho}$$

把数值代入计算，得到 $d = 3.5\text{in}$，质量为 88lb。几乎是轻量化蜂窝芯镜片重量的 6 倍。

从上面的例子可以看出，在具有相同刚度 – 重量比条件下，背部开放镜片厚度是实体镜片的 1.2 倍，而背部封闭的镜片大约是实体镜片的 0.80 倍。同样，和 5.1 节阐述的一般规则是一致的。

例 3 考虑一个背部开放的、蜂窝芯高度为 6in 的熔石英玻璃镜片。在采用一种先进的柔性研磨抛光技术下，试确定以下各项。

（1）在抛光重量最佳时，面板厚度、蜂窝间距、重量以及等效实体镜厚度。

（2）和（1）中背部开放的镜片具有相同刚度 – 质量比的、背部封闭镜片的面板厚度、蜂窝间距、重量，以及等效的实体镜片厚度。

（3）具有相等刚度的实体镜片重量。

（4）和轻量化镜片具有相同刚度 – 重量比的实体镜片的厚度。

求解如下：正如我们在上面的例子中所作那样，在同样的公式中代入参数，就可以得到合适的数值。

（1）在抛光重量最佳的条件下，得到了面板的厚度、蜂窝间距、重量以及等效

的实体镜片的厚度,其中 $t = 0.31\text{in}, a = 4.65\text{in}$。单位面积重量为 $W/A = 0.052\text{psi}$,即重量为

$$W = \frac{\pi D^2}{4 \times 0.052} = 65\text{lb}$$

镜片刚度(等效实体镜片厚度)为 $t_{eq} = 2.6\text{in}$,镜片总厚度为 $h_1 + t = 6.31\text{in}$。

(2)为了确定和上述(1)中背部开放截面具有相同刚度–重量比的背部封闭镜片的面板厚度、蜂窝间距、重量以及等效实体镜片的厚度,我们假定在取一个新的高度值 h_2 时可以使得刚度–重量比相等。此时,可以得到 $t = 0.17\text{in}, a = 2.6\text{in}$;对于给定单位面积质量 $W/A = 0.052\text{psi}$,可以得到 $W = 65\text{lb}, t_{eq} = 2.6\text{in}, h_2 = 3.7\text{in}$,镜片总高度为 $d = h_2 + 2t = 4.04\text{in}$。

(3)具有同样刚度条件下的实体镜片的质量为 $W = \rho t_{eq} A = 260\text{lb}$。再次看到这个重量比轻量化镜片重了4倍多。

(4)为了确定和轻量化镜片距同样重量条件下的实体镜片的刚度,再次令 $W = 65 = \rho d A$,得到 $d = 65/\rho A = 0.64\text{in}$。注意:实体镜片的刚度比同样重量轻量化镜片小了 $(t_{eq}/d)^3 = (2.6/0.64)^3 = 60$ 倍。

(5)为了确定和轻量化镜片具有同样刚度–重量比的实体镜片厚度,令两个镜片的比值相等,即

$$\frac{t_{eq}^3}{12(W/A)} = \frac{d^3}{12\rho d} = \frac{d^2}{12\rho}$$

代入数值得到 $d = 5.2\text{in}, W = 525\text{lb}$,比轻量化镜片重8倍。

从上面的例子,我们又看到了在具有相同刚度–重量比的条件下,背部开放构型的镜片大约是实体镜片高度的1.2倍,背部封闭构型镜片大约是0.78倍。同样,和5.1节介绍的一般法则一致。

例4 考虑一个背部开放的熔石英镜片,蜂窝高度为4in。在采用一种先进的柔性研磨抛光技术下,试确定以下内容。

(1)在抛光重量最优的条件下,面板的厚度、蜂窝间距、重量以及等效的实体镜片的厚度。

(2)和(1)具有相同的刚度–重量比条件下,背部封闭构型镜片的面板厚度、蜂窝间距、重量以及等效实体镜片的厚度。

(3)具有同样等效刚度的实体镜片的重量。

(4)和轻量化镜片具有同样重量的实体镜片的刚度。

(5)和轻量化镜片具有相同刚度–重量比条件下实体镜片的厚度。

求解方案:在同样的公式中代入具体参数,就可以得到相应的数值。

（1）在抛光重量最优的条件下，可以确定面板厚度、蜂窝间距、重量以及等效的实体镜片厚度，其中 $t=0.25\text{in}$，$a=3.8\text{in}$。单位面积质量为 $W/A=0.042\text{psi}$，即质量为

$$W=\frac{\pi D^2}{4(0.042)}=13.2\text{lb}$$

镜片刚度或等效实体镜片厚度 $t_{eq}=1.85\text{in}$，镜片总厚度 $h_1+t=4.25\text{in}$。

（2）为了确定和上述（1）中背部开放截面具有相同刚度 – 重量比的背部封闭镜片的面板厚度、蜂窝间距、重量以及等效实体镜片的厚度，我们假定在取一个新的高度值 h_2 时可以使得刚度 – 重量比相等。此时，可以得到 $t=0.14\text{in}$，$a=2.1\text{in}$；对于给定单位面积重量 $W/A=0.042\text{psi}$，可以得到 $W=13.2\text{lb}$，$t_{eq}=1.85\text{in}$，$h_2=2.4\text{in}$，镜片总高度 $d=h_2+2t=2.68\text{in}$。

（3）具有同样刚度条件下的实体镜片的重量为 $W=\rho t_{eq}A=46\text{lb}$。再次看到这个重量比轻量化镜片重了 3 倍多。

（4）为了确定和轻量化镜片距同样重量条件下的实体镜片的刚度，再次令 $W=13.2=\rho dA$，得到 $d=13.2/\rho A=0.53\text{in}$。注意：实体镜片的刚度比同样重量轻量化镜片小 $(t_{eq}/d)^3=(1.85/0.53)^3=40$ 倍。

（5）为了确定和轻量化镜片具有同样刚度 – 重量比的实体镜片厚度，令两个镜片的比值相等，即

$$\frac{t_{eq}^3}{12(W/A)}=\frac{d^3}{12\rho d}=\frac{d^2}{12\rho}$$

代入数值得到 $d=3.5\text{in}$，$W=88\text{lb}$，比轻量化镜片重 6 倍多。

从上面的例子，我们又看到了在具有相同刚度 – 重量比的条件下，背部开放构型的镜片大约是实体镜片高度的 1.2 倍，背部封闭构型镜片大约是 0.75 倍。同样，和 5.1 节介绍的一般法则一致。需要注意的是，在例 3 和例 4 中都采用了先进的抛光技术，重量相对刚性研磨抛光降低了 20%，并且刚度损失很小。

5.8　刚度优化

我们已经看到了在抛光压力条件下如何优化轻量化蜂窝芯的设计，从而可以得到在给定镜片厚度时可能最轻的设计。然而，在优化重量的时候，我们不一定优化了刚度（与外部载荷有关，如支承误差、镀膜及镀层的双元金属影响等）和刚度 – 重量比（与自身重力变形误差和基频有关）。对于这种情况，

在满足了面板厚度和蜂窝间距之间的纫缝变形关系后,可以把刚度方程关于面板厚度求导以求解最佳刚度,然后检查相比抛光条件下最优设计的重量损失。

关于纯弯曲刚度,采用单位宽度的惯性关系式(式(5.11)和式(5.12)),并根据式(5.7),可以得到在刚性研磨条件下:

$$a = \sqrt[4]{\frac{Et^3 y}{C_1 q a^4}}$$

对于柔性研磨,根据式(5.8),可以得到 $a = Kt$。

把惯性相对厚度 t 求导,可以得到最佳刚度对应的最佳厚度。对于背部开放截面,根据式(5.11),可以得到

$$\frac{\mathrm{d}\left(\frac{I}{a}\right)}{\mathrm{d}t} = \frac{\mathrm{d}}{\mathrm{d}t}\left[\frac{(a-b)t\left(h - \frac{t}{2} - \yen\right)^2 + (bh)\left(\frac{h}{2} - \yen\right)^2 + \left(\frac{bh^3}{12}\right)}{a}\right] = 0 \quad (5.15)$$

然后,求解最佳厚度以使得刚度最优。对于背部封闭构型的反射镜,以类似方式,由式(5.12)可以得到

$$\frac{\mathrm{d}\left(\frac{I}{a}\right)}{\mathrm{d}t} = \frac{\mathrm{d}}{\mathrm{d}t}\left[\frac{2(a-b)t\left(\frac{h}{2} - \frac{t}{2}\right)^2 + \frac{2(a-b)t^3}{12} + \left(\frac{bh^3}{12}\right)}{a}\right] = 0 \quad (5.16)$$

然后,求解出最佳厚度,从而可使刚度达到最优。

以类似的方式,把单位宽度的惯性除以式(5.2)给出的单位面积的重量(这里是对于完整高度筋板而言),然后,再关于厚度 t 求导,就可以得到使得刚度 – 重量比达到最优时的最佳厚度,即

$$\frac{\mathrm{d}}{\mathrm{d}t}\left[\frac{I}{a\left[\rho\left[t(1+a) + \frac{2bd}{a}\right]\right]}\right] = 0 \quad (5.17)$$

不过,通过对这些导数检查可以发现,即使这些求解不太困难,也会非常不方便。更为简便的做法,就是绘制出刚度和刚度 – 重量比的曲线而不是进行微分,在图上标记出不同面板厚度处的最大/最小值,然后,从曲线中就可以得到某个指标的最大值或者最小值。

例如,考虑图5.11所示的例子,图中对于一个筋板间距/面板厚度比 $K = 20$、背部封闭的反射镜在采用一种先进抛光技术条件下,绘制出了它的刚度(等效厚度)、规范化的重量以及刚度(也就是规范化的等效厚度的三次方) – 重量

比与面板厚度的曲线。反射镜截面高度为 1.6in。注意:对于给定的 K 值,最佳重量发生在面板厚度接近 0.09in 时,而最佳刚度发生在面板厚度取很小或很高值时,此时,镜片完全就是一个实体(对于给定的镜片厚度,实体镜片具有最大的刚度)。最佳刚度 – 重量比发生在面板取较大值时,接近 0.17in。从图中可以看到,一个刚度 – 重量比最佳的设计,重量损失大约为 30% 。另一方面,如果增加重量,刚度 – 重量比可提高 20% ;需要根据设计驱动因素确定最佳选择,同样,在直径固定条件下蜂窝芯的封装也需同样选择。

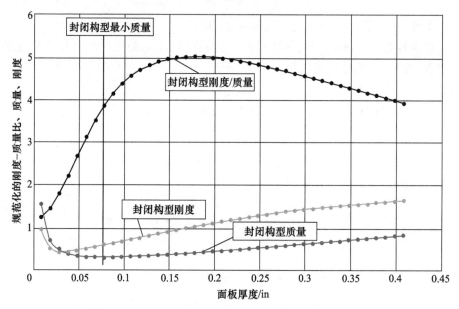

图 5.11 背部封闭构型镜片刚度与重量优化,考虑纴缝影响,
筋板间距和面板厚度比取 20:1

再来考虑图 5.12,图中对于一个 K = 20 背部开放的反射镜在采用一种先进抛光技术条件下,绘制出了刚度(即等效厚度)、规范化重量、刚度(规范化的等效厚度的 3 次方)– 重量比与面板厚度的曲线。反射镜截面高度为 3.0in。注意:对于给定 K 值,最佳重量发生在面板厚度接近 0.16in,而最佳刚度则在面板厚度取很小值时,镜片完全就是一个实体(给定高度下实体镜片具有最大刚度)。最佳刚度 – 重量比发生在面板厚度接近 0.10in 时。因此,从这个图中可以看到,在这种情况下,一个最佳刚度 – 重量比的设计,近似重量损失仅为10% 。类似地,刚度 – 重量比也提高了相似的数量,换句话说,这个设计同时实现了对最小的重量和最大的刚度 – 重量比的优化。

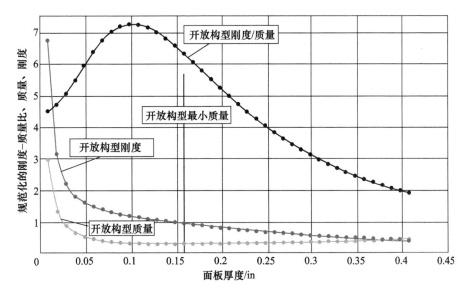

图 5.12　背部开放构型镜片刚度与重量优化,考虑纺缝影响,
筋板间距和面板厚度比取 20∶1

5.9　伟大的辩论

5.8 节介绍了重量和刚度优化分析技术。同时,也隐含地说明了背部开放和封闭构型的反射镜在等重量与刚度条件下性能的等价性。不过,这里的讨论仅限于各向同性构型,并且也忽略了剪切变形的影响。这就引出了一个讨论,对于背部开放或者封闭构型,是否在给定的重量条件下能产生相等的性能,或者在给定性能准则的条件下能否具有相等的重量。

对于背部封闭以及开放构型相对于重量、刚度以及蜂窝芯几何的性能,已经有了许多文献。这些文献[4-6]的一般共识都似乎认为,背部封闭构型(三明治)轻量化设计在这方面是更优的。不过,由于经常不是拿同类进行对比,因此,这里建议需要特别谨慎。例如,在给定反射镜厚度包络时,背部封闭构型可能在刚度特性上更优越,而在没有这个限制时,背部开放构型则可能在重量性能上要优越得多。下面几个小节的目的是为了说明开放和封闭截面重量相等时的对比。此外,还将适当考虑剪切和各向异性的影响。

5.9.1　背部封闭构型

5.3 节研究表明,反射镜性能和蜂窝几何形状是无关的,从而可以推断出六角形、正方形或者三角形蜂窝芯都会得到类似结果。20世纪80年代进行的一项研究[7]通过分析表明，三角形蜂窝芯可以改善给定重量条件下反射镜的性能，这已通过有限元仿真得到证实。这里说明的目的不是反驳这个观点，不过，这个影响是次要的，因而没有什么重要性[8]。大多数镜片制造商在三明治设计中都不喜欢三角形蜂窝芯构型，这是由于具有更大再入角度的蜂窝芯更易于制造技术的实现，这样可以细化间隙圆角（interstitial fillets），从而降低重量和成本。三角形蜂窝芯带来的好处，并没有超过制造方法的优势。因此，光学结构分析人员不需要特别关注背部封闭构型中蜂窝芯的形状。

5.9.2　背部开放构型

在5.3节我们已经证实，为避免刚度退化的不良影响，背部开放构型必须选择三角形蜂窝芯；方形蜂窝芯影响基频，而六角形蜂窝芯基频和自重变形表现都很差。后面这构型由于蜂窝芯不具有连续的对角、水平或者竖直路径，从而大大降低了其弯曲刚度。因此，背部开放构型的讨论这里仅限于三角形构型。

5.9.3　背部封闭和开放构型设计的对比

在反射镜厚度包络受到约束时，封闭构型比开放构型刚度更好，尽管会显著增加重量和成本。在镜片性能受到约束时，就得付出代价，接受背部封闭构型的重量。相反，如果厚度包络不是设计驱动因素，并且重量保持不变，那么性能如何对比呢？

图5.11和图5.12分别给出了背部开放和封闭构型镜片关于重量、刚度以及刚度－重量比优化的影响。现在我们注意力转向两种设计对比方式。这里忽略剪切变形，仅考虑弯曲影响。下面对比了满足抛光绗缝变形条件下等重量设计的镜片。

图5.13～图5.15分别给出了在给定厚度条件下，背部开放和封闭构型反射镜的重量、刚度以及刚度－重量比关于面板厚度的对比曲线。由图5.13可以很清楚地看到，两种类型设计具有相等重量；不过，封闭构型设计需要一个非常薄的面板，导致需要更多的蜂窝单元，因此，需要更多处理并增加了成本。图5.14表明，高刚度降低了支撑误差的敏感性。注意：在刚度相等时，背部封闭构型设计重量会更大。图5.15再次表明，高刚度－重量比降低了对重力误差的敏感性并增加了基频。另外，还可以注意到，在重量优化条件下，背部开放设计的刚度－重量比高出了50%，而在相等刚度－重量比条件下，背部封闭构型设计同样会变得更重。

144

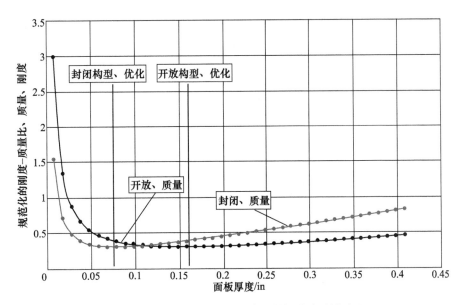

图 5.13　优化参数下背部开放及封闭设计重量对比

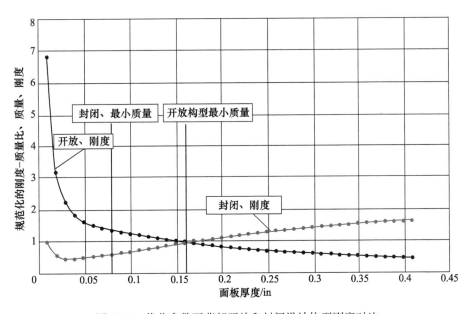

图 5.14　优化参数下背部开放和封闭设计构型刚度对比

图 5.16 在一个图上显示了所有这些参数。因此,我们得出结论,当不考虑厚度包络时,最好采用背部开放构型设计。虽然背部封闭构型选项的性能或重

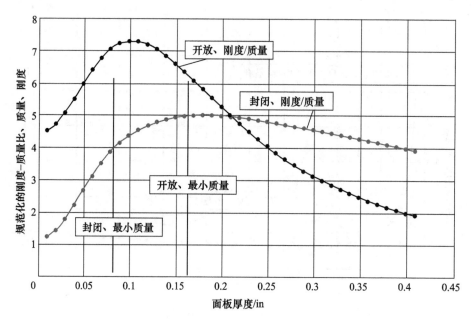

图 5.15　优化参数下背部封闭和开放设计构型刚度－重量比对比

量增加不一定是设计驱动因素,但处理成本确实是显著的。

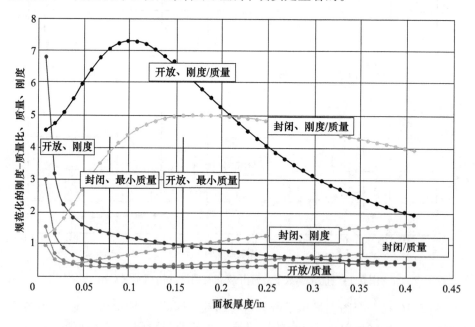

图 5.16　在刚度和重量所有准则下背部开放和封闭构型设计对比

5.9.4 剪切变形

剪切变形对于实体镜片的影响很微小,但是对轻量化镜片则可能非常显著。尽管第1章中给出的梁剪切变形公式很容易求解,而对于轻量化镜片其剪切变形则非常复杂,不易公式化表示,这里没有必要详细展开论述。读者方便时,可以查阅参考文献。不过,为了简单起见,我们这里使用了Barnes[9]首先推导的光轴竖直状态下镜片自重剪切变形的一个改进的一阶近似公式,即

$$Y = \frac{\rho k D^2}{G} \tag{5.18}$$

式中:ρ 是密度;k 是变形常数,对于三点边缘支撑的镜片,$k = 1$;对于在直径0.7倍处区域内部支撑的镜片,$k = 0.5$;G 是剪切刚度模量。这个公式和Soosar[10]以及其他人的分析是一致的,能很好地满足我们这里的论述。

图5.17给出了一个直径20in、轻量化程度80%的背部开放构型的镜片,在不同厚度条件下剪切和弯曲变形贡献的曲线图。注意:甚至是在径厚比5:1的情况下,也有一半的变形来自剪切,不过,在径厚比10:1或者更高的条件下,弯曲变形将占据主导。

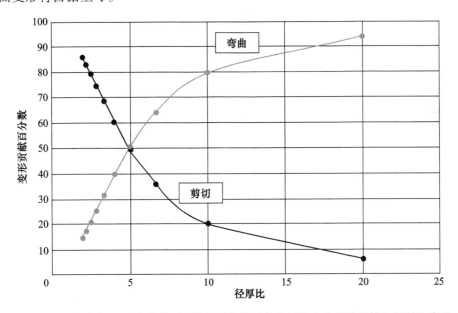

图5.17 一个直径20in的背部开放的轻量化镜片的剪切及弯曲变形贡献和径厚比关系

注意:式(5.18)在一定程度上和蜂窝高度无关。这源于这样的事实:随着高度增加(剪切面积增加),重量也正比增加,从而抵消了任何优缺点。应该注

意,是蜂窝芯本身而不是面板,承载了大部分剪切。有趣的是,剪切变形和镜片是否封闭和开放无关;本质上,封闭构型设计也会产生相等的剪切变形。因此,无论镜片高度如何,剪切变形不是背部开放构型镜片的缺点。

5.9.5 各向异性

背部开放的、三角形蜂窝的轻量化反射镜,沿着其60°的平面对称分布。从这个角度讲,它是准各向同性的。和背部封闭构型相比,圆形反射镜的各向异性对于自重变形或者基频都没有太大影响。为了说明这点,考虑一个直径为20in的镜片,如图5.18所示。和表5.3所列的同样重量的背部封闭构型的反射镜,通过有限元分析对比了自重变形和基频。注意:和预期一样,自重变形是相同的(图5.19),模态形状除了局部边缘筋板弯曲变形有些损失外也基本相同,如图5.20所示。

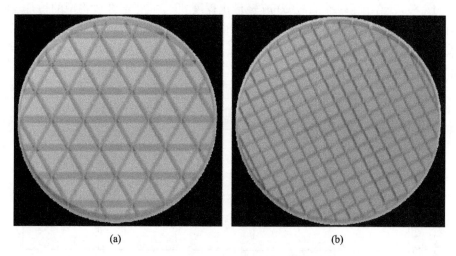

(a)   (b)

图 5.18 具有相同的质量和绗缝变形的反射镜
(a)背部开放;(b)背部封闭。

表 5.3 直径 20in、背部开放及封闭构型的 ULE® 反射镜抛光产生的网格效应优化结果对比(反射镜采用三点运动学支撑)

构型	筋板宽度 /in	筋板高度 /in	面板厚度 /in	蜂窝芯间隔 /in	重量/lb	重力变形 /μin	基频 /Hz
开放	0.12	3	0.29	1.9	19	22.4	705
封闭	0.12	2.12	0.19	1.25	19	22.4	737

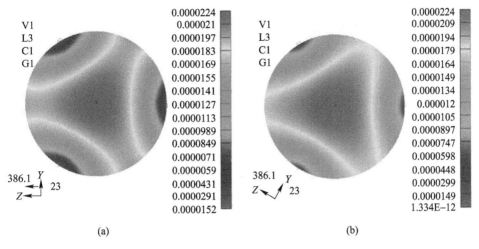

图 5.19　等重量条件下重力误差大小和形状基本一致

(a)背部开放;(b)背部封闭。

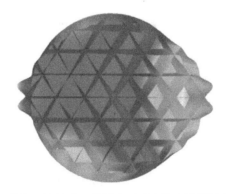

图 5.20　背部开放镜片一阶模态显示出的边缘筋板弯曲效应,
使其基频相对等重量条件下的封闭构型降低了 5%

5.9.6　解析对比

利用已经给出的解析设计公式,再次回顾一个背部开放构型设计的优点。在图 5.21 中,式(5.2)中后面板和前面板的厚度比 a 取不同值,范围为 $0 < a < 1$,其中 $a = 0$ 为背部开放构型片;$a = 1$ 为具有相等前后面板厚度的背部封闭构型。利用式(5.11)~式(5.14)的刚度关系式,可以确定以基频表示的刚度性能准则条件下的重量。

这里可以看到,与等频响的背部封闭构型对比,背部开放构型的重量显著降低(15%)。不过,需要注意的是,如果背部部封闭构型中后面板厚度为前面板的

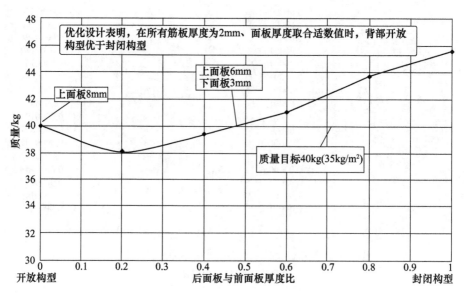

图 5.21 等性能(200Hz)条件下,不同面板厚度比的背部
开放及封闭构型的 1.2m 玻璃反射镜质量对比

1/2,那么,背部封闭构型重量将会小于等于开放构型的。另一方面,正如在 5.9.3 节中所解释的,这会产生一个非常薄的背部面板,可能会导致加工或者处理的困难。

在图 5.22 中,和上图一样,后面板和前面板厚度比是变化的。利用

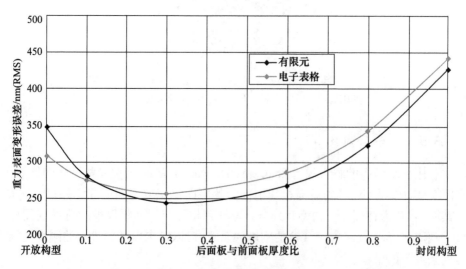

图 5.22 等质量特性(21kg/m²)的轻量化反射镜(蜂窝芯筋板宽度和
面板厚度之比为 20:1)的性能:详细的手工分析与有限元分析结果对比

150

式(5.11)~式(5.14)的刚度关系式,确定给定重量条件下的重力下垂变形;然后,和有限元模型得到解对比,在后者中考虑了剪切和边缘带状效应。我们发现它们具有很好的相关性。同时还注意到,在等重量条件下,背部开放设计会提高重力变形性能(高达30%),除非封闭构型的面板厚度显著降低。

5.9.7 最佳构型方案

现在很明显,在给定重量条件下,背部开放的三角形蜂窝构型的性能一般等于或者超过了背部封闭构型的性能;或者,在一个给定性能准则条件下,只要反射镜的包络高度不是设计驱动因素,那么,这种构型也会提高质量特性。

尽管上述公式中考虑了抛光过程中纡缝变形影响,但是随着技术的不断进步,即便抛光已经不是一个问题了,上述争论的问题依然存在。由于剪切研磨,只有一部分的面板对刚度有贡献,因此,不论如何,筋板间隔和厚度比都不应当超过20:1。

如果反射镜包络高度或者加工量规限制是一个设计驱动因素,则需要采用背部封闭的反射镜来满足刚度性能准则,背部开放构型可能不是一个选择。另一方面,如果质量是一个驱动因素,可以损失刚度而不会对性能造成大的影响,那么优选背部开放构型设计。当然,如果成本是一个驱动因素,一般情况都是如此,背部开放设计就是一个非常显而易见的选择。

参 考 文 献

1. C. R. Schwarze, Treatise on packaging, private communication, Cornell University, New York (2018).
2. J. W. Pepi, M. A. Kahan, W. H. Barnes, and R. J. Zielinski, "Teal ruby design, manufacture, and test," *Proc. SPIE* **216**, 160–173 (1981) [doi: 10.1117/12.958459].
3. R. J. Roark, *Formulas for Stress and Strain*, Fifth Edition, McGraw-Hill, New York, p. 404 (1975).
4. P. Yoder, Jr. and D. Vukobratovich, *Opto-Mechanical Systems Design*, Fourth Edition, CRC Press, Boca Raton, Florida (2015).
5. D. Vukobratovich, Ed., *Proc. SPIE* **1167**, *Precision Engineering and Optomechanics* (1989).
6. T. Valente and D. Vukobratovich, "Comparison of the merits of open-back, symmetric sandwich, and contoured back mirrors as lightweight optics," *Proc. SPIE* **1167** (1989) [doi: 10.1117/12.962927].
7. S. C. F. Sheng, "Lightweight mirror structures best core shapes: a reversal

of historical belief," *Applied Optics* **27**, 354–359 (1988).

8. P. K. Mehta, "Flexural rigidity of light-weighted mirrors," *Proc. SPIE* **748**, 158 (1987) [doi: 10.1117/12.939828].
9. W. P. Barnes, "Optimal design of cored mirror structures," *Applied Optics* **8**(6), 1191–1196 (1969).
10. K. Soosar, *Design of Optical Mirror Structures*, Charles Stark Draper Laboratories, MIT, Cambridge, Massachusetts (1971).

第6章　轻量化反射镜性能误差

我们现在以第 4 章对实体镜片提出的不同准则,计算第 5 章讨论的轻量化蜂窝芯反射镜的位移。

6.1　支撑引起的误差

如第 4 章所讨论的,在装配或者热环境下镜片会受到来自支撑的载荷。这些力矩绕着镜片的切向或者径向某条直线。同时,镜片还会受到来自支撑的径向载荷 P 的作用。这个径向载荷乘以支撑结构到镜片顶点的偏心距 e,可以转换为一阶的切向力矩 M,其中偏心距和力矩分别为

$$e = \frac{r^2}{2R} \tag{6.1}$$

$$M = Pe \tag{6.2}$$

6.1.1　切向力矩

只需要使用实体镜片性能的计算式(4.5),即

$$Y = \frac{6M'a^2(1-u)}{Et^3} = \frac{2.86Ma(1-u)}{Et^3}$$

用式(5.10)得到的等效厚度 t_{eq} 代替 t:

$$Y = \frac{6M'a^2(1-u)}{Et^3} = \frac{2.86Ma(1-u)}{Et_{eq}^3} \tag{6.3}$$

这是表面 P – V 误差。为了转换为 RMS 误差,这个数值需要乘以 2,除以 $2.5 \times 10^{-5} \lambda/\text{in}$ 和 P – V 和 RMS 的比值 5∶1。

6.1.2　径向和轴向力矩

对镜片 3 个支撑点上绕着径向的力矩,(由式(4.6))采用等效厚度可得到:

$$Y = \frac{3.08Ma(1-u)}{Et_{eq}^3} \tag{6.4}$$

注意:如果力矩产生的最大误差需要输入到性能预算,那么,可以计算许用力矩,并根据第3章中的准运动学支撑公式来设计合适的支撑结构。

6.2 重 力

对于轻量化镜片重力性能误差,我们同样可以使用等效厚度方法用实体镜片公式按比例计算,并考虑到重量降低的影响。

6.2.1 光轴竖直

在镜片光轴竖直、周边三点支撑条件下,根据轻量化公式计算镜片的重量密度,并修改实体镜片公式(即式(4.8)),重述如下:

$$Y = \frac{0.434\rho\pi r^4(1-u)}{Et^2}$$

由式(5.4)计算轻量化镜片的密度和重量,并和实体镜片重量对比:

$$K_1 = C_2H \tag{6.5}$$

式中:C_2 是轻量化镜片的重量与完整高度 H 的实体镜片重量的比,可以得到

$$Y = \frac{0.434K_1\rho\pi r^4(1-u)}{Et_{eq}^3} \tag{6.6}$$

例如,一个镜片轻量化前的实体镜片高度 H 为4in,轻量化程度为85%,等效厚度为1.8in,可以得到:$K_1 = C_2H = (1-0.85)\times4 = 0.6$,$t_{eq} = 1.8$,把这两个数代入到式(6.6),就可以计算镜片变形。

类似地,对于三点内部支撑形式,修改4.3.1.2节的实体镜片公式,可以得到

$$Y = \frac{0.109K_1\rho\pi r^4(1-u)}{Et_{eq}^3} \tag{6.7}$$

6.2.2 光轴水平

光轴水平时,对于边缘支撑,式(4.9)和式(4.10)变为

$$Y = \frac{0.849K_1\rho\pi R^5}{R_s Et_{eq}^3} \tag{6.8}$$

和之前一样,这个变形误差也是假定支撑安装在镜片边缘中心,而不是镜片质心,因而会产生像散。

对于内部支撑,可以得到变形为

$$Y = \frac{0.212 K_1 \rho \pi R^5}{R_s E t_{eq}^3} \tag{6.9}$$

6.3 温度梯度

实体镜片在轴向线性温度梯度下,我们看到了产生的误差(式(4.28))是纯粹的离焦,其值为

$$Y = \frac{a \Delta T r^2}{2d}$$

并且它和截面的惯性矩无关,只是镜片厚度的函数。

对于轻量化镜片,这个公式同样成立,镜片仍旧是无应力的,位移公式也是相同的,即

$$Y = \frac{a \Delta T r^2}{2H} \tag{6.10}$$

式中:H 是镜片完整的高度。

6.3.1 非线性热梯度

正如实体镜片那样,在非线性轴向梯度下,我们将不再能实现无应力状态。和之前线性热梯度情况不同,在这个情况下,变形是截面惯性矩的函数。对于轻量化镜片的截面,使用和实体镜片中相同的公式,不过,这里我们引入了截面宽度函数 $b(z)$,于是就有

$$\Delta T_{eff} = \int T(z) b(z) z dz (h/I) \tag{6.11}$$

或者,积分可用小增量求和代替,即:

$$\Delta T_{eff} = \sum T_i b_i z_i \Delta z_i (h/I) \tag{6.12}$$

式中:ΔT_{eff} 为前后面板等效的温度梯度;T_i 为在一个重复截面上点 i 处的温度;b_i 为截面上点 i 处的宽度;z_i 为截面中性轴到点 i 的距离;Δz_i 为截面上点 i 处的厚度增量;h 为截面高度;I 为截面惯性矩。

在式(6.10)中代入等效热梯度就可以计算变形,即

$$Y = \frac{\alpha \Delta T_{eff} r^2}{2H} \tag{6.13}$$

6.3.2 实例分析

一个背部封闭的轻量化镜片,仅前面板发生 1℃ 温度变化,筋板结构和后面板温度不变。如果镜片总高度为 4in,面板厚度都为 0.20in,筋板宽度为 0.20in,间隔为 2in,计算等效的热梯度。

使用公式 $\Delta T_{\mathrm{eff}} = \sum T_i b_i z_i \Delta z_i (h/I)$,为了数值积分把截面分成 10 份,然后,计算每块上的温度,如图 6.1 所示。惯性矩和等效热梯度为

$$I = 2 \times 2 \times 0.2 \times 1.9^2 + 0.2 \times 3.6^3/12 = 3.67 \mathrm{in}^4$$

$$\Delta T_{\mathrm{eff}} = 0.83℃$$

6.4 膜层及覆层

对于有镀膜或者镀层的实体镜片,我们看到其变形(式(4.47))为

$$Y = \frac{3E_1 \Delta\alpha \Delta T D^2 t(1 - \nu_2)}{4E_2 h^2(1 - \nu_1)}$$

对于轻量化镜片,用 t_{eq} 代替 h(截面高度)就可得到合适的解(图 6.1)。由于背部开放镜片基体中性轴的偏移而不太精确,但下面的公式对于一阶近似是足够的,即

$$Y = \frac{3E_1 \Delta\alpha \Delta T D^2 t(1 - \nu_2)}{4E_2 \, t_{\mathrm{eq}}^2(1 - \nu_1)} \tag{6.14}$$

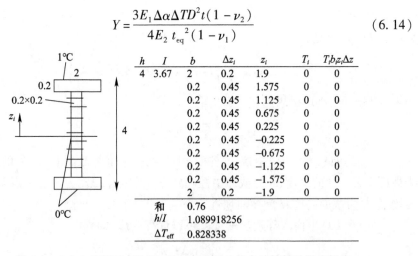

h	I	b	Δz_i	z_i	T_i	$T_i b_i z_i \Delta z$
4	3.67	2	0.2	1.9	0	0
		0.2	0.45	1.575	0	0
		0.2	0.45	1.125	0	0
		0.2	0.45	0.675	0	0
		0.2	0.45	0.225	0	0
		0.2	0.45	−0.225	0	0
		0.2	0.45	−0.675	0	0
		0.2	0.45	−1.125	0	0
		0.2	0.45	−1.575	0	0
		2	0.2	−1.9	0	0
和	0.76					
h/I	1.089918256					
ΔT_{eff}	0.828338					

图6.1　6.3.2 节例子中数据:利用求和积分技术计算等效温度梯度

6.4.1 绗缝变形误差

除了由式(6.14)确定的膜层或者覆层双元金属效应产生的离焦误差外,在轻量化镜片蜂窝单元上可能还会有绗缝(Quilt)变形误差。这种误差在中心孔处可自我消除,这是由于筋板斜率的兼容性实质上提供了固定支撑,从而可以避免这种误差。不过,在镜片边缘处,边界固定能力会减弱,因而,会发生绗缝变形误差。正如在式(6.14)所看到的,这种误差和蜂窝间距成正比,和面板厚度平方成反比,大小取决于封闭筋板刚度。

6.5 热膨胀系数的随机分布

我们已经看到,在 CTE 随机分布、恒定热浸泡条件下,实体镜片的误差由式(4.66)给出。对于轻量化镜片,可以得到[1]

$$Y_{\text{RMS-WFE}} = \sqrt{\left(\frac{56\,\overline{T}\,\Delta\alpha_a D^2}{d}\right)^2 + \left(\frac{22\,\overline{T}\,\alpha_p D^{7/2}}{t_{\text{eq}}^{3/2} R_s}\right)^2} \qquad (6.15)$$

式中:平方根下第一项和实体镜片相同,即它仅是材料完整高度 d 的函数;第二项取决于曲率半径,仅需用等效厚度代替高度即可。

6.6 镜片形状及尺寸

本章前面的讨论,仅限于沿着直径方向厚度为常数的镜片。常厚度设计的公式已足够复杂;非常数高度(厚度)的解析解很少,而且不仅不容易获得,甚至还会无法求解。不过,回顾一下沿镜片直径方向截面高度变化方法的利弊还是很有帮助的。Yoder 和 Vukobratovich 给出了关于弯曲镜片(sculptured optics)的一个更详细和更精彩的讨论[2-3]。

镜片具有多种形状。从镜片的前面(光学面)或后面观察,镜片可以是凹、平面、凸或弯曲形状的任意组合。当然,对于透镜,形状是由光学指标规定。对于反射镜,只有前表面是由光学设计规定,后表面形状由分析人员确定。

对于指向和折转镜,它的前表面为平面。对于有曲率的镜片,一般采用非球面形式,它的前后面可以是凹-凸、凹-平、凹-凹、凸-凸、凸-平或者凸-凹的形式。进一步来说,它的后表面可以弯曲成任意需要的形状。形状的选择取决于质量、刚度、刚度-重量比以及体积要求。

图 6.2 给出了这些形状的例子。当然,每种形状都可以根据几何要求去除

材料和质量而实现轻量化。质量就其本身来说不足以满足系统全部设计要求，这是因为在支撑载荷、热载荷以及重力载荷下的波前性能都是非常关键的。如图6.2(c)所示，考虑一个前凹后凸的反射镜，沿着直径方向具有相同厚度(高度)。这是我们之前所有分析的基线。这个镜片后面板曲率半径和前面是同心的(因而也就不是相等的)。如果背部采用平面形式(图6.2(a))，并使中心厚度和图6.2(c)厚度相同，这样刚度和质量都会增加。如果这个镜片光轴水平支撑，那么重力误差就会降低，这是由于有效曲率增加和边缘支撑使得支撑位置与镜片质心更近。如果重量非常重要，一个替代设计就是使后表面曲率半径和前表面的近似相等(图6.2(d))。这样，边缘就会比中心薄，从而质量会大大降低，但是对于支撑载荷而言刚度会降低。常见的是把后表面弯曲成单拱形状(图6.2(e))，但是同样也会牺牲刚度；更加常见的是在厚度方向做成锥形(图6.2(b))。这种形式很容易通过轻量化成为背部开放构型，并且如果刚度退化能够接受，成本也很低。镜片薄边缘采用锥形化处理经常会产生离焦状的自重变形，特别是当镜片支撑在中心附近时。这种镜片有时会采取中心支撑，不过需要选择其他径向最优支撑位置。

图6.2(f)给出了一个更有利于刚度-重量比的设计。这个方案是个双拱设计，尽管有利于减小重力误差(特别是当反射镜支撑在接近6/10直径区域的最大厚度处)，不过，这种形式不易轻量化，不是一个常见的选择。

对于空间飞行应用而言，需要考虑重力释放误差，通常采用光轴水平测试，如第4章所述。在一些关键应用中，首选双凹(凹-凹)设计构型(图6.2(g))；由于中性平面和反射镜质心一致，因此可以大大降低重力误差，并且具有无限大的等效曲率半径(平面)。只需要考虑一个很小的泊松效应。下一节使用这个

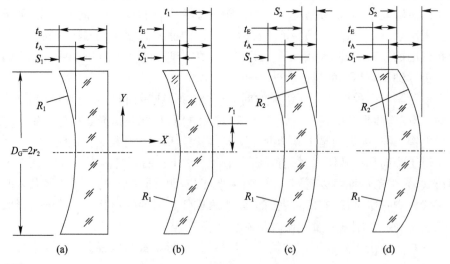

(a)   (b)   (c)   (d)

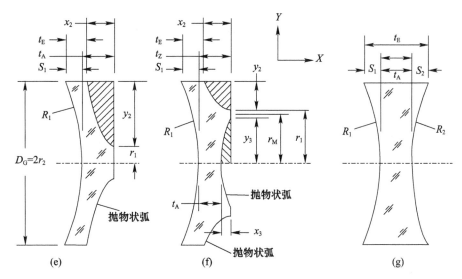

图 6.2   凹面反射镜通过后表面形状设计来减重例子(转载自文献[2])

方法研究了一个设计方案的详细选择。不过,这种方案重量较大,对接近米级的大型镜片不太可行,因为此时边缘高度会变得非常大。由于中心部分厚度是最薄的,刚度也不是最优的。

很明显,光机分析人员有很多选择,需要通过详细分析证明设计方案是最优的。不过,如前所述,设计起点应当采用等厚设计来进行一阶近似分析。

6.6.1   实例研究

手工计算对于得到轻量化镜片一阶近似设计非常重要,这些手工计算能对有限元分析提供良好的完备性检查。不过,没有有限元分析,很难得到这些镜片精确的性能。因此,这里回顾了一个特殊案例。

为了描绘一个弯曲镜片的设计选择,考虑一个在空间低温环境工作的望远镜设计,正如在 20 世纪 80 年代早期为 Teal Ruby 实验所做的那样[4]。这个设计经过了充分验证和测试,但不幸的是,由于 NASA 空间飞船项目的临时终止而从未飞行过。

这个系统必须在一套相当严苛的设计准则要求下保持完整性。特别是在所有环境载荷下,望远镜的光学性能都必须具有极其精确的水平。事实上,为了满足光学分辨率性能要求,全局设计误差必须保持在近红外波长的1/10 或者以下(RMS 值)。

系统同时必须具有很轻的重量,在这个例子中,要小于 60lb。由于在轨实验、制冷剂等需要大量的重量,这对于满足飞行器有效载荷从火箭到更高轨道的发射能力是必需的。另外,系统必须具有内在刚性,以减小在轨重力释放产生的光学元件的运动。也就是说,由于系统是在地面重力环境下装调,在太空零重力环境下,这些调整好的状态会突然回弹或者发生变化。为避免采用成本昂贵的重力剔除干涉测试,在地面测试中,这些调整误差必须保持在预算以内。

那么,接下来考虑这个主镜的轻量化设计[4],它是这个望远镜系统中最大的反射镜(直径大约20in)。为了实现重量均衡,要求反射镜小于16lb,实心熔石英镜片的高度需要限制在0.65in(图6.3(a))。正如我们看到的那样,如此薄的半月形镜片,会导致反射镜刚度低、强度低、热变形大、重力和支撑载荷会产生非常大的变形,因此,必须进行轻量化。第一个方法是分析一个在背部挖孔、形成背部开放的"waffle"设计的反射镜,如图6.3(b)所示。采用周边三点准运动学方式支撑,并使镜片具有足够大高度,约3in,这样,在大幅度增加强度和刚度的同时,满足16lb的重量要求是有可能的。还设想另外一种方法,如图6.3(c)所示,需要到把前后面板和中间芯层部分熔合在一起。为了实现16lb的重量要求,这个镜片的高度为2in。无论哪种情况,在对反射镜分析检查时,都发现仍旧有不可接受的重力变形,即便是反射镜在地面装调时采用了边缘装调方式(光轴水平)。在这个设计中不考虑选择重力剔除干涉测量方法。

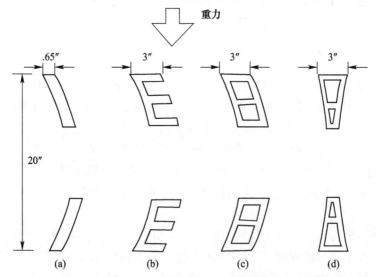

图6.3　轻量化设计选择,其中只有(d)能满足重力环境下测试要求(转载自文献[4])

(a)半月形;(b)"华夫饼";(c)熔融;(d)对称熔融。

160

光轴水平状态产生的重力变形,是由于反射镜的曲率导致弯曲的中性轴和质心的偏移造成的。通过把支撑位置向内移动靠近反射镜质心,可以使得重力引起的误差最小化,但是所需镜背部的支撑框可能会非常重。或者,如果在边缘引入辅助支撑,这个非运动学支撑(超过 3 个点)会带来比解决的更多的问题。最终解决方案是使用对称的、面板熔融连接的双凹形方案,如图 6.3(d)所示。虽然它的刚度不是最优的,但是,采用具有良好容差的挠性支撑设计能够容许它产生的误差。这个设计具有一个竖直中心轴,并且重心直接在力作用线上。当采用边缘装调时,重力变形可以实现最小化。这里不存在图 6.3(a) ~ (c)方案中非常明显的大像散变形。为了减小设计的重量,使用了在 5.6 节描述的优化技术。通过选择合理的蜂窝间距和面板厚度,使蜂窝单元之间的变形(也就是网格效应)在抛光中实现最小化,即使是使用了大的研磨抛光压力(0.2psi)。

为了确定设计的有效性,包括反射镜的剪切效应,图 6.4 给出了详细设计,采用 NASTRAN 有限元分析软件建立了模型。其中有限元单元的配置和所选的面板厚度相匹配;蜂窝筋板使用详细的四边形板单元来建立。在所有极限环境载荷工况下,包括发射、重力、支撑导致的误差以及热环境产生的误差,通过数学模型验证说明了设计的充分性。同时,还考虑了在背部面板上每个蜂窝出气孔造成的影响。在真空中需要这些孔释放在蜂窝中封闭的空气,从而避免薄面板发生失效的可能性。对称性的小偏差对反射镜全局性能影响很微小。

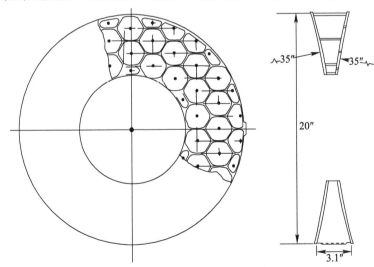

图 6.4 背部封闭的双凹设计模型细节,使用有限元
分析技术确定各环境下的性能(转载自文献[4])

6.6.1.1 制造

背部封闭、轻量化的双凹镜片制造成本非常昂贵。在轻量化加工开始之前，这个案例研究的蜂窝芯镜坯首先被加工成双凹形状。然后，使用黏接金刚石和镀金刚石环或者蜂窝芯钻头进行蜂窝钻孔和研磨；使用端铣把筋板厚度减小到3mm范围，如图6.5所示。

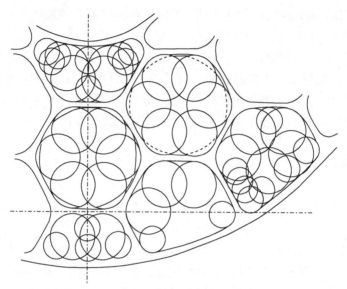

图6.5　玻璃蜂窝芯轻量化设计技术，使用镀金刚石的蜂窝芯钻头(转载自文献[4])

面板的制备使用现有的制造技术。利用传统的光学球面加工设备，面板加工成弯月形镜坯，厚度近似为3/4in。面板厚度需要留有余量以提供足够刚度，使得在后续熔合焊接过程中面板进入蜂窝孔的下垂量最小化。在镜坯熔合完成后，使用研磨机把面板研磨至最终厚度。为了进一步去除亚表面裂纹，玻璃零件加工后进行酸洗处理。在镜子成形过程中，为了实现更好的熔合连接，和这个工艺有关的几个问题已得到解决。这些问题涉及研磨造成的污染物，它们在熔合过程中会成为方石英生长的成核点，从而阻碍在密封面上形成干净的熔合。

酸洗去处任何可能的污染物，不然它们可能会使清晰的焊缝发生中断，然后，采用细砂颗粒黏接的金刚石轮(硬度接近400金刚石系列)重新研磨焊缝表面，这样就解决了上述问题。熔合温度非常高，接近1700℃。此外，焊接循环(把每个面板焊接到蜂窝芯体上)需要操作两次。一旦这个焊接的单块反射镜坯体已经完全退火，它就可以进行光学加工，像传统的玻璃零件那样进行光学加工处理。初始的操作包括开球面以及用松散磨料研磨两个面板至最终厚度

0.21in。在这个阶段,镜坯重量非常接近最终的16lb要求。从此时开始,采用研磨/抛光循环操作,使得后表面成球面,前表面为 $f/1.7$ 的椭球面。图6.6展示了最终的反射镜产品,在这个图中给出的是三镜(直径为12in)。其中在反射镜上面还显示了外侧一体化的凸台垫,它用来连接挠性支撑,然后再通过3个点和复合材料框架连接。

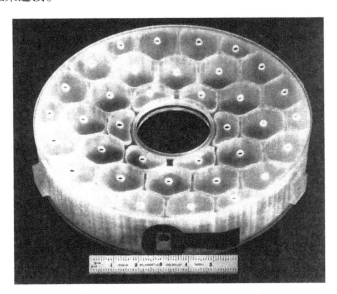

图6.6 一个双凹镜片的最终装配设计(转载自文献[6])

6.6.2 加工补充说明

自从 Teal – Ruby 主镜完成制备以来,为了便于轻量化的加工,已经出现了许多改进措施。例如,康宁公司为黏接蛋形蜂窝开发了一种低温熔合技术,温度显著低于上述讨论的熔石英软化点温度。此外,使用玻璃焊料,一种带有化学增强的有机载体的玻璃粉末,作为黏接剂用来连接面板和蜂窝芯;同样,也实现了温度远低于1000℃,从而形成一个更安全的工艺。康宁公司一种专利焊料的CTE已经能和 ULE™ 完美匹配,这样,强度和变形都能满足要求,而没有使基线母材的性能发生退化。

为了进一步提高轻量化镜片的潜力,康宁公司还开发了一种水射切割蜂窝芯的技术,可以使得蜂窝芯壁薄至0.08in(2mm)。相应地,肖特公司[5]也为其低膨胀的 Zerodur 产品开发了一种专利的背部开放的机加技术,使得筋板壁厚可以薄至0.08in(2mm)。无论哪种情况,轻度酸洗都可以去除机加应力,而不需要代价高昂并且危险的重度化学蚀刻。

参 考 文 献

1. J. W. Pepi, "Analytical predictions for lightweight optics in a gravitational and thermal environment," *Proc. SPIE* **748**, pp. 172–179 (1987) [doi: 10.1117/12.939829].
2. P. R. Yoder, Jr., *Mounting Optics in Optical Instruments*, Second Edition, SPIE Press, Bellingham, Washington, p. 306 (2008).
3. P. R. Yoder, Jr. and D. Vukobratovich, *Opto-Mechanical Systems Design*, Vol. **2**, Fourth Edition, CRC Press, Boca Raton, Florida, p. 83 (2015).
4. J. W. Pepi and R. J. Wollensak, "Ultra-lightweight fused silica mirrors for a cryogenic space optical system," *Proc. SPIE* **183**, p. 131–137 (1979) [doi: 10.1117/12.957406].
5. T. Hull, A. Clarkson, G. Gardopee, R. Jedamzik, A. Leys, J. Pepi, F. Piché, M. Schäfer, V. Seibert, A. Thomas, T. Werner, and T. Westerhoff, "Game-changing approaches to affordable advanced lightweight mirrors: extreme Zerodur lightweighting and relief from the classical polishing parameter constraint," *Proc. SPIE* **8125**, 81250U (2011) [doi: 10.1117/12.896571].
6. J. W. Pepi, M. A. Kahan, W. H. Barnes, and R. J. Zielinksi, "Teal-Ruby design, manufacture, and test," *Proc. SPIE* **216**, 160–173 (1981) [doi: 10.1117/12.958459].

第7章 大型镜片

7.1 多点支撑

重力是反射镜的敌人。当镜片足够大时,理想的三点支撑产生的重力误差可能会超过系统指标要求。尽管口径大小是相对的,同时径厚比(方位比)也会有影响,不过,一般来说,当镜片的尺寸接近 1m 级时,为了实现合理支撑,可能需要采用 3 个以上的点来支撑。在这种情况下,光机分析人员需要尽力实现准运动学设计。

多点支撑可以采用多种形式。这里,我们仅总结了其中一些类型。关于多点支撑 Yoder 和 Vukobratovitch 已提供了一本非常优秀的专著[1]。

当光轴竖直时,大型镜片的背部支撑可以由以下类型构成,包括气压或者液压活塞、气囊支撑、配重、环形支撑、多点带状支撑或者 Whiffletree 支撑等。当光轴水平时,镜片支撑可以由多点边缘支撑方式实现,包括径向支撑、Whifftree 支撑、切向杆支撑或者中心筒支撑等。对于方位可变的反射镜,支撑可以由上述方式的组合来实现。一般来说,由于给定状态下的非运动学特点,可能需要采用主动驱动控制方式。

当反射镜采用均匀分布的多点支撑时,反射镜变形由这些支撑之间的变形来确定。当仅考虑弯曲时,可以由下式近似计算一阶变形[2]

$$Y = \frac{0.07 \rho a^4 (1 - \nu^2)}{E t^2} \qquad (7.1a)$$

对于轻量化反射镜,这个变形为

$$Y = \frac{0.07 q a^4 (1 - \nu^2)}{E t_{eq}^3} \qquad (7.1b)$$

式中:q 是重量和面积的比值;a 是支撑之间的间距。

这里需要小心的是,除了对于非常高径厚比的镜片,剪切变形是占主导地位的。与三点支撑的反射镜不同,它的剪切变形通常是弯曲变形的很小一部分,对于多点支撑,剪切变形可以比弯曲变形显著高达一个数量级。为合理评估变形,需要采用详细的有限元分析。

如图7.1所示的一个多点支撑的镜片,放置在一系列液压活塞上[3]。活塞根据它们承受的载荷均衡调整输出载荷,镜片就"浮动"支撑在这个装置上。由重力造成的唯一下垂变形,发生在液压活塞支撑之间。在加工制造过程中,活塞关闭或者锁定;在光学测试时,活塞释放。

图7.1　液压活塞支撑:多点支撑可以使抛光过程的重力下垂变形最小(转载自文献[3])

7.1.1　实例分析

考虑一个大径厚比的实心 Zerodur® 镜片,直径为80in,厚度为3in,浮动支撑在一系列载荷合理分布的液压活塞上。如果由于重力造成的表面 P – V 误差要求限制在0.005个可见光波长,确定所需的活塞间距。

把波长误差转换为英寸单位,即

$$Y = 0.005 \times (2.5 \times 10^{-5}) = 1.25 \times 10^{-7} \text{in}$$

由式(7.1)得到

$$Y = \frac{0.07\rho a^4 (1 - \nu^2)}{Et^2} = 1.25 \times 10^{-7}$$

$E = 1.31 \times 10^7, \nu = 0.25, r = 0.091, t = 3$,因此,$a = 7.0$in,这就是所需的筋板间距。

7.2　带 状 支 撑

在第4章我们可以看到,在使用三点准运动学支撑时,为了使光轴竖直状态下的重力下垂变形达到最小化,最佳支撑位置需靠近径向 7/10 的区域。如果在这个区域增加支撑点数量,重力变形误差会进一步减小。使用 Williams 和 Brinson 提出的公式[4],可以计算任意数量离散支撑下的重力下垂变形。这个变形误差公式为

$$Y = \frac{K_w \rho a^4}{E t^2} \qquad (7.2)$$

式中:K_w 和支撑位置、支撑点数量以及所要求变形的位置有关。图 7.2 给出镜片边缘和中心下垂变形及径向 7/10 区域内支撑点数之间的关系。可以注意到,当支撑点数从 3 个增加到 6 个时,变形误差会显著降低,超过 6 个点之后降低趋势减小。

　　不过,在这些支撑中,最重要的是保持准运动学特性;否则,支撑产生的误差会非常大。这可以通过 Whiffletree 支撑或者 Hindle 支撑来实现。

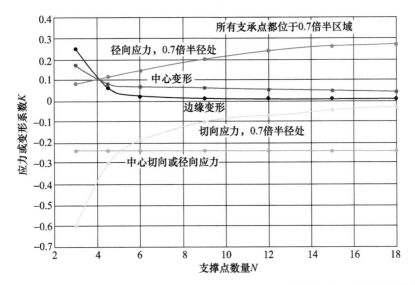

图 7.2　镜片边缘和中心点变形与按角度 π/N 分布的支撑点的数量关系(改编自文献[4])

7.3　Hindle 支撑

　　Hindle 支撑是一个多点支撑方案,通常称为 Whiffletree 支撑,由 J. H. Hindle 在 1945 年的一篇经典文章中首次描述[5]。这个支撑方案是基于一个多点支撑的枢轴布局或者 Whiffletree 构型,这些精确排列、均匀承载的支撑点,从 6 个、9 个或者更多个点级联到 3 个支撑点。

图 7.3 给出了一个典型的 Hindle 布局[3]。一个板上共连接着 18 个点,其中 3 个点一组,共 6 组,这 6 组支撑点再通过 3 个梁安装到 3 个点上。为了实现所需的运动学特性,每个支撑点都是近似零转动约束的。如果不是这样,并且每个支撑点间都是刚性连接,这就是个三点支撑结构,不会增加任何好处。Hindle 支撑只能承受竖直载荷;对于横向或者水平载荷,需要以边缘或者中心筒支撑方式提供辅助支撑方案。

图 7.3　Keck 望远镜一个主镜分块的 Hindle(Whiffletree)支撑(转载自文献[3])

7.4　主 动 支 撑

对于多点支撑的大型镜片,变形误差可能会非常大,以至于需要采用某种形式的驱动或者主动控制,使面形恢复到理想形状。在这个情况下,在反射镜上施加力,使它发生弯曲变形从而达到理想的波前差。当然,镜片弯曲会使它产生应力,因此需要对力进行限制。研究表明,对于反射镜背部均匀分布的作动器,变形误差可以得到显著矫正。例如,考虑一个变形的镜片,它的误差被分解为一系列 Zernike 多项式项,正如第 4 章所述。图 7.4 给出了几项 Zernike 像差矫正能力和均匀分布的作动器数量之间的关系,其中作动力和镜片表面垂直。需要注意到的是,像散误差最易矫正,作动器数量越多,矫正的像差阶数越高。纵坐标轴给出的是去除特定误差后剩余表面变形误差的百分数。例如,仅采用 60 个作动器,一个波长的误差会减小到 0.01 个波长(即 99% 的误差矫正性)。这个数量的作动器可以矫正 90% 的三阶球差,但是对更高阶的误差项无效。这个像差矫正同样采用了均匀分布的作动器;而对于旋转对称的误差,诸如 power(离焦),密布的边缘作动器可以减小作动器的数量,这是由于它们以推拉方式提供了一个弯矩,从而更容易矫正这类误差。

168

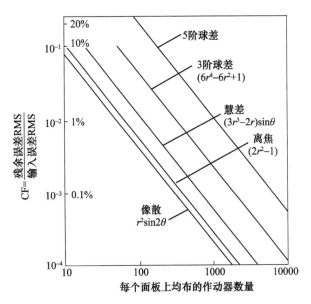

图 7.4 主动支撑的矫正能力,少至 10 个均布的作动器都可以矫正超过 90% 的像散误差

还需要进一步注意的是,对给定位移幅值的矫正性与反射镜尺寸或者厚度无关,尽管实现这些矫正所需的作动力取决于这些参数。这种关系最初可能并不明显,不过,在下面的示例中可以很容易看到。

7.4.1 主动支撑矫正性举例说明

考虑图 7.5 所示的悬臂梁,长度为 L,CTE 为 α,刚度为 EI(模量和惯量的积),厚度为 h,受到一个轴向热梯度 ΔT。如果在梁的自由端施加一个驱动力,证明矫正性和材料属性、厚度以及长度是无关的,并确定这个矫正性。

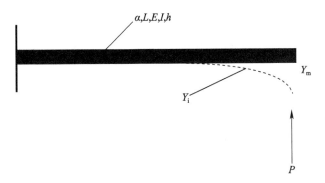

图 7.5 热梯度作用下的悬臂梁自由端施加了一个矫正力

169

根据式(4.28),可以看到在热梯度作用下的自由端变形为

$$Y_{\mathrm{m}} = \frac{a\Delta TL^2}{2h}$$

梁上任意点 x 处的一般变形方程为

$$Y_{\mathrm{i}} = \frac{a\Delta Tx^2}{2h}$$

在自由端施加驱动力 P,使峰值变形恢复到零,由式(1.22)和兼容性条件可以得到

$$\frac{PL^3}{3EI} - Y_{\mathrm{m}} = 0$$

求解驱动力:

$$P = 3EIY_{\mathrm{m}}/L^3$$

根据手册[6]可以得到,在施加恢复力后梁的变形方程为

$$Y_{\mathrm{p}} = \frac{P}{6EI}(3x^2L - x^3)$$

把 $P = 3EIY_{\mathrm{m}}/L^3$ 代入上面的公式,可以得到

$$Y_{\mathrm{p}} = \frac{Y_{\mathrm{m}}}{2L^3}(3x^2L - x^3)$$

显然,这个变形和刚度是无关的。

净变形曲线是初始形状和矫正力产生的形状之差,即

$$Y_{\mathrm{net}} = Y_{\mathrm{i}} - Y_{\mathrm{p}}$$

矫正能力就是这个变形的峰值除以初始变形的最大值(对于镜片来说可以使用 RMS 位移):

$$C = Y_{\mathrm{net}}/Y_{\mathrm{m}}$$

注意:最大值发生在梁上 $x = kL$ 处,其中 $0 \leqslant k \leqslant 1$,则

$$C = (k^3 - k^2)/2$$

显然,矫正能力和刚度、厚度以及长度是无关的。当然,力(在这个例子中为应力)取决于这些属性,因此需要解决这个问题以确保性能。

对 $C = (k^3 - k^2)/2$ 求一阶导数,并令其等于 0,计算出最大矫正性,得到的

170

结果为 $k = 0.67, C = 0.074$。也就是说,在只有一个作动力矫正的情况下,残余位移只有初始位移的 7.4%。

7.4.2 一个主动支撑机构

为了达到几分之一波长的误差矫正精度,需要采用一个精密的驱动装置。图 7.6 描绘了这样一个装置。这个新型作动器[7]支撑在薄的反射镜面板上,可以精确控制反射镜表面的变形,在热或者压力影响以及其他异常畸变波前的影响下保持波前质量。作动器包括磁铁和线圈(音圈驱动)、步进电机或者压电装置,工作时,通过一个起稳定作用的挠性网结构连接到一个驱动杆,驱动杆和反射镜背部接触。驱动杆的位置可以通过线圈的电信号精确控制。驱动杆的位置变化由位置传感器来监测,这里使用的是一个线性可变差分位移传感器(LVDT)。为了提供理想的面形矫正,需要在反射镜支撑基板上安装合适数量的作动器。施加微小的驱动力,并结合起约束作用的挠性元件,可以提供 $1/10^6$ 英寸的精度。

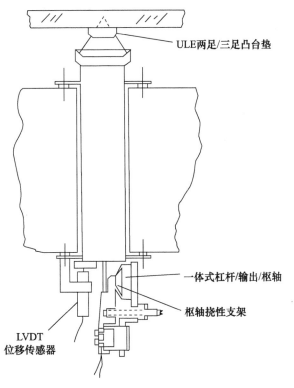

ULE两足/三足凸台垫

一体式杠杆/输出/枢轴

枢轴挠性支架

LVDT
位移传感器

图 7.6 线性作动器沿着表面法向施加矫正力的例子(转载自文献[8])

171

7.5 大径厚比镜片

7.5.1 无限大处的情形

从前一个物理教授曾经被他的学生问及多普勒效应问题。声音的多普勒效应表明，当物体的速度相对于静止的观察者到达声速时，会出现无限大频率。学生想知道无限大频率意味着什么。教授停顿了一会，然后说："啊——，在无限大处会发生有趣的事情"。

因此，对于大型镜片，当径厚比接近无限大时，也会发生同样的事情。当然，无限大的径厚比是不可能的，但是当镜片的径厚比大于 20∶1 时，在较低径厚比无法观察的有趣现象将变得非常明显。本章将集中讨论这些有趣的现象并进行相应分析。

7.5.1.1 实例研究

无限大带来了无穷小。为了说明本章主题，考虑下面一个飞机发动机的实例研究。尽管这不是一个光学镜片，但是它会引出后续要谈的光学主题，即在无限大处确实发生了有趣的事情。

早在 20 世纪 60 年代末，波音 747 飞机正在开展大型喷气发动机设计，这是迄今为止建造过的最大商用飞机之一。风扇喷气发动机直径约为 8 英尺，设计推进载荷为 40000lb。在地面测试过程中，观察到发动机出现了"椭圆效应"，也就是说，发动机偏离了所需要的圆形，变成了蛋形。这个非圆效应带来了两个问题。

（1）在椭圆小径处，尾部的旋转涡轮叶片会产生干涉，这个叶片为了和其支撑装配需要具有严苛的公差。

（2）在椭圆大径处，将会存在一个大间隙，造成发动机燃油比消耗目标的急剧降低。

造成椭圆化问题的原因尚不清楚，曾经考虑并排除了周围环境不同的热梯度变化条件以及其他潜在的原因。之后，注意力转向了推力载荷，和之前设计一样，发动机的推力作用在单个点处。它的前辈波音 707 已经完美地满足了所有设计要求。波音 707 的单点推力设计载荷为 20000lb，发动机直径为 3ft。

运用数学模型分析是否高的推力载荷可能是根本原因呢？然而，没有一个模型能够预测椭圆化现象。这个模型是基于 Donnell 板壳理论，然而，解析和计算机模型都不能处理点载荷，即便是表示为一个圆周分布的傅里叶级数函数（当时有限元建模程序尚未开发出来）。

172

当工程师们对这个问题感到困惑时,一名技术人员将一个千斤顶螺丝安装在一个去了盖的 2lb 重的空金属咖啡罐上。加载后,他很容易地演示了咖啡罐变成了蛋形。为什么这种情况没有发生在波音 707 较小的发动机上呢?它同样是个大小的问题。较小的发动机确实变成了蛋形,但是,形状的变化量太小以至于不被发现或关注。它的推力是大发动机的 1/2,而直径却几乎小至 1/3。随着设计极限推进到无限大,确实会发生有趣的现象。

随便说一下,解决这个问题的方案是设计了一个支架(yoke),把推力载荷传递到分开成 90° 的两个点,从而消除了椭圆化现象。在随后的几年里,当有限元建模出现后,通过对发动机模型的壳单元施加面外点载荷,很容易预测椭圆化——这是标准理论无法轻易做到的。

现在我们讨论一些光学实例研究。

7.5.2 大的极限

由于术语"大"是相对的,大型镜片和大径厚比镜片有不同定义。当然,和 1in 的镜片相比,20in 的镜片是大的。为了这里讨论的目的,当一个镜片的直径接近 1m(40in)量级时,就认为它是个大型镜片。对于种镜片,使用标准的三点准运动学支撑,而不采用主动或者被动的矫正技术,很难实现高精度的光学性能。

具有大径厚比的镜片的性能并不总仅仅依赖于直径。例如,回顾分析双元金属效应的公式,可以看出,误差与径厚比的幂成正比。在这种情况下,具有给定径厚比的镜片,不管是直径 1in、20in 或者 40in,或者更大直径,都具有同样的性能。其他的装配或环境导致的误差,如支撑引起的载荷和重力,都取决于直径以及厚度的不同幂指数。表 7.1 总结了不同条件下的径厚比关系。这些关系将在后续的实例研究中进一步澄清。

表 7.1 不同条件下的径厚比关系

环境条件	误差
镀膜	$(D/t)^2$
覆层	$(D/t)^2$
重力	D^4/t^2
支撑载荷	D/t^3
湿度	$(D/t)^2$
残余应力	$(D/t)^2$
热梯度	D^2/t

环境条件	误差
热浸泡	D^2/t
研磨	$(D/t)^2$
边缘切割	D^3/t^2
轻量化	$(D/t)^2$
测量	D^2/t^3
时间稳定性	D^2/t

天文望远镜最早期设计采用的径厚比规则指出:"只要有疑问,就选择更坚固的"。这就意味着,采用6∶1或者更小的径厚比,会减缓在不同设计准则下对性能不佳的担忧。当然,这就会导致出现非常重的反射镜。先进的加工技术和计量技术已经把传统径厚比提高到8∶1～10∶1。当然,仍旧需要进行详细的分析,不过,为了这里的研究目的,即在无限大时会发生有趣的事情,我们定义大径厚比为径厚比超过20∶1的镜片。

对所有镜片而言,有各种各样的性能准则。镜片必须经过成型、切割、研磨、抛光、测试、支撑以及镀膜。在这些阶段中,必须合理考虑残余应力、温度、重力、装配误差、支撑力误差、测量、磨头压力、双金属效应变形、表面裂纹、湿度的影响,以满足几分之一可见光波长性能的严苛准则。

当然,控制高径厚比反射镜设计的物理规律,与控制低径厚比镜片的是相同的。不过,差别在于大径厚比镜片在工作、制造或者测试环境中变形的大小。取决于具体环境条件,性能误差可能比更传统镜片大几个数量级。对大径厚比镜片,所谓的"测量噪声"或者无法测量,突然就成了设计驱动。

为了说明这些观点,我们回顾了大径厚比镜片的一些实例研究,包括分析和实际两方面。实例研究涉及的径厚比为25∶1～250∶1,同样,它们不仅仅是推理实验,而且也是真实的案例研究。对于更加传统系统设计时可能忽视的特殊效应,这些实例研究会提供特别的见解。实例同时考虑了轻量化(蜂窝芯)和弯月型实体薄镜片。

7.5.3 覆层

术语覆层(clading),一般适用于为提高抛光学性能在光学表面上沉积的一个薄层。尽管目前有技术可以对加工难度大、高散射的材料(如铍、多相碳化硅、铝)进行抛光和面形加工,但一般来说,为可见光谱段应用设计的镜片会增加一个薄沉积层,以便更易于去除材料和提高表面度。一般来说,对于铝和铍镜,首选镍/磷化物材料的镀层;调整镀层中磷的含量,可以使得和铍镜 CTE 的

174

匹配误差在 $500 \times 10^{-9}/℃$ 以内(不是铝镜)。对于碳化硅而言,覆层通常包括硅或者气相沉积的碳化硅,和基体材料 CTE 匹配的差别在 $500 \times 10^{-9}/℃$ 以内。这对于减小第 4 章讨论的双金属效应是非常重要的。

覆层厚度通常在 $10\mu m(0.0004in)$ 到 $100\mu m(0.004in)$ 之间。更大型的 8m 级天文望远镜的制造需求,在减重方面对低厚度薄实体镜片提出了若干建议。其中,对欧洲极大型天文望远镜(VLT)的薄半月形镜片,从成本角度考虑建议采用铝合金作为候选材料。这个设计的主反射镜直径为 8m(320in),厚度为 0.16m(6.4in),也就是径厚比为 50:1。镜子计划工作在一个变化的热环境中,相对名义温度最大的热浸泡温度为 20℃。

为了把镜片加工到所需的低波前差(远低于 0.1 个可见光波长)和低的表面粗糙度(10Å),在光学表面沉积了一个厚度为 0.003in 的薄镍层。

使用第 4 章双金属效应式(4.47),可以得到

$$Y = \frac{3E_1 \Delta \varepsilon D^2 t (1 - \nu_2)}{4E_2 h^2 (1 - \nu_1)}$$

使用表 2.2 中的材料属性,计算热浸泡条件下的误差。得到峰值表面误差为 $Y = 1250\mu in = 50\lambda$,也就是说,超过了预算 500 倍。

在 7.5.8 节,我们将会看到由于反射镜曲率的原因,这个误差在一定程度上可以减小到 25λ;但是,即使采用主动的焦距补偿措施,镜片也完全超过了指标规定要求。

7.5.4 膜层

术语膜层(Coating),一般适用于光学表面非常薄的沉积层,以便为了提高反射率、优化发射率或传输率,或者提供一个保护性表面。和可以抛光以满足表面要求的覆层不同,膜层是在抛光以后沉积的。这样,波前性能误差需要在没有后续抛光的条件下满足规定要求;为了避免在热浸泡和镀膜过程可能引入的残余应力条件下发生双元金属效应,膜层厚度需要非常薄。一般来说,镀膜厚度范围从 $0.1\mu m(1000Å)$ 到 $1\mu m$。

虽然传统径厚比镜片在设计中一般不需要考虑膜层产生的波前退化,但是对于大径厚比镜片,情况却非如此。例如,考虑如图 7.7 所示大型主动反射镜项目(LAMP)的主镜设计。这个直径 4m 的 ULE® 反射镜的每个分块,镜面点对点的尺寸是 2m(80in)。这个镜片的制造也是太空防御计划("星球大战")的一部分。这个反射镜是实心半月形,厚度仅为 0.17m(0.67in),径厚比为116:1。

为了防止反射镜基体过热,镜片需要一层高反射膜层来抵抗和反射高能激

光束。这个膜层是一种多层电介质膜,可以用一层非常薄的、大约为 0.150μm (1500Å)的沉积物来实现。试样显示膜层内部残余应力为 6000psi。

使用第 4 章的双元金属效应公式(残余应力条件下的式(4.48)):

$$Y = \frac{3\sigma D^2 t(1 - v_2)}{4E_2 h^2}$$

参考表 2.2 中的材料特性,计算残余应力条件下的变形误差。发现表面一阶峰值误差为 $Y = 38\mu in = 1.5\lambda$。考虑到光学预算为 0.05λ,显然,需要采用主动控制。我们将在 7.5.8 节中看到,由于光学曲率的影响,这个误差有所减小,其中包括部分离焦误差和部分球差,但误差仍然远远超过了预算要求。幸运的是,采用主动控制,在光学后表面安装了 40 个作动器(图 7.4),可以把镜片矫正到规定的误差预算内。

7.5.5 湿度

玻璃和陶瓷反射镜都不吸湿,也就是说,它们不吸收或释放水分,能保持尺寸稳定。然而,对于大而脆的光学镜片,在有水分存在的条件下,由于低速裂纹扩展会发生有趣的事情,详见第 12 章所述。

例如,考虑 7.5.4 节所讨论的 LAMP 项目的主反射镜设计,如图 7.7 所示。这个反射镜的径厚比为 118∶1。光学表面采用可控研磨和抛光制作,如第 12 章所述,这样就会形成一个初始的基面。反射镜背面采用机加和研磨加工,其中最后一步用 40μm 的金刚石磨粒研磨完成,因为背面不是关注的表面,这些工艺对于加工适当的半径、粗糙度和形状来说是足够的。

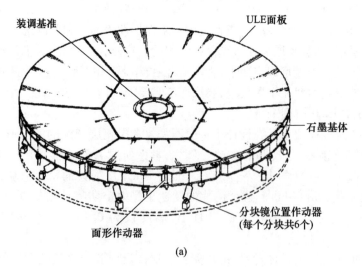

(a)

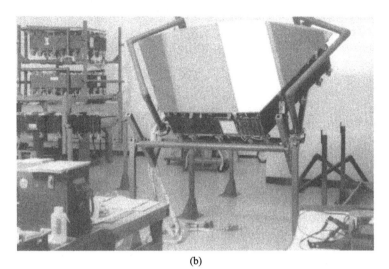

(b)

图 7.7　LAMP 项目大型主动镜分块

(a)完整的 4m 口径轻量化主动镜由 7 个分块组成;(b)具有大径厚比单个主动镜分块(转载自文献[8])。

反射镜的光学表面采用可控研磨和抛光加工至优于 1 μm,在冬季进行了光学质量测试。测试的时候控制了室温,由于露点低,可能会存在少量水分,因此相对湿度接近 30%。当夏季到来时,对反射镜再次进行了测试,发现出现了 5 μm 的 power。尽管起初对产生这个变化的原因令人困惑,但是我们注意到,当反射镜在室温下测试时,相对湿度超过了 50%。从之前冬季测试以来水分的增加,使背部研磨的表面发生了应力松弛。在第 12 章解释了研磨的表面会存在残余应力,在水分存在条件下,即使没有外部应力也会发生裂纹(稳定)扩展。双元金属效应完美地解释了出现 power 的原因。接下来,对反射镜背部表面进行了酸洗,消除了裂纹和残余应力,使得镜片在所有后续测试中都保持了稳定。

7.5.6　热浸泡条件下 CTE 的随机分布

在一项提议(起源于得克萨斯州,因此称为“得克萨斯 300”)建造世界上最大的天文望远镜主反射镜的项目中(当时最大的是 200in 的 hale 反射镜,位于帕洛玛山),构想了一个直径 300in 的实体薄反射镜。由于热的原因,选择 ULE 玻璃作为设计基线,其中热浸泡温度变化可能高达 10℃。玻璃不需要镀层。为了节省成本,光学元件将由单个玻璃坯体制备,流动成型到所需的直径,厚度为 5in。这将导致径厚比为 60:1。

尽管玻璃的均匀性非常好,但是从表 2.2 中可以看到,仍会出现高达 $15 \times 10^{-9}/℃$ 的随机峰值变化。使用式(4.66)重述如下:

$$Y_{\mathrm{RMS-WFE}} = \sqrt{\left(\frac{56\,\overline{T}\,\Delta\alpha_{\mathrm{a}}D^2}{d}\right)^2 + \left(\frac{22\,\overline{T}\,\Delta\alpha_{\mathrm{p}}D^{7/2}}{t_{\mathrm{eq}}^{3/2}R_{\mathrm{s}}}\right)^2}$$

我们可以得到,对于随机轴向温度变化,$Y = 0.38\lambda$;对于横向面内的随机变化,$Y = 0.35\lambda$。这些误差远远超过了总的误差预算,并且都不是离焦误差。

7.5.7 热梯度

为了满足高分辨率光学系统所需的几分之一波长的残余误差要求,大口径的、大径厚比的镜片会出现显著的误差,即便是在相对温和的热环境下以及采用了具有近似零热膨胀系数的材料,亦是如此。

下面这个研究评估了一个薄的实心圆形球面反射镜,材料为康宁的 ULE 熔石英玻璃,受到了太阳热辐射作用。考虑镜片在一个均匀轴向热梯度下的特性,也就是说,沿着光轴方向从顶面到底面穿过镜片厚度存在线性变化的温度梯度。这个镜片的径厚比为 50∶1,显著不同于常见 6∶1 ~ 10∶1 范围内的传统镜片。

7.5.7.1 理论解析解

第 4 章解释了一个自由或者运动学支撑的圆形平板,在沿着厚度方向的线性温度梯度作用下产生的球状变形,可以由式(4.28)很好近似,即

$$Y = \frac{a\Delta T r^2}{2h}$$

式中:a 是材料的热膨胀系数;ΔT 是平板上下表面之间的温度差。

不过,对于运动学支撑的具有有限曲率半径的圆形镜片,在上述梯度作用下,反射镜将不再保持由平板条件得到的无应力状态,因此,式(4.28)不再成立。对于曲率和径厚比适中的反射镜来说,式(4.28)具有很好预测精度,但是对于薄球壳的一个圆形分块,仍需检查在其厚度方向受到恒定温度梯度作用下产生的热弯曲变形。

已经证明[9],这个变形和薄壳在边缘弯矩 M 作用下的变形相等,力矩为

$$M = \frac{\alpha\Delta T D(1+\nu)}{h} \tag{7.3}$$

需要注意的是,虽然板的边缘是自由的,但热力矩并不像平板那样是自抵消的,它会产生热应力。对于直径小于球面半径 1/2(焦距比 $F > 1$,光学上讲)的均匀厚壳段,可以使用浅壳近似[6]。对只有边缘力矩的情况,可采用如下形式求解:

$$\frac{Y}{a\Delta T r^2 h} = C_1\left\{\left[b_{\mathrm{er}}(x)\right] - 1\right\}C_2 b_{\mathrm{ei}}(x) \tag{7.4}$$

式中:C_1 和 C_2 是复常数,方括号中的是复贝塞尔函数或者开尔文函数。这个方程是用无穷级数表示法来求解的[6],这种方法对本文来说太复杂了,而且充其量也很不方便。为了和这个奇异的理论联系起来,本文建立了一个高径厚比镜片的详细有限元模型。考虑这样一个镜片,其参数如表 7.2 所列。

首先用平板建立模型,可以看到,得到的解和理论解一致性很好,误差在0.5% 以内。然后,用曲率半径 175in 的板壳来模拟一个典型的有曲率的镜片,并且板壳的厚度取不同值。沿着镜片厚度方向施加一个恒定的单位温度梯度,把由这个数学模型得到的位移输入到一个 Zernike 多项式后处理器中,确定离焦前后的残余误差。结果在图 7.8 中给出,同时还给出了前面给出的理论解。可以看到,相关性非常好。

表 7.2　薄壳镜片(具有大径厚比)的参数

	符号	数值/in
反射镜半径	r	20
表面曲率半径	R	175
厚度	h	
轴向温差	ΔT	
应变梯度	$\alpha\Delta T/h$	1×10^{-6}

曲线结果表明,随径厚比的增大,和平板误差的偏离也越来越显著。正如在我们的设计中取 $D/t=50:1$ 时,未矫正下的误差约比平板的低 2.5 倍。然而,焦距误差矫正后仍有 16% 左右的残余误差,而平板误差是完全可矫正的焦距误差。当 $D/t=10:1$ 时,未矫正的误差与平板的非常接近,而焦距矫正后的剩余误差小于 1% 。我们的结论是,在轴向热梯度下,板壳效应降低了离焦误差去除前的残余误差。离焦误差校正后,残余误差可能会非常显著。这个现象同样可以由早前讨论的板壳理论来验证。

7.5.7.2　不同条件下的热性能

我们再次回到 7.5.6 节"得克萨斯 300"项目中 300in × 5in 的镜片。把不同的热载荷叠加到一起,这可能是由于太阳辐射作用下的热梯度和每天温度变化引起的均匀温升造成的。在有限元模型中施加热浸泡值和温度梯度值,并采用测量的热膨胀系数数据。

和前述相同,CTE 在整个模型中变化分布,这是典型的 ULE 材料数据。因此,在最初施加了均匀 CTE 场后,关于这个名义值再施加 $\pm0.015\times10^{-6}/℃$ 的变化量。然后,分别对反射镜施加 1℃ 热浸泡和 1℃ 轴向梯度载荷,并对结果进行后处理,以获得离焦校正前后的均方根误差。

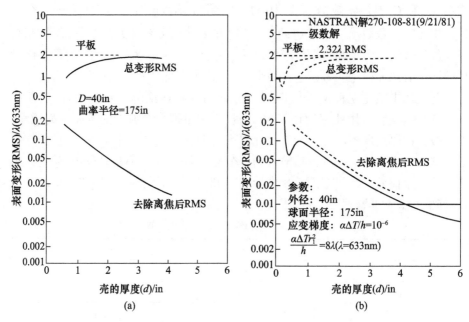

图 7.8　大型镜片的理论和有限元模型的相关性非常好

(a)轴向梯度下的薄壳效应以牺牲聚焦度为代价减小了误差(转载自文献[8])；

(b)理论和有限元模型比较(转载自文献[9])。

表 7.3 给出了这些工况的分析结果。在均匀热浸泡和均匀 CTE 分布条件下,离焦矫正前残余误差很小,并且完全可以通过离焦矫正。当考虑 CTE 沿着镜片径向变化,并采用均匀的热浸泡条件,离焦矫正前的误差变大了 10 倍,并且只有不到 50% 是可以通过离焦矫正的。在均匀轴向梯度、CTE 均匀分布条件下,离焦矫正后还剩下接近 30% 的残余误差。这和之前讨论的理论结果是一致的。在这种情况下,如果采用变化分布的 CTE,则会进一步增加残余误差。尽管这些误差很小,但是在较大的热浸泡和梯度条件下可能需要采用其他补偿技术。

表 7.3　均匀热浸泡和梯度对大型薄镜片的影响。高径厚比和

曲率影响去除离焦后的性能(转载自文献[8])

	1°均匀温度变化		1°轴向梯度	
	名义 CTE	CTE 径向变化	名义 CTE	CTE 径向变化
矫正前	0.0024	0.032	0.131	0.073
矫正后	0.0000	0.019	0.037	0.046

注:所有值得单位都是波长(633nm);CTE 名义值为 $0.015 \times 10^{-6}/℃$;径向 CTE 的变化为 $\pm 0.015 \times 10^{-6}/℃$

180

7.5.8 测量

高径厚比的反射镜是否会因为太大而无法测试呢？可能性是存在的。考虑之前提到的为空间防卫起源项目设计和制造的一个大型反射镜分块。最外圈的分块最大尺寸为4m,厚度为0.017m,径厚比达到了235∶1。为了测试这样一个镜片,采用了多达300个的液压活塞,每个承载的镜子重量份额达660lb(300kg)。不过,活塞的制造会产生小的滞后(由于弹簧片摩擦或者类似的原因),量级在1g,这是个很小的量。然而,对于高径厚比的镜片来说,没有什么的影响可以认为是微小的。因此,建立了一个有限元模型,其中镜片采用了四边形板壳单元,活塞采用了流体支撑单元。在模型上施加了$1 - \sigma - g$,即每个活塞都施加了$\pm 1g(0.01N)$载荷的随机峰值误差。分析结果在图7.9中给出,可以看到误差达到了$1\mu m$(波前差预算的10倍)。需要采用主动矫正技术才能去除这些误差,但地面测试本身确实是非常困难的。

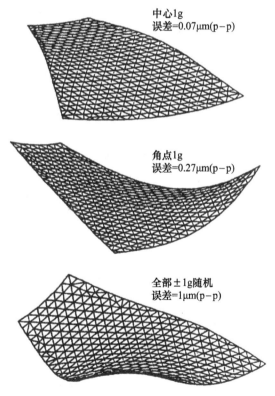

中心1g
误差=0.07μm(p-p)

角点1g
误差=0.27μm(p-p)

全部±1g随机
误差=1μm(p-p)

图7.9　计量支撑对力误差的灵敏度(p-p代表峰峰值),
大型高径厚比的镜片具有克级灵敏度(转载自文献[8])

7.5.9 重力

在第 4 章中,我们看到了重力对性能的影响。对于需要在不同方向工作的地基系统,以及必须在地面 1g 环境下装调测试并在实际 0g 轨道空间环境中工作的天基系统,重力变形都是至关重要的。第 4 章说明了对于大部分半月形(凹面－凸面)弯曲镜片系统,在光轴水平测试状态下,重力变形误差都是比较低的。对于这种情况,式(4.9)给出了位移公式为

$$Y = \frac{0.849\rho\pi R^5}{R_s E t^2}$$

那么,接下来考虑詹姆斯·韦伯空间望远镜(JWST)的主反射镜。这个主镜设计包含了 18 个尺寸 1.5m(60in)的分块,构成了一个直径 6.5m 的反射镜。这是一个轻量化的、背部开放的铍镜设计,从面密度角度来说,它是这个级别曾经建造的最轻的反射镜。总的误差预算(和许多其他精密天文系统一样)约为 0.1 个可见光波长的峰值表面误差。现在计算在地面光轴水平测试状态下重力矢高变形。

同样,由式(14.9)一阶近似计算,得到 $Y = 24\mu in$,也就是 1 个可见光波长,大约是全部误差预算的 10 倍。如果为了地面测试而对这个误差进行抛光的话,在零重力下会重新出现,达不到消除误差的目的。因此,需要采用巧妙的干涉测试方法去除地面测试误差,以便理解装调、支撑或者热因素导致的其他误差。现代干涉测试技术的进步已经能达到这种水平;把不同方向测试的重力矢高变形和解析解对比,并且更为重要的是,由此可以确定这个测试结果是否在所要求的精度内,而不用管在地面测试误差幅值会有多大。

7.5.10 边缘加工

口径 10m 的 Kech 望远镜是世界上最大的望远镜之一,由 36 块直径 1.8m 的六角形的离轴双曲面反射镜分块构成。这些镜片由德国肖特玻璃公司制造的商标为 Zerodur® 的接近零 CTE 的玻璃陶瓷基体构成。镜坯直径约 1.9m,厚度 7.5cm。为了及时制造出非球面分块(共有 6 种不同的构型),加州大学的科学家们开发了反射镜应力抛光技术[10]。

这种抛光方法通过在分块镜段圆周上引入剪切力和力矩来弯曲镜面,使其与所需形状正好相反。然后在这个分块上研磨出一个实际的球面并接着进行抛光,在去除所加载荷后就可获得所需的光学表面。接下来,如图 7.10 所示,将分块切割成六边形,并在其背部钻取直径为 0.25m 的中心盲孔。然后,将这个分块安装到其最终支撑结构上。

分块切割后,由于坯体本身的存在残余应力,它们的形状可能略微翘曲。虽然这在传统镜片中可能不明显,但在高径厚比镜片中可能非常重要。

图 7.10　使用金刚石锯片对 Keck 望远镜一个分块进行切边加工。
残余环向应力的释放使镜片发生弯曲(转载自文献[3])

对于这个情况,考虑一个圆盘在其外圆周承受环向压应力,并在中心承受拉伸应力。这是 Zerodur 玻璃陶瓷成型过程中可能出现的情况,此时,由于传热规律作用,外围比中心冷却速度更快。由于中心在冷却(陶瓷化后)过程中继续收缩(正 CTE),并对着已经冷却的、更硬的外边缘发生退火,因此,在中心附近产生了拉伸应力,在边缘附近产生了环向压应力,如图 7.11 所示。锁定内应力是

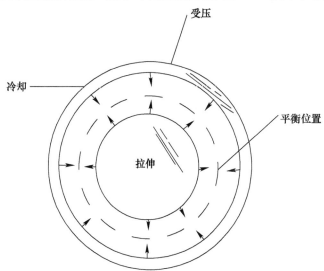

图 7.11　高温陶瓷化后的冷却效应会在镜片中留下残余应力(转载自文献[3])

材料热膨胀系数的函数,由于 CTE 值很小,因此产生的应力也很小。

Keck 镜坯双折射测试表明,边缘附近的压应力值为 10~15psi,和坯体以及工艺有关。双折射测量使用的是应变光学技术公司(Strainoptic Technologies, Inc.)制造的偏光计,并基于 Sénarmont 补偿方法。这个系统的操作方法和推导测定应力的偏振光方程在文献中都有很好的说明。与任何偏振测量一样,只有主应力差能容易获得(见第 16 章),并且还需要利用基于斜射观察的更复杂的技术来隔离这些应力。因此,如果采用通常的技术,承受纯拉(双向)的元件不会显示出有任何应力。然而,如果在边缘附近进行测量,这里的径向应力为零,就可以很好地估计内部边缘应力的大小和方向。

为了模拟应力状态,再次使用有限元模型。在仅外围受到温度变化的情况下,进行灵敏度工况分析。这样就产生了环向应力,如果去除了这个环向应力,就会由于施加在弯曲分段(有限曲率半径)上的径向载荷的影响而使工件变形。如表 7.4 所列,运行模型会显示出一个 power 变化(Zernike 二阶对称项),使分块变得更凹;同时,还显示出一个四阶球差变化,约为 power 项的 8%[3],符号相反;另外,还显示出有更小量的六阶和更高阶畸变的影响。

通过去除切边(简化模型为圆形而非切割后的六角形),对数学模型输入进行了细化,以说明环状冷却的影响。在边缘区域施加温度变化,在镜片中就产生了应力,根据双折射测量的实际应力对计算值进行调整。由此产生的变形就是翘曲效应。使用板单元偏置技术模拟二维板模型的部分厚度,从数学模型中进一步删除安装分块的中心孔处的材料。从边缘切割模型中减去该结果将得到中心孔产生的近似影响,如图 7.12 所示。这样就揭示了一个可辨别的直到第八阶的对称项的形状变化,以及中心孔处的中心褶皱形状变化。

表 7.4 弯月形薄镜片在边缘环向应力下的残余误差

1.9m 直径 Keck 圆盘环向压应力灵敏度(曲率半径为 35m)		
所有数值规范到单位 power		
Zernike 项	名称	数值
$C(2,0)$	离焦	1.000
$C(4,0)$	1 阶球差	0.077
$C(6,0)$	6 阶球差	0.002

基于切割前后的干涉测量,图 7.13 显示了以占主导的 power 项表示的切割后产生的翘曲测量结果和 8 个切割的分块双折射测试结果的函数关系。可以看到,除了第 9 个分块外,power 测试和双折射测试相关性很好,第 9 个分块的双折射测试和谱系结果值得可疑。图 7.14 显示了相关性和前八阶 Zernike 项描述的

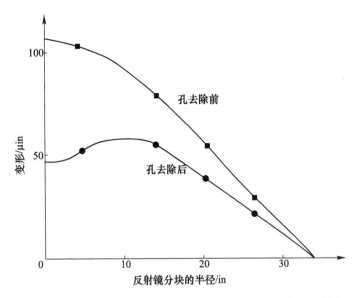

图 7.12　高径厚比的 Keck 镜片中心孔切割后对变形的理论影响

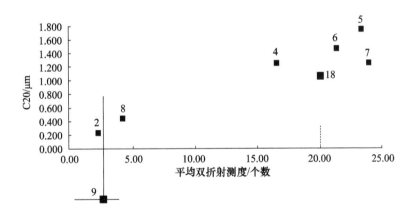

图 7.13　Keck 镜片分块的双折射测试和边缘切割后 power 变化具有很好一致性

总形状之间的函数关系。虽然翘曲不是完全相同的,但可以看到存在一个系统性的普遍形状。

　　这里感兴趣的是之前测量结果和分析模型之间的相关性,它们在幅值、形状及符号上都具有很好一致性。表 7.5 给出了这 4 个对称的 Zernike 项翘曲的理论值。尽管在理论上边缘效应和中心孔切割的影响可以分开,然而,由于没有边缘切割后、中心孔切割前的测量数据,因此,在实际测试结果中包含了这两种影响因素的作用。

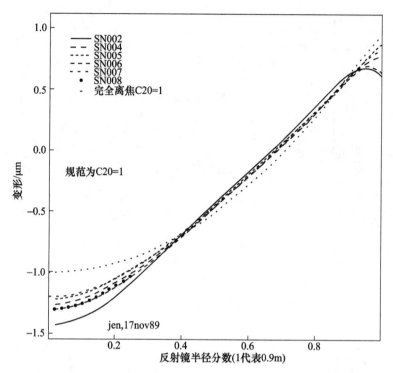

图 7.14　用前 8 阶 Zernike 项描述的机加后的反射镜形状(转载自文献[3])

表 7.5　Keck 弯月形主镜分块由于边缘和中心孔机加工产生的残余翘曲的理论值。去除离焦后还会存在高阶项误差(数据来自文献[8])

Zernike 项	边缘切割	中心孔切割	总计
$C(2,0)$	0.7	0.3	1
$C(4,0)$	− 0.06	− 0.13	− 0.19
$C(6,0)$	0	0.05	0.05
$C(8,0)$	− 0.01	− 0.08	− 0.09

7.5.11　延迟弹性

正如在波音喷气发动机故事中提到的,无限大带来了无穷小。当径厚比变大后,原子级不可预见的影响可能对性能带来严重损害。某些微晶玻璃表现出的和时间有关的延迟弹性的现象证实了这一点。延迟弹性是指弹性材料在承受载荷时在其弹性区域内产生的应力和应变,在解除载荷后不会立即恢复到无应变状态的现象。

186

这种效应与微晶玻璃中碱基氧化物的含量和应力作用下结构中离子基团的重排有关。在外部施加载荷时,这种效应很明显,并且是弹性的和可重复的;也就是说,在测量能力范围内没有明显的永久变形滞后现象。尽管如此,在确定载荷下(延迟弹性蠕变)和载荷移除时(延迟弹性恢复)的变形量大小时,必须考虑延迟弹性。这对于在制造和环境加载过程中可能承受大应变的大型轻量化镜片尤其重要,如在重力释放或主动光学元件的动态控制中那样。

延迟弹性效应是在 Keck 望远镜项目主镜分段的制造过程中首次观察到的。值得注意的是,这些效应并不会影响望远镜的性能,因为延迟应变在分析、测试和最终装配中是完全适应的。实际上,像 Zerodur 这样低的近零 CTE 玻璃陶瓷是光学工业的主要产品。

如 7.5.10 节所述,对 Keck 主镜进行应力抛光。一些分块在加载变成非球面时,与基本球面的偏离可达 100μm。在微晶镜片分块的加载和卸载过程中,表面轮廓的测量值总是高于理论值,这已通过详细的有限元数学模型得到验证。

此外,在一段时间内进行了测量,表明数值在不断增加。最后,加载几个星期然后释放应力后的测量值,总是高于镜片最初加载状态时的测量值。

正如所料,由于测量值随时间的变化量约为零点几微米左右,因此有几种不同的来源可以解释这些观察结果。在不使用干涉测量法的情况下,这种效应的测量无疑是可疑的。此外,支撑镜片的液压支撑在负载施加和移除后需要考虑稳定性问题。装夹力和热变化可能会导致镜片出现随时间变化的误差。所有这些来源都可能导致玻璃中出现蠕变,本文对此进行了简要讨论。

图 7.15 给出了加载后表面轮廓随着时间变化的典型示意图。该曲线是在去除其中直径最里面一个分块上的载荷后生成的,其变形如表 7.6 所列。从表中可以看到,占主导的变化是 power(离焦)像差。该曲线是通过使用放置在表面上的多点轮廓仪沿光学元件的直径测量而产生的。轮廓仪由石墨环氧树脂梁组成,电子线性可变位移传感器(LVDT)探头安装在梁上,如图 7.16 所示。轮廓仪与个人计算机相连,在这个情况下,每 5min 读取一次测量值,持续 4h。在图 7.17(a)中,镜片变形作为探针位置的函数,表现出了一个随时间变化的系统性的 power 项。虽然最初怀疑表面轮廓仪的稳定性有问题,但实验表明,它的不稳定性很小,并且都是随机的,如图 7.17(b)所示。

这些记录的观察结果,可以用陶瓷在室温受力的蠕变以及移除载荷后的延迟恢复来解释。一篇文献综述指出,基于 20 世纪早期的实验[9],这种效应在较高温度下可能出现,但是在室温下研究得很少。不过,普遍共识是由于结构内离子基团在应力作用下重新排列,随着玻璃或陶瓷中碱基氧化物含量增加,延迟弹性效应就更为显著。

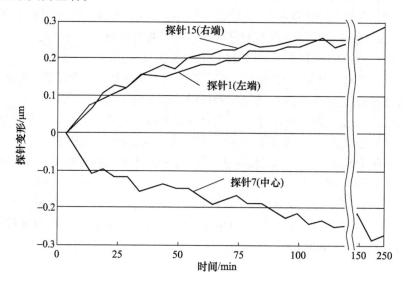

图 7.15 延迟弹性。碱基键应力松弛使镜片出现随时间的变化(转载自文献[11])

表 7.6 Keck 主镜内部一个分块变形列表。78μm 的 power 项
在载荷去除后剩下超过 1% 的残余误差(数据来自文献[11])

Zernike 系数	Zernike 项	变形峰值/μm
4	$C(2, -2)$	0
5	$C(2, 00)$	-78.016
6	$C(2, 2)$	12.81
7	$C(3, -3)$	0
8	$C(3, -1)$	0
9	$C(3, 1)$	5.194
10	$C(3, 3)$	-0.008
11	$C(4, -4)$	0
12	$C(4, -2)$	0
13	$C(4, 0)$	-0.0525
14	$C(4, 2)$	-0.002
15	$C(4, 4)$	0

也许这个使用 Zerodur 的专题实验结果,最好和 Murgatroyd[12] 应用石英玻璃
(vitreous silica)和平板玻璃所做的工作进行对比。在那些室温下的实验中,发

188

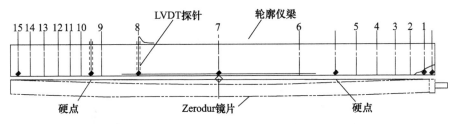

图 7.16 光学轮廓仪。安装了 LVDT 探头的近零 CTE 复合
材料梁可以达到优于 $0.05\,\mu m$ 的精度(转载自文献[11])

现了一个很小的延迟弹性效应,它随着二氧化硅以外的氧化物的含量的增加而增加。对于石英玻璃(99.86% SiO_2),观察到的延迟为总应变的 0.1%。Murgatroyd 的测量结果可以用应变与时间对数成正比的一个简单关系来最佳表示。图 7.18 给出了 Keck 望远镜最内侧两个 Zerodur 分块的实验结果和时间对数的关系曲线,和 Murgatroyd 曲线一致性非常好。Murgatroyd 发现这个效应是可逆的,并且这取决于加载时间而不是应力水平,也就是说,延迟应变与总应变之比是一个常数。对于这里报道的 Zerodur 陶瓷材料,镜片中的应力水平只有 100psi。当这些应力水平被外推到加载数周的负荷,延迟弹性应变接近 1%(10 倍于石英玻璃)。有趣的是,本杰明·富兰克林在 19 世纪关于玻璃的研究也得出了同样的结果——碱基氧化物会引起应力松弛。富兰克林也证明了室温下的延迟弹性与时间对数成正比。

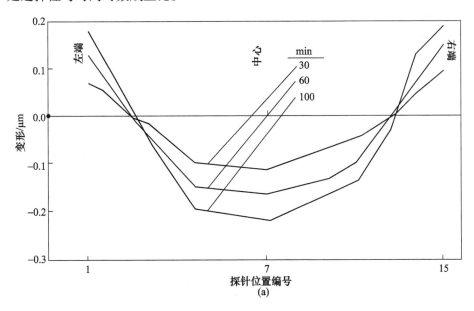

189

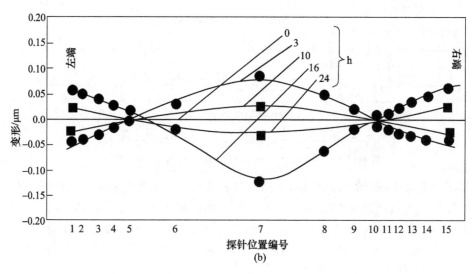

图 7.17　(a)延迟弹性:碱基键应力松弛导致镜片形状随时间变化;
(b)光学轮廓仪:由于复合材料梁/传感器的稳定性导致随时间的漂移
很小并且是随机的,不是系统性的(转载自文献[11])。

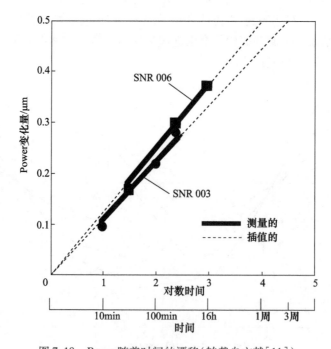

图 7.18　Power 随着时间的漂移(转载自文献[11])

为了进一步证实 Keck 望远镜延迟弹性的数据,在不含碱基氧化物的玻璃上进行了额外的实验,将这些测试样件与含有碱金属氧化物进行比较,最明显的就是采用锂氧化物,它具有最高的应力松弛潜能。在室温下加载两周后可以观察到含有碱基金属氧化物的玻璃应力松弛高达 1%,但是,在不含碱基氧化物的玻璃中却没有发现这种现象,这是由于它们在几分钟内就可以完全恢复变形。

注意:虽然延迟应变的实际理论表现为时间的指数函数,与随时间衰减的对数近似不同,但是,在远离零点和无限大时间的条件下,对数表达式是非常合理有效的。图 7.19 给出了一个指数函数曲线图。

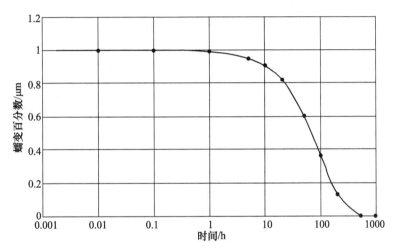

图 7.19 延迟弹性的指数效应(Zerodur)在很长时间域上可以近似为对数函数

7.6 性能对比

参考前面部分的研究内容,值得关注的是,对比一下大型高径厚比镜片和传统镜片的性能。这可让读者了解为什么大而轻的反射镜的设计考虑非常重要,因为在较小镜片中看不到位移会突然显著增加。

有鉴于此,表 7.7 比较了一个直径为 1m 的低径厚比 6:1 的镜片与 4 种不同镜片:直径 2m 的镜片,径厚比为 15:1;直径 4m 的镜片,径厚比为 25:1;直径 8m 的镜片,径厚比为 40:1;直径 8m 的镜片,径厚比为 150:1。为了对比,图表数据都以 1m 口径的传统镜片来规范化。顺便说一句,所有这些设计都已经制造或正在考虑制造,事实上,它们的灵敏度要低于目前正在制造的一些大型镜片。

表 7.7　大型高径厚比镜片相对传统镜片的灵敏度(数据来自文献[8])

尺寸/m	径厚比	规范化的性能误差			
		研磨/切割/镀膜	计量	热浸泡	重力
8	150	580	1760	190	37300
8	40	40	33	51	2620
4	25	16	16	16	156
2	15	6	7	5	24
1	6	1	1	1	1

从表 7.7 中可以看到,在一些大型薄镜片设计实例中,性能误差增加高达几个数量级。和传统米级镜片相比,表 7.8 给出上面部分重点介绍的几个项目中预期的性能误差。同样,我们又一次看到了无限大带来无穷小。

表 7.8　大型高径厚比镜片与传统 1m 口径低径厚比镜片性能误差对比,
其中数值为表面的 P - V 值,单位为 μm(数据来自文献[8])

项目	直径	径厚比	研磨	CTE均匀性	镀膜	湿度	重力	测量力	边缘切割	轻量化	热梯度	延迟弹性
	(m)		粒度40μm	到100K为15×10^-9/K	1500Å(6kpsi)	50%RH	3点F1.5水平	随机10g(100个点)	残余应力20psi	ΔCTE残余应力200psi	1℃(去除离焦后)	1%
传统	1	6	0.03	0.06	0.003	0.01	0.035	0.001	0.03	0.09	0.002	0.01
Keck	1.9	25			0.3				1			1
Gemini	8	40			0.6							
VLT	8.2	47			0.8							0.3
Texas300	7.5	60									0.13	
JWST	1.4	80		0.5			0.75					
Lamp	2	118	10		1	0.5		0.75				
Alot	2.6	150								60		
Los	4	235	40					3				
Code S	1	500			2	5					0.3	

7.7　轻量化的极限

正如我们看到的那样,对于大型轻量化的反射镜,如果不采用某种形式的多点支撑、离焦矫正、主动控制、一次性设置、调零、环境控制等措施,将很难满足设计要求。这就会引出一个问题:米级以及以上高径厚比的反射镜可以加工到什么样的轻量化程度。表7.9给出了1950年到2003年制造的几个大型轻量化反射镜的面密度。表格中是按照面密度排序的,不一定是按照时间排序的。这里列出的镜片都是为了满足可见光谱段波前品质要求。值得注意的是,最早的大型轻量化镜片之一(地基的Hale望远镜)其实一点都不轻,早期的空间大型反射镜(哈勃望远镜)也是如此。还可以注意到,最新一代的大型空间反射镜(詹姆斯·韦伯)如何实现轻量化。为了实现轻量化,同时保持良好的性能指标,需要采用许多控制措施(重力剔除、离焦矫正、低温归零、环境控制等)。这些大型反射镜的轻量化是否有一个极限呢?本章的分析表明,在最先进的JWST项目上,我们可能已经站在这个极限上了。虽然有建议制造面密度接近$10kg/m^2$的薄的弯月型反射镜,但这些镜片将极难满足性能要求,即使是采用了主动控制措施。

表7.9 在1950年至2003年间制造的轻量化反射镜,
设计符合所有性能规范和标准

年代	材料	应用	望远镜名称	直径/m	径厚比	类型	构型	
							轻量化程度(去除百分数)	面密度/(kg/m^2)
1950	熔石英	地基	Hale	5	10	背部开放	35	900
1991	ULE	地基	Gemini	8	40	实心	0	440
1980	ULE	空间	Hubble	2.4	14	背部封闭	70	200
1990	Zerodur	基地	Keck	1.9	25	实心	0	165
2003	ULE	机载	ABL	1.5	12	背部封闭	80	80
1985	ULE	空间	ULM	1.5	10	背部开放	93	45
2002	ULE	空间	Kepler	1.4	12	背部封闭	86	45
1993	ULE	空间	Los	4	235	实心	0	38
1995	碳化硅	空间	OAMP	1.4	40	背部开放	88	30
2003	铍	空间	JWST	1.4	80	背部开放	85	18

7.8 极大径厚比反射镜

在7.5.8节,我们讨论的反射镜口径具有高达235:1的径厚比。好奇的读者可能会询问更高径厚比的情况。这可能就是非常薄实体薄膜镜片的情况,它的径厚比可以高达500:1(甚至更高至无限大),从而可以实现极度的轻量化。这些镜片由轻量化的材料制备,诸如复合材料以及使用复制工艺的镀膜方法。

正如之前看到的,这种薄镜片件对轴向热梯度作用下去除了离焦项的较大的残余误差很敏感,这是因为聚焦能力会随着径厚比的增加而会降低。此外,对于复制层与基体 CTE 不同的复制镜片(replicated optics),由于双元金属效应(见第4章)在轴向热浸泡条件下,薄镜片会对大的残余误差非常敏感。在热梯度的情况下,随着径厚比的增加,误差的聚焦性降低。

当然,这种镜片吸引人的地方在于它的质量;如果不包括其他硬件,镜片本身的面密度会小于 $5kg/m^2$;如果包括主动控制硬件以及基体,它的面密度仍可低于 $10kg/m^2$。但是,径厚比会不会太高以至于无法测试或者运行?

例如,对于传统的主动镜(径厚比 25∶1)可以进行地面测试,减小重力误差的影响,同时保持良好矫正能力,但是对于径厚比 500∶1 量级的反射镜,在地面测试中极易出现过大波前误差。制造误差需要具有克级灵敏度的不确定性,这是非常高的要求。

低阶误差需要通过补偿技术矫正,剩余的低阶误差及高阶像差由表面变形驱动来矫正。低阶误差在校正前很容易超过数十微米。如上所述,很重要的一点,就是需要关注由于温度变化和温度梯度引起的误差。

我们考虑下面的例子。直径为 40in(1m)的复合材料薄膜镜,厚度为 0.080in(2mm),曲率半径为 175in(4.4m)。如果在光学表面复制一层厚度为 0.001in 的环氧树脂层,计算在热浸泡变化 5℃ 和轴向温度梯度 0.33℃/in 条件下光学表面误差。对于热浸泡条件,我们首先利用式(4.47)常规的平板双元金属效应求解;对于梯度情况,使用式(4.28)常规的平板公式求解。

然而,由于镜片的径厚比为 500∶1,并且镜片是弯曲的(薄弯月型),因此,平板近似公式在这里不适用。这从 7.5.7.1 节可以清楚地看到,其中需要使用浅壳理论中的复贝塞尔函数。我们可以求解这些问题(不太容易),修改这些方程,对于梯度条件可以得到

$$y = K\frac{\alpha\Delta Tr^2}{2d} \tag{7.5}$$

对于热浸泡条件,可以得到

$$y = K\frac{3E_1\Delta\varepsilon D^2 t(1-\upsilon_2)}{4E_2 h^2(1-\upsilon_1)} \tag{7.6}$$

式中:K 是由复数理论计算得到的折减系数。

正如我们所看到的,式(7.6)求解非常不方便,所以这里我们利用有限元分析方法,绘制出 K 与径厚比的函数关系图。折减系数 K 对于热浸泡和热梯度条件都是相同的,因为热力矩是等量降低的。

从图 7.20 中注意到的好消息是,在高径厚比下,误差相对平板显著减少;从

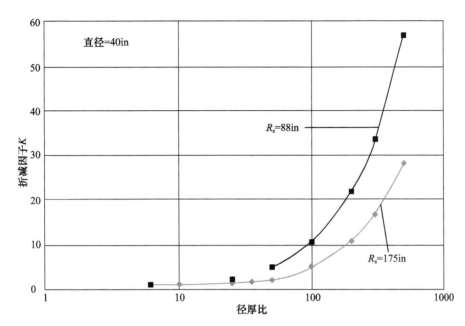

图7.20　不同径厚比的折减系数,用来矫正热梯度和双元浸泡效应下相对于平板的名义误差

图7.21(浸泡情况和双元金属效应)和图7.22(轴向梯度效应)中得到的坏消息

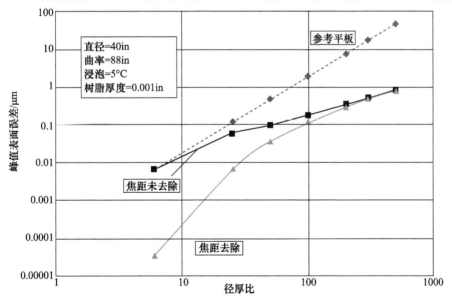

图7.21　快光镜片(fast optic)双元金属效应误差与径厚比关系。
大径厚比镜片变形误差小且无离焦误差

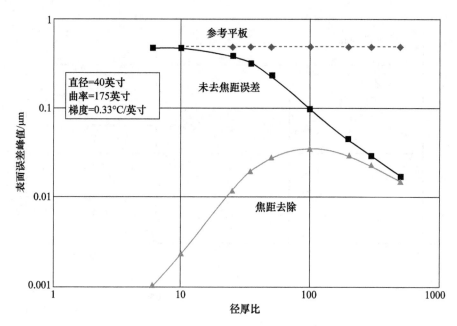

图 7.22　轴向温度梯度作用下慢光镜片(slow optic)的性能误差与径厚比关系。
高径厚比镜片误差较小,但在轴向热梯度下聚焦能力变差

是,这个误差是完全不能聚焦的。最坏的消息是双金属效应条件下的误差非常高,意味着在这种条件下可能需要采用某种形式的主动控制进行校正。对于水分诱导复制(replication)的环氧树脂和复合材料基体的干燥,也会表示出类似的效果。考虑到目前技术,这些镜片显然都不是万能的。

7.9　总　　结

如本章所建议,当直径和径厚比都趋于无穷大时,对于传统镜片而言是无穷小的量会突然显现出来。或许正如电影导演杰克·阿诺德所说——他肯定有投影几何方面的数学背景:"无穷小和无限大,如此接近,它们是同一概念的两端。"这个难以置信的小和难以置信的大最终相遇,像一个巨大的圆的闭合。对,比最小的还小,我的意思是还存在着某事物,并确定它不是零。[13]

参　考　文　献

1. P. R. Yoder, Jr. and D. Vukobratovich, *Opto-Mechanical Systems Design*, Vol. **2**, Fourth Edition, CRC Press, Boca Raton, Florida, Ch. 4, p. 141

(2015).

2. S. Timoshenko and S. Woinowsky-Krieger, *Theory of Plates and Shells*, Second Edition, McGraw-Hill, New York, p. 249 (1959).
3. J. W. Pepi, "Test and theoretical comparison for bending and springing of the Keck ten-meter telescope, *Proc. SPIE* **1271**, pp. 275–287 (1990) [doi: 10.1117/12.20417].
4. R. Williams and H. Brinson, "Circular plate on multipoint supports," *J. Franklin Inst.* **297**(6), 429–497 (1974).
5. J. H. Hindle, "Mechanical flotation of mirrors," in *Amateur Telescope Making*, Book One, Scientific American, New York (1945).
6. W. D. Pilke, *Formulas for Stress, Strain, and Structural Matrices*, John Wiley & Sons, New York, p. 520 (1994).
7. J. Pepi and C. Finch, "Fine Figuring Actuator," U.S. Patent 4,601,553 (1986).
8. J. W. Pepi, "Design considerations for mirrors with large diameter to thickness ratios," *Proc. SPIE* **10265**, pp. 207–231 *Optomechanical Design: A Critical Review* (1992) [doi: 10.1117/12.61107].
9. J. W. Pepi and W. P. Barnes, "Thermal distortion of a thin fused silica mirror," *Proc. SPIE* **450**, pp. 40–49 (1984) [doi: 10.1117/12.939265].
10. J. Lubliner and J. E. Nelson, "Stressed mirror polishing. 1: A technique for producing non-axisymmetric mirrors," *Applied Optics* **19**(14), 2332–2340 (1980).
11. J. W. Pepi and D. Golini, "Delayed elasticity in Zerodur® at room temperature," *Proc. SPIE* **1533**, pp. 212–221 (1991) [doi: 10.1117/12.48857].
12. J. B. Murgatroyd and R. F. Sykes, "The delayed elastic effect in silicate glasses at room temperature," *J. Soc. Glass Technology* **31**, 17–35 (1947).
13. "The Incredible Shrinking Man," [film] Universal-International, U.S. based on a novel by R. Matheson (1957).

第 8 章 品 质 因 数

品质因数就是表示关键材料特性在机械和热性能方面优势的数值。机械品质因数与刚度、强度以及质量有关。材料的刚度和其弹性模量 E 成正比,而质量和其密度 ρ 成正比。

材料的强度 S 可以定义为屈服点、断裂极限、极限失效点或者其他此类度量方式。因而,力学品质因数(FOM)就和这些比值的某种函数有关,对于刚度来说,有

$$\text{FOM}_k = f\left(\frac{E}{\rho}\right) \tag{8.1}$$

对于强度来说,有

$$\text{FOM}_S = f\left(\frac{S}{\rho}\right) \tag{8.2}$$

无论哪种情况,数值越高,表示材料性能越好。

热学品质因数一般和热导率 K 与热膨胀系数(CTE)α 有关。热学品质因数对于流量导致的梯度误差很重要,因此,它和这个比值的某种函数有关,即

$$\text{FOM}_t = f\left(\frac{K}{\rho}\right) \tag{8.3}$$

正如同力学品质因数的情况一样,这个值越高,表示它的性能也就越好。

8.1 机械品质因数

机械品质因数对于重力变形、基频、装配误差、强度以及重量很重要。在使用合适的力学品质因数基础上,使用理论公式能够对比等刚度或强度条件下不同材料的重量。当然,也可以计算等重量条件下的性能和强度。这些机械品质因数一般采用一种线性关系来表示,对于刚度性能为

$$\text{FOM}_k = \frac{E}{\rho} \tag{8.4}$$

称为比刚度;对于强度特性为

$$\text{FOM}_S = \frac{S}{\rho} \tag{8.5}$$

称为比强度。

然而,在大多数情况下,分析表明,这些刚度－重量比和强度－重量比的线性比并不总是有效的。有时,这些品质因数不成立。表 8.1 给出了光学系统中典型材料(包括镜片及结构的)比刚度的线性关系(表 2.2 可以用来计算其他材料的这些值)。图 8.1 给出表 8.1 数据的图形化描述。图中所有数据都用铍来规范化,同样,数值越高表示性能越好。可以看到,钢、钛、铝以及镁实际上具有相同的比刚度数值。同时,为了对比,表中还给出了云杉木,它的性能表现很差(当然,它不是一种光学材料)。

表 8.1　基于线性模量－密度比给出的标准力学性能
FOM(Msi 为 Mlb/in^2; pci 为 lb/in^3)

材料名称	弹性模量/Msi	密度/pci	刚度－重量比(规范化)
铍	44	0.067	1.00
碳化硅	44.5	0.105	0.65
铝铍合金	28	0.076	0.56
石墨氰酸酯	15	0.063	0.36
硅	19	0.084	0.34
铝基碳化硅	19	0.105	0.28
硅铝	14	0.094	0.23
Zerodur	13.1	0.091	0.22
ULE	9.8	0.079	0.19
不锈钢	29	0.29	0.15
钛合金	16	0.16	0.15
铝合金	10	0.1	0.15
镁合金	6.5	0.065	0.15
云杉木	1.2	0.014	0.13
殷钢	20.5	0.29	0.11

表 8.2 列出了光学系统中结构和镜片使用的典型材料的比强度的线性关系;图 8.2 则给出了这些数据的图形化描述,所有这些数据都以石墨氰酸酯来规范化。同样,数值越高则表示性能越好。这里,我们以韧性材料的屈服强度或者脆性材料的断裂强度来选择强度,包括了如前所述的常用的安全因子。为了这个研究目的,这些特性数值具有一般性;例如,需要认识到,报告的强度值会随着合金含量或处理工艺的不同而发生变化。作为对比,表中仍旧包括了云杉木,它的性能表现很差。

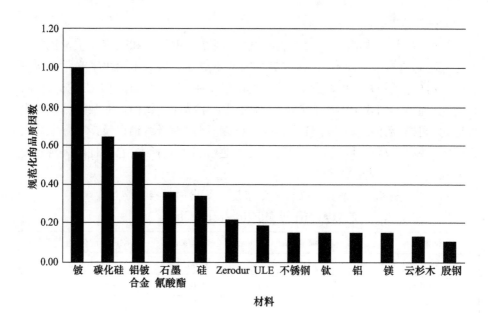

图 8.1　基于线性模量 – 密度比的标准的力学性能 FOM

表 8.2　基于线性强度 – 密度比的标准机械强度 FOM

材料	强度/psi	密度/pci	强度 – 重量比（规范化）
石墨氰酸酯	36000	0.063	1.00
钛合金	80000	0.16	0.88
铝基碳化硅	45000	0.105	0.75
铝铍合金	28000	0.076	0.64
铍	22000	0.067	0.57
铝合金	28000	0.1	0.49
硅铝	16000	0.094	0.30
镁合金	9000	0.065	0.24
殷钢	32000	0.29	0.19
不锈钢	28000	0.29	0.17
碳化硅	8400	0.105	0.14
硅	6300	0.084	0.13
云杉木	1000	0.014	0.13
ULE	1200	0.079	0.03
Zerodur	1200	0.091	0.02

200

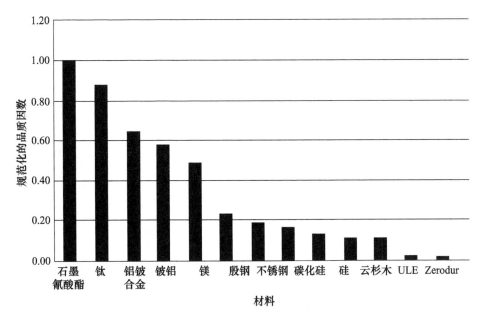

图 8.2　基于线性强度 – 密度比的标准机械强度 FOM

8.2　热学品质因数

热梯度对于光学性能可能有非常不利的影响,即便是材料具有高热导率能使这些梯度最小化。然而,对于低热导率的材料,如果它的热膨胀系数比较低,那么即便存在热梯度,光学性能也可能是可以接受的。利用热学品质因数的线性关系,可以得到

$$\text{FOM}_t = \frac{K}{\alpha} \tag{8.6}$$

尽管在式(8.6)中还可以得到其他热学品质因数,其中包括比热和密度,或者辐射和对流的影响,不过这里我们主要集中在热导率方面。

表 8.3 中给出了光学系统中结构和镜片使用的典型材料的线性热学品质因数。图 8.3 则给出了这些数据的图形化的表示。所有值都是以石墨氰酸酯来规范化的,由于其准各向同性铺层造成的近零膨胀系数以及相对高的热导率,从而在图形上占据了首位。注意:铍在力学刚度指标图上居于顶端,而在热性能评价图上由于其高的热膨胀系数而退居于中游。可以看到,近零膨胀的玻璃材料,尽管热导率很差,但也表现得良好。同样,作为对比,这里也列出了云杉木材料,当

然其表现很糟糕。

表 8.3　基于热导率 – CTE 比值的标准热性能 FOM

材料	热导率/(W/mK)	热膨胀系数/(10^{-6}/K)	热导率 – CTE 比值(规范化)
石墨氰酸酯	31.5	0.2	1/0
Zerodur	1.46	0.02	0.46
ULE	1.31	0.02	0.42
硅	163	2.6	0.40
碳化硅	150	2.43	0.39
铍	210	11.5	0.12
硅铝	210	14	0.10
铝铍合金	130	15	0.06
铝基碳化硅	130	16	0.05
殷钢	10.4	1.3	0.05
铝合金	151	22.5	0.04
镁合金	96	26	0.02
钛合金	7.27	8.9	0.01
不锈钢	16.3	17.3	0.01
云杉木	0.12	4.5	0.00

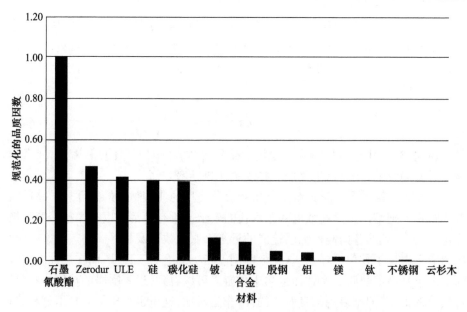

图 8.3　基于热导率 – CTE 比值的标准热性能 FOM

8.3 综合品质因数

使用表 8.1 和表 8.3 中的机械刚度与热性能品质因数,图 8.4 给出了我们已经考虑的各种材料的机械 – 热学品质因数。在这个图中,由于数值越高性能越佳,因此我们会关注右上象限内的材料。不过,取决于设计驱动因素,右下或者左上象限内的材料可能足够满足要求。而左下象限的材料,无论如何表现都很差。

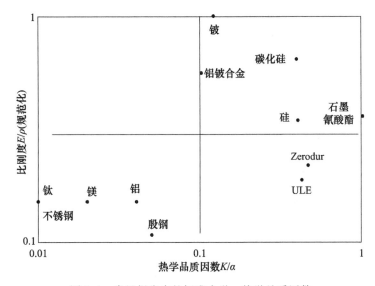

图 8.4 常见报告中的标准力学 – 热学品质因数

8.4 实际机械品质因数

材料制造商一般喜欢宣传他们材料的优势,而淡化其劣势。例如,铍制造商会说铍具有低密度、高模量、高热导率,而对其高热膨胀系数轻描淡写;玻璃制造商推销其材料的低热膨胀系数,而淡化它的低热导率;碳化硅制造商则宣传材料的低热膨胀系数和高模量,而对其相对高的重量则闭口不谈。

表 8.1 给出了几个材料值得关注的机械刚度性能指标的对比。例如,可以看到,和 ULE 玻璃相比,铍和碳化硅都具有非常高的刚度 – 重量比,分别是 5∶1 和 3.7∶1。但是,这并不一定意味着铍和碳化硅制备的反射镜比 ULE 反射镜更轻。实际上,刚度和重量的线性比值经常会造成明显的误导,正如我们刚才看到

的那样。首先考虑下列问题。

（1）Zerodur®玻璃陶瓷具有比 ULE®玻璃更好的刚度重量比,在等频率条件下哪种材料的镜片会更轻呢? 在等质量条件下哪种材料重力变形更小呢?

（2）在太阳辐射下等质量铍的热梯度比碳化硅低 50%,那么,在太阳辐射下,哪个性能更好呢?

（3）碳化硅的刚度是玻璃的 5 倍,是石墨复合材料的 3 倍。那么,玻璃镜片加碳复合材料结构和全碳化硅望远镜哪个会更轻呢?

（4）铝、铁、钛和镁都具有相同的刚度 – 重量比。那么,等刚度条件下哪个最轻呢? 等质量条件下哪个刚度更高呢?

（5）碳化硅的弹性模量和铍相同,但是比铍重约 50% 。那么,等频率或重力变形下碳化硅结构会比铍重 50% 吗?

（6）碳化硅的刚度大约是玻璃的 5 倍。碳化硅镜片会比玻璃镜片轻多少?

答案将在8.8节给出。下面部分直到8.5节将评估实体镜片和结构。在8.7节给出了关于轻量化镜片的一个注解。

8.4.1 重量及性能品质因数

首先使用理论公式检查相同性能下的重量情况。考虑一个在外部拉力载荷 P 作用下的材料厚度为 t 的结构。根据第 1 章中的公式,结构变形量为

$$y = \frac{P}{Et} \tag{8.7}$$

根据密度可以知道其重量为

$$W \sim \rho t \tag{8.8}$$

两种材料(用下标 1、2 表示)具有相等质量时,即

$$\rho_1 t_1 = \rho_2 t_2 \tag{8.9}$$

$$y_1 = \frac{1}{E_1 t_1}, y_2 = \frac{1}{E_2 t_2} \tag{8.10}$$

$$t_1 = \frac{\rho_2 t_2}{\rho_1} \tag{8.11}$$

$$\frac{y_2}{y_1} \sim \frac{E_1 \rho_2}{E_2 \rho_1} \sim \frac{E}{\rho} \tag{8.12}$$

因此,正如文献中经常报道的那样,拉力品质因数为 E/ρ(线性的)。不过,我们最关心的不是拉力,而是弯曲。镜片在重力或者支承载荷下会发生弯曲;类似地,结构在外部载荷或者重力加速度载荷下,也经常会受到弯曲载荷。因而,弯曲经常会主导光学系统的性能。

8.4.1.1 相等性能条件下的重量

考虑重力对一个镜片影响的例子。对于给定的重力误差要求,在第 4 章已经证明(式(4.7)),在光轴方向上由重力引起的弯曲变形与下式有关:

$$y \sim \frac{\rho t}{E t^3} \tag{8.13}$$

对于给定的密度 ρ,镜片重量由式(8.8)给出。在式(8.13)中,ρ 是重量密度(单位:lb/in³),E 是弹性模量(单位:lb/in²),t 是实体镜片厚度。

在等性能条件下,两种材料的质量为

$$\begin{cases} W_1 = \rho_1 t_1 \\[2mm] W_2 = \rho_2 t_2 \\[2mm] y_1 = \dfrac{\rho_1 t_1}{E_1 \, t_1^{\,3}} \\[3mm] y_2 = \dfrac{\rho_2 t_2}{E_2 \, t_2^{\,3}} \\[3mm] t_1 = \sqrt{\dfrac{\rho_1}{\rho_2}} \sqrt{\dfrac{E_2}{E_1}} t_2 \\[3mm] \dfrac{W_2}{W_1} \sim \dfrac{\sqrt{E}}{\sqrt{\rho^3}} \end{cases} \tag{8.14}$$

式(8.14)最后一行就是在相等性能指标下合适的重量品质因数。根据这个关系式,在相等重力变形/频率性能下,相对于玻璃镜片,铍镜可以轻 2.7 倍,而碳化硅镜片可以轻 1.5 倍。

对于这个重力变形及频率性能要求,在表8.4 和图8.5 中给出了铍以及其他几种材料合适的品质因数。需要注意品质因数的顺序如何由表8.1 中的形式发生改变的。需要注意云衫木现在的性能表现非常好。正如式(8.14)中看到的,相等性能条件下实际机械性能品质因数更主要是由密度驱动,而不是弹性模量。

表 8.4（a） 根据实际的 FOM 计算的等性能下重量对比以及等重量下性能对比

不同材料的性能误差（变形）品质因数									
对比	重量					变形				
常数	厚度		变形			厚度		重量		
方向	拉伸		弯曲			拉伸		弯曲		
载荷	重力	外载荷	重力	外载荷	镀膜	重力	外载荷	重力	外载荷	镀膜
FOM	(E/ρ)	(E/ρ)	$(E^{1/2}/\rho^{3/2})$	$(E^{1/3}/\rho)$	$(E^{1/2}/\rho)$	(E/ρ)	(E/ρ)	$(E/\rho)^3$	$(E/\rho)^2$	$(E/\rho)^2$
材料										
铍	1.00	1.00	1.00	1.00	1.00	1.00	1.00	1.00	1.00	1.0
碳化硅	0.73	0.73	0.54	0.66	0.68	0.73	0.73	0.30	0.47	0.47
ULE	0.20	0.20	0.37	0.52	0.41	0.20	0.20	0.14	0.17	0.17
殷钢	0.11	0.11	0.08	0.18	0.16	0.11	0.11	0.01	0.03	0.03
不锈钢	0.16	0.16	0.09	0.20	0.19	0.16	0.16	0.01	0.04	0.04
钛合金	0.16	0.16	0.17	0.30	0.26	0.16	0.16	0.03	0.07	0.07
铝合金	0.16	0.16	0.27	0.41	0.33	0.16	0.16	0.07	0.16	0.11
镁合金	0.16	0.16	0.41	0.55	0.41	0.16	0.16	0.17	0.16	0.16
硅	0.36	0.36	0.48	0.61	0.54	0.36	0.36	0.23	0.29	0.29
石墨氰酸酯	0.38	0.38	0.65	0.75	0.64	0.38	0.38	0.43	0.40	0.40
铝铍合金	0.56	0.56	0.66	0.76	0.70	0.56	0.56	0.44	0.49	0.49
云杉木	0.14	0.14	1.77	1.46	0.81	0.14	0.14	3.13	0.65	0.65

表 8.4（b） 根据实际 FOM 计算的等性能误差和等重量条件下材料排序对比

不同材料的性能误差（变形）									
对比	重量					变形				
常数	厚度		变形			厚度		重量		
方向	拉伸		弯曲			拉伸		弯曲		
载荷	重力	外载荷	重力	外载荷	镀膜	重力	外载荷	重力	外载荷	镀膜
FOM	(E/ρ)	(E/ρ)	$(E^{1/2}/\rho^{3/2})$	$(E^{1/3}/\rho)$	$(E^{1/2}/\rho)$	(E/ρ)	(E/ρ)	$(E/\rho)^2$	$(E/\rho^2)^2$	$(E/\rho)^2$
材料										
	铍	铍	云杉木	云杉木	铍	铍	铍	云杉木	铍	铍
	碳化硅	碳化硅	铍	铍	云杉木	碳化硅	碳化硅	铍	云杉木	云杉木

不同材料的性能误差（变形）										
对比	重量					变形				
常数	厚度	变形				厚度	重量			
方向	拉伸	弯曲				拉伸	弯曲			
载荷	重力	外载荷	重力	外载荷	镀膜	重力	外载荷	重力	外载荷	镀膜
FOM	(E/ρ)	(E/ρ)	$(E^{1/2}/\rho^{3/2})$	$(E^{1/3}/\rho)$	$(E^{1/2}/\rho)$	(E/ρ)	(E/ρ)	$(E/\rho)^2$	(E/ρ^2)	$(E/\rho)^2$
	石墨氰酸酯	石墨氰酸酯	石墨氰酸酯	石墨氰酸酯	碳化硅	石墨氰酸酯	石墨氰酸酯	石墨氰酸酯	碳化硅	碳化硅
	硅	硅	碳化硅	碳化硅	石墨氰酸酯	硅	硅	碳化硅	石墨氰酸酯	石墨氰酸酯
	ULE	ULE	硅	硅	硅	ULE	ULE	硅	硅	硅
	镁	镁	镁	镁	ULE	镁	镁	镁	ULE	ULE
	铝	铝	ULE	ULE	镁	铝	铝	ULE	镁	镁
	钛	钛	铝	铝	铝	钛	钛	铝	铝	铝
	不锈钢	不锈钢	钛	钛	钛	不锈钢	不锈钢	钛	钛	钛
	云杉木	云杉木	不锈钢	不锈钢	不锈钢	云杉木	云杉木	不锈钢	不锈钢	不锈钢
	殷钢	殷钢	殷钢	殷钢	殷钢	殷钢	殷钢	殷钢	殷钢	殷钢

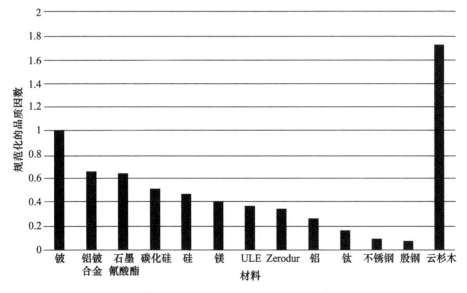

图 8.5 相等重力变形性能下的重量——一个实际的 FOM

不过,回到候选的光学系统材料上,值得注意的是,对比金属材料铝、钢和镁,它们都具有相同的比刚度,正如线性品质因数表8.1中所列。然而,根据弯曲的非线性的品质因数[见式(8.14)和表8.4],在给定方向的重力变形要求下,镁结构具有最小的重量。如果一个振动工装需要具有一定刚度以满足频率要求,以避免和一个测试部件发生耦合,镁结构由于能做得更轻,从而可以避免考虑振动台提出的最大载荷输入限制。镁制工装尽管很贵重,但是对于这种测试确实很理想。由于基频和重力变形直接相关,因此也适用同样的品质因数。

8.4.1.2 相等重量条件下的重力变形性能

根据式(8.8)和式(8.13),我们可以检查相等重量条件的品质因数。相等重量的不同材料的重量−厚度比计算如下所示:

$$\frac{t_1}{t_2} = \frac{\rho_1}{\rho_2} \tag{8.15}$$

通过代入后得到材料的性能比为

$$\text{FOM} \sim \frac{E}{\rho^3} \tag{8.16}$$

这就是在镜片等重量条件下对重力误差要求的合理的品质因数。根据这个关系式,相对于同等重量的玻璃镜片,铍镜性能优于其7倍,而碳化硅镜片优于其2倍。表8.4给出了这个重力误差要求的品质因数,同时还给出了其他几种材料的品质因数。

8.4.1.3 相等性能条件下的支撑重量

接下来,考虑支撑或者计量产生的误差对镜片的影响。在给定误差要求的条件下,重力变形和下式相关:

$$y \sim \frac{1}{Et^3} \tag{8.17}$$

如果不同材料的性能要求相同,可以计算均匀材料的厚度比为

$$\frac{t_2}{t_1} = \sqrt[3]{\frac{E_1}{E_2}} \tag{8.18}$$

由于重量和密度及厚度的乘积成正比,那么,均匀材料的重量比为

$$\frac{W_2}{W_1} = \frac{\sqrt[3]{E}}{\rho} \tag{8.19}$$

这就是对支撑产生的误差要求的合理的品质因数。对于计量结构,由于涉及的力和载荷与支撑产生的误差直接有关,因此这个品质因数也同样适用。这

个评价指标也适用于任何外部载荷。表8.4给出了这个要求下的品质因数,同时也给出了其他几个材料的数值。

再次注意到,云杉木具有良好的表现;尽管由于其他一些明显原因,它在光学中使用性能很差,不过对于房屋(甚至有时是飞机等[1]),这种材料都是非常有效的。根据这个关系式,在相等的支撑误差下与玻璃镜片相比,铍镜可以轻1.9倍,而碳化硅镜片可以轻1.25倍。

8.4.1.4 相等重量条件下的支撑性能

使用式(8.8)和式(8.17),回顾相等重量条件下的品质因数。可以得到均匀材料的性能比为

$$\frac{y_2}{y_1} = \frac{E}{\rho^3} \tag{8.20}$$

对于相等重量的镜片,这是支撑误差要求的合理的品质因数。

利用这个关系式,可以知道,在相等支撑误差性能条件下,和玻璃镜片对比,铍镜性能可以达到其6倍,而碳化硅镜片性能可以达到其3倍。表8.4中给出这个支撑性能的品质因数,同时还给出了其他几种材料的数值。

8.4.1.5 膜层和覆层的品质因数

在4.6节以及式(4.36)中,可以看到给定膜层或覆层应力在热浸泡条件下产生的变形和下式有关(残余应力或者热致):

$$y \sim \frac{1}{Et^2} \tag{8.21}$$

和之前讨论类似,可以得到相等性能条件下合理重量比的品质因数为

$$\text{FOM} \sim \frac{\sqrt{E}}{\rho} \tag{8.22}$$

以及相等重量条件下合理性能比的品质因数为

$$\text{FOM} \sim \frac{E}{\rho^2} \tag{8.23}$$

表8.4给出了镀膜应力的品质因数。

8.5 强度 - 重量比

以类似的方式,使用理论公式可以检查对比各种材料的镜片和结构在相同强度余量条件下的重量。类似地,也可以检查各种材料的镜片在相同重量条件下的强度余量。表8.2给出了这个研究中所有涉及材料的属性。

与变形性能条件下一样,由拉(压)力加载(如在一个桁架结构中那样的)、杆轴向载荷或者类似载荷,可以产生常见的线性比强度关系。例如,在轴向重力作用下的自重变形和下式有关:

$$y \sim \frac{\rho}{E} \qquad (8.24)$$

自重作用下的强度余量和下式有关:

$$S_\mathrm{m} \sim \frac{S}{\rho} \qquad (8.25)$$

在这个条件下,具有等强度性能或者等强度余量的最轻量化的设计,是通过厚度最小化来实现的,它们合理的品质因数由式(8.24)和式(8.25)给出。

类似地,对于外部拉伸载荷,其变形和下面关系式有关:

$$y \sim \frac{1}{Et} \qquad (8.26)$$

外载荷作用下的强度余量关系式为

$$S_\mathrm{m} \sim St \qquad (8.27)$$

在这个情况下,对于相等性能或者强度存在以下关系:

$$\frac{t_2}{t_1} = \frac{E_1}{E_2} \qquad (8.28)$$

或者

$$\frac{t_2}{t_1} = \frac{S_1}{S_2} \qquad (8.29)$$

重量比为

$$\frac{W_2}{W_1} = \frac{\rho_2 t_2}{\rho_1 t_1} \qquad (8.30)$$

对于变形和强度性能,通过公式代入,可以分别由式(8.4)和式(8.5)再次得到合理的品质因数。同样的关系式也适用于相同重量下的性能。不过,需要再次指出的是,对于弯曲情况线性关系式不在适用,原因在下面给出。

8.5.1 重力加速度产生的弯曲

例如,考虑在镜面法向重力惯性加速度作用下,弯曲强度对镜片影响主要是产生弯曲变形。对于给定的弯曲强度和安全系数,很容易证明应力和下式有关[2]:

$$\sigma \sim \frac{\rho}{t} \qquad (8.31)$$

因此,对于给定的安全系数,强度的安全余量和下式有关:

$$S_m \sim \frac{St}{\rho} \qquad (8.32)$$

式中:S 是镜片的强度,单位为 lb/in^2。如果不同材料的强度安全余量是相等的,那么可以计算厚度比为

$$\frac{t_2}{t_1} = \frac{S_1 \rho_2}{S_2 \rho_1} \qquad (8.33)$$

利用式(8.8),可对于不同材料的重量比

$$FOM \sim \frac{S}{\rho^2} \qquad (8.34)$$

这是评价重力作用下弯曲强度要求的合理的品质因数。

在这些要求约束下,表 8.5 和图 8.6 给出了几种材料的合理的品质因数。可以看出,石墨复合材料具有相当大的优势。坚固的钛合金被降级到一个次要的位置。同时,还可以看到,云杉木是多么的有效。

对于光学元件,我们使用的强度采用最小的许用断裂强度和微屈服强度二者中最低的;对于支撑结构,一般采用 0.2% 应变处的屈服点或许用断裂强度,并采用合适的安全系数。

表 8.5(a)　材料重量和强度对比和(b)基于 FOM 的材料排序

(a)								
不同材料的强度评价指标 FOM								
对比	重量				强度			
常数	厚度		强度		厚度		重量	
方向	拉伸		弯曲		拉伸		弯曲	
载荷	重力	外载荷	重力	外载荷	重力	外载荷	重力	外载荷
FOM	(S/ρ)	(S/ρ)	$(S/\rho)^2$	$(S^{1/2}/\rho)$	(S/ρ)	(S/ρ)	(S/ρ^2)	(S/ρ^2)
材料								
铍	1.00	1.00	1.00	1.00	1.00	1.00	1.00	1.00
碳化硅	0.23	0.23	0.15	0.38	0.23	0.23	0.15	0.15
ULE	0.04	0.04	0.03	0.18	0.04	0.04	0.03	0.03
殷钢	0.38	0.38	0.09	0.30	0.38	0.38	0.09	0.09

(a)

不同材料的强度评价指标 FOM							
对比	重量				强度			
常数	厚度		强度		厚度		重量	
方向	拉伸		弯曲		拉伸		弯曲	
载荷	重力	外载荷	重力	外载荷	重力	外载荷	重力	外载荷
FOM	(S/ρ)	(S/ρ)	$(S/\rho)^2$	$(S^{1/2}/\rho)$	(S/ρ)	(S/ρ)	(S/ρ^2)	(S/ρ^2)
不锈钢	0.28	0.28	0.07	0.26	0.28	0.28	0.07	0.07
钛	1.52	1.52	0.64	0.80	1.52	1.52	0.64	0.64
铝	0.97	0.97	0.65	0.81	0.97	0.97	0.65	0.65
镁	0.42	0.42	0.43	0.66	0.42	0.42	0.43	0.43
铍	0.23	0.23	0.18	0.43	0.23	0.23	0.18	0.18
石墨 氰酸酯	1.74	1.74	1.85	1.36	1.74	1.74	1.85	1.85
铝铍合金	1.12	1.12	0.99	0.99	1.12	1.12	0.99	0.99
云杉木	0.22	0.22	1.04	1.02	0.22	0.22	1.04	1.04

(b)

不同材料的强度评价指标 FOM 排序							
对比	重量				强度			
常数	厚度		强度		厚度		重量	
方向	拉伸		弯曲		拉伸		弯曲	
载荷	重力	外载荷	重力	外载荷	重力	外载荷	重力	外载荷
FOM	(S/ρ)	(S/ρ)	$(S/\rho)^2$	$(S^{1/2}/\rho)$	(S/ρ)	(S/ρ)	(S/ρ^2)	(S/ρ^2)
材料								
	石墨 氰酸酯	石墨 氰酸酯	石墨 氰酸酯	石墨 氰酸酯	石墨 氰酸酯	石墨 氰酸酯	石墨 氰酸酯	石墨 氰酸酯
			云杉木	云杉木	云杉木	云杉木	云杉木	云杉木
	铝铍合金	铝铍合金	铍	铍	铝铍合金	铝铍合金	铍	铍
	铍	铍	铝铍合金	铝铍合金	铍	铍	铝铍合金	铝铍合金
	铝	铝	铝	铝	铝	铝	铝	铝
	镁	镁	钛	钛	镁	镁	钛	钛

(b)							
不同材料的强度评价指标 FOM 排序							
对比	重量				强度			
常数	厚度		强度		厚度		重量	
方向	拉伸		弯曲		拉伸		弯曲	
载荷	重力	外载荷	重力	外载荷	重力	外载荷	重力	外载荷
FOM	(S/ρ)	(S/ρ)	$(S/\rho)^2$	$(S^{1/2}/\rho)$	(S/ρ)	(S/ρ)	(S/ρ^2)	(S/ρ^2)
	殷钢	殷钢	硅		殷钢	殷钢		
	不锈钢	不锈钢	碳化硅	硅	不锈钢	不锈钢	硅	硅
	碳化硅	碳化硅	铍	碳化硅	碳化硅	碳化硅	碳化硅	碳化硅
	云杉木	云杉木	殷钢	不锈钢	云杉木	云杉木	不锈钢	不锈钢
	ULE	ULE	ULE	ULE	ULE	ULE	ULE	ULE

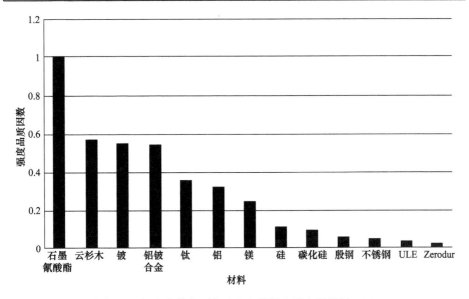

图 8.6　加速度载荷下自重产生的强度的实际机械 FOM

8.5.2　外部弯曲载荷和重力加速度

接下来,考虑在镜面法向外部载荷作用下弯曲强度对镜片的影响,这个条件下主要会产生弯曲变形。对于给定的强度和安全系数,可以看到外部载荷作用下弯曲强度余量和下式有关：

$$\text{FOM} \sim \frac{\sqrt{S}}{\rho} \tag{8.35}$$

这个品质因数如表8.5所列，其中还给出了其他几种材料的数值。类似地，我们可以得到在重力加速度载荷作用下，相同重量条件下应力余量和式(8.34)有关，如表8.5所列。

8.6 图示化小结

现在值得关注的是回到图8.4所示的机械－热学综合性能图表。图8.7使用等性能条件下的自重变形性能，给出了实际的、非线性的机械品质因数。这些品质因数可与图8.4进行比较。从机械品质因数的角度来看，铍仍然表现最好，而除铍以外的材料已经发生了上下移动，甚至位置都发生了变化。不锈钢和殷钢已经从图表上消失。注意：为了合理选择，需要识别和考虑所有设计驱动因素和准则。

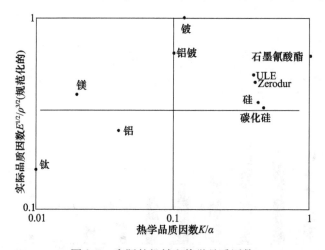

图8.7 实际的机械和热学品质因数

8.7 轻量化反射镜

利用第5章和第6章所示的理论关系式，开展一个和实体镜片所做类似的研究，对比多种材料的轻量化反射镜的重量和性能。尽管在直观上可能不明显，但轻量化镜片合理的品质因数和实体镜片的本质上是相同的。不过，由于轻量化镜片的刚度是等效厚度的函数，这种相似性就会变得很明显。因此，这种关系同时适用于背部开放和封闭的反射镜。当然,和之前一样,都假设任何品质因数都没有尺寸包络或者可制造性的约束。例如,假设设计不受蜂窝芯圆角、筋板宽度或面板厚度的限制。

第 5 章的轻量化镜片的优化公式可以用于说明轻量化镜片和实体镜片品质因数之间的相似性。这将在下面的例子中可以看到。

8.8 实 例 分 析

8.4 节曾提出了几个问题,下面对此重述并给出回答。为了量化这些结论,进一步考虑了其他例子。

1. Zerodur® 玻璃陶瓷具有比 ULE® 玻璃更好的刚度重量比,在等频率条件下哪种材料的镜片会更轻呢? 在等质量条件下哪种材料重力变形更小呢?

答案:ULE 具有比 Zerodur 更好的等效刚度 - 重量比,在等质量条件下,具有更高的频率和更小的自重变形。

2. 在太阳辐射下等质量铍的热梯度比碳化硅低 50%,那么,在太阳辐射下,哪个性能更好呢?

答案:在太阳辐射条件下,碳化硅的性能是铍的 2 倍。

3. 碳化硅的刚度是玻璃的 5 倍,是石墨复合材料的 3 倍。那么,玻璃镜片加碳复合材料结构和全碳化硅望远镜哪个会更轻呢?

答案:玻璃/石墨复合材料望远镜的重量将比全碳化硅望远镜更轻。

4. 铝、铁、钛和镁都具有相同的刚度 - 重量比。那么,等刚度条件下哪个最轻呢? 等质量条件下哪个刚度更高呢?

答案。在等刚度条件下,镁具有最轻的重量;在等质量条件下,镁具有最高的刚度。

5. 碳化硅的弹性模量和铍相同,但是比铍重约 50%。那么,等频率或重力变形下碳化硅结构会比铍重 50% 吗?

答案:在相等频率和重力性能条件下,碳化硅重量比铍增加了 100%（也就是 2 倍）。

6. 碳化硅的刚度大约是玻璃的 5 倍。碳化硅镜片会比玻璃镜片轻多少?

答案:碳化硅镜片比玻璃的轻仅 1.39 倍。

8.8.1 实体镜片

（1）为限制试验中正交轴向的响应,设计了一种用于随机振动试验的铝制工装,具有 500Hz 的基频。振动工装的重量为 600lb,但是振动台的能力在去除测试零件后要求的重量限制为500lb。使用镁制工装能解决这个问题么？

尽管镁和铝具有同样的比刚度，利用式(8.14)和表8.4可以说明更轻金属的优势。在等频率下，重量的品质因数FOM为1.54；它的倒数FOS为0.65，因此镁工装重量为 $0.65 \times 600 = 390lb$ ，低于500lb的要求，因此可以使用。

（2）一个铍结构设计重量10lb，但是发现成本太大。根据式(8.14)和表8.4，又设计了一个具有相等自重变形和频率性能的、成本显著低的铝结构，重量38lb，显然太重了；此外，根据表8.3可知，它的热学品质因数降低了3倍，这是不可接受的。那么，一个中等成本的铝铍合金结构会表现如何呢？

由表8.3可知，铝铍合金结构的热性能退化了20%，重量为15lb。工程师现在必须同时考虑对镜片和支撑等其他设计因素的影响，进行设计折中以确定其可行性。

8.8.2 轻量化反射镜

考虑一个1m(40in)直径的反射镜，要求重力导致的表面变形误差为 $65 \pm 10\%$ μin，支撑产生的误差限制为 $4.6 \pm 10\%$ μin。为满足这些指标要求，使用第5章和第6章中的公式，可以设计出背部开放和封闭构型的反射镜。结果在表8.6给出。在上述条件下，筋板的厚度都设置为0.06in。

表8.6 铍和碳化硅相对于轻量化ULE玻璃镜片的重量优势

材料	构型	d	dr	b	br	t	tb	a	重力误差	装配误差	重量	重量比倒数(相对于ULE)
		(in)	(in)	(in)	(in)	(in)		(in)	(μin)	(μin)	(lb)	(w.r.t ULE)
ULE	开放	6	6	0.06	0.06	0.29		1.88	65.7	4.6	67.1	1.0
ULE	封闭	4.1	4.1	0.06	0.06	0.14		1.27	71.0	5.0	67.2	1.0
铍	开放	2.5	2.5	0.06	0.06	0.14		1.59	64.2	N/A	27.9	2.4
铍	封闭	1.75	1.75	0.06	0.06	0.07		1.10	67.5	N/A	28.3	2.4
铍	开放	3.75	3.75	0.06	0.06	0.18		1.89	N/A	4.5	35.2	1.9

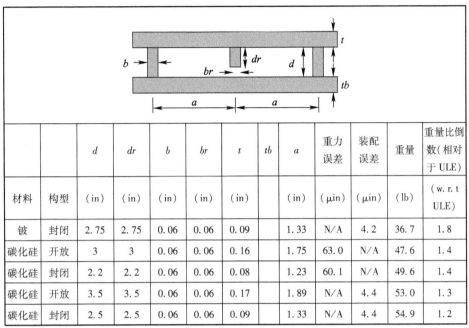

材料	构型	d	dr	b	br	t	tb	a	重力误差	装配误差	重量	重量比倒数(相对于 ULE)
		(in)	(in)	(in)	(in)	(in)		(in)	(μin)	(μin)	(lb)	(w. r. t ULE)
铍	封闭	2.75	2.75	0.06	0.06	0.09		1.33	N/A	4.2	36.7	1.8
碳化硅	开放	3	3	0.06	0.06	0.16		1.75	63.0	N/A	47.6	1.4
碳化硅	封闭	2.2	2.2	0.06	0.06	0.08		1.23	60.1	N/A	49.6	1.4
碳化硅	开放	3.5	3.5	0.06	0.06	0.17		1.89	N/A	4.4	53.0	1.3
碳化硅	封闭	2.5	2.5	0.06	0.06	0.09		1.33	N/A	4.4	54.9	1.2

当以重力变形性能作为设计准则时,铍镜比玻璃镜片轻2.4倍,碳化硅镜片比玻璃镜片轻1.4倍,这些结果和实体镜片预测非常接近。设计结果和反射镜背部开放或封闭构型无关。

当以支撑误差性能作为设计准则时,铍镜比玻璃镜片轻1.9倍,碳化硅镜片比玻璃镜片轻1.25倍,这些和实体镜片预测结果相同。同样,设计结果和反射镜背部开放或者封闭的构型无关。

参 考 文 献

1. "Flying Boat," Hughes H-4 Hercules, Evergreen Aviation and Space Museum, McMinnville, Oregon.
2. R. J. Roark and W. C. Young, *Formulas for Stress and Strain*, Third Edition, Table X, p. 216, McGraw-Hill, New York (1954).

第9章 胶 黏 剂

胶黏剂(Adhesives)就是能够通过表面附着把不同物体连接在一起的任何物质。这类材料包括水泥、胶水、浆糊、环氧胶、硅橡胶、聚氨酯以及任何可以使一个物体黏附到另一个物体上的材料。附着(Adhesion)就是指两个表面通过界面力结合在一起的状态。这些界面力可能由范德蒙力、键合力组成,或者二者兼有。

在表 2.3 中给出了一些光学行业常用的胶黏剂,这些胶黏剂通常用于航空航天领域。在超过 1000 多种可能的候选胶黏剂中,此表仅是其中很小一部分,不过,对于那些最为常用的胶黏剂而言,这是一个非常有帮助的指南。这些胶黏剂的说明在表 9.1 中给出。本章目的旨在辅助合理选择适合特定应用的胶黏剂。

表 9.1 典型胶黏剂的使用说明

制造商	胶黏剂名称	分类	典型用法	颜色			剪切强度
				树脂	硬化剂	混合剂	
3M	Scotchweld 2216	环氧结构胶	室温到低温	灰	白	灰	2500
Henkel	Hysol EA9394	环氧结构胶	室温至 120℃	灰	黑	灰	4200
Henkel	Hysol EA9361	环氧结构胶	低温	白	黑	灰	3500
Huntsman	Epibond 1210	环氧结构胶	室温 – 低温	棕褐色	蓝	蓝	2500
Epo – Tek	301 – 2	浸润环氧胶	薄胶层	透明	透明	透明	2000
Emerson & Cuming	Stycast 2850/24LV	热环氧胶	热导率	黑	透明	黑	4200
Emerson & Cuming	Eccobond CT5047	电气环氧胶	电导率	银	琥珀色	银	1000
Momentive	RTV 566	硅化合物	室温 – 低温	红	黄褐色	红	450

9.1 机 械 性 能

胶黏剂的合理选择需要考虑它们许多机械和物理特性。这些特性包括热膨胀特性、拉剪强度、出气特性、弹性模量、固化温度和时间、工作温度范围、失效应

218

变、玻璃化转变温度、黏度、蠕变以及硬度。

这里我们重点关注这些特性,尽管胶黏剂还有其他许多特性,如热导率、剥离强度、收缩率、抗溶解能力、电导率、工作寿命、货架寿命、密度、泊松比、体积模量以及抗压强度等。根据需要将会参考这些特性。

9.1.1 弹性模量

胶黏剂的弹性模量对于确定胶接组件的刚度非常重要。环氧胶由于使用胶层较薄,弹性模量的影响一般很小。然而,对于硅橡胶和聚酯胺类胶来说,弹性模量的影响会非常大,这是由于一方面胶层厚度可能会很大,另一方面弹性模量相对环氧胶减小了多达 3 个数量级。

图 9.1 给出了一个典型的聚合物环氧胶的应力 – 应变曲线。可以看到,应

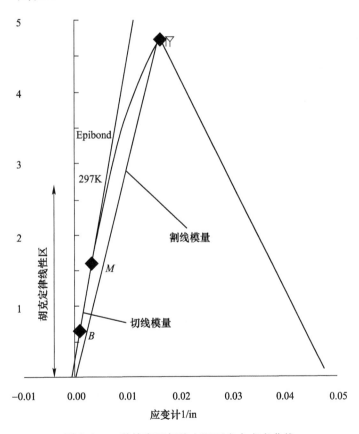

图 9.1 一种特定环氧胶室温下应力应变曲线

219

力和应变在一个小的区域内成正比(胡克定律),在进入塑性区后就会显著偏离。这就意味着,随着应变增加,胶黏剂的应力发生重新分配导致产生塑性流动,至少在室温下可以流动。有效弹性模量也就是割线模量,可以确定载荷作用下的刚度。割线模量就是应力-应变曲线图上连接任意两个感兴趣点的直线的斜率。参考这个图可以看到,在胡克定律的有效区域(线性范围)内直线的斜率,远远大于它在极限强度处的割线模量。瞬时模量更多时称为切线模量,就是应力应变图上任意点处的斜率。在图9.1的例子中,零应变附近的切线模量为400000psi,而在应变0.0016(1.6%)处的割线模量仅为300000psi,这表明,当应变超过线性范围时,胶接刚度将发生退化。在第15章将详细讨论如何合理使用胶的割线模量。

环氧胶的塑性特性(在室温下)有助于在应力不均匀条件下使应力重新分配,从而增加胶接连接的承载能力。在9.2节我们将讨论这个主题。此外,温度对模量的影响将在9.5节给出,而在第15章将深入分析如何合理使用割线模量。

9.1.2 静强度

一般而言,增加环氧胶的厚度会使胶接强度降低。部分原因在于这样可能会增加内部气泡;另外部分原因在于剪切强度测试中载荷的偏心会增加剥离应力。对于常用的环氧胶(关于硅橡胶将单独讨论)来说,大多数供应商推荐的最佳厚度为0.003~0.005in。而黏性较大的环氧胶(如EA9394),由于使用的限制,一般规定厚度接近于0.010in;黏性较小的环氧胶(如EpoTek 301),则需要非常小的厚度。对于大多数胶黏剂来说,如果胶层太薄(小于0.002in),由于表面粗糙度中"高"点的影响,会存在不完全填充、不合理的浸润以及差的机械互锁等风险。

尽管较厚的胶层会降低强度[1],但是直到胶层厚度大于0.015in时,胶接强度的降低都不显著。研究表明,这个厚度时的胶接强度降低了大约15%;在厚度为0.040in时,强度会降低60%(也就是最佳强度的40%)。图9.2给出了典型供应商报告的数据中剪切强度和胶层厚度的关系。这些数据应当仅作为参考,在没有合理分析的条件下,不推荐胶层厚度超过0.015in。表9.1中给出了在制造商推荐厚度条件下一些常用胶黏剂的剪切强度特性,大部分环氧胶(除了浸润性的环氧胶,它的厚度非常薄)推荐厚度都在0.005in附近。合成橡胶和硅橡胶的厚度可以显著提高。

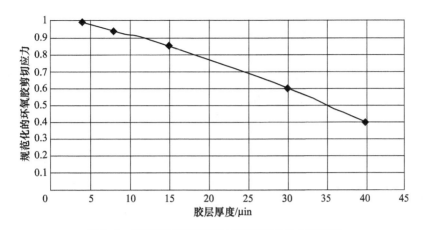

图 9.2 典型环氧胶厚度增加和强度退化之间关系

9.1.3 剥离强度

剥离强度就是胶黏剂在剥离模式下抵抗剥离失效的能力。一般以单位胶层宽度的磅数来表示,因此也就是分离两个粘接体所需要的力。典型剥离强度数值根据美国材料与测试协会的标准的 ASTM T 剥离试验来测量,范围为 5 ~ 30lb/in。

要发生剥离,必须存在一种力矩形式的剥离机制,它可以把被黏接体分离开。如果没有这样的剥离机制,那么测试数值会远远大于厂家报告的数值。此外,由于剥离强度以单位英寸的磅数来表示,因此,一般来说,使用应力结果来确定胶接连接的充分性是不可行的。断裂和剥离有关,是比较常见失效原因之一,通常会使许用应力降低到抗拉强度的 1/4。防止失效的最佳设计方式,就是研制抗剥离的接头。在文献中有许多这类设计例子。不过,这些设计并不总是切实可行的。在无法避免接头承受剥离力矩的条件下,把其中一个被黏接体的边缘做成锥面,这样可以略微增加边缘处的胶层厚度(但是应该不能超过上述讨论的容许厚度值)。采用这种方式后,边缘处的力矩会降低(由于增加了被胶黏体和胶层的柔度),当然此处的剥离应力也最大。

9.2 载荷应力分布

以直接剪切方式加载时,正如在搭接拉伸剪切试验中,平均胶接应力简单地用剪切载荷除以剪切面积来计算即可。不过,通过有限元模型仿真可以看到,边缘附近的应力值接近这个值 1.5 倍甚至更大。尽管如此,环氧胶的特性正如

9.1 节所述,由于存在塑性流动,局部屈服可以使得胶接应力重新分配,因此这些使用了"平均"的应力对于环氧胶来说是可以接受的。这个平均应力值可以用来和许用设计强度进行比较。

在以扭转剪切方式加载时,也就是说,胶斑承受可产生剪切应力的扭矩,和直接剪切加载方式相比,胶接应力的平均化和屈服化效应就更显著了。在这个情况下,最大和最小应力分别发生在胶斑的外边缘和中心。类似地,在扭矩和剪切组合加载方式下,正如一个挠性元件和镜片黏接的情况,在距离镜片支承处反作用力最近的胶斑边缘,最大应力非常明显。通过有限元建模仿真可以看到,这些应力比胶斑平均应力大 2 倍左右。因此,由于局部屈服作用,胶接的承载能力提高了 2 倍。例如,一种环氧胶单搭剪切强度额定值为 2500psi,而边缘应力计算结果为 6000psi 是完全可以接受的。

考虑一个挠性元件和一个基底透镜刚性胶接的例子,胶斑受到剪切和弯矩作用,正如一个悬臂挠性元件在光轴方向加载所产生的情况,如图 9.3 所示。胶斑受到沿光轴方向的剪切作用,同时,由于悬臂效应导致的反作用弯矩(绕径向方向),还会受到横向剪切。正如受力平衡方程和式(1.29)所表明的,应力会局限于剪切边缘附近。剪切产生的应力会非常高。对于一个高度 3in、长度为 3/8in 的方形胶斑,在 20lb 的反作用力下,基于线性分析的最大应力可以用下式近似计算:

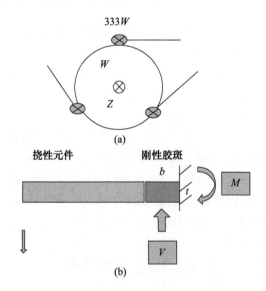

图 9.3　扭矩 M 和剪切力 V 作用下胶斑剪切应力

(a)光轴竖直方向的胶斑反力(Z 是光轴,W 是镜片质量,
每个挠性元件反力为 $W/3$);(b)挠性元件上受力平衡示意图。

$$\tau \approx \frac{V}{A} + \frac{4.8M}{bt^2} \qquad (9.1)$$

得到剪切应力为 $\tau = 5600\text{psi}$。

这个值远远高于环氧胶的剪切失效强度(它的剪切强度接近 2500psi),然而,在这个加载条件下的负载失效测试表明,胶斑仍旧保持完好无损。基于线性理论的有限元分析可以证实上述简单计算的结果。可以看到,胶斑的塑性特性允许应力重新分配,这是线性理论所不能够预测的。使用有限元分析结果,在整个胶斑横截面上"平均"应力在 2500psi 以下。由于我们一般不喜欢使用非线性分析,结合使用均值的线性有限元建模技术,这种载荷重新分配方法,足够满足一阶分析的需要。因而,当应力分布呈现局部化特性时,承载能力将大大超过通常报告上给出的强度数值。因而,由于非线性影响,当基于模型分析得到应力超过通常的许用设计值时,需要特别谨慎地确定这些数值的有效性。

9.3 玻璃化转变

聚合物会发生玻璃到流体的转变(或者简单地说就是玻璃化转变),这是聚合物特有的一种现象。每个聚合物都有一个称为玻璃化转变温度的独特温度,或者简称为 T_g。聚合物冷却到它的玻璃化温度以下时,它就像玻璃那样会变硬变脆。有些聚合物在玻璃化温度之上使用,而有些则在之下使用。

例如,硅橡胶的玻璃化转变温度相对较低,最好在玻璃化温度之上使用这类材料。这样,它们可以在很宽的温度范围内保持柔性(低弹性模量)。另一方面,在玻璃化温度之下使用环氧胶则可能是最佳的。此时,它们具有高强度和相对低的热膨胀系数,当然会牺牲一定的柔性。

在许多使用环氧胶的情况中,玻璃化转变温度和室温差距都不太大,因此,必须兼顾考虑在这个温度上下的特性。在玻璃化转变温度上下,特性变化有时很微小,也有时会非常大。例如,回顾 Huntsman Epibond 1210 的数据[2],可以发现它的玻璃化温度为 328K(55℃)。图 9.4 给出了在这个温度上下的热应变数值,注意到斜率的变化明显但是并不过分大。在图 9.5 则给出了 RTV566 硅橡胶热膨胀系数和热应变之间的函数关系[3]。RTV(也就是室温硫化的意思)硅橡胶的玻璃化温度为 123K(−150℃),在所有胶黏剂中具有最低的玻璃化温度。在图 9.4 上已经标记了在玻璃化温度上下 CTE 的差别(曲线斜率),其中在玻璃化温度之上自由(无约束)状态下数值非常高(超过了 $200 \times 10^{-6}/℃$)。(约束状态必须适当考虑形状因子,因此需要特别考虑)。在玻璃化温度之下,热膨胀系数相对较低,接近 $60 \times 10^{-6}/℃$,此时就变成玻璃样,成为一种典型的环氧胶。

这在图9.6上可明显看出,图中给出了近似弹性模量和温度之间的关系。在转变温度之上,模量相当低,约为 1000psi;在转变温度之下则相当高,接近1000000psi,增加了3个数量级。第15章将讨论考虑这种特性变化的分析技术。

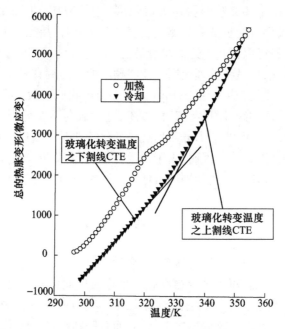

图9.4 某种环氧胶温度变化过程,在 320~330K 温度附近有明显的玻璃化转变,注意到在加热时的相变和在冷却时在玻璃化温度之上更高的割线 CTE

大多数环氧胶供应商都会给出在玻璃化温度上下一个给定温度范围内典型的 CTE 数值。表9.2 列出了几个环氧胶在这些温度上下的热膨胀系数。

表9.2 几种胶黏剂的 CTE 和玻璃化转变温度

胶黏剂	玻璃化转变温度/℃	热膨胀系数(10^{-6}/℃)	
		刚好低于 T_g	刚好高于 T_g
Scotchweld 2216	20	102	134
Hysol EA9394	78	55	80
Epibond 1210	55	100	140
Stycast 2850/24LV	68	39	111
RTV 566	-120	60	220

表9.3 提供了 RTV566 硅橡胶在玻璃化温度上下的弹性模量和强度变化情况。同时,还给出了 Epibond 1210 环氧胶在玻璃化转变温度上下典型的强度和模量变化情况。同样可以看到,强度和模量在玻璃化温度之上都会降低。一般

224

而言,在玻璃化温度之上强度的降低不会影响在它之下的强度,也就是说,经历玻璃化转变,不存在不可恢复的影响。

表 9.3 环氧胶和硅橡胶玻璃化转变对模量和强度的影响

胶黏剂	玻璃化转变温度/℃	模量/psi		抗拉强度/psi	
		刚好低于 T_g	刚好高于 T_g	刚好低于 T_g	刚好高于 T_g
RTV 566	-120	1000000	750	6700	800
Epibond 1210	55	396000	180000	4700	2500

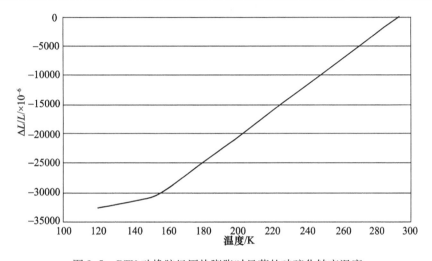

图 9.5 RTV 硅橡胶经历热膨胀时显著的玻璃化转变温度

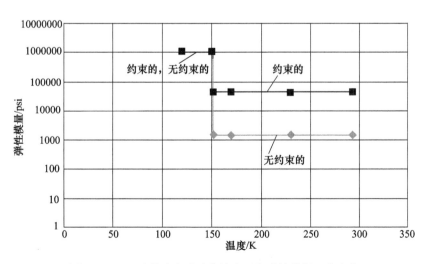

图 9.6 RTV 硅橡胶在玻璃化转变温度弹性模量显著变化

225

9.3.1 玻璃化转变导致的蠕变

环氧胶在玻璃化转变温度的测试表明,产生的蠕变效应是由于相变,而不是由于温度的提升。这个蠕变效应会产生尺寸永久变形,也就是说,第一次经历过玻璃化转变会形成不可恢复的永久应变,而后续经过玻璃化转变温度的循环不会再扩展这个蠕变过程。

图9.7展示了 Epibond 1210 环氧胶在玻璃化转变温度的蠕变效应[4]。注意:在玻璃化转变温度存在一个突然的应变变化(短持续时间),而在更长持续时间内升温导致的蠕变则相对较小,并呈现连续变化(9.4节将讨论后边这个数值)。

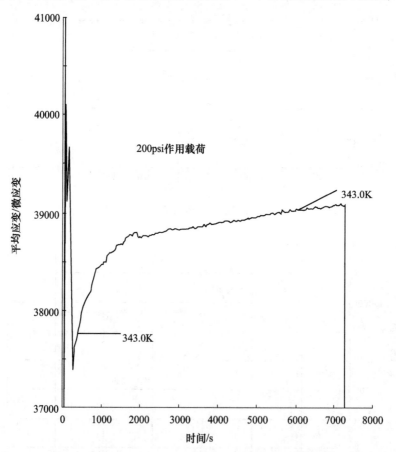

图9.7 在玻璃化转变温度处产生大约3%的蠕变(由于噪声和漂移,持续时间约为几百秒),而持续升温发生的蠕变则是一个非常慢速和渐变的过程

226

对这个环氧胶的测试表明,在玻璃化转变温度产生的永久应变约为3%。如果环氧胶用在对光学装调敏感的关键区域,则必须考虑玻璃化转变产生的蠕变。这个蠕变的发生和载荷量级无关,只需存在某种载荷即可。不过,应说明的是,这个大的应变数值不一定是不可接受的:0.005in厚度的环氧胶3%的变化,会产生0.00015in的永久变化量。如果这个蠕变发生在和抛光好的镜片黏接过程中,这个变化可能会产生面型误差。因此,为了避免这种代价高昂的担忧,一般理想的做法就是在镜片抛光前进行黏接。

9.4 温度蠕变

如果温度足够高,所有材料都表现出一定程度的蠕变性。胶黏剂的蠕变能够发生在室温,但是在高温下会更加显著。为了评估载荷作用下环氧胶蠕变影响,对于环氧胶这类线性黏弹性聚合物材料,我们这里使用了玻耳兹曼叠加积分方法。由此可以给出如下方程:

$$\varepsilon(t) = D(t)\sigma \qquad (9.2)$$

其中

$$D = D_0 + D_1 t^n \qquad (9.3)$$

式中:应变 $\varepsilon(t)$ 是时间的函数;D 是初始弹性柔度,也就是弹性模量 E 的逆(psi^{-1});D_1 是蠕变系数(psi^{-1}/min^n);t 是载荷作用下的时间(min);σ 是施加的应力(psi)。

通过对玻璃纤维复合材料中使用的环氧树脂(Shell 58 – 68R)进行的测试[5],确定了 D_0、D_1 和 n 在 266~343K 温度范围内的变化情况。n 的值和应力、温度无关,测试发现数值为0.19。表9.4给出了柔度常数和温度之间的关系。

由于在初始加载中包括了初始柔度,现在关心的只是纯粹的蠕变柔度,因此,有

表9.4 温度柔度蠕变系数

温度			柔度		指数 n
			D_0	D_1	
F	℃	K	$psi^{-1} \times 10^{-6}$	$psi^{-1}/(min^n \times 10^{-6})$	
20	−7	266	1.726	0.025	0.19
75	24	297	1.883	0.069	0.19
130	54	327	2.022	0.171	0.19
160	71	344	2.07	0.247	0.19

$$\Delta D = D - D_0 = D_1 t^n \tag{9.4}$$

和

$$\Delta \varepsilon = D_1 t^n \sigma \tag{9.5}$$

式中：$\Delta \varepsilon$ 为蠕变应变；σ 为环氧胶应力，根据参考文献[2]大约为 1000psi。

D_1 值是和环氧胶相关的，尽管如此，表 9.5 给出了环氧胶 Epibond 1210 和 Shell 室温特性对比，同时还给出了 1210 胶的实测数据。这个对比说明这个特性和环氧胶的相关性。

值得关注的是在较高温度处发生的蠕变。在这个例子中，我们注意到 Epibond 1210 胶的玻璃化转变温度为 55℃。图 9.7 中的数据表明，蠕变系数明显高于表 9.4 中报告的值（约 1 个数量级），这个差异可能是由于经历玻璃化转变时模量的显著下降以及转变过程的发生的蠕变，正如表 9.6 所列的那样。

表 9.5　室温下环氧胶蠕变常数对比

环氧胶	模量/psi	蠕变系数（$D_1 \times 10^{-6}$）
Shell 58 - 68R	530000	0.069
Epibond 1210	395000	0.088

表 9.6　60℃ 时的模量和蠕变常数（差值可能源于玻璃化转变效应）

环氧胶	模量/psi	蠕变系数（$D_1 \times 10^{-6}$）
Shell 58 - 68R	495000	0.191
Epibond 1210	180000	2.2

9.5　搭接剪切强度

搭接剪切强度一般由单搭剪切测试来确定。在测试时，按 ASTM 标准规定的搭接面积将两个铝条黏接，在黏接好的铝条两端施加拉伸载荷。由于施加的是拉伸载荷，而测量的是环氧胶的剪切强度，因此测量的应力结果也常称为"拉伸剪切强度"。

使用这个方法时，需要注意由于金属试件和环氧胶厚度对载荷造成的偏置影响；由此产生的偏心力矩可能会造成剥离失效。由于铝试件的弯曲，载荷的偏置在某种程度上会放大。考虑到这个因素，选择更刚性的黏接试件，如钢，可以得到更高的强度结果。为了保持一致性，单搭剪切强度测试应该标准化，并严格遵守 ASTM 规定。

为了确定一个更有代表性的实际剪切强度的数值，可以采用双搭剪切测试。这个测试需要黏接一个试件两侧，从而会消除偏心力矩和剥离的趋势。

为了确认飞行产品中环氧胶的充分性,在采用单搭剪切测试来验证样品时,许用应力应当设置的足够低,以阻止排除粘接良好的胶斑(如由于附着失效),同时还应当设置的足够高,以至避免包含一些黏接不好的胶斑。对于额定强度2000psi 的环氧胶,1500psi 就是一个好选择。这些测试结果应当用于工艺以及合理固化的验证,而不能作为黏接剂精确许用应力的一个指示(飞行产品的许用应力应当基于合适的安全因子和/或疲劳因素的考虑)。搭剪切测试需要对试件表面进行适当预处理,以避免污染物或者过早附着失效的不良影响。验证材料的硬度以确保环氧胶的固化,是搭接剪切验证测试的良好备份措施;同时,为了确保良好胶接,它不应当在搭接剪切测试中应用,正如下面即将讨论的,如果测试件的装配表面没有经过合理预处理,那么,硬度就是胶黏剂合理固化的一个较好的指示。

9.5.1 表面预处理

在任何情况下,获得良好的剪切强度数据最重要的条件就是进行表面预处理。理论上讲,黏接的表面都需要进行研磨、溶剂清洗和底漆。研磨有两个作用:清洁难以去除的污染物;为合理胶接提供一个能够机械互锁的表面。底漆则可以促使表面润湿,有助于得到一个良好的化学键合。

9.5.1.1 定义

环氧胶接头的失效形式有表面附着失效、内聚失效以及被黏接体(基体)本身失效几种情况。

(1) 附着失效(Adhesion)。胶黏剂和一个被黏接体完全分离(参看9.5.1.2 节)。

(2) 内聚失效(Cohesion)。胶黏剂内部失效(黏接体上都留有胶黏剂)。

(3) 基体失效。由于环氧胶比被黏接体母材更结实而造成被黏接体失效。

9.5.1.2 附着失效

如果黏接表面经过适当预处理,环氧胶的失效将会是内聚失效,也就是环氧胶本身的失效,而不是发生在任何一个粘接面上的附着失效或者剥离失效。附着失效一般是由表面预处理较差造成。对于经过适当预处理的表面,附着强度应当比内聚强度更高。然而,经验表明实际不是这样。大部分黏接接头的现场失效的主要原因,是由于表面预处理不良、错误的胶黏剂选择或者非受体性表面而造成的附着失效。图9.8 给出附着和内聚失效的例子。

通常来说,在一个待黏接的零件完成机加后,用去离子水和去垢剂进行搅拌超声浴清洗。然后用诸如丙酮和异丙醇等化学溶剂清洗。不过,这些化学溶剂本身可能会不足以去除表面的污染物。

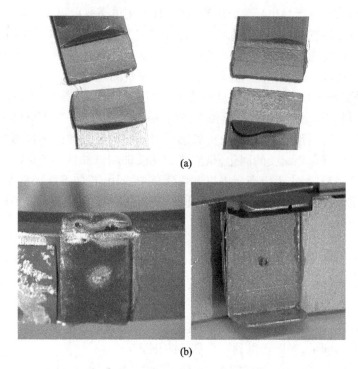

图 9.8 （a）做过底漆表面的环氧胶内聚失效：铝－殷钢（左）和殷钢－殷钢（右），注意到两个面上都有环氧胶；（b）没有做底漆的表面的附着失效：注意到只有一边有胶

溶剂清洗后需要进行研磨。研磨有多重目的：去除污染物；为合理胶接提供机械互锁条件；增加表面面积；形成一个更加有活性的表面。不过，这个粘接面不应当太光滑，也不能太粗糙。过分光滑（如同抛光样）的表面不具有关键的机械互锁能力；过分粗糙（如 80 细砂）的表面由于不能提供良好的润湿和填充将会弱化胶接效果。

涂底漆可以促进表面润湿以便保证良好的黏接（化学方面）附着。另外，它还能保护表面不受腐蚀。化学刻蚀是提供良好黏接的另外一个步骤。刻蚀可以去除材料和不稳定的氧化物，特别适宜对裂纹尖端进行平滑从而增加黏接体强度。对于在空气中易于氧化的材料（如铝和铍）以及容易断裂的脆性表面（如玻璃），使用该方法可以去除残余应力。还有一些其他方法，如去阳极化（铝）、电镀碘（钛）以及钝化（钢）等，也可以改善胶接质量，并且防止腐蚀。

化学薄膜（铝）或者对于铍使用 Alodine® 或者 Iridite®，都可以保护表面不受腐蚀。不过，这不是提高黏接附着力最好的抛光处理方法，因此，在高应力条件下的一些关键应用中要特别谨慎。类似地，无电镀的镍板对磷基质具有抗腐蚀性,胶接时也会产生弱的胶接效果。

空气氧化是许多金属材料的敌人,包括光学系统经常使用的那些如第 2 章提到的 Invar 等。氧化物会直接附着在金属表面,并且很不稳定。由于约束松散,表面附着力很差。通过刻蚀或者研磨很容易去除这些氧化物。

底漆是避免发生附着失效、促进良好界面键合的非常优秀的材料。它还能够促进润湿,增加附着强度,并且还可作为一种缓蚀剂。标准的金属底漆为 CytecBR$^®$ – 127,对于玻璃和陶瓷来说,则有其他多种底漆可用。硅橡胶黏接剂除了和自己黏接外不能和常规的底漆黏接,需要使用专门的底漆。

胶接后通常不需要施加压力,不过轻微的压力有助于润湿。值得提醒的是,在固化过程中不能改变或施加压力,这样会影响胶粘剂正常的交叉耦合。

测试表明,对于采用了研磨、溶剂清洗、刻蚀以及底漆的表面,相对只采用溶剂清洗的表面,结构强度最小可以提高 25% ,前者失效形式始终是内聚失效,而后者则为附着失效。表面清洁较差的表面,失效强度会显著降低。

在对诸如玻璃或者工程陶瓷等脆性、非金属材料的强度测试时,环氧胶失效前可能会发生基体的失效。这种失效形式是可以接受的,尽管这不能证明环氧胶的强度性能。

表 9.7 给出了一个说明表面预处理重要性的例子,相对于只有溶剂清洗而无其他表面处理的情况,可以看到铍测试样本的黏接强度都有所提高。需要注意到的是,只采用底漆措施就可以使附着强度提高 1 倍;在刻蚀后立即进行底漆处理,强度可以提高 250% 。还可以看到,刻蚀后延迟底漆处理,或者刻蚀后延迟黏接,对于改善黏接强度影响很小。这说明了氧化物的重要性。表面预处理和时机(timing)都是至关重要的。

表 9.7 用一种环氧胶进行铍 – 铍黏接时表面预处理
和强度关系(其中底漆最为关键)

表面	环氧胶拉伸强度/psi
酸洗,涂底漆 4h	7500
无酸洗,只有底漆	6650
酸洗,延迟底漆 7 天	5150
只有酸洗,无底漆	3400
裸表面,只用溶剂清洗	2600

9.6 热 应 力

胶黏剂的 CTE,或者更准确地说,在感兴趣的温度范围内的热应变非常重要,原因包括胶黏剂和被黏接体热膨胀系数的不匹配会导致光学元件的运动与变形、胶接失效或者被黏接体的断裂等。

因此,最好使胶黏剂和被黏接体的热膨胀特性匹配。这样会减小被黏接体的应力,降低在大的极端温度下断裂的可能性。同样也会降低光学元件关键的运动量以及应力产生的光学二次折射。如果胶黏剂的 CTE 值比较小,那么,它本身的应力就会降低,从而可以防止断裂。和被黏接体的 CTE 匹配,可以放宽胶层厚度变化产生的影响。

不幸的是,大多数环氧胶室温下的 CTE 为 $50 \sim 100 \times 10^{-6}/℃$,远高于大部分常见的工程材料,特别是显著高于需要低热膨胀系数的大多数光学元件。在这种情况下,胶黏剂特性以及胶层厚度选择,在设计中就非常重要。

胶黏剂的弹性模量随着温度变化可能会发生很大波动。如果只考虑使用室温模量,就会导致低估应力;如果只使用所考虑温度处的最终模量,则会高估应力(第15章)。作用在胶层上的力和热应力,和其弹性模量、CTE 差以及温度变化成正比增加。在温度变化范围内低的弹性模量会减小胶层应力。

这两个因素的组合称为模量-热应变积。正如在第4章看到的,相对于被黏接体较薄的胶层来说,最大的胶接应力(式(4.44))为

$$\sigma = \frac{E\Delta\alpha\Delta T}{(1-\nu)}$$

这个公式基于纯粹的线性分析,适用于远离胶层边缘的地方。由于应力是热应变而不是外载荷产生的,如果某种材料的应变正好进入塑性区,那么,它的应力会大大降低。不过,实际上,随着温度降低几乎不会产生塑性,而随着温度增加强度变化也很小。然而随着温度降低,弹性模量和 CTE 都会发生显著变化,前者增加,后者降低。在这种情况下,我们可以使用割线材料特性,在第15章将更详细讨论这个特性。这样,可以重写式(4.44),即

$$\sigma = \frac{E_{sec}\Delta\alpha_{sec}\Delta T}{(1-\nu)} \tag{9.6}$$

式中:E_{sec} 是温度变化范围内的割线(有效)模量;$\Delta\alpha_{sec}$ 是割线(有效)CTE,后者将在4.4节讨论。

考虑两个刚性、零热膨胀被黏接体使用胶黏剂黏接的例子,经历的温度范围为从室温(293K)到173K,材料的属性如下:$E_{sec} = 600000psi$,$\alpha_{sec} = 6 \times 10^{-5}/℃$,$\Delta T = 120℃$,$\nu = 0.35$。这个特定环氧胶的拉伸强度在室温和 120K 极端低温下分别为4700psi 与9000psi。根据式(9.6),可以计算出 $\sigma = 6650psi$。这个数值远远高于室温下材料的抗拉极限断裂强度,但是正好在低温强度数值以下。因

232

此,这个胶黏剂不会发生断裂,能够适应温度的变化。

9.6.1 边界处的热应力

胶层边缘存在一些有趣的现象。正如铁摩辛柯非常恰当地指出[6],在边缘处存在的附加剪切和正应力,会使局部应力增加。引用他的话:"沿着承载面剪切应力的分布不能通过简单的方式来确定,只能说它们是'局部'应力,在距离条带(Strip)端部某个距离内发生集中,这个距离的大小和条带厚度是一个量级。应力大小可能和法向应力相同;同时在表面的边缘处还存在局部正应力。"[6]

圣维南原理对这个说法做了补充,即远离边界和集中力处的应力,和距离边缘一定特征距离处的名义应力接近(或者可以推论如不采用特殊分析,就无法知道边界处的应力状况)。现在我们简要介绍这些特殊的分析方法。

首先,考虑一个基体上常用的剪应力公式,如一个柔性支撑端部的金属垫,被黏接到一个相对刚硬的镜片上。根据剪切应力的胡克定律(式(1.8)),也就是 $\tau = G\gamma$,可以得到

$$\tau = G(\alpha_2 - \alpha_1)\Delta TL/t \tag{9.7a}$$

不过,这个公式不能说明边界附近的状态,并且对于长的薄胶层来说相当保守。这个平衡方程需要考虑采用自由边界条件。应用这个平衡方程,可以确定自由边界处的应力,正如许多作者所做的那样[7-9]。不过这些方程形式上都很复杂。

考虑胶接界面处一维情况,在 $\tanh(\beta L)$ 接近无限的情况下,如它经常的那样,可以得到铁摩辛柯所谓的层间应力[7]为

$$\begin{cases} \tau = \dfrac{(\alpha_1 - \alpha_2)\Delta TG\sinh(\beta x)}{\beta t\cosh(\beta L)}(边缘处) \\[3mm] \tau = \dfrac{(\alpha_1 - \alpha_2)\Delta TG\tanh(\beta L)}{\beta t} \\[3mm] \beta^2 = \dfrac{G}{t\left(\dfrac{1}{E_1 t_1} + \dfrac{1}{E_2 t_2}\right)}; \tau = \dfrac{(\alpha_1 - \alpha_2)\Delta TG}{\beta t} \end{cases} \tag{9.7b}$$

式中:x 为到中心的距离;t 为环氧胶的厚度;$t_{1,2}$ 为被黏接体的厚度;$E_{1,2}$ 为被黏接体的弹性模量;G 为环氧胶的剪切模量;L 为环氧胶的半长度。

在边缘附近,这些应力显著增加。注意:在这个公式中没有考虑环氧胶的 CTE 参数;如果环氧胶的刚性比基体小,那么,只要被黏接体间的 CTE 差别比较大,这个公式就是个很好的近似。当被黏接体间 CTE 的差别接近零时,环氧胶

的 CTE 将其起主导作用,此时这个方程就不再适用。

需要注意到,如果 βL 的值很小,也就是 $\beta L \ll 1$,那么,式(9.7b)中的 tanh $(\beta L)/\beta L$ 就会接近 1。对于薄胶层来说,胶层厚度通常在 0.005 ~ 0.010 英寸之间,βL 不是一个小值,此时式(9.7a)就不再适用。

不过,如果胶的长度很小,并且 $\beta L \ll 1$,式(9.7b)确实可以近似为(9.7a)。因此,在黏接镜片时使用"点状"或者小面积胶斑,而不是使用连续的长胶斑,可能是有好处的。当然,对胶斑面积降低必须充分考虑,以保证在外载荷作用下的强度。

轴向应力如下式[8]:

$$
\begin{cases}
\sigma_1(x) = E_1 E_2 \Delta T t_2 \left(\dfrac{\alpha_2 - \alpha_1}{t_1 E_1 + t_2 E_2} \right) \left[1 - \dfrac{\cosh(cx)}{\cosh \dfrac{cL}{2}} \right] \\[4mm]
\sigma_2(x) = E_1 E_2 \Delta T t_1 \left(\dfrac{\alpha_2 - \alpha_1}{t_1 E_1 + t_2 E_2} \right) \left[\dfrac{\cosh(cx)}{\cosh \dfrac{cL}{2}} - 1 \right] \\[4mm]
\tau_3(x) = \dfrac{G_3}{c t_3} \sinh(cx) \dfrac{\Delta T}{\cosh \dfrac{cL}{2}} \dfrac{\cosh(cx)}{\cosh \dfrac{cL}{2}} (\alpha_2 - \alpha_1)
\end{cases}
\tag{9.8}
$$

这个应力方向垂直于胶层厚度,并在边缘附近趋于零。不过,在胶接面的边缘存在垂直胶层厚度方向的正应力,也就是铁摩辛柯所说的层间正应力。层间正应力不能由式(9.7a)和式(9.7b)计算,但是可以由一系列贝塞尔函数的方式来计算,这个公式至多也就复杂而已[7]。这些应力的方向垂直于轴向应力分布,也就是沿着一个剥离方向(扁平拉伸)。有限元分析可以证明这个结论。

为了避免使用贝塞尔函数计算正应力,下面给出了一个精巧但是形式更为复杂的解,[9]即

$$
\sigma_{yi} = - \sum_{n=1}^{\infty} \left\{ \left(\frac{n\pi}{l} \right)^2 \left[A_{ni} \cosh n\lambda_i y + B_{ni} \sinh n\lambda_i y + \right. \right.
$$

$$
\left. \left. C_{ni} \cosh n\mu_i y + D_{ni} \sinh n\mu_i y \right] + E_{yi} \alpha_{yi} t_{ni} \right\} \sin \frac{n\pi x}{l}
\tag{9.9}
$$

其中常数 A_{ni},B_{ni},$\cdots$ 以及 λ_i 都是所有三层材料模量和 CTE 的函数,其中包括环氧胶的 CTE。然而,这个方程的解,显然有助于理解贝塞尔函数的优势,并且更为复杂。方程的解表明,在任何情况下,边缘处的层间应力和正应力相对中心处的都会急剧增加,甚至实际上还会发生符号的反转。对于夹在厚镜片和薄的被黏接体之间的薄胶层来说,边缘处的应力比中心处增加一个数量级,并且符号相

234

反。例如,考虑一个近零热膨胀系数的镜片和一个高热膨胀系数的金属 Bipod 结构黏接,并承受一个冷浸泡载荷。Bipod 的黏接面相对于玻璃会发生收缩,名义上承受拉力,镜片名义上承受压力。然而,实际上镜片边缘应力急剧增加,表现为拉力;对于脆性材料来说,承受拉力是有问题的,正如在第 12 章中讨论的。图9.9给出了边缘应力急剧增加的例子。

和上述近乎难以求解的方式相比,一种更为简单的计算应力的方式,就是采用有限元进行分析。不过,正如在 9.7 节所述,这需要非常谨慎。

当镜片厚度大于胶层和被黏接体时,作为上述分析的一个替代,可以采用一个近似公式(已由公式和有限元分析证实的)来计算镜片边缘应力的一阶特性,即

$$\sigma = E\Delta\alpha\Delta T \tag{9.10}$$

式中:E 是镜片的弹性模量。对于一个薄的环氧胶层来说,可以使用式(1.50)来近似计算一维应力 $\sigma = E\alpha\Delta T$。对于二维情况,可以使用式(1.7a)来近似计算应力,即

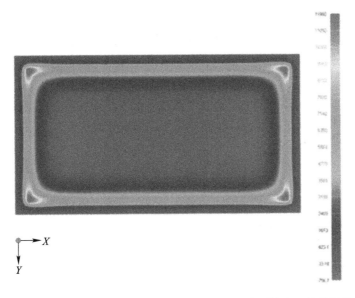

图9.9 被黏接基体界面上胶接处的热应力。注意到从中心处较低的
压应力(1000psi)到边缘拉应力(12000psi)急剧增加

$$\sigma = E\alpha\Delta T/(1-\nu) \tag{9.10a}$$

式中:E 和 α 分别是环氧胶的弹性模量和热膨胀系数。

9.6.1.1 胶合透镜

虽然式(9.7b)适用于胶垫的应力分析,但是当两个圆形基体如同胶合透镜

235

那样黏接时,就需要进行二维分析。这里采用贝塞尔函数可以确定剪切应力[10]。和一维情况类似,在这个公式中,在边缘附近应力会急剧增加,并且是被黏接基体直径的函数。一般来说,被黏接基体的直径越大,边缘应力就越大。公式[10]如下所示:

$$\sigma_s = \frac{(2)(\alpha_1 - \alpha_2)(\Delta T)(\sigma_e)[I_1(x)]}{(t_e\beta)(C_1 + C_2)}$$

$$\beta = \left\{ \left(\frac{\sigma_e}{t_e}\right) \left[\frac{(1-\nu_1^2)}{E_1 t_1} + \frac{(1-\nu_2^2)}{E_2 t_2} \right] \right\}^{1/2}$$

$$x = \beta R$$

$$C_1 = -\left[\frac{2}{(1+\nu_1)} \right] \left\{ \left[\frac{(1-\nu_1)I_1(x)}{x} \right] - I_0(x) \right\}$$

$$C_2 = -\left[\frac{2}{(1+\nu_2)} \right] \left\{ \left[\frac{(1-\nu_2)I_1(x)}{x} \right] - I_0(x) \right\} \quad (9.11)$$

式中:I_0 和 I_1 是第一类改进的贝塞尔函数,需要详细的计算。

注意:如果基体在径向受到限制,如同透镜在镜框内经历不同的热膨胀,根据式(1.60a)还会有附加应力产生。透镜的应力随着其直径增加而减小,并且一般来说是压力。因此,工程师必须要把这些应力合并起来。

同样,为了避免使用复杂的分析计算,采用式(9.10)和式(9.10a)可以快速和准确地得到环氧胶和基体应力的近似。

9.6.1.2 实例分析

考虑一个厚的玻璃镜片,模量为 1.0×10^7 psi,割线 CTE 为 2.0×10^{-7}/℃,和它黏接的钛柔性元件的模量为 1.6×10^7,割线 CTE 为 8.0×10^{-6}/℃,温度变化为193℃,从室温(293K)到 -173℃(100K)。环氧胶的厚度为 0.005in,割线模量为600000psi,割线 CTE 为 5.0×10^{-5}/℃;低温下拉伸强度为12000psi,泊松比为0.4。玻璃抛光后的许用拉伸强度为3000psi。现在近似计算玻璃和胶层的拉伸应力。

根据式(9.6),环氧胶的应力为 $\sigma = E_{sec}\Delta\alpha_{sec}\Delta T/(1-\nu) = 9600$ psi,小于其许用应力,因此是可以接受的。根据式(9.10),玻璃的拉伸应力为 $\sigma = E\Delta\alpha\Delta T =$ $10 \times 7.8 \times 193 = 15000$ psi,显然会使玻璃发生断裂。使用式(9.8)计算远离边界处的应力,可以看到这个应力为 1000psi 的压应力。注意到边缘应力的急剧增大和符号翻转。如果用 Invar 36 替换钛柔性元件,它的膨胀系数为 1.3×10^{-6}/℃,得到应力为 $\sigma = E\Delta a\Delta T = 10 \times 1.2 \times 193 = 2700$ psi,玻璃可以承受这个应力。

上述公式适用于表9.1列出的刚性的环氧胶。如果使用弹性更大的胶黏剂，如聚氨酯或者硅橡胶，假设玻璃化转变温度低于感兴趣温度范围，那么应力会降低。

9.7　建模技巧

正如上面已经提到的，胶层和被黏接体边缘附近的应力很难计算。圣维南原理指出，这些高的、局部化的应力在几个特征长度内将衰减到均匀数值。不幸的是，失效发生在边缘和靠近集中力作用点附近，在这些地方简单公式预测的应力结果是不正确的。我们可以求助于有限元模型，不过需要理解建立的模型，这是因为单元应力值取决于所选择的单元尺寸。由于高的应力发生在边缘，单元尺寸太大，计算的应力就会太低，从一开始就会完全丢失正确解；单元尺寸太小，就会使单元应力趋于无限，从而变得无意义。在单元尺寸合适的条件下，可以使用这个模型确定设计的安全余量。因此，尽管本书不是关于有限元分析的，但指出胶粘剂建模方面的一些优缺点还是值得的。

9.7.1　单元尺寸

为了得到精确结果，胶黏剂建模时必须使用实体单元，并且在厚度方向至少有两层单元。许多最佳的胶层厚度都在0.005in附近，因此，沿着厚度方向单元尺寸只有0.0025in。这为确定其他方向单元尺寸提出了一个难题。这需要小的单元尺寸。然而，小单元尺寸使得模型规模很大，可能预估的单元应力精度很差，并且会占用更大内存。

例如，1in的方胶斑可用实体单元建模，厚度方向单元尺寸0.0025in，面内单元尺寸0.1in。这样就会有600个自由度，并且单元的方位比达到了40∶1。由于高的方位比，应力结果可能不准确，并且会被低估。此外，如果选择方位比1∶1，横截面内单元尺寸要减小到0.0025in。这样就会产生500万个自由度，需要占用大量内存。同时，随着单元尺寸变得越来越小，应力值会变得越来越大，在一些情况下会接近无限大。这样，就出现了一个两难选择的困境：单元数太少，会低估应力；单元数太多，则会高估应力，并且占用更多资源。

为了确定像在透镜支撑中的胶接连接的应力余量，首先有必要承认以下几个条件。

（1）由于数值奇异性，不管使用了多少单元，胶层边缘附近的有限元分析结果都不是真实的。

（2）对于实际结构，在胶层边缘存在峰值效应，这是确定失效载荷的一个驱动因素。

（3）对于实际结构,应力分布及其峰值取决于组成材料的相对刚度、它们的固有塑性以及材料的断裂特性。

（4）塑性效应一般会降低应力峰值,而边缘应力失效更适于采用断裂力学方法来建模。不过,一般很少测量断裂力学特性。因此,通常以距离胶层边缘某个临界距离的一个应力超跃数(Exceedance)来表征。

（5）解析模型能够预测应力分布的相对形状,它取决于组成材料的相对刚度(从而允许它们在灵敏度研究中应用)。不过,由于奇异性,它们不能预测胶层边缘附近实际应力的大小。这个值还会随着网格密度发生变化。

（6）如果为了确定了应力分布上的关键点,根据测试数据对解析模型预测的应力分布进行了修正,那么,这个解析模型也可以用来预测类似构型的失效。

一旦理解了上述许可条件,就有可能建立一个能够使应力具有安全余量的分析技术(基于测试数据)。

9.7.2　热应力

如上所述,由于CTE的不匹配在热浸泡条件下,胶黏剂和被黏接体上会产生热应力,并且在胶黏剂/被黏接体黏接边缘附近层间应力具有最大值。式(9.7)和式(9.8)不足以确定被黏接体上法向(扁平)拉应力,特别是对于脆性材料的基体,它们在拉伸的时候会发生失效(第12章)。尽管式(9.9)能够精确预测这些应力,然而推导这些公式超过了本书(以及其他许多书)的范围。不过,可以使用式(9.10),尽管它是一阶近似的最大值。下面的实例研究和试验以及详细的有限元分析对比了这个使用方法。

9.7.2.1　实例研究

一个红外透镜和一个金属柔性元件黏接,使用了经过低温验证的、厚度为0.005in的环氧胶,工作温度为120K。通过试验得到了材料特性数据,包括透镜(由热等静压/HIP的硫化锌制作)、胶黏剂和两种类型的金属柔性元件。第一种柔性元件为钛合金,和透镜CTE不能很好地匹配;第二种为低热膨胀系数的铁镍合金,能够和透镜CTE很好地匹配。陶瓷的强度高度依赖裂纹尺寸(第12章),因此也高度依赖抛光精度。为了得到理想表面,指定采用一个受控的研磨程序。表9.8列举了透镜、胶黏剂和柔性元件的有效属性。硫化锌抛光后的平均强度接近5000psi;测试数据表明,至少在一半的规时间内,材料预期在这个应力水平发生失效。在应力水平2500psi下,期望失效时间小于规定时间的1%。

238

表 9.8　胶接透镜组件在 120K 时的有效属性

部件名称	材料	割线模量/Msi	割线 CTE/(10^{-6}/K)	强度/psi
透镜	硫化锌	10.8	4.9	5000
胶黏剂	环氧胶	0.6	55	7000
挠性元件	钛合金	16	8	80000
挠性元件	合金 42	21	5.4	40000

根据式(9.10),作为一阶近似,可以发现基体最大应力对于钛合金支撑和铁镍支撑分别为

$$\sigma = E\Delta a \Delta T = 10.8 \times 3.1 \times 173 = 5800 \text{psi}$$

$$\sigma = E\Delta \alpha \Delta T = 10.8 \times 0.6 \times 173 = 1120 \text{psi}$$

需要注意的是,这里的 E 是透镜的弹性模量。对于胶黏剂,根据式(9.6),有

$$\sigma = E\Delta \alpha \Delta T/(1-\nu) = 0.6 \times 55 \times 173 = 5700 \text{psi}$$

式中:E 为胶黏剂的弹性模量。

可以看到,一般可以预期在钛合金界面可能会发生失效,而在铁镍合金的界面不会发生失效。胶黏剂的应力低于许用应力。大量样本的实际测试证明了上述结论,也就是说,在任何情况下,胶黏剂都没有发生失效,使用钛合金柔性元件时基体发生了失效,而使用铁镍合金时没有发生失效。金属柔性元件本身的应力不是一个问题,它们都远在许用应力以下。

为了和一阶公式及试验得到的结果对比,建立有限元模型确定热应力水平。对应单元尺寸从 0.001in 变化到 0.020in,建立了几个不同的有限元模型。在所有情况下,胶层厚度方向的单元尺寸都为 0.0025in。

在所有情况中,都使用单元质心处的平均应力进行对比。图 9.10 给出了应力水平和单元尺寸之间的函数关系。注意到在单元尺寸最小的情况下,应力水平被严重高估,此时,所有情况都会发生失效。即便是在单元尺寸为 0.01in 时,镍铁合金黏接的透镜也会发生失效,实际上这并不会发生。在单元尺寸 0.020in 时,可以看到具有比较精确的预测结果,并且如果使用钛合金可能会出现透镜失效,而使用铁镍合金则不会失效。

检查较小单元尺寸的模型,可以发现它们的应力水平,和尺寸最大模型中去掉边缘 2~4 个胶层厚度单元后的应力,是基本一致的。因此,使用接近 0.020in 的单元尺寸(方位比和相对厚度一个量级),不仅足够,并且和预测很接近。进一步可以看到,这些应力和式(9.10)预测的近似值很接近。

上述这些分析表明,使用小单元尺寸建模,不仅不需要,而且也不理想。进一步的分析研究还可以看到,单元尺寸约为 0.025in 时,使用单元质心应力(不

是角点应力),可以得到合理近似的应力结果。由于方位比和误差可能会低估应力,使用更大尺寸的单元是不理想的。

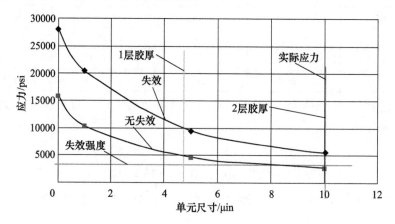

图 9.10　平均应力和单元尺寸关系(边缘太多小尺寸单元(精细)会高估边缘应力)

尽管模型的应力结果取决于单元尺寸,并且胶层应力很难评估,但是,从上述模型及其分析结果可以证实:对于高热膨胀低应变的胶黏剂,使用热膨胀系数不匹配的被黏接体,可能会造成脆性材料被黏接体的失效。热膨胀系数匹配,可以降低胶黏剂和被黏接体的应力。当然,使用低应变、柔性的胶黏剂会进一步降低应力值。

9.8　圆　　角

和使用焊料进行金属焊接实现的效果类似,使用胶接圆角能够改善胶接接头的静强度。不过,由于太大的胶层圆角,环氧胶和被黏接体上形成的热应力会急剧增加。在极度热浸泡条件下,这可能会造成胶黏剂或基体的失效。如果被黏接体比胶黏剂弱,并且应力超过了它的许用极限,那么基体材料可能会发生断裂并被拉出。如果胶黏剂弱于被黏接体,并且应力也超过了其许用极限,那么,胶黏剂就会发生断裂。由圆角造成的胶黏剂和被黏接体上的应力增加,一般可以高达 20%(图 9.11)。当初始应力很高时,这是非常关键的。内凹圆角可能是比较理想的,也就是说,在被黏接体边缘的界面处使用较少胶黏剂。类似研究表明,应力降低的量级和圆角增加情况大致相同(可以达到 10% ~ 20%),从而可以增加设计余量。

上述关于在热环境下减小圆角的讨论,一般适用于在低于 200K 极低温度下工作的低热膨胀被粘接体和高热膨胀环氧胶。如果被黏接体为韧性金属材

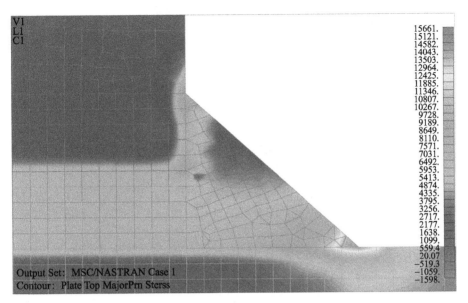

图 9.11　圆角增加了环氧胶和基体在降温过程中的应力,在低温应用中应当最小化

料,局部屈服会避免断裂发生。不论如何,对于工作在极低温度条件下的情况,避免使用超大圆角是个很好的做法。一般而言,所谓超大圆角是指圆角侧边尺寸(Side Dimension)超过了 3 倍的胶层厚度。

9.9　软的合成橡胶

现在我们把注意力转向软的合成橡胶(Elastomer),也就是那些具有低的弹性模量和大的应变－失效比的材料。硅橡胶和一些聚氨酯都属于这类材料。一个常见的合成橡胶就是 RTV 硅橡胶,它是一个硅基的橡胶聚合胶黏剂。这个材料是近不可压的,也就是它的泊松比几乎达到了 0.5。正因为如此,它的弹性模量高度依赖于它的承载面积以及厚度。对于极薄的胶层,它的弹性模量接近于材料的体积模量。体积模量 B 和弹性模量 E 之间的关系为

$$B = \frac{E}{3(1 - 2\nu)} \qquad (9.12)$$

显而易见,当泊松比接近 0.5 时,体积模量趋于无限大,也就是完全抗压。RTV 硅橡胶的泊松比为 0.4997,弹性模量大约为 500psi,代入到式(9.12),可以得到体积模量 B 近似为 275000psi。实验结果表明,体积模量接近 200000psi,不管如何,这都大大超过了它的弹性模量。与之对比,金属材料体积模量对性能影

响并不明显。例如,假定体积模量和弹性模量相等,即

$$B = \frac{E}{3(1-2\nu)} = E \tag{9.13}$$

可以得到 $\nu = 0.33$,这正是铝的泊松比。许多金属材料的泊松比都在 0.25 ~ 0.33。环氧胶的泊松比接近 0.4,即便是这个值也不会使体积模量显著超过压缩模量。

由于硅树脂和硅橡胶高体积模量的影响,可以得到它的有效弹性模量为[10]

$$E_c = E(1 + 2S^2) \tag{9.14}$$

式中:S 为形状因子,由承载面积除以非承载面积得到。式(9.14)基于近不可压体积约束以及无限条弹性理论。因此,如上所示,该公式只适用于具有很高泊松比的材料。

对于直径为 D 的圆形承载截面,它的形状因子为

$$S = \frac{\pi D^2}{4\pi Dh} = \frac{D}{4h} \tag{9.15a}$$

对于边长为 L 的方形承载截面,形状因子为

$$S = L^2/(4Lh) = L/4h \tag{9.15b}$$

对于长为 L 宽为 b 的矩形承载截面,形状因子为

$$S = \frac{Lb}{2h(L+b)} \tag{9.15c}$$

对于 $L \gg b$ 的长条形加载截面,形状因子为

$$S = \frac{b}{2h} \tag{9.15d}$$

在实际工作中,根据实验数据,当合成橡胶的硬度由于添加剂或者其他因素影响而增加时,需要对有效模量式(9.14)进行修正。有效模量修正公式如下:

$$E_c = E(1 + 2kS^2) \tag{9.16}$$

式中:k 为修正因子,大小取决于硬度,范围从 0.5 到 1.0。表 9.9 给出了典型橡胶材料的硬度、弹性模量、剪切模量以及修正因子[11]。值得注意的是,式(9.16)适用于计算拉压有效模量,但是不适用于剪切模量。图 9.12 给出了形状因子和合成橡胶硬度的关系[11]。当形状因子超过 10 时,应当用这个图替代式(9.16)。

表 9.9 形状因子的修正因子 k,可以解释非橡胶成分
对弹性模量增加的影响(经许可摘自文献[11])

邵氏硬度 A	弹性模量/psi	剪切模量/psi	k
30	130	43	0.93
40	213	64	0.85
50	310	90	0.73
60	630	150	0.57
70	1040	245	0.53

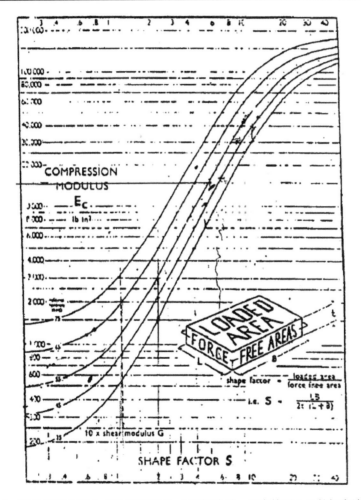

图 9.12 形状因子 S 和合成橡胶硬度 E_c 之间的关系。具有接近 0.5 的极高泊松比的
弹性材料在近似约束状态(薄层)时刚度显著增加(经许可转载自文献[11])

9.9.1 实例分析

考虑一个金属柔性元件和一个10lb重的透镜通过RTV胶黏接。RTV胶黏剂的弹性模量为600psi,长度为1in,宽度为0.5in,厚度为0.030in。需要求解如下。

(1) 计算拉压以及剪切有效模量。

(2) 计算三点支承、剪切方向受力条件下自重造成的透镜变形。

求解过程如下。

(1) 根据式(9.15c),可以得到形状因子:

$$S = \frac{Lb}{7h(L+b)} = 5.55$$

由表9.9,得到 $k = 0.58$,根据式(9.16),得到

$$E_c = E(1 + 2kS^2) = 22000\text{psi}$$

剪切模量不受形状因子影响,根据表9.9可知, $G = 140\text{psi}$。

(2) 根据式(1.10),得到

$$Y = \frac{Wh}{3AG} = \frac{Wh}{3LbG} = 0.00143\text{in}$$

9.9.2 无热化

由于具有机械隔振能力,RTV胶通常在透镜支承应用中非常重要。另外,它的高的热膨胀系数,室温下超过了 $200 \times 10^{-6}/℃$,使它具有实现支撑无热化的潜在优势。由于体积模量的影响,它的CTE计算如下:

$$a_{\text{eff}} = a\left[3 - \left(\frac{2}{1 + 2.5S^{1.75}}\right)\right] \tag{9.17}$$

随着形状因子增加,线性的有效热膨胀系数逐渐接近 $3a$,这是材料热膨胀系数的3倍,数值相当高。基于这个信息,如果透镜的CTE低于其支撑框的CTE,就可以尝试使透镜支撑无热化。对于一个安装在环形框内的圆透镜,在热浸泡条件下,根据几何相容性条件,胶斑的厚度 t_p 为

$$t_p = R\frac{(\alpha_b - \alpha_1)}{(\alpha_{\text{eff}} - \alpha_1)} \tag{9.18}$$

式中: R 为透镜半径; α_b 为环形支承框的热膨胀系数; α_1 为透镜的热膨胀系数。

9.9.2.1 实例分析

圆形透镜的半径为4in,热膨胀系数CTE为 $4 \times 10^{-6}/℃$;支承透镜的铝框,

244

热膨胀系数为 $22.5 \times 10^{-6}/℃$，通过 RTV 胶在三点和透镜黏接，胶斑尺寸为 $1 \times 0.5\text{in}$。忽略透镜和铝框的半径差，现在进行无热化支承设计。RTV 胶的热膨胀系数为 $222 \times 10^{-6}/℃$。根据式(9.15c)，可以得到

$$S = \frac{Lb}{2(L+b)t_p}$$

注意：由于需要假定胶层厚度，因此这个求解需要迭代。尝试取 $t_p = 0.10$ 英寸。那么，$S = 1.66$，根据式(9.17)，得到

$$\alpha_{\text{eff}} = \alpha \left[3 - \left(\frac{2}{1 + 2.5S^{1.75}} \right) \right]$$

$$\alpha_{\text{eff}} = 2.72, \alpha = 603 \times 10^{-6}/℃$$

根据式(9.18)，得

$$t_p = R \frac{(\alpha_b - \alpha_1)}{(\alpha_{\text{eff}} - \alpha_1)} = 0.13\text{in}$$

注意：厚度假定很准确。我们可以通过迭代找到真实厚度。如果这个胶厚大于我们的涂胶能力，那么，可以先浇铸固化一个接近这个厚度的胶垫，然后再通过薄的 RTV 胶层黏接。注意：如果计算结果有些偏差，我们仍旧能够得到一个几乎无热化连接，这是由于 RTV 胶的"柔软性"使它具有隔离效应。但是，如果形状因子太高，由于它的强度不高，拉伸强度只有 400psi，因此可能会发生断裂。否则，这个载荷对于镜片保持波前性能来说就可能太高。

例如，如果由于可生产性问题，允许胶层厚度仅为 0.065in。那么，一个 100℃ 的热浸泡温度变化，透镜载荷和胶层应力会是多少呢？

根据式(9.15c)和式(9.17)，可以得到 $S = 2.56$，$\alpha_{\text{eff}} = 634 \times 10^{-6}/℃$。净增长量为

$$Y = R(\alpha_b - \alpha_1)\Delta T - (\alpha_{\text{eff}} - \alpha_b)t_p\Delta T = 3.279 \times 10^{-3}\text{in}$$

由式(1.5)可知，透镜上的作用力为

$$P = \frac{YAE_c}{t_p} \tag{9.19}$$

根据式(9.14)，得到 $E_c = 5160\text{psi}$。代入到式(9.18)，得到 $P = 130\text{lb}$，这可能比透镜能承受的力更大。RTV 胶层上的应力为(式(1.2))

$$\sigma = \frac{P}{A} = 260\text{psi} < 400\text{psi}$$

因此，胶层不会发生失效。这个例子说明了对设计需要仔细检查。

参 考 文 献

1. "Investigation of thick bondline adhesive joints," DOT/FAA/AR-01/33, Office of Aviation Research, Washington, D.C. (2001).
2. T. Altshuler, "Thermal expansion of Epibond 1210 from 296K to 353K," AML-TR-2001-5 (2001).
3. T. Altshuler, "Thermal expansion of RTV 566 from 120K to 293K," AML-TR-2000-31 (2000).
4. T. Altshuler, "Creep and tensile tests of Epibond 1210 at 297K, 333K, and 343K," AML-TR 2001-02 (2001).
5. S. W. Beckwith, "Viscoelastic creep behavior of filament wound case materials," *J. Spacecraft* **21**(6), 546 (1984).
6. S. Timoshenko, "Analysis of bi-metal thermostats," *J. Optical Society of America* **11**(33), 233 (1925).
7. W. T. Chen and C. W. Nelson, "Thermal stress in bonded joints," *IBM J. Research Develop.* **23**(2), 179–188 (1979).
8. S. Ney, E. Swensen, and E. Ponslet, "Investigation of compliant layer in SuperGLAST CTE mismatch problem," HTN-102050-018, Hytec, Inc., Los Alamos, NM (2000).
9. S. Cheng and T. Gerhardt, "Laminated beams of isotropic or orthotropic materials subjected to temperature change," FPL-75, Forest Products Laboratory, U.S. Dept. of Agriculture (1980).
10. P. R. Yoder, Jr. and D. Vukobratovich, "Shear stresses in cemented and bonded optics due to temperature changes," *Proc. SPIE* **9573**, 95730J (2015) [doi: 10.1117/12.2188182].
11. P. B. Lindley, *Engineering Design with Natural Rubber*, Third Edition, NR Technical Bulletin #8, Malayan Rubber Fund Board, National Rubber Producers' Research Association, London (1974).

第 10 章　简单动力学分析

光学结构分析一般涉及静态分析(不发生移动的物体),然而,如果不考虑动态分析(可发生轻微运动物体)就不完整。几乎所有的光学系统在地面运输、搬运、冲击、飞机运行、火箭发射、在轨飞行以及其他情况下都会受到振动的影响。

需要关注光学系统的频率以及加速度响应有以下几个原因。我们需要保证光学系统在施加载荷放大条件下不会由于强度限制而发生失效;此外,位移不能太高以至于使得相邻零件或者与外壳发生冲击或者干涉。光学结构工程师必须确保结构频率在系统内没有耦合而导致加速度放大。系统的基本模态必须能够和它的平台或者有效载荷,以及和振源(如运载火箭)的频率解耦。因此,本章将简要介绍这类系统的响应。

10.1　基 本 原 理

由于振动是震荡的,最好用随时间的正弦变化来表示(图10.1),它适用于所有形式的振动(包括冲击、随机等)。在第1章中,胡克定律(式(1.1))指出,力和变形成正比,或者用 $F = kx$ 表示,其中 F 是施加的外力,单位为 lb,k 是刚度常数,单位是 lb/in,x 是变形量,单位是 in。

考虑图10.2所示在一个静力作用下的质量-弹簧平衡系统。根据牛顿定律,存在加速度 a 时,需要施加的外力为

$$F = ma \tag{10.1}$$

式中:m 是在加速度作用下物体的质量。这个力由弹簧来承受,因此,有

$$\sum F = ma + kx = 0 \tag{10.2}$$

或者

$$m\frac{\mathrm{d}^2 x}{\mathrm{d}t^2} + kx = 0 \tag{10.3}$$

对式(10.3)在时域内求解,可以得到自然频率:

$$f = \frac{1}{2\pi}\sqrt{\frac{k}{m}} \tag{10.4}$$

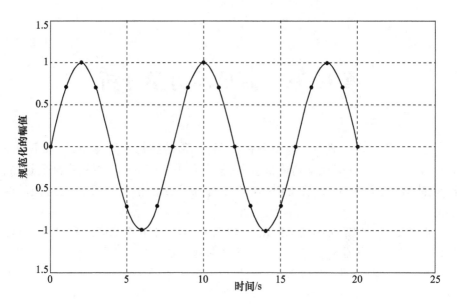

图 10.1　正弦振动(幅值随时间发生完全交变)

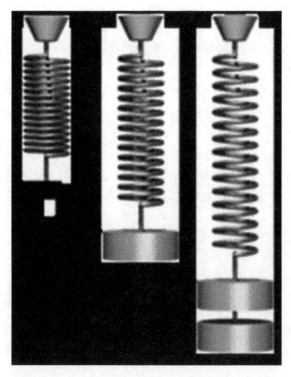

图 10.2　质量 – 弹簧系统:平衡条件(改编自《大英百科全书》2012 版,主题:胡克定律)

248

自然频率的单位为每秒周数 s,或者 Hz,有时也称为基频,或者共振频率,它适用于单自由度系统。尽管几乎所有的系统除了基频之外还有许多模态,然而,使用一阶近似原理,基频在许多应用中可以发挥很好作用。

对于振源的加速度响应,取决于自然频率和弹簧的阻尼特性。如果没有阻尼,在给定输入下共振处的响应将会无限大。一般来说,阻尼会把响应的放大倍数限制在 3(橡胶减振支承)~50(金属和陶瓷);对于低量级输入的应用,放大倍数有时会更大(高达 100)。放大倍数或者传递率 Q 为

$$Q = \frac{1}{2\zeta} \tag{10.5}$$

式中:ζ 为弹簧的黏性阻尼因子。对于常见的结构材料,黏性阻尼因子的值一般为 0.5% ~15% 。由此可以得到共振处的加速度响应 a_r 为

$$a_r = Qa \tag{10.6}$$

图 10.3 给出了不同阻尼条件下一个正弦输入激励的加速度响应。注意:在共振频率前一个倍频程处(一个倍频程表示一个倍频),响应基本上和输入相等;在共振频率处急剧上升;在共振频率的 $\sqrt{2}$ 倍处,响应下降到接近输入量级。在共振频率后一个倍频程处,响应大大衰减。任何远大于共振频率的输入,由于被大大隔离,在系统响应中都不会出现。

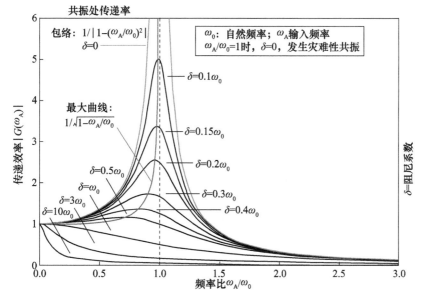

图 10.3 不同阻尼下传递率 Q 与频率比之间的关系(改编自文献[1])

定义频率的时间周期 T 也很有用,表达式如下:

$$T = \frac{1}{f} \tag{10.7}$$

在一个周期内会发生一个完整的交变循环。

自然频率和圆频率 ω 之间的关系为

$$\omega = 2\pi f \tag{10.8}$$

在正弦振动条件下,位移 x、速度 v 以及加速度 a 之间的关系为

$$x = A\sin(\omega t) \tag{10.9a}$$

$$v = \frac{\mathrm{d}x}{\mathrm{d}t} = \omega A\cos(\omega t) \tag{10.9b}$$

$$a_{\mathrm{r}} = \frac{\mathrm{d}v}{\mathrm{d}t} = -\omega^2 A\sin(\omega t) \tag{10.9c}$$

式中:A 是位移的最大幅值。

10.2 一个有用的关系式

在动力学中最有用的关系式之一,就是根据镜片或者结构的自重变形来计算它的自然频率。我们知道,质量 m 为

$$m = \frac{W}{g} \tag{10.10}$$

式中:W 为物体在重力加速度场 g 内的重量。根据胡克定律(式(1.1)),可以得到

$$W = kx \tag{10.11}$$

把式(10.10)和式(10.11)代入到式(10.4),可以得到自然频率为

$$f = \frac{1}{2\pi}\sqrt{\frac{kg}{W}} \tag{10.12}$$

$$f = \frac{1}{2\pi}\sqrt{\frac{g}{x}}$$

在地球重力场内,$g = 386.4\mathrm{in/s}^2$,此时式(10.12)可以写为

$$f = \frac{3.13}{\sqrt{x}} \qquad (10.13)$$

因此,知道了系统的静力变形,由式(10.13)可以得到系统基频的一个良好近似。注意到公式中的 3.13 和 π 比较接近,这纯粹是巧合。不过,它可以有助于我们记住这个重要的关系式:

$$f \approx \frac{\pi}{\sqrt{x}}$$

$$\omega = 2\pi f = \frac{2\pi^2 f}{\sqrt{x}}$$

应该指出的是,式(10.13)适用于单自由度系统。虽然实际光学系统都包含许多模态,不过利用式(10.13)能得到一个很好的一阶近似值。

10.2.1 转动频率

类似于式(10.4)在平动方向定义的单自由度系统的自然频率,即

$$f = \frac{1}{2\pi}\sqrt{\frac{k}{m}}$$

可以得到单自由度系统的转动方向的自然频率,即

$$f_\Theta = \frac{1}{2\pi}\sqrt{\frac{k_\Theta}{I_m}} \qquad (10.14)$$

式中:k_Θ是转动刚度;I_m是转动惯量。转动刚度存在如下关系式:

$$k_\Theta = \frac{M}{\Theta}$$

式中:M 就是转动(而不是平动)方向的胡克定律中对应的静力矩。

10.2.2 分析算例

一个相对刚性的反射镜,采用三点 Bipod 支撑。基于镜片质量和 Bipod 刚度,根据第 3 章方法进行计算,可以得到在最坏工况下正交轴向的自重变形为 0.001in。根据式(10.13),可以得到 $f = \dfrac{3.13}{\sqrt{0.001}} = 99\,\mathrm{Hz}$。

10.3 随 机 振 动

在许多应用中,振动本质上不是纯正弦的而是随机的。来自地面运输、飞机振动以及火箭发射等工况的随机振动,在本质上都是随机的,也就是说,幅值和频率都在不断发生变化。

为了得到随机振动输入,把振源通过给定带宽和频谱范围上一系列的滤波器,如频率范围为 20 ~ 2000Hz,带宽为 10Hz。记录每个滤波器上的加速度响应(式(10.6)),平方然后除以带宽频率,就能得到一个响应与频率的曲线图,也就是大家所熟知的功率谱密度(PSD),或者更准确的说法为加速度功率谱密度(ASD),这是由于功率是由加速度计测量数据转换得到。加速度功率谱密度的单位为 g^2/Hz,其中 g 为加速度常数。在这个计算公式中,幅值概率一般是高斯分布(钟形曲线),把曲线下面积取平方根,就可以得到一个标准差(1σ)或者 gRMS 为单位的输入和输出响应。为了分析一般要输出 3σ 的响应。这里采用高斯分布,则 68.3% 的响应发生在 1σ 的值内;95.5% 的响应在 2σ 的值内;99.7% 的响应在 3σ 的值内。换句话说,1σ 的值大约发生 68.3% 的时间,1σ 到 2σ 对应约 27.2% 的时间,而 2σ 到 3σ 对应约 4.2% 的时间。

虽然计算给定 PSD 输入下的响应在数学上很复杂,不过梅尔斯(Miles)[2]对于单自由度系统在常功率谱密度(白噪声)下无限频率范围内的响应给出了一个近似。尽管很少会有单自由度系统,也很少会有无限频谱的情况,然而,在根据系统的基频确定一阶加速度响应方面,单自由度的 Miles 响应公式非常有用,具体表达式如下:

$$a_r = \sqrt{\frac{\pi GfQ}{2}} \qquad (10.15)$$

式中:G 是在基频 f 处的加速度功率谱输入(单位为 g^2/Hz);a_r 是 1σ 的加速度响应值,单位为 g。在分析中用来确定应力水平的 3σ 响应值,就是式(10.15)结果的 3 倍。

10.3.1 实例分析

飞行器在火箭发射过程承受的一个典型的加速度响应曲线,就是大家熟知的通用环境振动标准(GEVS)[3],如图 10.4 所示。这个输入曲线是运载火箭输入的一个包络,是最恶劣的工况。

例如,考虑一个质量 50kg(110lb)的光学系统,基频为 200Hz,传递效率为

252

25%。根据式(10.15)可以得到3σ响应为

$$a_r = 3\sqrt{\frac{\pi GfQ}{2}} = 75g$$

这个数值可以静态施加在应力分析中。

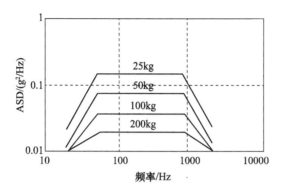

图 10.4　通用环境振动标准(GEVS):不同质量条件下的响应包络(转载自文献[3])

在实际应用中,这些载荷一般来说都很保守,适用于主要的结构部件(为了得到随机应力,需要进行更复杂的应力和位移分析,按照单个模态来计算,同时还要考虑相位影响,这里不讨论这些内容)。次要的结构部件以及系统的质心位置的分析,一般采用较低量级进行分析,正如图 10.5 典型的质量 – 加速度曲线(MAC)[4]所示。

10.3.2　分 贝

对于飞行系统的光学结构工程师来说,一个要求更为苛刻的任务或许不是工作或者非工作条件下的振动环境本身,而是首先有能力把系统从其设施中搬出来。为了保证硬件的完整性,实验室振动载荷要远大于飞行载荷。随机振动载荷的幅值比可以用分贝(dB)来衡量。对于单位为幅值²/Hz 的功率谱密度来说,它的分贝公式为

$$dB = 10\log\left(\frac{G_{12}}{G_{22}}\right) \tag{10.16}$$

式中:G_{12} 和 G_{22} 为(位移、速度或者加速度)功率谱密度图上纵坐标幅值,对于加速度功率谱密度来说单位为 g^2/Hz。例如,如果 PSD 的比值是 4,那么,增加的分贝就是 $dB = 10\log 4 = 6.02$(近似为 6)。G_1 或 G_2 均方根值与它们 PSD 谱的平方根有关,可以得到它的分贝表示式为

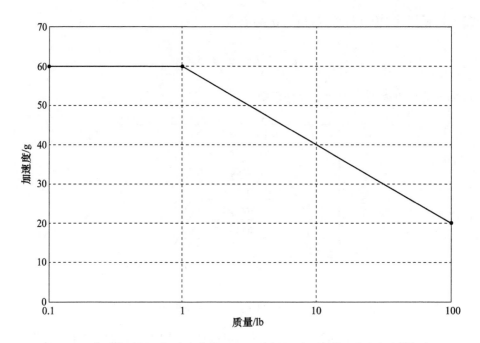

图 10.5　典型的质量-加速度曲线(MAC),适用于次要结构(改编自文献[4])

$$dB = 20\log\left(\frac{G_{12}}{G_{22}}\right) \tag{10.17}$$

表 10.1 给出了不同比值的一个总结。

表 10.1　分贝比与随机振动的等效性

dB	PSD 比	RMS 比
0	1	1
0.5	1.122	1.059
1	1.259	1.122
1.5	1.413	1.188
2	1.585	1.259
3	1.995	1.413
6	3.981	1.995
9	7.943	2.818
12	15.85	3.981
18	63.09	7.943

工程研制的鉴定级载荷可能比验收级载荷高 3~4.5dB(1.4~1.7gRMS),而第一次飞行的原型样机鉴定载荷,比验收级高 1.5~3dB(1.2~1.4gRMS)。

用于"模拟飞行"的验收级载荷,主要是由于指标的包络(从运载火箭到有效载荷再到光学系统),一般比实际载荷高,从而会产生过高的系统响应。

如果主要结构承受的载荷非常高,可以采用一种与上述不同的、不太保守的方法,如响应限幅或者力限等,前提是能够判定这些限制的合理性,下面将讨论这些方法。

10.4 力 限 方 法

光学系统的随机振动输入谱往往非常保守,这是由于它们是在运载上测量的响应峰值的包络,并且还没有考虑阻抗的影响。为了说明这点,考虑一个由运载火箭产生的 1g 加速度正弦输入。如果被激励的有效载荷的质量为 m,频率为 f,传递率为 Q,那么它的幅值响应就是 Q。如果再把这个响应作为输入加载到一个具有类似质量、频率和阻尼的光学系统上,那么它的共振响应为 $Q \times Q$。然而,通过分析一个两自由度振动系统,说明响应值仅为 $1.6Q$。

例如,对于具有相等质量和频率、放大倍数都为 50 的一个有效载荷和一个光学系统来说,包络方法得到的响应为 2500g,而实际的响应只有 80g,差别超过了 30 倍。在图 10.6 中,对比了包络方法得到的响应和更加真实的二自由度系统的响应。

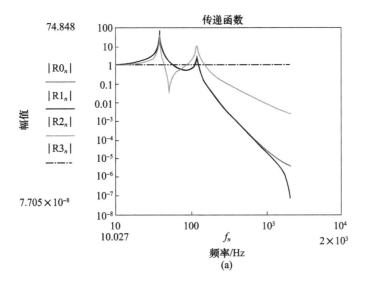

(a)

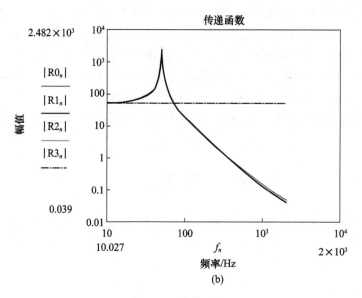

图 10.6 包络响应

a)1g 输入下,等质量等弹簧的二自由度系统响应为 80g,单个质量 – 弹簧系统的 $Q=50$;
b)有效载荷 50g 包络输入下,单自由度响应为 2500g,远超实际响应值(改编自文献[5])。

Scharton 在他的经典的力限方法中解释了包络方法的缺点[5]。他认识到,把有效载荷上的包络响应施加到光学系统上,会使系统发生严重的过试验,这是由于在坚硬的振动台上施加的力没有受到限制(图 10.7)。注意:在单位加速度输入下,界面加速度响应在共振处产生了一个分离模式,其中较低频率约是输入频率的 60%,响应量级在 50g。不过,一般典型做法,这个响应值会被采用包络方法,对光学系统输入 50g 载荷,会产生 2500g 的响应(正如前面的图 10.6 所看到的)。或许包络所有的谷值比包络峰值效果会更好。不过,这样可能对次要的结构或零部件造成欠试验。

从图 10.7 上部的图中可以看到,界面力限制了从有效载荷传递到光学系统的力。如果在试验中施加这些力限,如前所述响应值只有 80g。采用力限方法,输入加速度在共振频率处出现下凹,使振动台驱动力降低 2500/80 或者说超过了 30 倍。加速度输入一般由加速度计来控制,而施加力限则使用测力计来控制响应。计算出力限指标,在振动台上同时施加力控和加速度控制。

力限输入的确定取决于支撑平台的阻抗,这些信息可能无法预先知道,从而导致无法进行载荷耦合分析以评估测试系统的实际响应。代替使用实际的数据,也就是说,当缺乏支撑结构阻抗的信息时,经常可以使用一种半经验方法[6]。这里建立了力 – 功率的关系,其中力限的定义如下:

256

$$\text{FSD} = C^2 m^2 (\text{ASD}) \quad (f \leqslant f_0) \tag{10.18a}$$

$$\text{FSD} = C^2 m^2 (\text{ASD})(f_0/f)^{2n} \quad (f > f_0) \tag{10.18b}$$

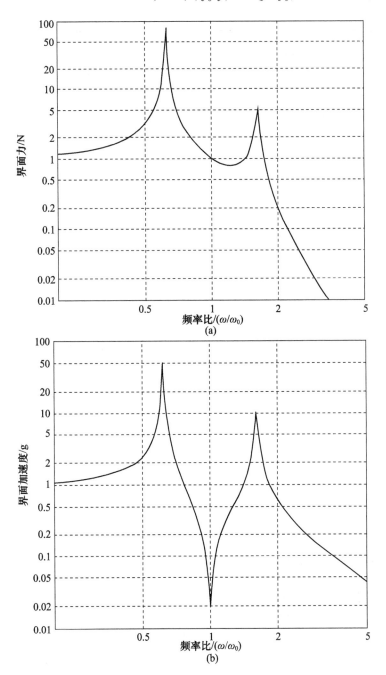

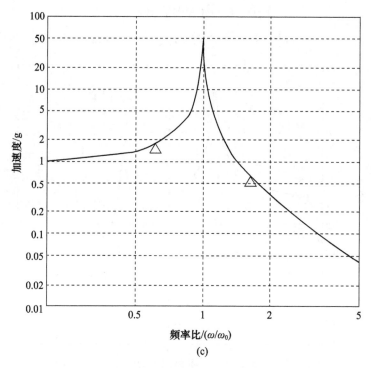

图 10.7 等质量和等频率的二自由度系统力限响应

(a)有效载荷力限条件下的界面力;(b)产生的分离的加速度响应;

(c)1g 输入产生的 50g 基础响应(运载级)(经 AIAA 许可摘自文献[5])。

式中:FSD 为力谱密度,单位为 lb^2/Hz;ASD 为加速度功率谱密度,单位为(in/s^2)^2/Hz;m 为系统质量,单位为(lb · s^2)/英寸;f_0 为系统基频,单位为 Hz;f 为频率;n 为滚降(Rolloff)常数(依赖于构型);C^2 为力限常数(依赖于构型)。

滚降常数 n 一般假定为单位 1,也可以比 1 略大或略小;力限常数 C^2 对于大部分系统来说一般为 2 ~ 5 或者更高。C^2 的选择会影响到全局力限量级,进一步会影响到输入频谱下凹的深度。考虑到存在不确定性,NASA 参考指南[6]建议在下凹后至少保留 6dB 共振,下凹的深度不应当超过 14dB。

10.4.1 响应限幅

作为力限的替代,或者可以采用加速度响应限幅,使加速度频谱在感兴趣的分离模态处强制下凹。和力限方法相比,这个方法更多取决于分析和建模技术,因此可靠性较低。不过,它确实可以产生更实际的系统响应,一般在用户同意的情况下使用。

10.5 运输过程中的振动

把系统从设施中搬出来下一个最困难的任务,就是设计一个交通运输环境。路面加速度、航空环境、操作中的冲击以及运输物品可能的跌落,都会产生高的加速度载荷,需要隔振措施。表10.2给出了装卸和运输中典型的指标要求,其中包括航空载荷、操作冲击以及路面运输过程中的振动。

如果采用了一个低频隔振系统,那么路面输入的加速度指标会在高频衰减,但是会在低频产生放大。这将在10.5.1.2节中结合运输夹具(10.5.1.1节)及相关操作的设计一起来考虑。

表10.2 操作及运输中典型的指标要求

(a)卡车和航空冲击;(b)运输冲击;(c)运输过程中路面振动

(a)操作冲击		
总重/lb		跌落高度/in
0~20		30
21~60		34
61~100		18
101~150		12
151~250		10
>250		8
(b)运输冲击		
总重/lb	卡车(G)	航空(G)
0~50	10	8
51~100	8	6
持续时间/s	0.4~40	0.8~40
(c)卡车路面正弦振动		
加速度峰值/g		频率/Hz
3		2~10
4		10~100
6		100~1000

10.5.1 跌落冲击

为了计算跌落事件中的加速度响应,考察一个给定刚度特性的隔离的系统,

259

或者一个给定刚度的系统,对刚性地面撞击的物理过程。假定在一个单自由度系统中,刚体质量 m,在重力加速度场中经过加速跌落高度 h,和刚度为 k 的弹簧发生撞击。在跌落前,系统的势能(PE)为

$$PE = mghG \tag{10.19}$$

注意:在地球的重力场内,$g = 386.4\,in/s^2$,G 是加速度 g 值,在标准跌落中值为 1。在冲击时,势能转化为动能,即

$$KE = \frac{mv^2}{2} \tag{10.20}$$

式中:v 是冲击速度。

令式(10.19)和式(10.20)相等,可以得到

$$v = \sqrt{2ghG} \tag{10.21}$$

冲击后,弹簧的变形量为 x,能量发生转换并被保持:

$$PE = \frac{kx^2}{2} = mghG \tag{10.22}$$

同时,动量也发生转换,即

$$Ft = mv \tag{10.23}$$

式中:F 是冲击力;t 是从开始冲击到停止经历的时间。进一步,可以得到

$$F = \frac{mv}{t} = ma = mAg \tag{10.24}$$

式中:A 是以 g 为单位的加速度响应的大小。另外,根据胡克定律,即 $F = kx = mAg$,因此有

$$x = \frac{mAg}{k} \tag{10.25}$$

把式(10.25)代入到式(10.22),可以得到

$$mghG = \frac{k\left(\dfrac{mAg}{k}\right)^2}{2}$$

由上式求解加速度,可以得到

$$A = \frac{k}{mg}\sqrt{\frac{2mghG}{k}} \tag{10.26}$$

根据式(10.3)和式(10.8),有

260

$$\frac{k}{m} = \omega^2 = (2\pi f)^2$$

因此,有

$$A = 2\pi f \sqrt{\frac{2hG}{g}} \tag{10.27}$$

式中:A 是以 g 为单位的加速度响应大小;G 是初始的 g 值(在标准跌落环境中等于 1)。

图 10.8 是一个能够确定加速度、速度以及位移的跌落冲击的列线图——它确实可以完成这项工作。只需要在纵轴输入跌落高度,就可以确定指定频率处的加速度、位移以及速度输出。

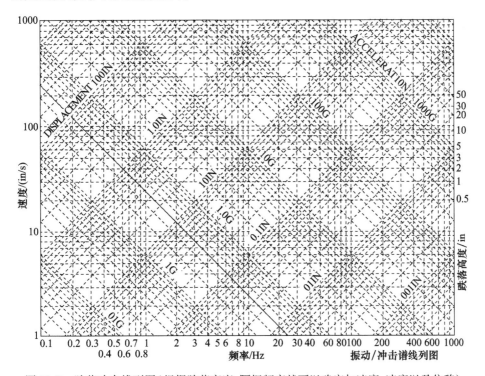

图 10.8 跌落冲击线列图(根据跌落高度、隔振频率就可以确定加速度、速度以及位移)

10.5.1.1 实例分析

例 1 一个 100lb 的光学望远镜组件,必须承受一个 14in 的跌落条件,加速度响应的限制为 15g。为了合理隔振这个组件,确定冲击支承所需的自然频率。

根据式(10.27)求解 f,其中 $A = 15$,$G = 1$,$h = 14$,$g = 386.4$,可以得到 $f =$

8.87Hz。根据式(10.9a)很容易确定弹簧的变形量为 $x = 1.87$in,并设计包络偏差以及运输所需的间隙。

应该指出的是,可能存在许多相互冲突的运输要求。例如,对于路面低频正弦振动输入,为了避免放大需要一个高频隔振系统;对于跌落冲击,为了减小响应放大则需要一个低频隔振系统。因此,需要一个既不能太软也不能太硬的均衡的隔振系统。

例2 在例1的设计中,针对操作过程的跌落冲击,确定了一个合适的隔振系统。现在根据表10.2中的指标,确定路面卡车运输产生的响应。

表10.2中3g路面加速度谱输入在8.87Hz处的响应,取决于冲击支承阻尼产生的传递率。为了把响应限制到15g以下,冲击支承隔振器需要具有的最大传递率 Q 为5,根据式(10.5),得到 $Q = \dfrac{1}{2\xi} = \dfrac{15}{3} = 5$,或者说,结构阻尼($2\xi$)为0.20(20%),这需要一个高阻尼的隔振器,可以通过硅橡胶隔振器来实现。

10.6 加速度冲击

在高量级加速度载荷下,紧凑的包络指标要求可能会使光学组件中的零部件之间具有很小间隙,从而产生撞击。这些撞击加速度产生的力,可以通过相对较软的减震器来降低。在小偏移量条件下,式(10.27)中的 h 接近零,这样就不会产生加速度响应。在这种条件下,我们需要考虑的是,在弹簧开始变形瞬间以后,体积力会持续对质量块做更多的功。势能表达式为

$$\mathrm{PE} = mgh(h + x) \tag{10.28}$$

根据这个能量,和之前一样通过处理可以求解 A:

$$A = G + \sqrt{G^2 + (2\pi f)^2 \left(\frac{2hG}{g}\right)} \tag{10.29}$$

10.6.1 实例分析

考虑一个5lb的透镜框,在发射中承受20g加速度,在发生0.1英寸的偏移量后,和一个频率为10Hz的减震器发生撞击。根据式(10.29)确定加速度响应,并和式(10.27)的响应对比。

根据式(10.29),可以得到,$A = 41$g。根据大跌落的式(10.27),可以得到,$A = 6.4$g。可以看到,和忽略了减震器做功的错误计算结果相比,利用小跌落公式计算出来的结果要大非常多。对于大跌落或者较高的频率,两个公式得到的

结果是基本一致的。

10.6.2 可变加速度

正如发生在正弦或者随机振动环境中那样,质量弹簧系统经常在可变重力加速度场内被加速。同样,弹簧运动限制在它的行程内(式(10.13)),即

$$x = G \left(\frac{3.13}{f} \right)^2 \qquad (10.30)$$

如果弹簧变形小于该系统和基础之间的间隙,则不会发生撞击;反之,大于这个间隙,就会发生撞击。不过,由于加速度以至于速度都不是常数,需要对式(10.29)进行修正。

应该注意到,在这个情况下,是冲击速度(而不是冲击加速度)产生了冲击力以及相应的加速度响应,也就是说,需要采用动量平衡原理,即

$$Ft = mv$$

$$F = \frac{mv}{t} = ma$$

式中:a 是加速度响应。对于正弦(以及随机)振动,峰值位移为(式(10.9a))

$$x = Y\sin(\omega t)$$

式中:Y 是响应的最大幅值;由式(10.8)可知

$$\omega = 2\pi f$$

以及式(10.9b),可以得到速度为

$$\frac{\mathrm{d}x}{\mathrm{d}t} = v = \omega Y\cos(\omega t)$$

同样,根据式(10.9c)可以得到加速度 a 为

$$\frac{\mathrm{d}^2 x}{\mathrm{d}t^2} = a = -\omega^2 Y\sin(\omega t)$$

可以看到,当位移幅值最大时,速度最小,加速度也最大,但符号相反,也就是说正在离开。因此,如果撞击之前的间隙和最大变形量相等,那么冲撞时速度为零,响应量不再增加。反之,如果间隙小于最大变形量,就会发生撞击,但是和恒定加速度场内的撞击对比,撞击速度会降低。

假定间隙为 h,最大位移幅值为 $Y(h < Y)$,可以得到

$$x = Y\sin(\omega t) = h$$

$$(\omega t) = \arcsin\left(\frac{h}{Y}\right) \qquad (10.31)$$

速度为

$$
\nu = \omega Y \cos\left(\arcsin \frac{h}{Y} \right) = \cos\left(\arcsin \frac{h}{Y} \right) V \tag{10.32}
$$

式中:V 是最大速度。

尽管式(10.29)中没有速度项,注意:如果令势能和动能相等,可以得到 $mgh = \dfrac{mv^2}{2}$。现在重新计算撞击时的势能,即

$$
\cos\left(\arcsin \frac{h}{Y} \right) V = \cos\left(\arcsin \frac{h}{Y} \right) \sqrt{2gh} \tag{10.33}
$$

求解有效间隙 h' 为

$$
\sqrt{2gh'} = \cos\left(\arcsin \frac{h}{Y} \right) \sqrt{2gh} \tag{10.33a}
$$

$$
h' = \left[\cos\left(\arcsin \frac{h}{Y} \right) \right]^2 h \tag{10.33b}
$$

把 $h = h'$ 代入到式(10.29),计算冲击加速度,即

$$
A = G + \left\{ G^2 + (4\pi f)^2 \left[\cos\left(\arcsin \frac{h}{Y} \right) \right]^2 \frac{hG}{g} \right\}^{1/2} \tag{10.34}
$$

然后,利用式(10.1)可以计算冲击力。

10.6.3　提升装置

根据小跌落式(10.29),当 h 值为零或者很小时,加速度响应为 2g。对于使用吊链设备的装卸装置时,这是一个非常重要的关系。突然拖拽绳索使它发生变形,将对系统产生 2g 的冲击。在许多软件中为了安全起见,提升装置必须按 3g 考虑屈服强度,按 5g 考虑极限强度。大部分提升装置都具有一个规定的设计载荷标准[7],用所设计和制造的装置或设备的最大承载量来定义。这个载荷也称为"额定载荷",或者"工作载荷"。为了避免极限强度失效,这个载荷包括了一个值为 5.0 的高安全系数。在第一次使用前,一般需要进行原理样机测试(采用 2 倍过载因子),接下来以给定的间隔进行周期性测试,测试载荷大于或等于额定载荷但要小于样机测试载荷。

10.6.4　火工品冲击

冲击是一个突然的、严苛的瞬态加速,会产生高的加速度载荷。特别是火工品,如爆炸螺栓、火箭级间分离等,都会产生非常严苛的冲击。这些冲击表现为脉冲形式,如半正弦,持续时间只有几个毫秒。一般把冲击转换为冲击响应谱

264

(SRS),绘制出包络加速度幅值与频率的关系,每个频率都对应一个单自由度系统。

图 10.9 给出了一个 SRS 绘图,可以看到,加速度随着频率逐渐增加到 1200g。这些数值使分析人员感到恐怖,即使指标允许它们可通过界面和距离来衰减,但最直接的反应还是把这些载荷传递给下一个部件(有效载荷或者运载集成器)。然而,这些响应总会在某个地方停止。

冲击响应谱建模不适合心理脆弱的人,这是由于一般来讲 SRS 响应谱需要转换到一系列瞬态输入,然后,还有问题就是理解模态应力。或许一个更为巧妙的方法,就是利用那些已开发的由速度驱动而不是由加速驱动设计的技术[8]。

Gaberson 的工作给出的结论[9-11]:严重冲击产生的应力和零部件的模态速度有关。这项研究导致了航空航天以及军事设备对冲击严重性的限制。速度限制的经验值一般为 100in/s。这个极限值是基于 Gaberson 对低碳钢开展的实际冲击测试以及关于屈服应力和速度关系的分析研究工作。对军用设备的其他试验考察也证实了这个阈值。基于保守角度,在这个量级上降低 6dB,把阈值降低到 50in/s。铝以及其他金属的模态速度关系测试表明,阈值大于 200in/s,这个结果就更加保守。

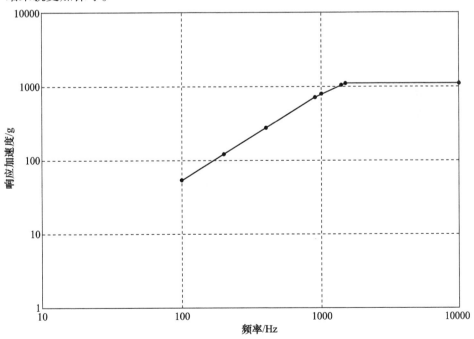

图 10.9 典型的火工品冲击响应谱

加速度与时间的冲击谱图可以很容易转换到速度。速度 50in/s 的阈值大约和 3in 高度的跌落冲击相当。从图 10.8 的线列图可以明显地观察到。

注意：以 50in/s 的速度跌落高度 2in，可以得到速度为（由式（10.7）～式（10.9））

$$\nu = \frac{a}{\omega} \tag{10.35}$$

把数据代入上述公式，得到

$$\nu = \frac{386G}{2\pi f} = 50 \tag{10.36}$$

$$\frac{G}{f} = 0.8$$

式中：f 是自然频率；G 是峰值加速度。

因此，如果响应的加速度量级（g-level）小于 0.8 倍的频率，那么，就不需要进行详细的分析或者试验。这个谱适用于几乎所有的韧性材料以及许多其他的零部件。

电子产品的严重性限值基于位移限值和自然频率得到[12]，由此可以推导出速度限制。在这个情况下，已经证明印制电路板的速度限制为

$$\nu = \omega Z \tag{10.37}$$

式中：$\omega = 2\pi f$，其中 f 是电路板的自然频率；Z 由下式给出（对于最恶劣工况下的元件和位置）：

$$Z = \frac{0.0001L}{h\sqrt{b}} \tag{10.38}$$

式中：L 是电路板长度；h 是其厚度；b 是元件的长度。

然后，把式（10.37）得到的速度限值和速度冲击谱对比，确定其是否可接受。如果计算出的速度值超过了电路板的限值，或者超过了结构 50in/s 的速度限值，那么就需要进行更详细的分析、测试，或者重新设计隔振装置。

参 考 文 献

1. S. Timoshenko and D. Young, *Vibration Problems in Engineering*, Third Edition, D. Van Nostrand Co., New York, p. 79 (1955).
2. J. W. Miles, "On structural fatigue under random loading," *J. Aeronautical Sciences* **21**(11), 753–762 (1954).

3. "General Environmental Verification Standard (GEVS) for GSFC Flight Programs and Projects," NASA GSFC-STD-7000A, Goddard Technical Standard (2013).

4. M. Trubert, "Mass acceleration curve for spacecraft structural design," JPL D-5882, NASA Jet Propulsion Laboratory (1989).

5. T. D. Scharton, "Vibration-test force limits derived from frequency-shift method," *J. Spacecraft and Rockets* **32**(2), 312–316 (1995).

6. *NASA Technical Handbook: Force Limited Vibration Testing*, NASA HDBK-7004B, Washington, D.C. (2003).

7. NASA Technical Lifting Standard, NASA-STD-8719.9A, Washington, D.C. (2015).

8. T. Irvine, "An introduction to the shock spectrum," Revision S, Vibrationdata website www.vibrationdata.com (2012).

9. H. A. Gaberson, "Pseudo velocity shock spectrum rules for analysis of mechanical shock," *Proc. Modal Analysis Conference 2007* (IMAC-XXV), pp. 633–668 (2007).

10. H. A. Gaberson, "Shock severity estimation," *Sound & Vibration Magazine*, January 2012, pp. 12–19 (2012).

11. H. A. Gaberson and R. H. Chalmers, "Modal velocity as a criterion for shock severity," *Shock and Vibration Bulletin* **40** part 2, U.S. Naval Research Lab, Washington, D.C., pp. 31–49 (1969).

12. T. Irvine, "Shock severity limits for electronic components," Revision B, Vibrationdata website www.vibrationdata.com (2014).

第 11 章 疲　劳

疲劳是在波动或连续载荷作用下材料强度随时间发生退化的一种过程。循环疲劳是在波动载荷或反复应力情况下，随时间发生过早失效的一种现象。反复应力不需要完全从拉伸到压缩；任何于一个关名义值波动的载荷，都会产生一定程度的循环疲劳。静态疲劳是在化学活性环境中，在恒定的、非波动的载荷作用下出现提前失效的一种现象。静态疲劳和裂纹缓慢增长有关，更准确的说法是应力腐蚀。腐蚀疲劳是在循环疲劳和应力腐蚀共同作用下发生的一种断裂。

对于金属和韧性材料，主要关注的是循环疲劳。对于晶体、陶瓷、玻璃以及其他脆性材料，普遍的现象是应力腐蚀。正如将在第 12 章看到的那样，水分是一种能产生应力腐蚀的化学活性环境。环境温度下的脆性材料，不会表现出在循环疲劳失效中经常见到的位错现象。尽管脆性材料也可能发生循环疲劳，但对这种材料我们的讨论仅限于应力腐蚀。类似地，尽管韧性材料也可能发生应力腐蚀，我们对这种材料的讨论仅限于循环疲劳。

11.1　循　环　疲　劳

在涉及振动的光学结构分析中，如在航空或航天应用中，循环疲劳可能是一个重要因素。例如，火箭在飞行过程中，由于随机振动在一分钟左右时间内会承受非常高的应力。一般来说，为了鉴定结构性能，光学系统在飞行之前需要经历几分钟不同载荷量级的地面试验；在和有效载荷集成后，系统将再次进行测试；在和火箭集成后也许还要再进行测试。如果在地面试验和发射飞行过程累计时间为 10min，系统响应频率为 400Hz，那么，我们将经历近 25 万次振动循环。对时间分析时取分散系数值为 4(一个典型要求值)，这将会导致近 100 万次循环。

在波动载荷作用下经历多个循环后，可能会发生循环疲劳。当发生塑性应变时(即应力超过了材料的弹性屈服强度)，会发生低周疲劳，一般低于 1000 次循环，这超过了本书讨论范围。在应变处于弹性区域时，会发生高周疲劳，循环次数一般远高于 1000 次。高周疲劳失效强度远低于材料的极限强度，通常也低于材料的屈服强度。同样，由于在边界缺陷处的滑移位错，这种现象在韧性材料

268

中非常显著。这些缺陷可能是(也可能不是)由预先存在的裂纹导致的;大分部疲劳数据都是由抛光样件得到的。预先存在的裂纹会进一步加剧疲劳。

11.1.1 高周疲劳

高周疲劳分为 3 个阶段:裂纹萌生、裂纹扩展(稳定裂纹增长)和灾难失效(不稳定裂纹增长)。裂纹扩展是在拉力加载下,而不是压力,除非名义的压应力在应力波动期间能反转为拉应力。

如果应力足够高,裂纹会在缺陷处产生,并且从缺陷附近应力最高点开始。孔洞、不连续、突变截面和应力奇异点都是主要的发生位置。在持续的反复应力作用下,裂纹将会随着应力强度的增加而扩展,直至达到临界值发生失效。裂纹扩展速率在失效前瞬间是非常显著的。裂纹扩展需要用断裂力学理论解释,它涉及材料的一个固有属性,称为临界强度因子 K_{IC},或者断裂韧度,这将在 11.4.1 节讨论。更常见的方法是一种基于试验数据的方法,即记录不同反复应力幅值下的强度 S 与循环次数 N。这种方法通常称为 S–N 方法,它使用一个 S–N 图或 S–N 曲线。

11.2　S–N 方法

例如,考虑如图 11.1 所示的 S–N 曲线。100 万次循环下的强度显著低于 1000 次循环下的强度,或者接近它的静态强度。许多韧性材料都具有一个持久极

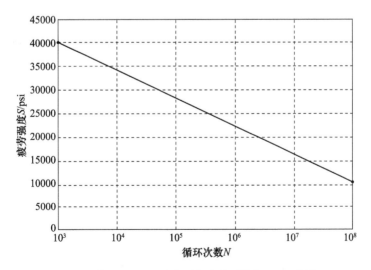

图 11.1　铝 6061–T6 完全反复应力下简化 S–N 曲线,
可以看到,随着循环次数增加,疲劳强度显著下降

限,它定义为当应力低于这个水平时,经过无限次循环也不会发生疲劳失效。在实践中,可选择1000~2000万次或更高次循环时的值作为一个持久极限。

在图11.1中,给出了一个无切口的样件在经历了完全反复应力条件下的曲线,完全反复应力就是均值为零、具有大小相等方向相反峰值拉压应力的反复应力。如果存在应力奇异,需要根据应力集中因子降低这些数值。

11.2.1 实例分析

考虑图11.2所示的S-N曲线,描述了一种材料在均值应力为零的完全反复应力作用下的情况。材料的极限强度为160000psi,经历1000万次循环后的疲劳强度为80000psi,确定以下几项。

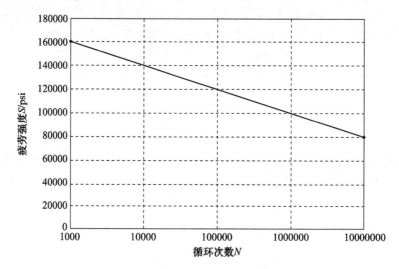

图11.2 高强度钢的S-N疲劳曲线

(1)100万次循环后的疲劳强度。

(2)在幅值为90000psi的完全反复应力下的疲劳寿命。

求解如下。

(1)根据图11.2,可以发现一百万次循环后的疲劳强度为100000psi。

(2)依据同样的曲线,可以发现在-90000~90000psi完全反复应力作用下的疲劳寿命为300万次。

11.3 非零均值应力

当应力反复不完全时会发生什么?也就是说,材料在非零均值的波动应力作用下会发生什么？古德曼[1]提出了这个问题的一个解决方案,他的推理是:如果已经知道在零均值反复应力下的疲劳强度,那么,在应力均值等于材料的极限强度时,许用交变(波动)应力应该为零。如图 11.3 修正的古德曼图所示,他仅用一条直线把这两个端点连接起来(在标准的 $x-y$ 笛卡儿坐标系中),根据直线就可评估均值非零应力处的值。测试表明,这个假设很保守,许用波动应力在这条直线以上。因此,保守的古德曼近似是具有一定安全余量的许用失效值的一个很好指标。

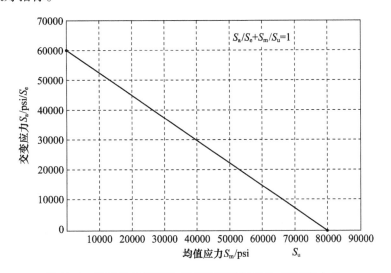

图 11.3 修正的古德曼图,给出了疲劳强度 S_e、交变应力 S_a、
均值应力 S_m 以及极限强度 S_u 之间的关系

把古德曼线性关系变成标准形式可以得到

$$S_a = \frac{-S_e S_m}{S_u} + S_e$$

或者

$$\frac{S_a}{S_e} + \frac{S_m}{S_u} = 1 \tag{11.1}$$

又或

$$S_a = S_e \left(1 - \frac{S_m}{S_u}\right) \tag{11.2}$$

式中: S_a 是许用交变应力; S_e 是给定循环次数的完全反复应力下的疲劳强度; S_u 是抗拉极限强度; S_m 是平均应力。图 11.4 描绘了平均应力和交变应力。

271

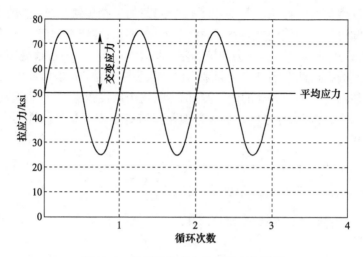

图 11.4　关于平均应力的交变应力循环

11.3.1　实例分析

根据 11.2.1 节提供的例子，可以发现在 100 万次循环下的疲劳强度为
90000psi。如果均值应力为 40000psi，确定 100 万次循环后的许用交变应力 S_a。

这里，已经知道 $S_e = 90000$，$S_u = 160000$，$S_m = 40000$，需要求解 S_a。根据
式(11.1)或者式(11.2)，可以得到 $S_a = 67500$psi，许用的峰值应力为 675000 +
40000 = 117500psi。

11.3.2　R 比值

通过引入一个称为 R 比值的应力比因子，我们可以进一步推广古德曼公
式，R 就是带有合理正负号的最小应力 S_{min} 和最大应力 S_{max} 比值，即

$$R = \frac{S_{min}}{S_{max}} \qquad (11.3)$$

对于完全反复的拉 – 压加载，$R = -1$；对于从零到最大拉力的加载，$R = 0$。
因为裂纹随着循环存在着显著的开合，因此在均值为零的完全反复应力作用下，
最大许用应力具有最低值。在这个情况下($R = -1$)，最大应力和交变应力相
等。在高均值的拉应力作用下($R = 0$)，最大的许用应力会增加，但是许用交变
应力会降低。一般来说，R 比值的范围为 $-1 \leqslant R \leqslant 1$。

现在可以通过处理式(11.1)来改进古德曼公式(留给学生练习)，以得到任
意 R 值的完全反复的疲劳强度，即

$$S_e = \frac{S_{e(R)}(1-R)S_u}{2S_u - S_{e(R)}(1+R)} \qquad (11.4a)$$

式中:$S_{e(R)}$是在 R 值处的疲劳强度。把式(11.4)代入到式(11.2),可以得到

$$S_a = \frac{S_{e(R)}(1-R)S_u}{2S_u - S_{e(R)}(1+R)}S_e\left\{1 - \frac{S_m}{S_u}\right\} \qquad (11.4b)$$

这个公式很容易编制为一个电子表格程序(人们可能永远无法想象到一条直线方程会如此复杂)。

图 11.5 给出了 $R = -1$(完全反复应力,零均值)和 $R = 0$(只有拉应力的反复应力,均值非零)情况下典型的 S – N 曲线。

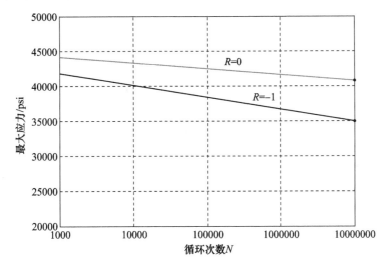

图 11.5　完全复应力($R = -1$)和只有拉力的反复应力($R = 0$)
作用下 S – N 疲劳曲线对比的例子,后者在给定最大应力下具有更长的寿命

11.3.2.1　实例分析

例 1　2216 环氧胶(即:3M™ Scotch – Weld™ 环氧胶 2216B/A)在 $R = 0.1$ 情况下,经过 30 万次循环后疲劳强度为 1000psi。确定在 $R = -1$、完全反复应力(零均值)作用下经过 30 万次循环后的疲劳强度。材料的静态强度为 2500psi。

由式(11.1)可以得到

$$S_e = \frac{S_a}{\left(1 - \frac{S_m}{S_u}\right)}$$

$$S_{max} = 1000$$

$$S_m = 1.1(S_{max}/2) = 550$$

$$S_u = 2500$$

$$S_a = 450\text{psi} = 1000 - 550$$

$$S_e = 577\text{psi}$$

例2 2216 环氧胶在 $R = -1$ 条件下经过 30 万次循环的疲劳强度为 577psi。确定在 $R = 0.1$ 条件下经过 30 万次循环后的疲劳强度。材料的静态强度为 2500psi。

$$S_e = 577$$

$$S_a = S_{max} - S_m$$

$$S_m = \frac{(S_{max} + 0.1S_{max})}{2}$$

$$S_a = 0.45S_{max}$$

由式(11.2)可得到

$$S_a = S_e\left(1 - \frac{S_m}{S_u}\right) = S_e\left(1 - \frac{0.55S_{max}}{2500}\right) = 0.45S_{max} = 450\text{psi}$$

$$S_{max} = 1000\text{psi}(许用疲劳强度)$$

11.4　断裂力学方法

循环疲劳裂纹增长的另外一种方法涉及断裂力学。在这种情况下,通过理论可以预测裂纹从初始尺寸开始增长到最终尺寸发生灾难性失效所经历的循环次数。最终裂纹尺寸就是临界裂纹尺寸,它取决于材料的断裂韧度,断裂韧度是材料的一个固有属性,也称为临界应力强度因子。

裂纹尖端是原子级尖锐的,因此涉及应力集中的常规强度理论在这里都不成立。例如,考虑一个在无限大平板样件上内嵌的一个深度为 $2c$ 的椭圆形的缺口,如图 11.6 所示。缺口的大径为 $2c$,小径为 $2a$。如果 $c \gg a$,这就是一个圆形(钝)裂纹,如图 11.7 所示,其中显示出了尖点处半径 r。在这些缺口周围应用弹性理论分析表明,在这个情况下,在尖点产生了应力集中,缺口越深,半径越小,应力就越高。

对于这个情况,可以证明[2]:

$$\sigma_k = \sigma\sqrt{\frac{c}{2r}} \tag{11.5}$$

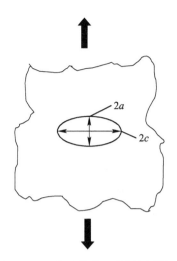

图 11.6   无限大物体上的椭圆形缺口

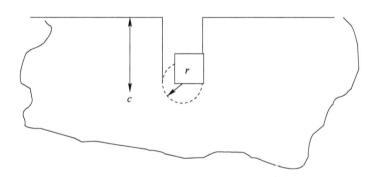

图 11.7   缺口尖端。深度 c 和半径 r 的缺口应力
集中导致随着尖端半径向零减小,应力急剧增加

式中:σ 是外加应力;$\frac{\sigma_k}{\sigma}$是应力集中因子(σ_k 是实际应力)。不过,正如我们之前所看到的,裂纹尖端不是钝的,而是具有原子大小的半径,尺寸在纳米级别。不经意的观察者也会很快注意到,随着裂纹尖端半径接近于零,实际应力会接近于无限大。无限大应力不符合这里的情况,因此常规强度理论这里不适用。

11.4.1   应力强度

尽管常规理论会导致出现无限大应力,但是数学家对于这里会产生奇异性没有疑问。如果这个解不满足要求,那就设法取代。考虑下面的定义:

$$K = \sigma_k \sqrt{2\pi r} \tag{11.6a}$$

把它代入到式(11.5)得到

$$K = \sigma \sqrt{\pi c} \qquad (11.6b)$$

式中：K 是一个应力场，也就是模式 I 应力强度因子(更多讨论参看第 12 章)。

当 K 达到临界值 K_{IC}，会发生自发失效。这里，K_{IC} 表示模式 I 的临界应力强度因子，是材料的一种固有属性，对于给定材料来说，它是一个测量值，可以通过一个人字形切口样件测试得到[3]。K_{IC} 也称为材料的断裂韧度(顺便说一下，K_{IC} 正确的读法是"KAY - ONE - SEE"，而不是"KAY - EYE - SEE"，这是因为它是模式 I 的临界应力强度因子，不同于 K_{IIC} 和 K_{IIIC})。

用 S 表示材料的强度，并注意到在临界应力强度时会发生失效，因此，根据式(11.6b)，可以得到

$$K_{IC} = S \sqrt{\pi c} \qquad (11.7)$$

式中：S 称为材料的断裂模量。因为它是和裂纹尺寸相关的，因而在使用供应商提供的 S 值时，为了使它有意义，需要提供表面光洁度的详细说明。鉴于此，使用供应商提供的数据时需要小心谨慎，这是由于这些数据和缺陷形状及尺寸、湿度以及其他测试条件都具有很强的相关性。实际上，陶瓷和玻璃的强度不是材料的固有属性，当存在裂纹时，它会大大降低到理论强度值以下。

在实际的断裂力学术语中，S 合理的叫法为惰性强度，它与水分无关，用符号 σ_i 来表示。如果我们知道材料的断裂韧度，就可以计算出在给定裂纹深度和形状条件下的强度，或者对于给定强度和裂纹形状计算最大裂纹深度。

注意：在应力强度公式中引入了 π(数学家似乎喜欢这个数，就像他们处理奇异性那样)。尽管 π 看起来似乎是随意的，但在格里菲斯的初始公式中[4]，使用能量方法推导的式(11.6b)中确实出现了 π。无需为这个由应力集中而补充的公式而烦恼，因为在测量 K_{IC} 时，已经考虑了 π。由于 K 是 K_{IC} 的一部分，因此存在自我抵消效应。格里菲斯公式描述的贯穿裂纹是最严重形式的裂纹，也是这里采用的形式。在第 12 章我们将讨论其他裂纹形式。

对于许多材料来说，都可以得到它们的断裂韧度 K_{IC} 数值。表 11.1 给出了金属和脆性材料断裂韧度的一个对比。韧性材料具有非常高的 K_{IC} 值，表明它们能容许更大的缺陷。

表 11.1　韧性及脆性材料临界应力强度近似值

材料	临界应力强度因子/(MPa - m$^{1/2}$)	类型
高强度钢	60 ~ 100	韧性
铝	20 ~ 40	韧性

材料	临界应力强度因子/（MPa – m$^{1/2}$）	类型
铍	10	半脆
工程陶瓷	1 ~ 4	脆性
玻璃	0.7 ~ 1	脆性

11.4.2　Paris 定律

现在我们需要知道，裂纹如何随着应力强度和循环次数增长。裂纹增长是由 P. C. Paris 提出的一个指数关系式给出，具体如下：

$$\frac{\mathrm{d}c}{\mathrm{d}N} = A\left(\Delta K\right)^n \tag{11.8}$$

式中：c 是裂纹尺寸（深度）；N 是循环次数；ΔK 是应力强度变化量；A 和 n 是与材料有关的常数，称为帕里斯（Paris）常数。

11.4.3　实例研究

现在回顾 Paris 定律的一个具体例子。考虑一个由铍 S200F 制备的结构，其基频为 350Hz。假设有一个初始裂纹尺寸，并且知道裂纹扩展速度和在正弦振动过程中预期的循环载荷，那么，就可计算疲劳断裂失效的应力裕度。

由于铍 S200F 在完全反复应力加载下 1000 万次循环后的疲劳强度，实际上等于它的屈服强度，因此，疲劳造成的失效本身不是一个问题[5]。不过，如果在铍零件中存在初始裂纹，疲劳断裂可能就需要引起关注。对于这种情况，Lemon 报告了裂纹增长速率[6]，并且计算了不同裂纹尺寸条件下它们对强度与循环载荷的影响。需要注意的是，这些数据是从铍 S200E 得到的，数据中还记录了报告的速率，对于铍 S2OOF 来说这些数据有些保守。不过，我们使用的是更为保守的数据。

在使用染色渗透方法检查这个框架组件时，假定最小可检测的缺陷尺寸为 0.005 英寸，并且为了更保守假设初始裂纹尺寸，经常使用裂纹尺寸 0.01 英寸。基于裂纹尺寸和应力水平，通过分析就可以计算寿命，具体如下所述。

计算是基于裂纹增长速率数据[6]，其中使用的 Paris 常数值为（式（11.8））$A = 4.6 \times 10^{-13}$，$n = 7.3$，这个值是在完全反复加载（$R = -1 = S_{min}/S_{max}$）下确定的，同时还使用了如下的应力强度变化量 ΔK，即

$$\Delta K = \frac{\Delta\sigma}{\sqrt{\pi a}} \tag{11.9}$$

式中:a 是裂纹深度;$\Delta\sigma$ 是在只有拉应力情况下最大应力到最小应力范围。这里我们假定这是一个最恶劣模式的格里菲斯裂纹。

使用共振处的最大应力,可以计算出疲劳循环的次数 N 为

$$N = 4ft \qquad (11.10)$$

式中:f 是基本频率(单自由度),等于 350Hz;t 是时间,单位为 s;4 是分散系数。然后,基于断裂增长公式(式(11.8))计算许用的循环次数,这个公式很容易积分,确定的许用循环次数 N 为

$$N = \frac{1}{\left[A\sigma Y^n \left(1 - \frac{n}{2}\right)\right] \cdot \left[\frac{1}{a_f^{\left(\frac{n}{2}-1\right)}} - \frac{1}{a_i^{\left(\frac{n}{2}-1\right)}}\right]} \qquad (11.11)$$

式中:σ 是共振处的最大应力;a_f 是失效时最终的裂纹尺寸;a_i 是初始裂纹尺寸;a_f 由式(11.7)得到的临界应力强度因子 K_{IC} 来确定,即

$$a_f = \frac{\left(\dfrac{K_{IC}}{\sigma}\right)^2}{\pi} \qquad (11.12)$$

式中 $K_{IC} = 10.4\text{MPa} - \text{m}^{1/2}$(当裂纹尺寸单位为英寸、应力单位为 psi 时,这个数值为 $9.5\text{ksi} - \text{in}^{1/2}$)。

现在可以绘制不同应力水平下许用循环次数与初始裂纹尺寸的关系曲线,如图 11.8 所示的 4 条曲线。例如,对于初始裂纹尺寸为 0.010in 时,图 11.8(a)表明在应力水平为 16000psi 下许用循环次数大约为 150 万次,或者根据式(11.10)得到失效时间大约为 32min。裂纹初始尺寸为 0.005in 时,寿命提高到 900 万次循环,或者超过 180min。

值得感兴趣的是,利用式(11.11)和式(11.12)可以说明裂纹尺寸随着循环次数增加如何传播直至达到临界尺寸。图 11.8(b)说明了具有 0.010in 初始裂纹的铍在 22000psi 应力水平下裂纹传播情况。注意:失效可能发生在低至(大约)150000 次循环。图 11.8(c)描绘了同样在 22000psi 应力水平下一个 0.005in 较小的初始裂纹增长情况。此时,失效循环次数可以达到 100 万次。由于 0.005in 的裂纹很容易通过染色渗透法来识别,通常将 22000psi 作为 100 万次循环后铍的断裂极限。最后,图 11.8(d)描绘了细磨的铍表面有一个 0.0015in 初始缺陷情况下裂纹增长情况,此次采用了一个 35000psi 更高的应力水平。可以看到,失效循环次数超过了 100 万次。注意:这个应力值接近于铍的屈服强度,因此,对于抛光良好的铍镜,通常是屈服强度驱动设计。还可以注意到,在所有情况下,裂纹扩展主要发生在失效前的后期循环阶段中。

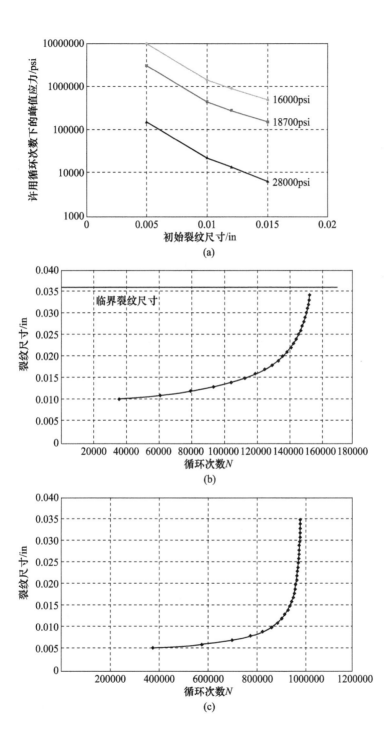

(a)

(b)

(c)

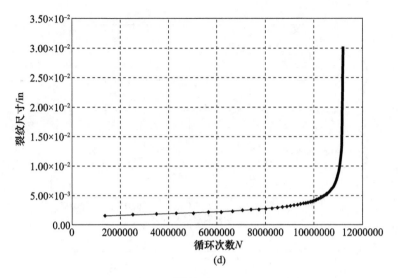

图 11.8

(a)不同应力水平下许用循环次数与裂纹深度关系；(b)具有0.010in初始裂纹的铍在
22kpsi应力循环下裂纹扩展情况；(c)具有0.005in初始裂纹的铍在22kpsi应力循环下的
裂纹扩展情况；(d)具有0.0015in初始裂纹的铍在35kpsi应力作用下裂纹扩展情况。

11.5　随机振动疲劳

　　虽然之前关于疲劳的讨论,涉及的是在正弦振动下单自由度系统,但是这个分析很容易推广为一个通用方法,以计算随机振动载荷和多自由度系统的疲劳寿命。这个方法应用了 Palmgren - Miner 准则[7-8],同时给出了离散和精确形式的公式。在随机振动时,应力幅值和频率随着载荷的持续而不断发生变化。我们首先回顾一下单自由度系统的随机振动。

11.5.1　Minor 准则：离散形式

　　米诺尔(Minor)准则一个保守的、离散的形式,就是通过把持续时间内1σ、2σ 和 3σ 的全部循环次数累加起来实现。把 Miner 的和为 1.0 作为疲劳极限；在排除失效条件下,产生这个和的应力值(1σ、2σ 和 3σ)由下式计算：

$$\sum_{i=1}^{3} \frac{n_i}{N_i} < 1 \qquad (11.13)$$

式中：n_i 是在应力 σ_i 下实际的循环次数；N_i 是在应力 σ_i 下许用的循环次数。σ 的量级规定如下：

280

$$1\sigma = 1 \text{ 标准差} = \text{RMS 应力} = \sigma1$$

$$2\sigma = \sigma2$$

$$3\sigma = \text{最大应力} = S_{max} = \sigma3 \qquad (11.14)$$

这个方法称为离散的 Palmgren – Miner 准规则,它假定发生的应力在 1σ 时占时间的 68.3%,2σ 时占 27.1%,3σ 时占 4.3%。由于这些应力实际分别发生在 $0\sigma \sim 1\sigma$、$1\sigma \sim 2\sigma$ 和 $2\sigma \sim 3\sigma$ 之间,但是却应用在整个 σ 量级上,因此,这个假定有点保守(更精确的公式在 11.5.2 节讨论)。

接下来,考虑一个以半对数形式绘制的强度与循环次数的疲劳曲线图(S – N),图 11.9 给出了这样一个例子。这个曲线描述的是 2216 环氧胶在均值为零完全反复应力作用下的情况($R = -1$),不过,这个方法可以适用于任何疲劳曲线。

这个曲线方程可以通过取任意两点处的应力(S_1、S_2)和循环次数(N_1、N_2),然后求半对数的斜率 b 得到。任意取两个点计算如下:

$$\sigma = \sigma_1 \left(\frac{N_1}{N} \right)^{1/b} \qquad (11.15a)$$

$$b = -\frac{\log\left(\dfrac{N_1}{N_1} \right)}{\log\left(\dfrac{\sigma_1}{\sigma_z} \right)} \qquad (11.15b)$$

为了易于操作,b 值应当圆整到最近的整数。

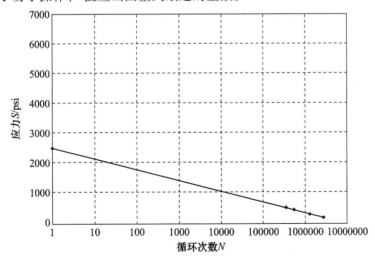

图 11.9 样本疲劳曲线图,根据该图可以使用 Minor 准则计算随机振动下的
失效寿命。曲线调整为 $R = -1$(均值为零的完全反复应力)的情况

使用式(11.13)~式(11.15),并假定 $K = \sigma_1 (N_1)^{1/b}$,则

$$1 = \frac{0.683N}{\left(\frac{3K}{\sigma_3}\right)^b} + \frac{0.271N}{\left(\frac{1.5K}{\sigma_3}\right)^b} + \frac{0.043N}{\left(\frac{K}{\sigma_3}\right)^b} \tag{11.16}$$

经过处理可以求解出 $\sigma3$,即在给定循环次数下的峰值(3σ)许用应力。这样处理可能有点乱,因此,一般更容易的做法就是从疲劳曲线选择数值然后迭代求解。

11.5.1.1 实例分析

考虑图 11.9 所示一种环氧胶在剪切状态的疲劳曲线。在某个特定接头中峰值(3σ)剪切应力为 600psi,在考虑分散因子的情况下,系统经历了 100 万次循环。使用 Miner 准则确定胶接接头抗疲劳的充分性。

使用式(11.13)和式(11.14)以及著名的概率百分数,表 11.2 给出了在每个标准差应力水平下实际的循环次数,同时还列出了由图 11.9 得到的许用循环次数。根据 Miner 规则,可以得到和为

$$\sum_{i=1}^{3} \frac{n_i}{N_i} = 0.50$$

显然,这个数值小于 1,因此接头是安全的。

表 11.2 利用 Minor 准则计算 11.5.1.1 节的随机振动疲劳

量级	应力 /psi	概率	循环次数		
			实际(n_i)	许用(N_i)	比值(n_i/N_i)
1σ	200	0.683	683000	5000000	0.143
2σ	400	0.271	271000	1200000	0.226
3σ	600	0.043	43000	300000	0.137
Miner 和					0.506

11.5.1.2 随机疲劳等效方法

Palmgren - Miner 准则可用于计算等效静态载荷,以及确定随机振动失效时的许用应力和循环次数。有些工程师喜欢利用随机疲劳等效因子确定寿命。如果应力施加在整个持续时间(循环)内,等效应力方法可以确定对应等效疲劳寿命的应力值。如果施加最大的 3σ 量级的应力,等效循环次数方法则可以给出等效疲劳寿命对应的循环次数。如果 λ 乘以许用应力的 RMS 值,λ 因子方法可以给出在整个持续时间内施加的等效失效应力,并且为了对比,它还可以和等效应力方法一起使用。所有这些方法和 Miner 准则(式(11.13))都是相互等价的。由于需要更多的计算,因此,除了用于报告目的外,这些方法几乎没有什么

附加值。不过,下面还是给出了一个样本问题。

11.5.1.3 样本随机疲劳等效计算

考虑一个热处理的铝零件近似完全反复应力循环下的 S - N 疲劳曲线,如图 11.1 所示。这个零件经历了 100 万次随机振动,最大应力(3σ)为 30000psi。确定等效的循环次数、等效应力以及 λ 因子。

1σ 的 RMS 应力为 10000psi,2σ 的应力为 20000psi。根据概率分布和 S - N 曲线,使用式(11.13)的 Miner 求和公式,可以得到

$$\sum_{i=1}^{3} \frac{n_i}{N_i} = 43000/50000 + 271000/2100000 + 683000/100000000 = 1$$

因此,在这个例子中,零件达到了它的疲劳寿命。

如果施加 3σ 的量级,由 S - N 曲线可以知道,等效循环次数为 5 万次;如果施加完整的循环次数(即 100 万次),由 S - N 曲线可以知道,等效应力为 20000psi。在这个例子中,λ 因子就是等效应力除以 RMS 应力,也就是 $\lambda = \frac{20000}{10000} = 2.0$。

11.5.2 Minor 准则:连续形式

虽然离散形式很简单,但是有点保守,并且在确定许用应力时,使用有点不方便。或者可使用连续形式,虽然复杂,但是计算更精确,公式更容易处理。

Miner 准则连续形式就是把累计损伤累加起来等于 1,正如在离散形式中那样(式(11.13)),不过需要在整个持续时间内积分,即

$$1 = \int \frac{n(s)}{N(s)} \mathrm{d}s \tag{11.17}$$

当考虑随机条件时,应力 s 下的循环次数通过采用如下的瑞利概率密度函数(钟形曲线)分布得到

$$p(s) = \left(\frac{s}{\sigma^2}\right) \mathrm{e}^{-\frac{s^2}{2\sigma^2}} \tag{11.18}$$

式中:s 是最大应力;σ 为 1σ 应力。因此,在应力 s 下的循环次数可以表达为

$$n(s) = f_n t p(s) \tag{11.19}$$

式中:f_n 是自然频率;t 是时间,单位为 s。

再次使用 S - N 曲线,由半对数图中曲线上两点 (s_1, N_1) 和 (S, N_2) 的斜率得到最近的正偶数 N_S(为了积分)

$$N_S = \left(\frac{s_1}{s}\right)^b N_1 \tag{11.20}$$

283

代入式(11.17)并进行积分,可以近似得到

$$1 = \left(\frac{f_n t}{N_1}\right)\left(\frac{\sigma}{s_1}\right)^b (2^{b/2})\left(\frac{b}{2}\right)! \tag{11.21}$$

失效时间为

$$t = \frac{N_1}{2^{b/2} f_n \left(\frac{b}{2}\right)! \ \left(\frac{\sigma}{s_1}\right)^b} \tag{11.22}$$

求解 RMS 应力 σ 为

$$\sigma = \left[\frac{N_1 s_1^b}{60 f_n t \left(\frac{b}{2}\right)! \ 2^{b/2}}\right]^{1/b} \tag{11.23}$$

式中除以了60,因为时间单位为 min。这个公式很容易编制成电子表格程序。

11.5.3 多自由度系统

前面各节的结果适用于单自由度系统的随机振动疲劳,对于多自由度系统,还需要进行更高级的分析。对多自由度系统,采用有限元分析中的正交越技术(Positive Crossing),可以近似计算等效循环次数。运行一个系统动力学模型,查询要研究的特定部件的交越次数。在统计意义上恢复每秒的交越次数,它和"等效"的响应频率相等。

不过,由于缺乏有限元数据,我们可以求助于其他工具。其中一种这样的工具为复德里克谱矩方法[9];但是,如果没有必要软件,这种方法就无法应用。德里克方法的一个近似是基于 Steinberg[11] 简化的 Rice 方法[10]。这个称为 Rice 近似的有用的工具已经被开发出来,可以计算多自由度响应的一个等效频率。当响应数据来自一个测试状态时,这个方法特别有用。

Rice 近似公式的形式如下所示:

$$N_0 = \frac{1}{2\pi}\sqrt{\frac{\left[\dfrac{\left(\dfrac{\pi}{2}\right)G_1 f_1 Q_1}{\omega_1^2} + \dfrac{\left(\dfrac{\pi}{2}\right)G_2 f_2 Q_2}{\omega_2^2} + \cdots\right]}{\left[\dfrac{\left(\dfrac{\pi}{2}\right)G_1 f_1 Q_1}{\omega_1^4} + \dfrac{\left(\dfrac{\pi}{2}\right)G_2 f_2 Q_2}{\omega_2^4} + \cdots\right]}} \tag{11.24}$$

式中:N_0 是过零点的正交越数,等于有效频率,单位为 Hz;G_i 是加速度谱密度,单位为 g^2/Hz;Q_i 是传递率;$\omega_i = 2\pi f_i$,单位为 rad/s;f_i 是模态响应频率,单位为 Hz。下面的例子演示说明了式(11.24)的使用方法。

11.5.3.1 实例分析

考虑在如图 11.10 所示的随机振动谱输入下的响应谱。表 11.3 给出了 4 个关键共振频率处的输入和输出加速度谱密度。从这些数据可以得到近似的传递率,即输出和输入加速度谱密度比值的平方根,正如 10.3 节讨论的。然后,代入到式(11.24)中,就得到了一个等效的单自由度频率,近似为 160Hz。

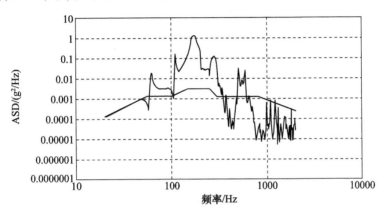

图 11.10　多自由度随机谱密度响应,由此可以使用 Rice 近似确定疲劳计算中的等效频率

表 11.3　11.5.3.1 节在随机振动下一个
多自由度系统的等效频率(零点正交越数)

频率	输入 ASD	输出 ASD	传输效率
110	0.0015	0.1	8.0
180	0.003	0.2	20.0
286	0.002	0.11	7.5
600	0.0015	0.02	4.0
有效频率/Hz			160.0

参 考 文 献

1. J. Goodman, *Mechanics Applied to Engineering*, Longman, Green & Co., London (1899).
2. B. Gross, J. E. Srawley, and W. F. Brown, Jr., "Stress-intensity factors for a single-edge-notch tension specimen by boundary collocation of a stress function," NASA Technical Note D-2395 (1964).
3. ASTM, "Standard test methods for determination of fracture toughness

of advanced ceramics at ambient temperature," ASTM C1421-10, American Society for Testing an Materials (ASTM) International, West Conshohocken, Pennsylvania (2000).

4. A. A. Griffith, "The phenomenon of rupture and flow in solids," *Philosophical Transactions of the Royal Society of London Series A* **221**, pp. 163–198 (1921).

5. "Physical and Mechanical Properties of Beryllium," Brush Wellman Inc., Mayfield Heights, Ohio (2009).

6. D. D. Lemon and W. Brown, "Fracture toughness of hot-pressed beryllium," *J. Testing and Evaluation* **13**(2), 152–161 (1985).

7. M. A. Miner, "Cumulative damage in fatigue," *J. Appl. Mech.* **12**(3) [*Trans. ASME* **67**], pp. A159–A164 (1945).

8. A. Z. Palmgren, "Die Lebensdauer von Kugellagern (The lifetime or durability of ball bearings)," *Zeitschrift des Vereines Deutscher Ingenieure (ZVDI)* **68**(14), 339–341 (1924).

9. T. Dirlik, "Application of Computers in Fatigue Analysis," Ph.D. thesis, University of Warwick (1985).

10. S. O. Rice, "Mathematical analysis of random noise," *Bell Sys. Tech. J.* **23**(3), 282–332 (1945).

11. D. E. Steinberg, *Vibration Analysis for Electronic Equipment*, Third Edition, John Wiley & Sons, Inc., New York (2000).

第 12 章 脆 性 材 料

如果一个材料在受到应力作用失效时具有低的应变,那么,就认为它是一种脆性材料。换句话说,和韧性材料不同,它不具有塑性能力,因此就没有特定的屈服点。包括透镜和反射镜在内的许多光学镜片都是由脆性材料构成的。所有的玻璃(熔石英、ULE®、ZERODUR®、BK－7、硼硅酸盐玻璃等),以及大部分工程陶瓷(硫化锌、硒化锌、锗、硅、碳化硅等),都属于脆性材料。

非晶的脆性材料都非常坚固,不过,所有脆性材料通常都具有低的断裂韧度,也就是通常所说的临界强度因子,如表 11.1 所列。在有裂纹的情况下,它们会出现严重的强度退化。如果这些裂纹存在残余应力(一般都会有),强度会进一步降低。同时,在有水分存在的条件下,几乎所有的玻璃和陶瓷都会发生更进一步的强度退化,导致强度受到"三重影响"。在本章接下来部分将探讨这些主题。

12.1 理 论 强 度

非晶材料的理论强度由于强共价键作用可超过 7000MPa(约 1000000psi)。例如,石英玻璃(SiO_2)在硅和氧原子之间存在强四面体键。利用氢氟酸溶液的化学抛光以及小硅棒火焰抛光,它的强度实际上已经达到了 3500 ~ 14000MPa(500000 ~ 2000000psi)[1]。人们可能考虑到的这类材料的唯一"缺陷"就是分子之间的空间间距,大小在亚纳米量级。纳米技术的最新发展进一步证实了这点。不过,在那些涉及成型、研磨、抛光等的制造过程,会引入更大尺寸的缺陷(微米量级),从而导致强度大大降低。A. A. Griffith[2]在指出玻璃的失效强度比其理论上的原子强度低几个数量级时,首次提出所有材料都存在微裂纹的假设。Griffith[2]认为,这些裂纹尺寸远大于原子间的距离,并且假设它们会降低材料的全局强度。他给出了关于玻璃的试验结果,通过引入不同尺寸的裂纹证明正是这些缺陷降低了玻璃的强度。他的工作描述了玻璃、陶瓷以及其他材料的失效,成为现代断裂力学的基础。

12.2 失效模式

裂纹失效有3种可能的模式,如图12.1所示,分别用模式Ⅰ、模式Ⅱ和模式Ⅲ表示。模式Ⅰ是张口模式,而模式Ⅱ和模式Ⅲ都是剪切模式,分别代表滑开和撕开。一个广义应力状态可能会激其所有3种模式;不过,模式Ⅱ和模式Ⅲ是很特殊的失效模式,一般很少见,超过了本书讨论范围。模式Ⅰ是最重要和最主要的,因此这里只关注张口模式的失效。注意:模式Ⅰ是张口模式,不是闭合模式。裂纹在外部拉力作用下在临界深度发生失效,而不是在压力作用下。当然,受压失效的情况确实已经有过记录,但是,再次说明这种情况很少见,并且超过了本书讨论范围。一般来说,玻璃的抗压强度远远高于由于裂纹而降低的抗拉强度。不过,压应力可能伴随着剪应力,导致沿主平面产生拉应力。另外,压应力可能还会伴随有表面下的拉应力,如赫兹接触应力。只要说裂纹是在拉伸状态下扩展就足够了。因此,这里只关注模式Ⅰ由于拉伸载荷导致的失效。

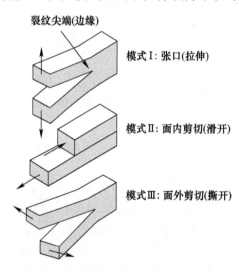

图12.1 失效模式示意图(转载自文献[3])

12.2.1 模式Ⅰ失效模式描述

考虑如图12.2所示的模式Ⅰ加载情况。裂纹的深度为$2c$,宽度为$2b$,其中b更恰当地称为半宽度。当裂纹宽度如图所示延伸贯穿整个零件,这个裂纹就称为贯穿裂纹,或者Griffith裂纹,定义为一个长的浅裂纹。实际上,由于$b \gg c$,比值b/c是无限大的,因此,Griffith裂纹是最严重的裂纹形式。

288

当裂纹宽度仅仅部分贯通零件时,这种裂纹就称为部分裂纹。图 12.3 给出了 Griffith 贯穿裂纹和部分裂纹对比的示意图。一种特殊情况就是当 c 取最大值时,也就是 $b/c=1$,由于它的形状像一个便士硬币,所以称为便士裂纹。当便士裂纹发生在零件表面时,如图 12.4 所示,此时,实际上是半个硬币形状裂纹。对于这种表面裂纹的情况,裂纹深度为 c,宽度仍旧为 $2b$。这种类型的裂纹,以及具有不同宽厚比 b/c 的其他类型,都没有格里菲斯裂纹裂纹那么严重,并且都是最常见的情况。需要注意的是,当 c 随着硬币形状的半径变化时,正如下面所讨论的,是其最大值控制了裂纹的增长,而那些 b/c 不等于 1.0 的裂纹形状也产生了或多或少的应力强度。

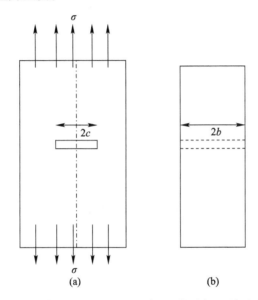

图 12.2　模式 I 类型内嵌的 Griffith 裂纹沿着厚度 $2b$ 贯通、深度为 $2c$
(a)俯视图;(b)侧视图(转载自文献[3])。

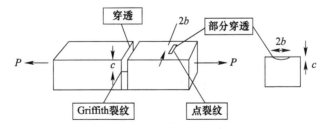

图 12.3　贯穿裂纹和部分贯穿裂纹示意图(注意到贯穿裂纹为了清楚显示为方形的槽,实际上在尖端具有原子尺度的小半径。转载自参考文献[3])

289

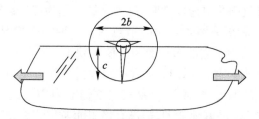

图 12.4 Vickers 压痕仪在表面产生的硬币形裂纹。注意在最深处的小裂纹尖端。应力场的方向和图示平面方向垂直(b 是裂纹半宽度,c 是裂纹深度,$b/c=1$)(转载自参考文献[3])

最后,部分贯穿裂纹也可以称为点裂纹(图 12.3)。例如,考虑一个 Vicker 金刚石压痕仪产生的点裂纹。现在考虑用压痕仪在表面上刮擦指定的深度。尽管这样的划痕产生的可能是一个线裂纹,但是在显微镜下观察,可以看到这实际上是由一系列点裂纹构成的线。在机加、成型、研磨、修形(Figuring)以及抛光操作中产生的大部分裂纹,实际上都是点裂纹[3]。图 12.5 给出了 Vicker 压痕仪在一个玻璃表面产生的刮痕。从图中可以看出,这个刮痕有 1in 长,包含了一系列的点裂纹。线裂纹(与点裂纹相对)在自然界是不常见的,但是可以由线压痕仪产生。因此,这里讨论占主导的仍旧只是涉及点裂纹。

12.2.2 残余应力

裂纹中存在高度残余应力,这在图 12.5 中是显而易见的,其中残余应力利用光弹技术使用交叉偏振仪来显示。残余应力不只是存在刮痕中,在研磨加工效应中也存在。假定所有裂纹都包含一定程度的残余应力已经是现在的常规做法了,包括那些在机加、成型、研磨、修型、抛光等过程中产生的。正如在 12.4 节将要看到的,指出这点非常重要。

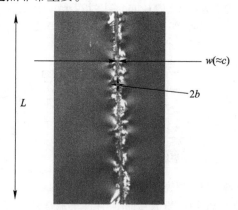

图 12.5 金刚石刮擦产生的点裂纹(转载自参考文献[3])

12.3　强　度　理　论

在第 11 章,基于一种断裂力学的方法讨论了材料的强度。在当时的公式中,假定在引起失效的裂纹中不存在残余应力。不过,对于玻璃和陶瓷而言,由于它们具有相对低的断裂韧度,这是一个非常糟糕的假设。

重写无残余应力条件下的式(11.6b)和式(11.7)如下:

$$K = \sigma \sqrt{\pi c}$$

$$K_{IC} = S \sqrt{\pi c}$$

几乎在所有制造过程中都会存在残余应力;对于有残余应力的情况,需要对上述公式进行修改。下面首先回顾无残余应力条件下的情况,然后讨论考虑残余应力的一般情况。

12.3.1　无残余应力的一般强度公式

在确定 K_{IC} 时,使用了一个贯穿裂纹(Griffith 裂纹)。玻璃和陶瓷的强度,是裂纹深度 c 以及裂纹形状因子(这里用 Y 表示)的函数。Griffith 裂纹形状因子的值为 $\sqrt{\pi}$,也就是说,当裂纹宽度和裂纹深度比趋于无穷大时,下式成立:

$$Y = \sqrt{\pi} \tag{12.1}$$

这是最严重的裂纹形状,其中 $Y = 1.77$。

12.3.2　有限体和自由表面修正

采用上述形状因子的 Griffith 公式,适用于无限体上内嵌的贯穿裂纹。由于我们正在研究的裂纹小于零件尺寸,因此这是个很好的假设。许多手册和教科书[4]都对有限体上的裂纹形状因子进行了修正,不过,由于我们关注的大部分都是表面裂纹,如图 12.4 所示,因此这里不需要这些修正。对于表面上小尺寸的裂纹,根据 Laurent 级数理论展开公式并采用合适的边界技术[5],可以得到一个自由表面的修正因子。由于边界处应变能的增加,自由表面因子修正系数取 1.22 就足够了,然后用它乘以 Y。因此,对于一个自由表面,Griffith 形状因子一般来说为

$$Y = 1.122 \sqrt{\pi} = 1.98 \tag{12.2}$$

12.3.3　一般点裂纹

大部分裂纹都不是 Griffith 类型的,也就是说,不是贯穿裂纹,而是点裂纹。

便士裂纹就是一个例子,所谓硬币形是因为它的半宽度和深度的比值为 1∶1 (实际上是表面上的半个便士),其中 $b/c=1$。利用先进的断裂力学技术可求解出 Y 值。硬币形裂纹形状因子由第二类椭圆积分[6]以及表面修正得到:

$$Y = 1.122\sqrt{\pi}/\phi \tag{12.3}$$

其中,当 $c \leqslant b$ 时,有

$$\phi = \int_0^{\frac{\pi}{2}} \sqrt{\cos^2\theta + \left(\frac{c^2}{b}\right)\sin^2\theta}\,\mathrm{d}\theta$$

当 $c > b$ 时,有

$$\phi = \frac{c}{b}\int_0^{\frac{\pi}{2}} \sqrt{\cos^2\theta + \left(\frac{c^2}{b}\right)\sin^2\theta}\,\mathrm{d}\theta \tag{12.3a}$$

其中积分在硬币形状覆盖的半角范围内进行(图 12.6)。对于 Griffith 和半硬币形裂纹很容易求解上述积分。对于 Griffith 表面裂纹,由式(12.2)可以得到 $Y = 1.122\sqrt{\pi} \approx 1.98$。对于半硬币形裂纹,有

$$Y = 1.12 \times 1.13 \approx 1.26 \tag{12.4}$$

在大部分情况下,Y 值的范围从 1.0 到 1.98,半硬币形裂纹的解正好在这个常规假设之内。

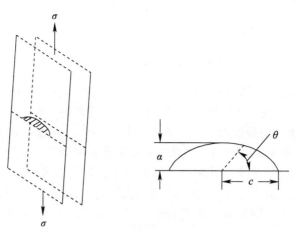

图 12.6 裂纹形状因子是裂纹半角范围内积分的函数

12.3.4 基本的断裂力学公式

以更一般的形式,重写式(11.6b)如下:

$$K = \sigma Y \sqrt{c} \qquad (12.5)$$

同样,重写式(11.7)如下:

$$K_{IC} = S Y \sqrt{c} \qquad (12.6)$$

对于大部分玻璃和陶瓷而言,很容易得到它们的断裂韧度数值。表12.1给出了一些常见工程材料 K_{IC} 值的一个列表。可以看到,这些值都在一个很小范围内。为了对比,表11.1比较了玻璃、陶瓷和一些常见金属材料的断裂韧度值。金属都具有非常高的断裂韧度,显示出它们具有非常高的延展特性,能够容许有更大的缺陷尺寸。可能会有人注意到,如果大部分陶瓷的断裂韧度都位于一个类似的范围内,那么,对于同样尺寸的裂纹就会具有类似的强度。

表 12.1　几种玻璃和陶瓷的临界应力强度因子 K_{IC}

材料名称	K_{IC} (MPa $\cdot$ m$^{1/2}$)
肖特 F2	0.6
Vycor 玻璃	0.7
钠钙玻璃	0.7
硫化锌	0.7
硅	0.7
康宁熔石英	0.75
Hereaus 熔石英	0.75
硼硅酸盐玻璃	0.8
硼硅酸盐冕玻璃	0.9
肖特 Zerodur	1.1

这是一个真实的观察结果,不过,由于硬度原因,一些陶瓷更容易产生刮痕和裂纹,而另外一些可能会更加结实,以至于它们的强度决定于晶粒尺寸。

12.3.5　实例分析

考虑一个熔石英光学镜片,在其光学表面出现了一个硬币形裂纹,半宽度为 $50\mu m$,计算裂纹的强度。

由表12.1可以得到 $K_{IC} = 0.75 \mathrm{MPa} - \mathrm{m}^{1/2}$,以及裂纹半宽度 $b = 50\mu m$。对于硬币形状而言,$b/c = 1$。由此可以得到 $c = 50\mu m$。表面修正因子取 1.12,则 $Y = 1.26$。由式(12.6),可以计算得到

$$S = \frac{K_{IC}}{Y\sqrt{c}} = 84.2 \mathrm{MPa}(12200\mathrm{psi})$$

当然,这是在假定没有残余应力条件下得到的结果。

12.4 有残余应力条件下的强度

当裂纹由一个压痕力产生,在裂纹尖端就会产生相关的残余应力。这对于几乎所有加工过程都是成立的,不管这个裂纹是由人为产生的,还是意外产生的,或者在机械加工过程中产生的。在没有施加任何外部应力的条件下,就会存在一个残余应力强度场,和外加应力产生的类似。同样,考虑到去除无限小裂纹半径产生的奇异性以及为了单位一致性,对于点裂纹,引入残余应力强度如下:

$$K_r = \frac{XP}{\sqrt{c^3}} \qquad\qquad (12.7)$$

式中:P 是压痕力,单位为 N;X 是无量纲的常数,和残余应力程度有关,取值范围为 $0 \leqslant X \leqslant 1$。对于线裂纹,残余应力强度为

$$K_r = \frac{XP}{\sqrt{c}} \qquad\qquad (12.8)$$

式中:P 是单位长度上的力,单位为 N/m。注意:上面两个公式的单位,和之前讨论的外部施加的应力强度公式中的都是一致的。

12.4.1 残余应力与外部应力组合

当施加一个外部应力时,可以得到

$$K = K_r + K_a \qquad\qquad (12.9)$$

式中:K_a 是由式(12.5)重新定义的外部施加应力的强度 K。使用富勒(Fuller)建议的 r 值[7],上面的公式可以重新写为

$$K = \frac{XP}{\sqrt{c^r}} + \sigma Y \sqrt{c} \qquad\qquad (12.10)$$

这里,对于线裂纹,r 的值为 1;对于点裂纹,r 的值为 3;对于无残余应力情况,r 的值为无穷大,其解就恢复为上式后面一项。同样,考虑到尺寸的一致性,这些都是唯一可以接受的 r 值;不过,为了在应用中方便使用,富勒也指出,可以把 r 作为一个连续的变量。

12.4.2 裂纹稳定性

聪明的读者会注意到,如果有一种机制可以增加裂纹深度,那么残余应力强

294

度会降低(应力释放),而外部施加应力强度会增加。注意:由于残余应力随着裂纹增长而降低,尽管这个裂纹开始了它的断裂过程,但它是稳定的。因而,我们可以定义几个术语:当$K < K_{IC}$及$\frac{dK}{dc} < 0$时,裂纹被认为不仅是稳定的而且是亚临界的。相反,当$K > K_{IC}$及$\frac{dK}{dc} \geq 0$(应力强度一定是在增长)时,裂纹被认为是不稳定和临界的。对于灾难性的失效,这两个条件必须同时满足。

12.4.3 在有残余应力和外部应力下的强度

根据上述稳定性准则,由式(12.10)可以得到断裂时的强度[8]:

$$K_{IC} = \frac{XP}{\sqrt{c^r}} + SY\sqrt{c} \tag{12.11}$$

由于$K = K_{IC}$时,$\frac{dK}{dc} = 0$,对式(12.10)微分可以得到

$$\frac{dK}{dc} = 0.5rXPc^{-0.5r-1} + \frac{0.5SY}{\sqrt{c}} = 0$$

$$2c\frac{dK}{dc} = \frac{-rXP}{c^{0.5r}} + \frac{0.5SY}{\sqrt{c}} = 0 \tag{12.12}$$

把式(12.11)和式(12.12)相加,可以得到强度为

$$S = \frac{rK_{IC}}{(r+1)Y\sqrt{c}} \tag{12.13}$$

对于点裂纹($r = 3$),式(12.13)可以简化为

$$S = \frac{0.75K_{IC}}{Y\sqrt{c}} \tag{12.14}$$

也就是在无残余应力条件下式(12.6)基础上乘以系数0.75。

在没有施加任何外部应力的条件下,可以有

$$K = \frac{XP}{c_i^{r/2}} \tag{12.15}$$

式中:c_i为裂纹在施加应力下发生扩展前的初始裂纹深度(在外部应力作用下,裂纹会稳定增长)。由式(12.11)和式(12.13),可以计算出

$$\frac{c}{c_i} = (r+1)^{\frac{2}{r}} \tag{12.16}$$

以及

$$S = \frac{rK_{IC}}{Y\sqrt{c_i}(r+1)^{\frac{(r+1)}{r}}} \qquad (12.17)$$

对于点裂纹($r=3$)，上述公式简化为

$$S = \frac{0.47K_{IC}}{Y\sqrt{c_i}} \qquad (12.18)$$

对于不常见的线裂纹($r=1$)，可以简化为

$$S = \frac{0.25K_{IC}}{Y\sqrt{c_i}} \qquad (12.19)$$

由于在外力作用下裂纹将会增长，根据式(12.13)，线裂纹的强度也可以按下式等效计算：

$$S = \frac{0.50K_{IC}}{Y\sqrt{c}} \qquad (12.20)$$

对于无残余应力的情况，$r = \infty$，上述公式都可恢复为 Griffith 解，即

$$S = \frac{K_{IC}}{Y\sqrt{c_i}} \qquad (12.21)$$

由式(12.16)可以看到，最常见的点裂纹在外部应力作用下失效时增长了 2.52 倍。和初始裂纹尺寸时相比，强度大约减小了 1/2。

12.4.4 实例分析

回顾 12.3.5 节，熔石英光学镜片的一个自由面上由金刚石压痕仪形成了一个半宽度为 50μm、硬币形状的裂纹。当镜片受到外部应力直至失效时，计算在具有初始残余应力条件下的失效强度。

由表 12.1 可知，$K_{IC} = 0.75\text{MPa} - \text{m}^{1/2}$，以及裂纹半宽度为 $b = 50\mu\text{m}$。对于硬币形状裂纹，宽厚比 $b/c = 1$，因此，可以得到 $c = 50\mu\text{m}$。表面修正因子取 1.12，可以得到 $Y = 1.26$。由式(12.18)可以计算出强度为 $S = \frac{0.47K_{IC}}{Y\sqrt{c_i}} =$ 39.6MPa(5740psi)。当然，使用式(12.14)和式(12.16)也可以得到同样的结果。

12.5 应力腐蚀

迄今为止，我们已经知道裂纹会使玻璃和陶瓷的强度低于它们的理论强度

值,并且裂纹中的残余应力会进一步降低这些值。现在,我们将会看到,时间和湿度也是这些脆性材料的敌人,这是由于应力腐蚀会导致强度进一步降低。

12.5.1 定义

(1) 应力腐蚀。就是在化学活性环境、恒定载荷下,由于化学反应而随时间产生提前失效的一种现象。应力腐蚀断裂是一种亚临界的裂纹增长,在化学活性环境下也称为低速裂纹增长,这是由于这种增长不是突然的,而是和时间有关。为了和随时间变化的循环疲劳区别,应力腐蚀也称为静态疲劳(这是由于应力随着时间变化是恒定的)。

(2) 循环疲劳。在循环载荷作用下,包括完全反复应力(零均值拉 - 压应力)以及任何震荡的应力变化条件,随着时间变化出现的一种提前失效现象。

(3) 腐蚀疲劳。应力腐蚀和循环疲劳的组合。

对于晶体、陶瓷、玻璃以及其他脆性材料而言,普遍的现象是应力腐蚀。室温下的脆性材料不会出现在循环疲劳中常见的位错现象。相反,对于室温下具有延展性的金属材料(如钢和铝等),普遍的现象是循环疲劳。当然,金属也会受到应力腐蚀(如盐等),而玻璃和陶瓷也会承受循环疲劳[9],但是,对于后者来说,应力腐蚀是起主导作用的。因此,我们这里只关注这种类型的失效。

12.5.2 化学活性环境

在玻璃和陶瓷上产生应力腐蚀(低速裂纹增长)的化学活性环境是水,不只是液体形式的水,高湿度的空气也同样起作用。这个过程涉及水和材料组成之间的化学反应。例如,熔石英和水反应结合电子和质子的供给产生了硅烷醇(SIOH)副产品[10],即

$$H_2O + Si - O - Si \rightarrow 2(Si - OH)$$

为了产生这个反应,需要高活性的能量;这个能量以裂纹尖端拉伸应力(裂纹开口)的形式来提供。因而,要发生应力腐蚀,材料需要具备 3 个条件:易于被侵蚀;一个腐蚀性的环境;存在应力。

注意:发生应力腐蚀需要上述 3 个条件同时存在。图 12.7 给出了应力腐蚀过程的一个示意图。当然,对于非熔石英类的材料,发生的化学交换也是不同的。尽管其他一些化学材料诸如氨和盐酸确实能够腐蚀玻璃[11],产生低速裂纹扩展,但是水是玻璃和陶瓷最常见的暴露环境,并已进行了初步研究。图 12.8 是 Wiederhorn 研究的几种玻璃的典型的速度曲线[12]。

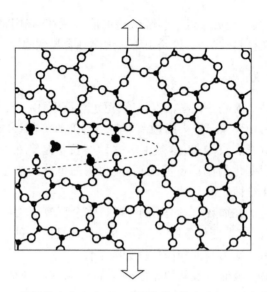

图 12.7 熔石英应力腐蚀过程(阴影圆圈代表硅,空心圆圈为氧,
实心圆为水,虚线代表裂纹,箭头表示应力场的方向,经许可改编自文献[10])

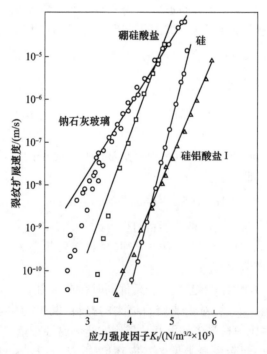

图 12.8 裂纹扩展速度与应力强度因子曲线(V–K 曲线)说明了不同玻璃应力腐蚀情况。
在水分存在条件下,裂纹扩展速度会随着应力强度增加(经许可改编自文献[12])

12.5.3 反应速率

和水的反应速率随着温度增加而增加,相反,随着温度降低到室温以下,反应速度也降低。因而,可以预期在温暖的环境下具有高的裂纹扩展速度和较低的寿命。

虽然在 20 世纪初期就已经知道了水分随着时间变化会影响强度,但是直到 20 世纪 60 年代晚期,裂纹增长速率才由 Wiederhorn 第一次给出定量化[13]。Wiederhon 使用了直接观察技术,在一个玻璃样本上用金刚石制造一个裂纹,把样本沉浸在水中,并使它承受拉应力,使用显微镜观察裂纹随时间增长情况。他发现使用指数定律能够很好地拟合观测数据[13],裂纹的扩展速度可以由下式给出,即

$$\frac{\mathrm{d}c}{\mathrm{d}t} = V\mathrm{e}^{nK} \tag{12.22}$$

式中:V、n 都是材料常数;K 是应力强度。

12.5.4 Paris 定律

对于循环疲劳(第 11 章),可以使用一个和 Paris 定律[14]形式上类似的指数定律,它的控制变量现在是增长/时间,而不是增长/循环次数,这个公式为

$$\frac{\mathrm{d}c}{\mathrm{d}t} = AK^N \tag{12.23}$$

式中:A、N 是和材料相关的属性,A 的表达式如下:

$$A = \frac{\nu_\mathrm{o}}{K_\mathrm{IC}^N} \tag{12.24}$$

式中:ν_o 是和材料有关的速度特性;N 有多种术语叫法,这里我们选择称它为裂纹增长指数,或者裂纹增长敏感性因子。

从式(12.23)的关系可以注意到,A 就是当 K 取单位值($K=1$)时,V–K 曲线上截距处的速度值(图 12.8)。表 12.2 给出了裂纹增长速度常数 A 的一些典型值。这些值不容易获得,并且它们和材料的组成高度相关。在 12.8 节,将会介绍避免使用 A 值的另外一些方法。

研究已经表明,式(12.22)和式(12.23)都和实验结果有良好的匹配性;

表 12.2　几种玻璃材料的裂纹扩展速度常数 A

材料	$A/((\mathrm{m/s}) \times (\mathrm{MPa \cdot m^{1/2}})^{-N})$
熔石英	1.42×10^5
硅酸硼冕玻璃	约 10
钙石灰玻璃	约 50

不过,首选的是后者指数定律形式的公式,这是因为在通过积分计算失效时间时,这个表达式在数学处理上更方便。

12.5.5 裂纹扩展区域

指数定律公式(式(12.23)),适用于水分引起的反应占主导的应力腐蚀区域,在这里应力扩展速度随着应力强度增加而增加。为了可视化裂纹扩展速度区域,参考图12.9,其中描绘了在应力和水分下裂纹的寿命。在区域0没有裂纹扩展速度,因此也就没有裂纹扩展,直至达到一个应力强度阈值。一旦达到这个阈值,Paris定律就开始起作用,裂纹扩展会随着应力强度的增加而增加(区域Ⅰ)。在这个区域,裂纹扩展速度即使在没有应力情况下也会增加,裂纹会不断增长。在区域Ⅱ,裂纹扩展速度变慢(理想化上这里为常数),这是因为它的扩散受到限制,也就是说,裂纹扩展速度赶不上水分扩散速度。最终,在区域Ⅲ,裂纹以很快速度增长,和水分无关。在图12.9中,此处增长速率理想化为无穷大速度;实际上,它仍旧是一个非常高的值,直至在临界、不稳定的应力强度下发生灾难性的失效之前,这个速度会接近声速。

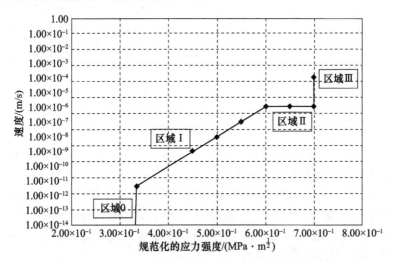

图12.9 应力腐蚀敏感材料的理想化的裂纹扩展速度与应力强度关系

尽管已经测量了几种材料在区域0的阈值(很明显和熔石英不同,含碱基氧化物的玻璃,如氧化钙、氧化锂以及氧化钾,都具有疲劳阈值),但常规做法是假定不存在阈值。事实上,已经在低应力强度条件下测量了石英玻璃的裂纹扩展速度,大约在低于1pm/s附近。图12.10给出了一个更为典型的应力强度区域的示意图(其中区域Ⅰ一般呈线性)。

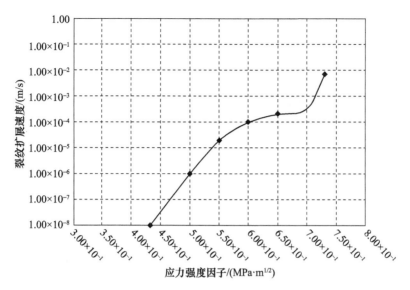

图 12.10　水分存在条件下熔石英典型的裂纹扩展速度与应力强度曲线

12.5.6　区域 I 关系

注意到在指数定律公式中,失效时间和强度的 N 次幂指数成正比,其中 N 和材料有关。式(12.23)乍看上去,可能表现出 N 值越高则扩展速度越高,因此寿命也就越短。不过,当把式(12.24)代入到式(12.23),可以得到

$$\frac{\mathrm{d}c}{\mathrm{d}t} = \nu_0 \left(\frac{K}{K_{\mathrm{IC}}}\right)^N \qquad (12.25)$$

由于式(12.25)右边分数总是小于 1,因此,可以看到,N 值越高,寿命就越长。

12.5.7　实例分析

考虑一个熔石英光学零件上有个裂纹,受到水分和外部应力作用。外部应力为 30MPa,初始裂纹尺寸为 $100\mu m$,裂纹形状为硬币形。假定从表 12.2 中选择一个 A 值,并取 N 的值为 36,计算在恒定外部应力作用下初始裂纹扩展速度以及当裂纹增大 2 倍时的裂纹扩展速度。

由式(12.5)可以得到

$$K = \sigma Y \sqrt{c}$$

$$K = 30 \times 1.26 \times 0.0001^{1/2} = 0.378\mathrm{MPa} \cdot \mathrm{m}^{1/2}$$

由式(12.23)可以得到初始速度为

$$\frac{\mathrm{d}c}{\mathrm{d}t} = AK^N = (1.4 \times 10^5) \times (0.378)^{36} = 8.75 \times 10^{-11} \mathrm{m/s}$$

当裂纹变大 2 倍时,可以得到

$$K = 30 \times 1.26 \times 0.0002^{1/2} = 0.535 \mathrm{MPa} \cdot \mathrm{m}^{1/2}$$

$$V = 1.4 \times 10^5 \times 0.535^{36} = 2.36 \times 10^{-5} \mathrm{m/s}$$

因此,裂纹扩展速度增加了 5 个数量级。

12.6　无残余应力条件下的应力腐蚀

现在假定采用区域 I 的特性来推导失效寿命。首先确定无残余应力条件下的寿命。尽管几乎所有裂纹都具有残余应力(第 16 章),但是,在进行有残余应力条件下所要求的更折磨人的计算之前,还是需要理解以下最基本的公式。

使用分离变量的积分技巧,求解式(12.25)的失效时间,得到

$$V = \frac{\mathrm{d}c}{\mathrm{d}t} = \frac{\mathrm{d}c}{\mathrm{d}K}\frac{\mathrm{d}K}{\mathrm{d}T} \tag{12.26}$$

由式(12.5)可以得到

$$c = \frac{K^2}{Y^2 \sigma^2} \tag{12.27}$$

对式(12.27)微分:

$$\frac{\mathrm{d}c}{\mathrm{d}K} = \frac{2K}{Y^2 \sigma^2} \tag{12.28}$$

然后代入到式(12.26),可以得到

$$V = \frac{2K}{Y^2 \sigma^2}\frac{\mathrm{d}K}{\mathrm{d}t} \tag{12.29}$$

因此,有

$$\mathrm{d}t = \frac{2K}{Y^2 \sigma^2 V}\mathrm{d}K \tag{12.30}$$

在初始和最终(失效)应力强度范围之间进行积分,可以得到

$$t = \frac{2}{Y^2 \sigma^2}\int \frac{K}{V}\mathrm{d}K \tag{12.31}$$

用式(12.23)代替式(12.31)中的 V,经过积分就可以得到失效时间为

$$t = \frac{2(K^{2-N} - K_{IC}^{2-N})}{(N-2)AY^2\sigma^2} \qquad (12.32)$$

这个计算看上去很困难,其实只要知道以下参数:材料固有属性(K_{IC}、N);应力强度、裂纹深度 c 以及外部施加应力 σ;裂纹形状因子 Y;材料的裂纹扩展速度常数 A,确定失效时间的这个计算实际上仅仅是个"即插即用"操作。

注意:除非 K 和 K_{IC} 接近,不然 K_{IC} 的指数项和 K 的指数项相比很小,可以忽略,因而,可以对式(12.32)在某种程度上进行简化。进一步还可以看到,把式(12.5)和式(12.6)代入到式(12.32),可以得到

$$t = B\frac{\sigma_i^{N-2}}{\sigma^N} \qquad (12.33)$$

其中

$$B = \frac{2K_{IC}^{2-N}}{(N-2)Y^2A} \qquad (12.34)$$

虽然我们需要知道材料的惰性强度,但是不需要知道裂纹的深度,在公式中没有这项,这是因为在确定强度的时候已经考虑了裂纹深度。需要记住的是,为了使式(12.33)有效,裂纹分布、形状以及深度必须在测定惰性强度的过程中有代表性。

在任何情况下,尽管可以请求、借用或从文献中获取给定材料的 N 值,并确定惰性强度,但得到如表 12.2 所列的 A 或 B 值却存在更大的问题。为了包括 B 值,表 12.3 对表 12.2 表进行了稍微扩展;正如式(12.34)所示,其中的 B 值是裂纹生长因子、裂纹形状和临界应力强度的函数(12.7.2 节给出了 N 值的一个扩展表)。对于没有特征参数的材料,12.8 节讨论了使用动态疲劳试验确定 B、N 和惰性强度值的方法。

表 12.3　硬币形裂纹条件下几种材料的常数

材料	$A/((\text{m/s})$ $\times (\text{MPa}\cdot\text{m}^{1/2})^{-N})$	K_{IC} $/(\text{MPa}\cdot\text{m}^{1/2})$	N	B $/(\text{MPa}^2\cdot\text{s})$
熔石英	1.42×10^5	0.75	36	0.005
硅酸硼冕玻璃	约 10	0.9	20	0.047
钠钙玻璃	约 50	0.73	21	0.524

12.6.1　实例分析

例1　考虑一个经过研磨和抛光的熔石英光学零件,其惰性强度为 60MPa(8700lb/in^2)。假设没有残余应力,计算在 15MPa(2175psi)外加应力下的预期寿命。

利用表 12.3 中的裂纹扩展指数 N 和另一个替代裂纹常数 B 以及公式(12.33)，我们发现：

$$t = B \frac{\sigma_i^{N-2}}{\sigma^N} = 0.005 \times 60^{34}/15^{36} = 6.56 \times 10^{15} \text{s}$$

那相当于 2 亿多年，时间太长根本不用担心。在下一个示例中，我们将检查存在一个较为严重裂纹时的失效时间。

例 2 考虑一个被 $150\mu m$ 金刚石划伤的熔石英光学零件。测试表明，其惰性强度为 $35\text{MPa}(5000\text{lb/in}^2)$。假设没有残余应力，计算在 $15\text{MPa}(2175\text{psi})$ 的外加应力下光学零件的预期寿命。

使用表 12.3 和式(12.33)中的另一个替代裂纹常数 B，我们发现：

$$t = B \frac{\sigma_i^{N-2}}{\sigma^N} = 0.005 \times 35^{34}/15^{36} = 7.2 \times 10^7 \text{s}$$

相当于 2.3 年。我们将在下一节中看到，残余应力将大大降低该值。

12.7 残余应力条件下的应力腐蚀

从本章前面提出的裂纹速度公式(式(12.23))开始，此处重述如下：

$$V = AK^N \tag{12.35}$$

我们现在可以包括残余应力，其中 K 值由残余应力和外加应力强度(由式(12.10)得到)给出，此处重述如下：

$$K = \frac{XP}{c^{0.5r}} + \sigma Y \sqrt{c} \tag{12.36}$$

12.7.1 一个复杂积分

现在把数据代入式(12.35)，通过积分来计算失效时间并不那么简单。如果你认为式(12.31)中的无残余应力条件下的积分令人畏惧，那么，与残余应力条件下积分相比就相形见绌了。事实上，多年来，数值积分一直是解决这个问题的最佳方法，直到富勒等人在 1983 年的天才工作带来了一个解决方案。也就是说，他们发现：

$$t = \frac{2 \int_0^1 K_e^{N'-1} (1 - K_e)^{N-N'-1} \mathrm{d}K_e}{(r+1)A (Y\sigma)^{N'} \left[K_{IC} (c)^{r/2} \right]^{N-N'}} \tag{12.37}$$

其中这个积分就是 β 函数，即

304

$$K_e = \frac{K_a}{K_a + K_r} \qquad (12.38)$$

$$N' = \frac{rN + 2}{r + 1} \qquad (12.39)$$

数学上的 β 函数与其近亲 Γ 函数有关。幸运的是,式(12.37)可以像无残余应力条件下的公式那样类似操作,从而可以得到与式(12.33)相同的熟悉形式:

$$t = \frac{B' \sigma_i^{N'-2}}{\sigma^{N'}} \qquad (12.40)$$

其中

$$B' = \left[\frac{(N-2)4^{N-3}}{3^{N'-2}} \frac{\Gamma(N')\Gamma(N-N')}{\Gamma(N)} \right] B \qquad (12.41)$$

$\Gamma(N)$ 是变量为 N 的 Γ 函数。为了防止 Γ 函数听起来很可怕,对于整数 N 和 N',它可以表示为

$$\Gamma(N) = (N-1)! \qquad (12.42)$$

12.7.2 计算常数和失效时间

现在可以计算不同 N、N' 下的 B'/B 值。表12.4 给出了几种材料 N 的典型值,同时还列出了点裂纹情况下 N' 值(同样,$r=3$)。图12.11 绘出了 B'/B 比值和 N 的曲线(当 N 和 N' 不都是整数时,计算这个阶乘表达式时要特别小心,不过这个图形则可以合理地说明这个问题)。注意:对于大部分常见值,B' 值距离 B 值并不太远,也就是说,在计算失效时间时,它们在一个数量级内。不过,由式(12.40)可知,失效时间与应力的 N' 次方成比例降低,导致失效时间比无残余应力情况下的低几个数量级。

表12.4 在水分存在条件下几种材料近似的
裂纹增长指数(其中 HIP 代表热等静压)

材料	N	N'
氟化镁	10	8
氟铪	11	8.8
肖特 BK-7 玻璃	20	15.5
钠钙玻璃	21	16.3
康宁 ULE 7971	27	20.8
硼硅酸盐	29	22.3

材料	N	N'
肖特 Zerodur®	31	23.8
康宁熔融石英 7940	35	26.7
康宁熔融石英 7957	36	27.5
Heraeus Infrasil® 302	36	27.5
硒化锌	40	30.5
HIP 硫化锌(Cleartran™)	46	35
多晶氧化铝	47	35.8
氟化钙	50	38
单晶氧化铝	67	50.8
硫化锌	76	57.5
硅	>100	>100

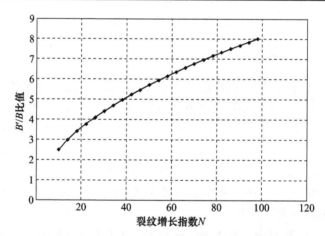

图 12.11　有/无残余应力条件下替代裂纹增长常数与裂纹增长指数关系

12.7.3　分析算例

例 1　考虑一个已经完成研磨和抛光的熔石英光学零件,惰性强度为 60MPa(8700psi)。在考虑残余应力的情况下,计算在 15MPa(2175psi)外加应力作用下的预期寿命,并和 12.6.1 节例 2 中无残余应力条件下的结果进行对比。

使用表 12.3 中的裂纹增长指数 N 和替代裂纹常数 B,根据式(12.39),对于点裂纹可以得到 $N' = \dfrac{3N+2}{4} = 28$;根据式(12.41)或者图 12.11,得到 $B' = 4.8B =$

$4.8 \times 0.005 = 0.024 \text{MPa} - \text{s}^2$。

然后,由式(12.40)可以计算失效时间为

$$t = \frac{B' \sigma_i^{N'-2}}{\sigma^{N'}} = 0.024 \times 60^{26}/15^{28} = 4.8 \times 10^{11} \text{s}$$

这相当于超过 15000 多年。和 12.6.1 节例 2 无残余应力下的结果对比,它的寿命为 2 亿年,可以看到,有残余应力情况下的失效寿命降低了 4 个数量级。不过,这个失效时间仍旧很长,不值得担心。在下面例子中,我们将检查在出现一个非常严重裂纹情况的失效时间。

例 2 考虑一个被 $150\mu\text{m}$ 金刚石划伤的熔石英光学零件。试验表明,它的惰性强度为 35MPa(5000psi)。在考虑残余应力条件下,计算在 15MPa(2175psi)外加应力作用下零件的预期寿命,并和 12.6.1 节例 2 无残余应力情况下的结果对比。

由式(12.40)可以得到

$$t = \frac{B' \sigma_i^{N'-2}}{\sigma^{N'}} = 0.024 \times 35^{26}/15^{28} = 3.9 \times 10^5 \text{s}$$

这就相当于大约 110h 或者 4.5 天。12.6.1 节例 2 无残余应力情况下的寿命为 2.3 年,通过对比可以看到,在这个残余应力作用下寿命降低了 2 个数量级。在这种情况下,失效时间当然值得关注,并且它也指出了残余应力产生的不利影响。

对于任意外加应力情况,绘图对比是非常有帮助的,如图 12.12 所示。需要注意的是,在所有应力水平下,失效时间有巨大差异。

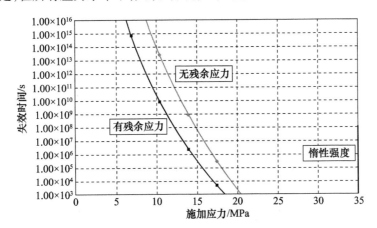

图 12.12 残余应力对失效时间的影响:在水分和外部应力存在条件下 $150\mu\text{m}$ 刮伤的
熔石英在有无残余应力情况下失效时间对比(惰性强度为 35MPa)

307

12.7.4 获得计算失效时间的常数

为了计算失效时间,只要惰性强度能够代表有问题的裂纹分布,那么,只需要知道 B'、N'、惰性强度以及外部应力即可。当然,外部应力很容易计算,并且强度测试可以验证材料的惰性强度。可以由表 12.3 或者从文献中或者以其他方式得到一个 N 值,然后利用式(12.39)很容易计算 N'。不过,得到 B' 的值可能是比较困难的(试问读者曾看到过多少个 B' 值列表呢)。不过,可以从 A 或者 B 值列表中得到 B'(如表 12.1 和表 12.3,或者由其他方式提供的)。B' 的计算就是通过式(12.41)把 A 或 B 者转换为 B'。除此之外,可能需要通过实验获得这个值,这将在下一部分中看到。

12.8 动 态 疲 劳

很明显,获得 N' 和 B' 值(或者 A 及其对应的 N、B 值)并不容易实现。例如,确定 A 和 N 值的常规试验,可能需要涉及随着时间和水分变化对裂纹增长进行微观检查,这可能成本非常昂贵;然后,这些值需要转换到它们对应的有残余应力下的值。

计算 B' 和 N' 值的一种更好的方法,直接使用一种称为动态疲劳的技术。动态疲劳是基于在恒定应力速率下对式(12.25)进行积分。由于我们关注的是在恒定应力下的失效时间,而不是在恒定应力速率下的,因此,需要对确定 B 的公式稍作修改,对恒定应力速率下的失效时间增加 $(N+1)$ 倍,即

$$t_{\text{dynamic}} = (N+1)t_{\text{static}} \tag{12.43}$$

首先确定和正在调查的动态测试件具有相同裂纹分布的一组样件的惰性强度值。如果惰性强度和随后动态试验都是在存在已知的、可再现的压痕缺陷下进行的,那么,这些测试样本的数量可以来自一个相当小的集合。相反,如果惰性强度和随后动态试验是在研磨抛光的表面上进行,其中的裂纹分布和裂纹深度都是变化的,这样测试样本的数量就要需要一个非常大的集合。

一旦确定了惰性强度(根据定义,没有水分),我们就需要测定不同应力速率下的湿强度。由于失效应力是持续时间的函数,使用一系列不同的应力速率将会得到不同的湿强度。应力速率变化越快,强度就越高。这些应力速率试验是把样本完全浸入水中进行的(如果没有水分,就不会有裂纹扩展,也没有速率的增加,因此也就没有强度的差别)。

因此,以许多不同的速率测试样本直至失效,次数一般为 4~5 次。应力速率在最快(毫秒到失效)到非常慢(数小时到失效)之间变化。以双对数形式绘

制失效应力和应力速率曲线,由此可以求解出常数 N 和 B。同样,首选是用金刚石压痕仪产生一致性的裂纹以使得样本数量最小化,每个应力速率下大约需要 3 个或 4 个样本。如果使用抛光的样品,由于裂纹深度变化的统计特性,每个速率下的样品数量可能要达到 10 个。

12.8.1　实例分析

图 12.13 给出了这样的动态疲劳图表[15]的一个例子。N' 的值由下式确定:

$$N' = -\frac{\log\left(\dfrac{t_i}{t_2}\right)}{\log\left(\dfrac{\sigma_i}{\sigma_2}\right)} \tag{12.44}$$

或者

$$m = \frac{1}{N' + 1} \tag{12.45}$$

式中:σ_2 是在失效时间 t_2 的参考强度;σ_i 是在失效时间 t_i 的强度;m 是双对数失效应力 – 应力速率曲线的斜率。

B' 的值由下式给出

$$B' = \frac{\sigma_f^{N' + 1}}{\sigma_{dot}(N' + 1)\sigma_i^{N' - 2}} \tag{12.46}$$

式中:σ_{dot} 是应力速率(即每秒应力变化量);σ_f 是在恒定应力速率 σ_{dot} 下的湿失效应力。

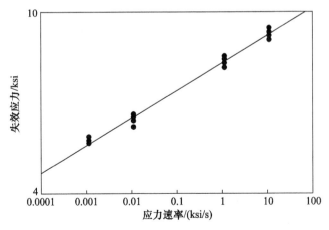

图 12.13　使用 Vickers 压痕试件的 BK – 7 玻璃动态疲劳数据,根据曲线确定的 N' 值为 15.39(改编自参考文献[15])

可以看到,通过动态疲劳测试,可以得到确定有残余应力条件下失效时间所需的所有常数。这些常数很容易代入到式(12.40)以计算失效时间。这种方式确定的常数不需要知道应力强度因子、裂纹深度或者裂纹形状因子,这是因为我们已经计算了惰性强度,它是控制参数。

12.9　一种近似技术

由于缺乏动态疲劳测试,大多数分析人员无法获得任何材料的 B 值,更不用说一种新材料了。然而,分析人员可能从文献中获得 N 值,进而可得到 N'。当然,惰性强度数据可通过试验或供应商信息轻易获得。为此,可使用 Pepi 提出的近似技术[16]。这个表达式为

$$t = \left(\frac{\sigma_a}{\sigma_i}\right)^{-(N'-2)} \times 0.0001 \tag{12.47}$$

这个近似是基于一个最小数据集,因此,在使用的时候要特别小心谨慎。不过,如果我们对外加应力采用 1.2 倍的安全因子,就可以得到一个很好的一阶近似,当然是很保守的。

12.10　过载验证试验

验证试验是旨在验证承载部件承受设计载荷的可接受性,是一个非破坏性测试。正因为如此,验证载荷一般和设计载荷相等,有时为了考虑设计余量会高于设计载荷。常见的过载取 1.25~1.5 倍;对于升降装置需要好的安全性,安全系数取 2.0[17]。验证试验不仅可以在零部件进入工作状态之前进行,在工作一段时间以后也可以进行,以确保在使用期间没有发生隐藏的或者其他形式的损坏。

由于验证载荷很高,因此总是存在零部件在测试中失效的风险。对于多个生产单元来说,这样会在工作服务之前筛选出那些存在设计问题的单元。当然,对于独一无二的单元来说,则需要确定验证试验的优缺点。

对于玻璃和陶瓷,最好进行过载试验确保在有水分、残余应力以及外加拉应力条件下在材料使用寿命内设计的充分性。如果预期寿命很长,一般都是这样的,就不会有足够的时间在外加应力进行这么长时间测试。因此,可以采用短持续时间的过载测试,确保在所需要的长持续时间内的寿命。

在这种情况下,我们不能像静态加载中那样选择任意的过载系数,如 1.25、1.5 或者其他任何数值。玻璃和陶瓷的应力腐蚀绝对不是静态的,在零件的寿

命期内裂纹扩展是逐渐(缓慢)发生的。不过,我们已经有了计算所需过载因子的工具。

12.10.1 在陶瓷中的应用

确定玻璃和陶瓷所需的过载测试因子的数学方法由 Wiederhorn 首先提出[18]。据此,我们已在式(12.40)得到了在水分存在条件的寿命公式,即

$$t = \frac{B' \sigma_i^{N'-2}}{\sigma^{N'}}$$

式中:t 为预期的寿命。对于所需要的寿命 t_r,我们只需把它代入到式(12.40),然后,就可以确定所需的过载强度 σ_p,而不是惰性强度。寿命 t_r 为

$$t_r = \frac{B' \sigma_p^{N'-2}}{\sigma^{N'}} \tag{12.48}$$

或者,过载试验的因子的定义为

$$PF = \frac{\sigma_p}{\sigma_a} \tag{12.49}$$

可以得到

$$t_r = \frac{B' (PF)^{N'-2}}{\sigma_a^2}$$

或者

$$PF = \left(\frac{\sigma_a^2 t_r}{B'} \right)^{1/(N'-2)} \tag{12.50}$$

因此,如果我们知道所需的寿命和外加应力,就可以很容易地计算确保满足使用寿命所需的过载验证系数。与惰性强度的测定一样,这种过载验证强度是静态施加的。

12.10.2 实例分析

例1 使用表12.3中熔石英的替代裂纹扩展速度常数 B 和裂纹增长指数 N 数据,计算所需的过载载荷,以确保在 6.9MPa(1000psi)外加应力连续作用下寿命达到 3 年。

使用图12.11,可以得到 $B'=0.018$;根据式(12.39),可得到 $N'=(rN+2)/(r+1)=28$。由式(12.50)得到安全因子 $PF=2.75$,强度 $\sigma_p=19MPa(2750psi)$(计算时把给出的时间单位转换为 s,3 年 $=9.5 \times 10^7 s$)。

对于存在缺陷的熔石英镜片在 6.9MPa 外加应力作用下,图 12.14 给出了所需的寿命与过载因子的曲线图。注意:由于过载因子是裂纹扩展指数 N' 的强函数,因此,对于具有较低裂纹增长指数的玻璃和陶瓷,甚至需要更高的过载因子。

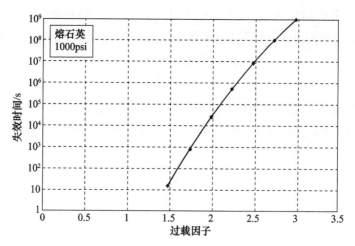

图 12.14　熔石英玻璃在 6.9MPa(1000psi)恒定的外加
应力作用下,需要保证的寿命与过载因子之间的关系

例 2　在动态测试过程中,发现钠钙玻璃的 B'、N' 值分别为 $B' = 1.3$ MPa $\cdot$ s^2,$N' = 15$。在 6.9MPa(1000psi)外加应力连续作用下,为了保证具有 3 年的寿命,计算所需的过载因子。

根据式(12.50),可得到 PF $= 5.42$ 以及 $\sigma_p = 37.4$ MPa(5420psi)。这样的过载因子让人不寒而栗,但这是必须确保寿命充分性所必须要求的。

正如预期的那样,验证测试也存在缺点。首先,为了确保在失效前不发生亚临界裂纹扩展,必须在惰性环境中进行试验,采用与惰性强度试验同样的方式。在如此高的应力下,任何水分都会使强度迅速降低,从而使试验毫无用处,弊大于利。其次,这样的惰性环境,必须以很快的加载速率进行;不得在加载状态保持;必须快速卸载,因为没有环境是完全惰性的。

此外,零件的安装方式必须与工作状态相同,也就是说,为了保证在整个零件上,特别是边缘处,产生合理的应力,边界条件必须相同。另外,验证试验后任何后续损伤都将使测试无效,如果怀疑存在后续损伤,则需要重新进行过载测试。

因而,对于有多个零件的情况,这样的测试可以有效地截断强度分布,甚至可以通过推进设计包络减轻零件重量。对于只有一个零件的类型,如果材料受

312

到的应力水平相对较低,则测试弊大于利。例如,考虑下面的算例,采用了和例2同样的钠钙玻璃,不过具有更低的外加应力水平。

例3 在动态强度测试过程中,发现某钠钙玻璃的 B'、N' 值分别为 $B' = 1.3 \text{MPa} \cdot \text{s}^2$,$N' = 15$。在 4.83MPa(700psi)外加应力作用下,一个严重刮伤的零件在拉伸作用下寿命要达到 30 年,计算所需的过载测试要求。刮伤零件的惰性强度测试表明威布尔 A 值为 34.5MPa(5000psi),抛光后的威布尔 A 值强度为 82.7MPa(12000psi)。

根据式(12.50),我们发现,PF = 6.12 以及 σ_p = 29.65MPa(4300psi),式中 $t = 9.5 \times 10^8 \text{s}$。需要注意的是,即使玻璃受到严重刮伤,验证应力仍旧低于安全的许用应力。应力水平如此低,验证测试看上去无法保证,可能存在比分析中更大的风险;毕竟在水中保持 30 年是一个非常长的时间。

参 考 文 献

1. S. M. Wiederhorn, "Environmental stress corrosion cracking of glass," National Bureau of Standards Report 10865, Washington, D.C., pp. 2–3 (1971).

2. A. A. Griffith, "The phenomenon of rupture and flow in solids," *Philosophical Transactions of the Royal Society A* **221**, 163–198 (1921).

3. J. W. Pepi, *Strength Properties of Glass and Ceramics*, SPIE Press, Bellingham, Washington (2014) [doi: 10.1117/3.1002530].

4. H. Tada, P. C. Paris, and G. R. Irwin, *The Stress Analysis of Cracks Handbook*, Third Edition, ASME Press, New York (2000).

5. B. Gross and J. E. Srawley, "Stress-intensity factors for a single edge notch tension specimen by boundary collocation of a stress function," NASA TN D-2395 (1964).

6. P. C. Paris and G. C. Sih, "Stress Analysis of Cracks," ASTM STP381, pp. 51–52, West Conshohocken, Pennsylvania (1965).

7. E. R. Fuller, B. R. Lawn, and R. F. Cook, "Theory of fatigue for brittle flaws originating from residual stress concentrations," *J. American Ceramic Society* **66**(5), 314–321 (1983).

8. E. R. Fuller, private notes, October, 2008.

9. S. Bhowmick, J. J. Melendez-Martinez, and B. R. Lawn, "Contact fatigue of silicon," *J. Materials Research* **23**(4), 1175–1184 (2008).

10. B. R. Lawn, *Fracture of Brittle Solids*, Second Edition, *Cambridge Solid State Science Series*, Cambridge University Press, Cambridge, p. 172 (1993).

11. S. M. Wiederhorn and H. Johnson, "Influence of sodium hydrogen ion exchange on crack propagation in soda-lime silicate glass," *J. American Ceramic Society* **56**(2), 108–109 (1973).

12. S. M. Wiederhorn and L. H. Bolz, "Stress corrosion and static fatigue of glass," *J. American Ceramic Society* **53**(10), 543–548 (1970).

13. S. M. Wiederhorn, "Influence of water vapor on crack propagation in soda lime glass," *J. American Ceramic Society* **50**(8), 407–414 (1967).

14. S. W. Freiman, "Stress-Corrosion Cracking of Glasses and Ceramics," Chapter 14 in *Stress-Corrosion Cracking: Materials Performance and Evaluation*, R. H. Jones, Ed., ASM International, Materials Park, Ohio, pp. 337–344 (1992).

15. E. R. Fuller, Jr., S. W. Freiman, J. B. Quinn, G. D. Quinn, and W. C. Carter, "Fracture mechanics approach to the design of glass aircraft windows: A case study," *Proc. SPIE* **2286**, 419–430 (1994) [doi: 10.1117/12.187363].

16. J. W. Pepi, "A method to determine strength of glass, crystals, and ceramics under sustained stress as a function of time and moisture," *Proc. SPIE* **5868**, 58680R (2005) [doi: 10.1117/12.612013].

17. Occupational Health and Safety Administration (OSHA), Fall Protection Code 1910.66, Appendix C (1974).

18. A. Evans and S. Wiederhorn, "Proof testing of ceramic materials—an analytical basis for failure prediction," *International J. Fracture* **10**(3), 379–392 (1974).

第 13 章　光学结构的性能分析

前面章节描述的所有镜片都需要一个支撑系统。虽然本书的目的不是为了介绍结构设计的细节(Yoder[1]在这个主题方面提供了一个优秀和全面的资料来源),在这里我们简要介绍这类光学结构的结构分析方法。

13.1　镜片支撑结构

透镜由玻璃、陶瓷或者其他材料制备,根据波长要求能够透射光的电磁波谱。这样,当透镜的一个或两个表面做成弯曲形状,光线沿着透镜厚度方向发生折射传播,就可以用于放大、聚焦或者高分辨率成像。一般情况下,需要使用多个透镜。这些透镜由透镜框来支撑。透镜框的作用,就是在工作及非工作条件下都能支承并保持安装在它上面的一个或多个透镜的位置。为了保证镜片对中而不发生离焦,透镜一般通过预压安装在透镜框内。在这种情况下必须小心,保证不在脆性镜片上产生高的接触或者赫兹应力(接触应力在第 16 章中讨论)。在热环境下,透镜可以安装在边缘挠性支承上,或者通过硅橡胶等软胶来支撑,更详细的介绍见第 9 章。透镜框本身必须坚固和刚硬,这里适用标准的结构设计原则。

反射镜可采用边缘支撑结构(一般称为 bezel),或者背部支撑结构(一般称为 bulkhead)。这些结构必须坚固和刚硬,同样可以适用标准的结构设计原则。

把一个或多个镜片分隔开并装配在一起的结构,称为计量结构。因为它们和光学结构分析密切相关,我们简要介绍一些这类结构。

13.2　计量结构离焦

由于镜片之间任何微小位移,都可能会严重破坏光学性能误差预算,因此,支撑反射镜的计量结构对于光学系统非常重要。主要取决于由反射镜和支撑结构材料之间热膨胀系数的差异,在热浸泡或者热梯度条件下,这些反射镜会发生离焦(Despace/Defocus)。与之类似,在水分变化的条件下,吸湿性的结构由于结构湿胀系数的影响也会发生离焦,进一步讨论见 13.4 节。

在任何一种条件下,温度变化导致的两个镜片之间的离焦都可以简单地由下面的公式计算,即

$$y = \Delta\alpha\Delta TL \qquad (13.1)$$

式中:$\Delta\alpha$ 为温度变化范围 ΔT 内有效 CTE 的差值;L 为镜片之间的距离。

当还存在轴向线性变化的温度梯度时,它对离焦的贡献量为

$$y = \frac{\alpha L[\Delta(\Delta T)]}{2} \qquad (13.2)$$

式中:$\Delta(\Delta T)$ 是每个镜片结构上的温度差;α 是计量结构的热膨胀系数。

在水分变化条件下,类似地可以得到下式:

$$y = C_M\Delta ML \qquad (13.3)$$

式中:C_M 是结构的湿胀系数(CME),单位为每百分之一水分变化产生的长度变化;ΔM 是以百分数表示的水分变化量。对于特定的光学系统,离焦运动量可以根据光学灵敏度分析转化为波前误差量。

13.2.1 实例分析

一个熔石英主镜和一个熔石英次镜间距 20in,通过一个吸湿性的计量结构连接在一起。在室温(293K)、相对湿度 50% 下完成装调,然后在真空环境降温至 193K,计算产生的波前差。通过光学灵敏度分析可知,镜间距变化 0.001in,产生了 0.5 个可见光波长的均方根误差。一些属性参数如下:

$$\alpha_{\text{eff(镜片)}} = 0.32 \times 10^{-6}/\text{℃}$$

$$\alpha_{\text{eff(结构)}} = 0.2 \times 10^{-6}/\text{℃}$$

$$C_M = 100 \times 10^{-6}/\Delta M$$

$\Delta M = 0.2\%$(由 50% 相对湿度到真空下的水分的变化量)

根据式(13.1)可以得到,$y = \Delta\alpha\Delta TL = 0.12 \times 10^{-6} \times 100 \times 20 = 0.00024$in(收缩);根据式(13.3)可以得到:$y = C_M\Delta ML = 100 \times 10^{-6} \times 0.2 \times 20 = 0.0004$in(收缩)。因此,在不调焦的情况下,总的收缩量就是 0.00064in,也就是 0.32 个波长均方根值误差。

13.3　偏心和倾斜

在整个结构上存在径向温度梯度时,一个镜片会相对另外一个镜片发生偏

心和倾斜。对于一个悬臂系统,由式(4.28)可以得到

$$y = \frac{\alpha \Delta T L^2}{2D} \qquad (13.4)$$

以及

$$\Theta = \frac{\alpha \Delta T L}{D} \qquad (13.5)$$

式中:D 是光学系统的口径;ΔT 是径向温度梯度;y、Θ 分别是镜片之间相对的偏心和转动角度。对于特定光学系统,根据光学灵敏度分析,镜片的偏心和倾斜运动可以转化为系统的波前差。

13.3.1 实例分析

一个口径为15in熔石英主镜,通过计量结构和一个熔石英次镜连接,经历一个温度变化范围。假定这个系统工作状态下承受一个10℃径向温度梯度,计算产生的波前差。光学运动敏度分析表明,0.001in 的偏心会产生 0.20 个可见光波长的均方根误差,而 0.001rad 的倾斜可以产生 0.20 个可见光波长的均方根误差。

根据式(13.4),可以得到偏心产生的波前差为

$$y = \frac{\alpha \Delta T L^2}{2D} = \frac{0.2 \times 10^{-6} \times 20^2}{2 \times 15} = 0.000027 \text{in} = 0.005 \text{ 波长(RMS)}$$

根据式(13.5),可以得到倾斜产生的波前差为

$$\Theta = \frac{\alpha \Delta T L}{D} = \frac{0.2 \times 10^{-6} \times 20}{(15)} = 0.0000027 \text{rad} = 0.0005 \text{ 波长(RMS)}$$

13.3.2 重力和频率

除了上述讨论的热影响因素,计量结构重力矢高变形也要求很低;如根据基频要求需要一个刚性结构,这点就更加重要。此外,在重力可变条件下,变形(包括离焦和偏心)都必须非常低。例如,在地面装调好的一个空间光学系统,在轨零重力条件下就会出现误差。类似地,像天文望远镜这类的地基系统,重力误差将会随着系统的方向发生变化。一旦知道了重力矢高变形,根据光学灵敏度,就可以确定波前质量的退化。根据这些变形,使用第 10 章的简单技术,可以快速得到系统基频的一阶近似。下面讨论不同类型结构形式。

13.4 计量结构形式

安装镜片的计量结构可以有如下几种设计形式：桁架式、板壳式或者框架式。设计构型的选择主要取决于空间包络约束。三点桁架结构设计，或者其同类型的六点 Hexapod（六杆）结构，能够使弯曲变形最小化，从而可以很方便地实现结构的刚硬和坚固。板壳式结构具有高的直径－厚度比，其大部分变形和载荷都是剪切形式，也就是可产生椭圆化变形形式，因此，它也可以非常刚硬和坚固。同时，板壳式结构还可以用作遮光罩。

对于离轴光学系统结构设计形式，当无法使用对称的板壳或桁架式设计时，一般需要采用框架式结构。框架式结构效率低，并且可能是弯曲模式占主导；不过，通过合理的分析，框架式结构也可以足够刚硬和结实。由于准运动学支承方案的重要性，框架结构必须封闭，以便提供合适的支撑。例如，考虑图 13.1 给出的二维框架结构，这里的描述主要是为了对比。横向载荷作用下的变形和应力数值都进行了规范化。工况（a）描述了一个简支的框架结构，规范化后变形和应力数值都为 1；工况（b）描述了一个固支的框架结构，规范化后的位移和应力数值分别为简支状态 24% 和 57%；工况（c）也描述了一个简支框架，只是增加了

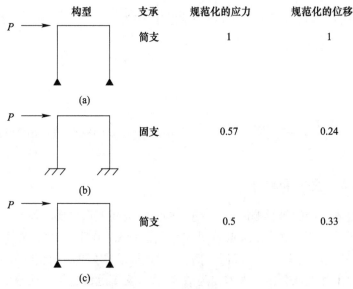

图 13.1 几种框架形式对比

（a）简支框架；（b）固支框架；（c）简支框架上增加了一个刚性连接
单元实现了准运动学支承，从而可使应力和变形最小化。

318

一个单元,把支撑点刚性连接在一起;这样,这个框架同样可以实现一种我们想要的准运动学布局。在这个情况下,规范化后的位移和应力分别是工况(a)的1/3 和1/2,显然,刚度和强度都大大增加。工况(c)布局称为佛伦迪尔(Vierendeel[2])桁架,是以其发明者的名字命名的。由于弯曲载荷占主导,这不是一个真正的桁架结构,但相对其他框架类型,具有明显优势。

13.5　计量桁架结构设计

计量桁架结构由主要承受拉压载荷的杆和环构成。由于弯曲载荷的最小化,桁架的设计非常刚硬。对于动态稳定性、频率和重力变形要求来说,这都非常重要。

13.5.1　Serrurier 桁架

许多在重力场中工作的天文望远镜[3],都采用了 Serrurier[4]计量桁架,这是以其发明者名字命名的。Serrurier 桁架本质上是一种在重力下能够自定心的桁架结构,如图 13.2(a)所示。主镜和次镜关于中心枢轴结构保持平衡,二者的重

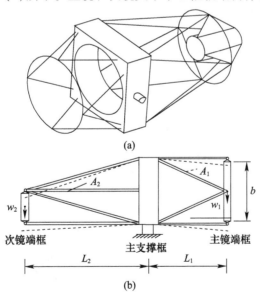

图 13.2　Serrurier 桁架

(a)典型的平衡设计,显示出了光学元件和主要连接;(b)Serrurier 桁架在重力下
变形示意图。注意到主次镜相互既无相对偏心也无相对转动(改编自参考文献[4])。

力变形相等并且保持平行。其原理可以简单地用梁变形公式来证明。例如,在表1.1中可以看到,一个两端简支的梁在自重作用下,中心扰度变形最大,转动为零;在支撑点处则位移为零,转角最大。可以想象,如果支撑点朝着中心向内移动,则中心位移降低;两端位移增加,同时转角也相应降低。因而,在某个距离的支撑点处,端部转动可变为零而位移相等,从而呈现平行运动。如果在梁的端部增加不相等的重量,支撑点到端部的距离将不再对称,但是仍可以找到转动点,使得端部位移相等并且转动为零。

按照这种方式,光轴将保持共线,不会发生倾斜和偏心,如图13.2(b)所示。在这个例子中,梁结构实际上是一个桁架结构,因此拉压载荷使得两端的位移平衡,并使端部转动最小化。由于两端支撑的镜片重量可能会有很大不同,因此这个设计就不是对称的。为了优化桁架的运动,"枢轴"点一般采用正方形框架结构,这样,不管重力方向如何,框架的位移都会保持平行且相等。这些设计不是从刚度 – 重量比的角度来优化的,可能会导致相对较低的结构频率。因此,这样的设计构型虽然对地面大型望远镜来说并不少见,但是却很少应用在空间望远镜上。在空间应用情况下,光学系统一般在一个特定方向进行测试,以便于使得入轨后零重力变形释放最小化。

13.5.2　热膨胀

除了刚度和强度要求,计量结构还必须在温度变化的条件下保持镜片之间具有适当的距离。如果桁架结构具有和反射镜匹配的热膨胀特性,那么这个设计就是自计量的。镜片曲率变化的自补偿效应使得无热化设计非常有效。因此,铝镜使用铝材料的计量机构,铍镜使用铍材料的计量结构等等。不过,这些结构也并非没有缺点。例如,全铍望远镜可能会非常昂贵,虽然它具有高的刚度 – 重量比,但它的热学品质因数并不是非常吸引人——尽管热导率高,但是热膨胀系数也相对很高,并且还容易受到温度梯度误差影响。全铝望远镜成本很低,但是力学和热学品质因数相对很差,并且高的热膨胀系数使它容易受到温度梯度误差影响。全碳化硅望远镜是全铝和全铍望远镜之间的一个折衷选择,"折中"是从成本和力学品质因数上来说的,而由于热膨胀系数低,它在热学品质因数方面非常优秀。不过,从计量结构制备来说,它确实还有尺寸限制。玻璃(以及玻璃陶瓷)镜片理想上需要玻璃计量结构,但是这些结构从强度和刚度要求来说表现都不太好(在13.5节讨论了这种结构的一个独特应用)。如果质量预算足够,有时可以使用像 Invar 这样和低膨胀玻璃镜片热膨胀系数近似(但不完全)匹配的结构;石墨(碳纤维)加强的复合材料在这方面很吸引人,尽管有时需要特别关注吸湿膨胀问题。最后,从力学和热学品质因数来说,全复合材料望远镜非常有吸引力,但精密镜片制备在这方面目前仍旧处于起步阶段。

表 13.1 定性总结了几种镜片和计量结构组合的优缺点。表 13.2 则定量化给出了这些材料的属性。利用这些属性,结合光学灵敏度、合适的品质因数(第8章)、质量预算、载荷要求、光学公差要求、成本以及进度等,就可以做出合理的选择。

表 13.1 镜片及计量结构的组合及其缺点

镜片	计量结构	说明
ULE	石墨复合材料	吸湿变形
Zerodur	石墨复合材料	吸湿变形
熔石英	石墨复合材料	吸湿变形
熔石英	Invar	重;温度限制
熔石英	熔石英	风险大
铝	铝	便宜;需要控制梯度
铍	铍	成本大;超轻
硅	碳化硅	尺寸限制
碳化硅	碳化硅	需要结构连接;结构尺寸受限
碳化硅	石墨复合材料	需要调焦;除全铍外,设计最轻
碳化硅	Invar	需要调焦;重量大

表 13.2 镜片及计量结构候选材料定量化的物理特性
(a)热膨胀;(b)模量;(c)密度;(d)热导率;(e)强度

(a)			
镜片		计量结构	
CTE/(10^{-6}/K)		CTE/(10^{-6}/K)	
ULE	0.03	碳纤维复合材料	-0.2
Zerodur	0.03	碳纤维复合材料	-0.2
熔石英	0.52	Invar	1.3
铝	22.5	铝	22.5
铍	11	铍	11
硅	2.6	碳化硅	2.4
碳化硅	2.4	碳化硅	2.4
碳化硅	2.4	碳纤维复合材料	-0.2

(b)			
镜片		计量结构	
模量/Msi		模量/Msi	
ULE	9.8	碳纤维复合材料	15
Zerodur	13.1	碳纤维复合材料	15
熔石英	10.6	Invar	20.5
铝	10	铝	10
铍	44	铍	44
硅	20	碳化硅	44.5
碳化硅	44.5	碳化硅	44.5
碳化硅	44.5	碳纤维复合材料	15

(c)			
镜片		计量结构	
密度/(lb/in^3)		密度/(lb/in^3)	
ULE	0.08	碳纤维复合材料	0.06
Zerodur	0.091	碳纤维复合材料	
熔石英	0.08	Invar	0.3
铝	0.1	铝	0.1
铍	0.07	铍	0.07
硅	0.08	碳化硅	0.105
碳化硅	0.105	碳化硅	0.105
碳化硅	0.105	碳纤维复合材料	0.06

(d)			
镜片		计量结构	
热导率/(W/(m·K))		热导率/(W/(m·K))	
ULE	1.31	碳纤维复合材料	32
Zerodur	1.64	碳纤维复合材料	32
熔石英	1.38	Invar	10
铝	150	铝	150
铍	200	铍	200
硅	125	碳化硅	150
碳化硅	150	碳化硅	150
碳化硅	150	碳纤维复合材料	32

(e)			
镜片		计量结构	
强度/psi		强度/psi	
ULE	1500	碳纤维复合材料	40000
Zerodur	1500	碳纤维复合材料	40000
熔石英	1500	Invar	71000
铝	42000	铝	45000
铍	35000	铍	35000
硅	6500	碳化硅	12000
碳化硅	12000	碳化硅	12000
碳化硅	12000	碳纤维复合材料	40000

13.5.3 无热化桁架：一个超前化的设计

为了合理计量支承低热膨胀系数的玻璃镜片,几年前人们提出了一个想法,就是在卡式光学系统中采用无热化金属计量桁架结构。这个桁架结构由一系列的环、杆以及连接块构成,如图 13.3 所示。构成环的桁架单元都由同一种材料制造;连接环结构的杆单元则由另外一种材料制造。温度变化下环结构发生膨胀,导致整个结构发生收缩。通过环结构的热膨胀系数 α_s 和杆结构热膨胀系数 α_r 的合理平衡,这个桁架结构就成为了一个自计量结构,其原因解释如下。

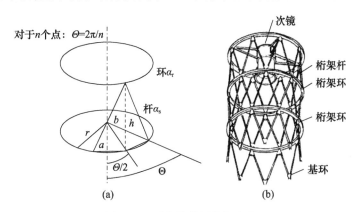

图 13.3 无热化分层桁架方案

(a)选择环和杆的 CTE,使其和镜片相匹配;(b)四层无热化桁架方案的例子。

根据式(13.3a),假定 α' 代表温度变化 ΔT 后一个杆件单元的长度,有

$$r' = r(1 + \alpha_r \Delta T)$$

$$\alpha' = 2r' \sin\left(\frac{\pi}{2n}\right) = a(1 + \alpha_r \Delta T)$$

$$b' = b(1 + \alpha_s \Delta T)$$

$$h' = h + \Delta h$$

$$(h + \Delta h)^2 = b^2 (1 + \alpha_s \Delta T)^2 - \alpha^2 (1 + \alpha_r \Delta T)^2$$

展开上式,并消去 Δh 和 ΔT 的高阶项,可以得到

$$\Delta h = \frac{(b^2 \alpha_S - \alpha^2 \alpha_r) \Delta T}{h}$$

或者

$$\Delta h = \frac{\left[b^2 \left(\dfrac{\alpha_s}{\alpha_r}\right) - a^2 \right] \alpha_r \Delta T}{h} \tag{13.6}$$

对于零膨胀玻璃,令 $\Delta h = 0$,因此,有

$$\frac{\alpha_S}{\alpha_r} = \frac{a^2}{b^2}$$

现在,定义桁架结构的层数为 N,总体高度为 L,则每层高度为 $h = \dfrac{L}{N}$。同时,有

$$b^2 = h^2 + a^2 = \frac{\alpha_r}{\alpha_S} a^2$$

由此可以得到

$$h = a \sqrt{\frac{\alpha_r}{\alpha_S} - 1} = \frac{L}{N} \tag{13.7}$$

其中

$$a = 2r \sin \frac{\pi}{2n}$$

$$\frac{L}{r} = 2 \sqrt{\frac{\alpha_r}{\alpha_S} - 1} \sin \frac{\pi}{2n} \tag{13.8}$$

现在可以绘制出不同的 L/r 比值和桁架层数 N 以及环/杆交点数 n 之间的关系图,由此计算产生近零胀变形所需的杆和环的热膨胀系数比值。图 13.4 给

出了一个四层桁架结构无热化设计的例子。注意:只要确定了热膨胀系数具有合理比值的不同材料,那么就可以得到其他一系列参数的值。例如,考虑一个桁架 L/r 比值为2.5,由铝环和钛杆构成。在室温附近,$\alpha_r = 2.25 \times 10^{-11}/K$,$\alpha_S = 9.6 \times 10^{-12}/K$。因此,$\dfrac{\alpha_r}{\alpha_S} = 2.5$。由图13.4可以看到,$n = 6$ 时是一个无热化设计。

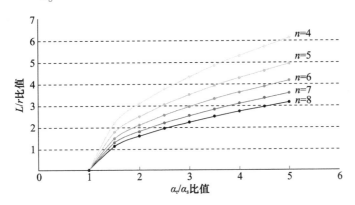

图13.4 四层无热化桁架设计图(对于给定的全局桁架高度/桁架半径比值,根据环和杆的 CTE 比值可以确定环的交点数 n)

当 n 和 N 的都变化时,对于其他的 L/r 比值,也可以得到类似结果。注意:对于一个卡式系统来说,L/r 比值是系统 F 数 $f/\#$ 的函数。其关系为 $r_s = 4r(f/\#)$,其中 r_s 为反射镜曲率半径。系统的有效焦距 $EFL = r_s/2 = 2r(f/\#) = L$,其中 L 是主次镜间距。因此,有

$$L/r = 2(f/\#) \tag{13.9}$$

对于非常快的光学系统(如 $f/\# = 0.5$),$L/r = 1$;对于快光学系统(如 $f/\# = 1.0$),$L/r = 2$;对于较慢的光学系统(如 $f/\# = 3.0$),$L/r = 6$。

桁架无热化设计理论依赖于铰接式桁架接头;也就是说,每个单元都是一个只能承受拉压载荷的二力杆。实际上,如果接头通过螺栓连接或者焊接在一起,还会存在附加的力矩。例如,这在桥梁设计中很常见,虽然这些力矩都很微小,但是在需要百万分之一英寸精度时,这些力矩就会变得非常重要。当考虑这些力矩,以及杆长加工误差、CTE 不确定性的时候,实现真正的零膨胀几乎是不可能的。不过,分析表明,CTE 不确定性 $\pm 0.2 \times 10^{-6}/K$ 是可以实现的,如果能接受这个值,具体取决于光学系统灵敏度以及热浸泡温度变化范围。

随着低热膨胀复合材料的出现,它们的热膨胀系数可以通过调整优于 $0.2 \times 10^{-6}/K$,这样一般就不需要考虑无热化设计了。哈勃望远镜就是采用了一个定

制热膨胀系数的无热化设计,其中使用了低膨胀的玻璃和复合材料桁架结构。不过,正如前面指出的那样,复合材料的吸湿特性通常会抵消低热膨胀系数复合材料的优势,因此,金属无热化设计方案很有用,然而并不经常使用。

当然,对于光学结构工程师来说,可供选择的反射镜材料还有许多种。例如,碳化硅以其高刚度、相对低的热膨胀系数以及高的热导率,在许多应用中都是一个理想选择。这样,为了实现自计量,就需要一个碳化硅结构。这已经很容易实现了;不过,对于大型光学系统,这些结构可能会太大,超出了制备商的加工能力。或许可以考虑一个无热化的金属桁架结构方案。在这种情况下,式(13.6)中的 Δh 不为零,而是如下所示:

$$N\Delta h = \alpha_m \Delta T L$$

$$\Delta h = \frac{\alpha_m \Delta T L}{N} \tag{13.10}$$

式中:α_m 是反射镜的热膨胀系数。

我们现在有 3 个热膨胀系数变量,因此,α_r / α_s 比值不再是一个常数。不过,我们可以先确定反射镜和环结构的热膨胀系数,然后求解出所需要的杆件的热膨胀系数。把式(13.10)代入到式(13.8),经过处理后可以得到

$$\alpha_s = \frac{\left[\alpha_m \left(\dfrac{L}{r} \right)^2 + 4N^2 \left[G(n) \right]^2 \alpha_r \right]}{\left[\left(\dfrac{L}{r} \right)^2 + 4N^2 \left[G(n) \right]^2 \right]} \tag{13.11}$$

其中

$$G(n) = 2\sin\left(\frac{\pi}{2n} \right)$$

13.5.3.1 实例分析

考虑一个碳化硅镜片,在室温附近经历一个小范围的温度变化,碳化硅的热膨胀系数 $\alpha_m = 2.43 \times 10^{-6}/\mathrm{K}$,铝环结构单元的热膨胀系数 $\alpha_r = 22.5 \times 10^{-6}/\mathrm{K}$。在 $L/r = 3$ 的情况下,改变层数 N 和杆的分割点数 n,检查钛杆方案是否可行。钛的热膨胀系数为 $9.0 \times 10^{-6}/\mathrm{K}$。

参考表 13.3,可以看到,在 $N = 3, n = 6$ 时,所需的杆件的热膨胀系数为 $9.84 \times 10^{-6}/\mathrm{K}$,接近钛的热膨胀系数;在 $N = 4, n = 6$ 时,所需的杆件的热膨胀系数为 $8.9 \times 10^{-6}/\mathrm{K}$,更接近钛的 CTE 值。怎么接近才算接近呢? 我们可以根据式(13.3)求解出桁架的等效热膨胀系数,即

表 13.3　碳化硅镜片及铝环结构为了实现近零热膨胀变形对杆的 CTE 要求。数值是根据无热化桁架设计公式计算得到

层数(N)	分割点数(n)	长度/半径(L/r)	环 CTE(α_r)	杆 CTE(α_s)
3	4	3	22.5	9.84
3	6	3	22.5	6.67
3	8	3	22.5	5.08
2	4	3	22.5	6.58
2	6	3	22.5	4.57
2	8	3	22.5	3.70
4	4	3	22.5	12.67
4	6	3	22.5	8.90
4	8	3	22.5	6.7

$$\alpha_{\text{eff}} = \frac{N^2}{\left(\frac{L}{r}\right)^2}\left\{\left[\left(\frac{L}{rN}\right)^2\frac{\alpha_s}{\alpha_r} + 4\left[G(n)\right]^2\frac{\alpha_s}{\alpha_r} - 4\left[G(n)\right]^2\right]\alpha_r\right\} \quad (13.12)$$

把钛的热膨胀系数值(9.0×10^{-6}/K)代入到式(13.12)中,计算等效的热膨胀系数,正如在表 13.4 所列的那样。可以看到,在 $N=3$, $n=6$ 时,等效热膨胀系数为 1.09×10^{-6}/K(和碳化硅镜片的差值为 1.34×10^{-6}/K);在 $N=4$, $n=6$ 时,等效热膨胀系数为 2.57×10^{-6}/K(和碳化硅镜片的差值为 0.14×10^{-6}/K)。

表 13.4　使用铝环和钛杆的碳化硅镜片的无热化设计中 CTE 的良好匹配

层数(N)	分割点数(n)	长度/半径(L/r)	有效 CTE(α_e)/(10^{-6}/℃)	反射镜 CTE(α_r)/(10^{-6}/℃)	CTE 差($\Delta\alpha$)/(10^{-6}/℃)
3	6	3	1.09	2.43	1.34
4	6	3	2.57	2.43	−0.14

通过光学灵敏度的分析研究,我们可以知道这些数值的接近程度是否足够。对于任何一个情况,热膨胀系数的差值都优于采用低膨胀复合材料所能实现的值,并且实现了比 Invar 36 更轻的重量,后者的热膨胀系数为 1.6×10^{-6}/K。

随着更加新奇的反射镜材料的出现——这些材料可能不太适合用作结构材料,此时,无热化桁架结构设计可能具有某些优势。也许,将来某一天我们会深情地想起这些设计方案。

13.5.4　复合材料计量结构

理想情况下,为了实现无热化设计,计量结构是由与其支撑的镜片相同的材料制备。这并不总是可行或可取。例如,玻璃镜片很少装配在玻璃材料的结构中。正如前面子部分指出的,碳化硅结构可能不会成为制造商支撑碳化硅反射镜的首选。在这些情况下,必须使用结构热膨胀系数特性紧密匹配的材料。在中心受到限制的同轴望远镜构型中,无热化桁架结构设计可能会是一个选择(见 13.5.3 节),像 Invar 36 这些材料,在一个非常宽的温度范围内,可以和碳化硅或者玻璃陶瓷具有非常良好的 CTE 匹配性,如表 13.2 所列。不过,这些结构会变得非常重,并且很昂贵。

为了实现结构的计量特性以及轻的重量,低热膨胀系数的碳纤维增强的复合材料是一个非常吸引人的替代材料。在这种应用中,碳纤维是一种在高温下碳化的高模量石墨——是一个相对纯净的碳纤维。

这种复合材料在一个基体上使用石墨纤维,这个基体可以包括树脂或者金属体系。从其本质来讲,树脂体系具有吸湿性,也就是会吸收或释放水分,从而导致出现鼓起和出气现象,这对于光学望远镜设计来说非常有害的。金属基体对于水分变化不敏感,但是它们的制造工艺过程要求很高并且很昂贵。多年来,更好的树脂体系的研制已经使得石墨树脂体系主导了基体的选择,而金属基体则失去了大家的欢迎。这里我们主要关注石墨树脂体系。

石墨纤维由许多细丝缠绕成束,每根细丝直径约几微米。根据所需性能预先确定纤维和树脂的比例,然后把这些细丝纳入到树脂基体中。由此形成的纤维–树脂单向铺敷层,称为铺层(Ply)或者薄层(Lamina),厚度通常几个毫英寸。一系列这样以不同方向堆积的铺层,就形成了一个层合板(Laminate)。

尽管单个铺层的机械及热学特性很容易根据混合规则(第 4 章)来确定,但是按不同铺层角度构成的层合板特性析,就需要使用基于三维胡克定律的本构关系式,进行各向异性弹性分析。通过改变铺层夹角以及材料组成特性,可得到不同的机械特性,使得强度、刚度、传导率以及热膨胀系数达到最优。

为了满足空间飞行器及机载有效载荷的限制,石墨复合材料作为一个轻量化材料具有非常大的吸引力。由于几乎可以被制造成传统设计可以实现的任何形状,这些复合材料经常被用作支撑镜片的高刚度高强度的背部支撑(Bulkhead)或者周边支撑(Bezel)。在包括低温区在内的非常宽的温度范围内,这些材料都具有低的热膨胀特性;特别是它们还能够和选择的玻璃材料在经历低温变化时具有近似匹配的热应变。它们具有良好的热导率,和许多金属的类似;使用精选的纤维(K类型),还可以进一步增加材料的热导率。特别重要的是,当镜片具有低热膨胀特性时,可以使用复合材料作为光学计量结构。由于这里讨论的主题是计量结构,我们现在对其膨胀特性简要说明。

每个铺层的属性定义如下。

(1)平面内两个方向的弹性模量常数。

(2)面内剪切模量。

(3)泊松比。

层合板的有效属性可根据混合规则计算。由于石墨纤维具有一个非常独特的负热膨胀系数以及高的弹性模量,而树脂基体具有低模量以及非常高的正的热膨胀系数,因此,根据本构关系可以调整层合板的属性,使它具有近零的热膨胀系数。这方面的分析超出了本书范围,不过,使用目前广泛应用的软件很容易计算这些数值。

尽管单向铺层在正交平面内具有非常高的强度、非常高的模量以及低的热膨胀系数,然而这些复合材料的强度和模量却很低,而热膨胀系非常高。因而,一般希望研制具有准各向同性的层合板,从而材料在平面内具有相等或者近似相等的特性。这可以通过排列成0°/+45°/−45°/90°的单层对称铺敷来实现,加上它们镜像的4层,总共铺敷8层。通过单层的堆叠铺敷可以实现所需的厚度。另外,还可以使用一种排列成0°/+60°/−60°的单层对称铺敷的布局,加上它们镜像的3层,共铺敷6层。

不管哪一种情况,为了实现近零热膨胀系数,回顾本构关系公式可以看到,对于准各向同性设计,碳纤维需要具有非常高的模量—超过70Mpsi。纤维模量低于上述值的准各向同性铺层,不会实现零膨胀。

在20世纪70年代末至80年代初开发的各向同性石墨复合材料中,其早期设计是由包含在环氧树脂体系上的石墨纤维构成。GY70/934石墨环氧复合材料就是这种材料的一个例子,其中碳纤维是由Celanese公司制备(名字中的70是以Mpsi为单位表示的模量),树脂基体由Fiberite公司制造。单层名义厚度为0.005in,8层的总厚度为0.040in。不过,高模量的纤维和低热膨胀系数的层合板,会受到一个称为层间应力释放(TSR)现象的影响,这是微裂纹的一种委婉说法。TSR发生于温度下降的时候,由于纤维和环氧树脂热膨胀系数的不匹配产生的应力使纤维发生了分离。经过热循环后,纤维的热膨胀系数(负值)占据了主导地位[5]。这个影响如图13.5所示,随着温度降低,近零膨胀变为了负值。继续进行热循环,会产生附加的微裂纹,这些裂纹在反复热循环后趋于渐变发生(也就是具有饱和的裂纹密度),并且负的热膨胀系数变得非常稳定。尽管微屈服特性变化非常显著,在宏观尺度上,虽然强度特性也会受到一定程度影响,但是影响非常微小。测试已经表明,拉压强度的退化大约为10%,层间剪切强度的退化约小于20%。不管如何,热膨胀系数的退化都是不可取的。

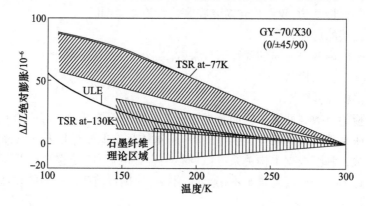

图13.5 一个厚铺层复合材料在冷浸泡条件下的层间应力释放(TSR),由于纤维占主导地位而使热膨胀系数产生了一个负的变化(转载自文献[5])

减小微裂纹效应的方法是在20世纪80年代早期开发的。研究发现,更均匀的铺层厚度提高了抗应变能力和弹性模量以及预浸更软织物(预浸料)的环氧树脂,都能够减小这些影响。例如,一种层合板的八束编制方法可以减小微裂纹,就如同使用厚度约0.0025in(常规名义厚度的1/2)的更薄铺层那样。对于给定层合板厚度,这个方法增加了铺层数量,使得铺层更加均匀。图13.6对比了编织纤维和薄层纤维方法。

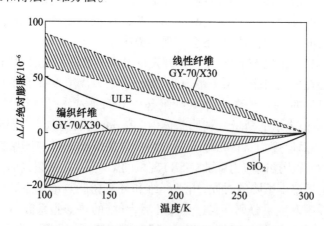

图13.6 编织纤维和薄层纤维减缓了环氧树脂基石墨复合材料中的微裂纹现象(转自文献[5])

目前更好树脂体系的开发,已经显著降低了微裂纹的影响。这些新型树脂不是环氧类型的,而是氰酸酯或者氰酸硅氧烷。在这些情况下,甚至名义上厚度达到5毫英寸的铺层,已经证实在浸泡至极端低温工况下都是可以接受的。表13.5给出了单向和准各向同性铺层典型的机械特性。

表13.5 石墨复合材料层合板近似特性(氰酸酯基)

纤维	铺层	拉伸				压缩				热胀系数/(10^{-6}/K)		热导率/(W/(m·K))
		强度/ksi		模量/Msi		强度/ksi		模量/Msi				
	角度/(°)	0	90	0	90	0	90	0	90	0	90	0
K 13C2U	单向	200	3	74	0.7	50	16	75	0.7	−0.3	33	270
K 13C2U	准各向同性	80	80	25	25	25	25	25	25	−0.9	−0.9	160
M 55J	单向	290	5	45	0.8	130	25	40	0.8	−1	35	55
M 55J	准各向同性	100	65	15	15	45	60	15	15	−0.2	−0.2	31

13.5.4.1 吸湿

在石墨复合材料经历从室温空气环境到其他湿度或者真空环境变化时,树脂体系的吸湿特性,会导致同时出现放气和尺寸变化。放气要求取决于系统需求,和材料的体积有关。作为一个起点,大部分规范将会规定许可的可凝挥发物总质损以及水分损失要求。一般来说,总质损(TML)应该小于1%,而可凝挥发物(CVCM)值小于0.10%。

随着水分损失或增加,尺寸会发生改变。当水分含量下降,复合材料收缩;当水分含量升高,根据式(13.3)复合材料膨胀。虽然总的尺寸变化已经给出,但实现全部尺寸变化所需要的时间则取决于基体。例如,在图13.7中,给出了一个准各向同性的环氧基体尺寸变化与时间的关系。可以看到,变形达到90%需要几个月的时间,而实现完全尺寸变形则需要持续许多个月的时间,远比上述时间更长。另外,这些复合材料水分损失百分数非常高,使它很难在真空中保持稳定,或者预测每日水分变化。

图13.8给出了一个准各向同性的氰酸酯基体尺寸变化和时间的关系。可以看到,它只需要约1周就可以实现90%的变形,而达到全部变形的时间也显著缩短。和环氧基体相比,水分损失百分数非常低,在基体上预设调整可以很容易实现。表13.6对比了几种挑选的基体体系的湿涨特性。

331

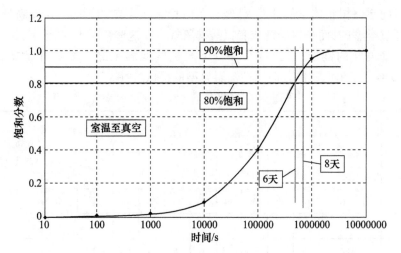

图 13.7　一种石墨环氧复合材料的水分解吸湿(尺寸变化与时间关系)

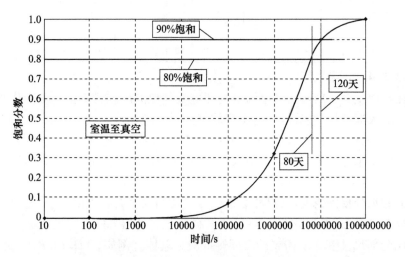

图 13.8　一种石墨氰酸酯复合材料的解吸湿(尺寸变化与时间关系)

表 13.6　几种石墨基体达到 90% 饱和时的湿胀变形和时间

树脂基体	CME/ $(10^{-6}/\%M)$	水分/%	应变/10^{-6}	时间/天
环氧	162	0.42	68	120
氰酸酯	105	0.14	14	8
氰酸硅氧烷	78	0.09	7	7

13.6　实例研究:蓝宝石望远镜

复合材料结构在刚度、轻量化以及膨胀特性方面非常吸引人。不过,它们也不是灵丹妙药。显而易见,当支承结构材料和镜片材料不同时,对于要求达到几分之一波长的光学系统性能指标——即便是对于近红外系统,更不用说在可见光或紫外谱段工作的那些系统,计量特性都会受到影响。当然,这也取决于具体光学系统的灵敏度;事实上,已经有许多系统都是在材料特性不匹配的条件下工作的,特别是那些具有主动或被动(设置好就不需要再调整)调焦能力的系统。

为了说明这一点,考虑在 20 世纪 80 年代为空间应用研制的一个望远镜设计,称为 Teal Ruby(蓝宝石)实验[5]。Teal Ruby 是一个红外望远镜,设计用来被动工作于轨道低温环境。因此,必须证明望远镜在一系列严苛的设计准则下能够保持完整。航天器有效载荷的承载能力,需要光学元件以及结构重量都要最小化,同时要具有足够的支撑强度抵御严苛的发射载荷作用下产生的应力。为了避免过大的动态变形,以及使得重力释放造成的光学元件的运动最小化,良好的刚度特性都是非常必要的。最后,如果为了满足光学公差要求需要控制子组件相对运动以及低温反射镜变形,那么,低热膨胀系数特性就是一个必须要选择的参数。这个望远镜使用了编织的石墨环氧复合材料结构来支撑轻量化的熔石英反射镜。下面讨论它的结构设计和分析。

图 13.9(a)和(b)以及图 13.10,给出了红外望远镜单元(ITU),这是一个四反射镜、弯曲视场的中心设计方案。光线从外界进入望远镜的前镜身组件,它由主镜、安装在复合材料支撑框上次镜,以及一个遮光罩构成。为了使得遮拦最小,次镜组件和外罩通过一个薄的三杆形式的蛛网布局来安装(参看 13.5.1 节)(主次镜之间的计量结构见 13.2 节的讨论)。光线通过主镜上的一个孔反射到望远镜的后镜身组件(中继光学,由三镜和四镜构成),然后,光线反射进入焦平面。同样,所有光学元件都安装在复合材料结构框上,然后通过封闭的外壳连接到一起,这个外壳同时起到了计量结构的作用。由于由一系列传感器构成的焦平面需要低温冷却到远低于70K,因此,后镜身组件依次通过另一个复合材料结构以及一个高热阻的三杆网状结构和前镜身组件的主支撑框连接在一起。在图 13.11~图 13.14 中给出了这些子组件。

为了满足光学分辨率指要求标,全部设计误差(RMS)必须保持在近红外波长的十分之一或者更小。望远镜必须工作的热环境,是这个设计的一个重要的驱动因素。前镜身结构必须被动工作在 140K(无主动调焦),可能经历的轨道

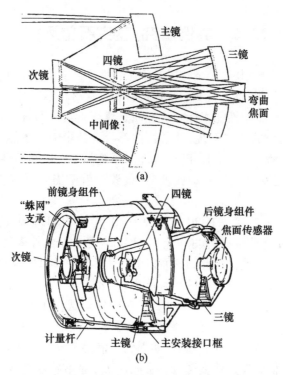

图 13.9　使用复合材料结构的 Teal Ruby 望远镜
(a)光学设计;(b)结构组件。

温度在 130～185K 波动。后端中继光学组件要降温至 70K,轨道温度波动为
±10K。根据测试结果,使用垫片预先设置这些工作温度下的焦距。

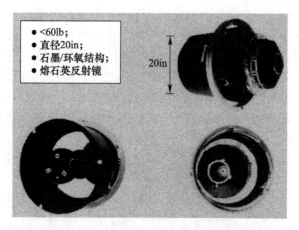

图 13.10　Teal Ruby 结构组件(转载自文献[5])

334

图 13.11　Teal Ruby 遮光罩及横向支承结构(转载自文献[5])

图 13.12　Teal Ruby 后端复合材料结构(转载自文献[5])

图 13.13　Teal Ruby 复合材料主安装接口框(转载自文献[5])

图 13.14　Teal Ruby 前端组件复合材料蛛网支承结构(转载自参考文献[5])

在这个设定的温度上,反射镜和结构热膨胀系数的匹配误差约为 $0.2 \times 10^{-6}/K$。中继镜片之间以及相对前镜身组件本身的运动灵敏度,使得这些匹配很容易实现。然而,次镜相对主镜运动的光学灵敏度,对长度超过 15in 的计量距离的最大偏移量限制在 $40\mu in$。从式(1.47)可以看到,45K 名义的温度波动产生的变形量为 $y = \Delta\alpha\Delta TL = 0.2 \times 45 \times 15 = 135\mu in$,大大超过规定的要求。进一步还可以看到,从水分环境到真空的湿胀应变(表 13.1)非常大,大约为 60×10^{-6},产生的离焦量 $y = 60 \times 15 = 900\mu in$(式(1.48)),这个值很容易超过设计要求,即便是对后端光学而言。

加利福尼亚 San Diego 的复合材料光学公司,开发了一种用于复合材料的、专有的、防潮镍基密封套。这个密封套使解吸湿和尺寸变化降低了 10 倍,从而保证了后端结构以及后端和前端的连接结构都能满足性能要求。不过,这个降低量对于前端光学来说,仍然是不可接受的;热变形误差以及水分降低后的误差,都远远超过了规定的要求。

另外一种方法,就是使用金属无热化桁架结构(13.5.3 节),它可以解决吸湿问题,但是由于和镜片名义热膨胀系数匹配误差为 $0.2 \times 10^{-6}/K$,因而,不能解决热变形问题。由于还需要采用一个遮光的封闭外壳,无热化桁架设计因此增加的重量也会成为一个驱动设计的因素。

这个难题的解决方案,就是在熔石英反射镜的计量结构中,同时也使用了熔石英的材料。正如在第 12 章的讨论,使用玻璃材料作为发射过程中的承力结构本身是存在问题的。因此,和镜片 CTE 完全匹配的 3 个熔石英杆(和镜片采用同一个坯体的材料制备),直接承载了轴向载荷,具有较低的拉伸(P/A)和压缩应力。这个结构不能承受横向弯曲载荷,不过复合材料外壳很容易处理这些载荷。

复合材料板壳结构通过三轴向叶片柔性元件和计量结构连接(见第 3 章);这些柔性元件可以承担必要的横向载荷,由于具有轴向柔性,同时还可以隔离计量结构承载路径上的湿气传递和热变形运动。模拟发射以及空间热环境下的试验,证明这个设计是可行的。因而,热膨胀系数匹配的结构加上一个近似匹配的复合材料结构的混合构型,满足了严苛的设计指标要求。

13.7　支　撑　结　构

前面关于结构支承部分讨论主要关注的是镜片的计量结构。然而,镜片和计量结构都需要支撑结构。例如,次镜通过一个蛛网结构和计量结构连接(图13.14),并且计量结构需要和bulkhead或者安装接口框连接(图13.3)。安装接口框再通过柔性元件和有效载荷基座连接。

诸如bulkhead等支撑结构的设计,必须满足强度和刚度要求,并使用经过有限元分析修正的常规材料–强度公式,完成要求的详细分析。蛛网支撑框架的设计也必须满足强度和刚度要求。对于这种构型,三或四叶蛛网结构(如果设计是指向支承中心的,如图13.15(a)所示),在光轴及其正交方向都非常刚硬。沿着光轴方向的刚度是通过一组滑动支座悬臂梁的弯曲刚度实现的。在和光轴正交的方向上,拉压刚度占主导。在轴向及正交方向,蛛网支承都具有足够的刚度。不过,在绕着光轴扭转模式下,由于叶片绕着其最弱的轴线弯曲,所以刚度非常低。叶片为了减小遮拦必须要非常薄。低的扭转频率会产生较大的位移。虽然光学系统一般能够允许这些转动,但会发生光轴的对准失调。因此,采用一个切向蛛网组件(图3.14和图13.15(b)),而不是径向蛛网布局,可以大大改善扭转模态。此时,叶片就如同自行车轮的辐条。扭矩不是通过叶片弯曲,而是通过它的拉压来承受,这样可以大大提高扭转刚度,并且对正交轴线方向的刚度影响很小。叶片相对半径的切向角度不需要太大(约15°),就可以使扭转刚度增加一个数量级。

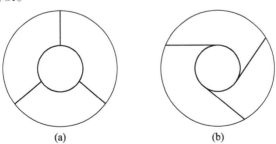

(a)　　　　　　　　　(b)

图13.15　蛛网支承示意图

(a)指向光学中心的传统蛛网组件具有最低限度的扭转刚度;

(b)不指向中心的倾斜蛛网组件使扭转刚度最大化。

参 考 文 献

1. P. R. Yoder, Jr., *Mounting Optics in Optical Instruments*, Second Edition, SPIE Press, Bellingham, Washington (2004) [doi: 10.1117/3.785236].
2. Arthur Vierendeel (1852–1940) was a civil engineer who served as Director of the Ministry of Public Works, West Flanders, Belgium and was a professor at the Catholic University of Leuven, Belgium.
3. P. R. Yoder, Jr. and D. Vukobratovich, *Opto-Mechanical Systems Design*, Fourth Edition, Vol. **2**, CRC Press, Boca Raton, Florida, Chapter 10, p. 415 (2015).
4. M. Serrurier, "Structural features of the 200-inch telescope for Mt. Palomar Observatory," *Civil Engineering* **8**(8), S24 (1938).
5. J. W. Pepi, M. A. Kahan, W. H. Barnes, and R. J. Zielinski, "Teal Ruby: design, manufacture, and test," *Proc. SPIE* **0216**, pp. 160–173 (1980) [doi: 10.1117/12.958459].

第 14 章　螺栓连接分析

在谈及螺栓和螺母时,它们并不像在口头术语中可能隐含的意思那样简单。光学结构分析人员关注的是,在装配以及严苛的工作和非工作环境下,螺栓连接都能够保持合理的预紧力,以避免出现松动、间隙、过紧、疲劳、强度失效、脱扣、卡死,或者类似的现象。合理分析螺栓连接,对于光学性能非常关键。只要设计合理,在初始预紧中没有失效的良好的螺栓连接,应当从不会发生失效。不过,当确实发生螺栓连接失效时,一般是在过载下拉或剪应力下导致的螺纹失效。

14.1　术　　语

从技术上来讲,螺纹紧固件和螺母一起使用时,称为螺栓;当和螺纹孔或者钢丝螺套一起使用[1],则称为螺钉。不过,大多数工程师一般不区分使用螺栓和螺钉这两个术语。不管如何,给出一些定义还是有必要的。

螺栓或者螺母螺纹的最大直径,称为它的大径 D_{max},而最小直径则称为小径 D_{min}。上述两个值的均值,称为螺纹的中径 D_m。导程 l 是螺纹间的距离,也称为螺距 p,N 是螺距的倒数,或者单位长度内的螺牙数(图 14.1 和图 14.2)。螺纹系列需要同时包含螺栓尺寸(公称直径)和 N。升角 λ 是导程和中径展开长度(也就是中径周长)比值,或更准确的说法为

$$\tan\lambda = \frac{l}{\pi D_m} \sim \lambda \qquad (14.1)$$

螺纹升角一般在3°左右,牙型角 α 由螺栓轴线剖面内螺牙两个侧边形成的夹角定义,对于 UN 标准(美制统一螺纹标准,美国国家工业标准),牙型角为60°。当然,另一方面,方形螺纹的牙型角为零。

在直径大于等于 1/4in 时,螺栓或者螺钉按照直径大小分类;在直径小于1/4in时,按照螺牙数 N 分类。在统一螺纹标准编号系统中,螺栓的直径可以根据下式确定,即

$$D = 0.013N + 0.060\text{in} \quad (0.060 < D < 0.25) \qquad (14.2)$$

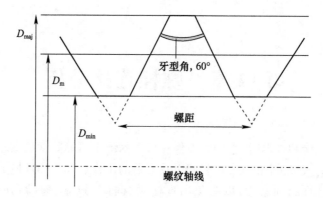

图 14.1　美制统一标准螺纹中螺距、直径(包括大径、小径以及中径)以及牙型角示意图

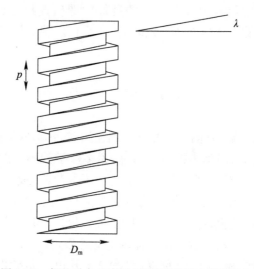

图 14.2　螺纹升角示意图(即螺距除以中径周长)

当直径小于 0.0060in 时, $D = 0.060 - (0.013 \times$ 第一个零后的零的个数)。表 14.1 给出了不同尺寸之间的关系。

表 14.1　直径小于 1/4in 的美制统一标准螺纹系列中螺牙数与相应直径的关系

螺牙数 N	螺纹直径 D/in
12	0.216
10	0.19
8	0.164
6	0.138
4	0.112

340

螺牙数 N	螺纹直径 D/in
2	0.086
0	0.06
00	0.047
000	0.034

螺纹精度等级(Thread class)使用数字和字母的命名来表示螺纹公差大小,其中 1A 为最低精度,2A 为标准精度,3A 为最高精度。字母 A 适用于外螺纹的螺钉,而字母 B 则适用于内螺纹的螺母或者钢丝螺套。内外螺纹精度等级的匹配与否是完全允许的。1 级精度螺纹通常用在对清洁度要求较低的不重要的环境下;2 级精度是标准精度;3 级则用在对公差要求严苛的地方。

另外,从螺牙形状(牙型)来说,UN 表示具有平牙底的螺纹;UNR 表示牙底具有弯曲形状,而 UNJ 则表示牙底具有非常高的曲率。UNR 和 UNJ 牙型的螺纹可以提高抗疲劳能力。

最后,螺纹系列(Thread Series)命名如下:C(粗糙)是标准螺距的螺纹;F(fine简写,精细的意思)为细牙螺纹,它可以提高强度和调整精度;而 EF(extra-fine 简写,即超级精细)为特细牙螺纹,可以极大地提高强度和精度,如在一个步进电机驱动的螺杆装置中用于精密驱动。图 14.3 给出了一个例子,标出了螺栓术语中包括的所有符号。

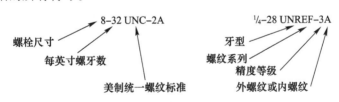

图 14.3 螺栓命名法中规定的各部分的名字

14.2 螺栓材料

制备螺栓的材料,可以从塑料到金属非常广泛的材料中选择。不过,最为常用的还是不同形式的钢(碳钢、不锈钢、合金钢等)。具体钢材料的选择取决于强度和耐腐蚀要求。

材料的选择在采购技术要求和绘图注释中规定。以一个美国国家标准(美国国家航空航天标准 NAS)对内六角圆柱螺栓的规定为例,其中技术要求 NAS1352 规定采用合金钢,1352C 规定采用标准强度的耐腐蚀钢(不锈钢),而

341

1352N 则规定采用高强度热处理的不锈钢。

对于空间和飞行应用的光学系统来说,最为常见的是使用不锈钢。标准强度的钢螺栓通常采用 18 - 8 号不锈钢,而高强度螺栓则一般选用 A286 号的钢。高强度螺栓的强度近似为标准强度螺栓强度的 2 倍。虽然大部分技术规定中,对标准螺栓和螺钉的屈服强度的要求都较低,不过,一般通过冷拉和滚压螺纹处理,都可以大大提高最小屈服强度(大于 2 倍),同时也会提高极限强度。表 14.2 对比了几种不锈钢的螺栓强度。

表 14.2 标准和高强度紧固件中不锈钢螺栓的强度

规格	强度			
	抗拉强度		抗拉强度	
	FF - S - 86(1)/ksi	ASTM A276(2)/ksi	FF - S - 86(1)/ksi	ASTM A276(2)/ksi
不锈钢 300 系列(18 - 8)	30	45	80	90
A286	120	N/A	160	N/A
注:1 表示退火处理;2 表示退火处理加冷磨				

14.3 螺 栓 应 力

在拉伸状态下,螺栓应力由螺栓拉力载荷 P 除以螺栓应力面积(Stress Area) A_t 得到,即

$$\sigma = \frac{P}{A_t} \tag{14.3a}$$

实验表明,螺栓应力面积 A_t 可以由螺纹小径和中径来计算,即

$$A_t = \frac{\pi}{4}\left(\frac{D_{min} + D_m}{2}\right)^2 \tag{14.3b}$$

不过,为了避免进行上述计算,可以由螺栓应力面积表很容易得到。表 14.3 给出了一个例子。

表 14.3 计算拉应力时不同螺栓尺寸对应的应力面积

螺栓规格	直径/in	N	系列	应力面积/in^2
2	0.086	56	C	0.0037
4	0.112	40	C	0.0060

螺栓规格	直径/in	N	系列	应力面积/in²
6	0.138	32	C	0.0090
8	0.164	32	C	0.0139
10	0.19	32	F	0.0199
1/4	0.25	20	C	0.0138
1/4	0.25	28	F	0.0364
5/16	0.3125	18	C	0.0524
3/8	0.375	16	C	0.0775
7/16	0.4375	14	C	0.1063
1/2	0.5	13	C	0.1419

14.3.1 剪切

在剪切状态下,螺栓载荷和其轴线垂直,应力由下式计算:

$$\tau = \frac{V}{A} \tag{14.4}$$

式中:V 为剪力载荷;A 为剪切面积,在假定螺栓体都受到约束条件下,这个面积可根据螺栓名义直径来计算。不过,由于螺纹紧固件可能需要具有间隙的螺纹孔,这一般不是实际存在的情况,这样就会导致剪切载荷由摩擦来承受(见 14.8 节)。不推荐在紧固件中传递剪切载荷,承受剪切载荷一般来说要采用销钉。不管如何,对于螺栓螺纹作用在承载表面的情况,可以使用小径来计算剪切应力,即

$$\tau = \frac{4V}{\pi D_{\min}^2} \tag{14.5}$$

螺栓剪切强度 F_{su} 根据最大剪切变形理论(von Mise)(见第 1 章),由极限强度 F_{tu} 来导出,即

$$F_{su} = \frac{F_{tu}}{\sqrt{3}} \tag{14.6}$$

14.3.2 螺纹剪切

紧固件承受拉力载荷时,在螺纹孔或者螺母的螺纹上就会承受剪切载荷,在过载情况下有发生脱扣的趋势。在这种情况下,螺纹剪切应力由下式计算:

343

$$\tau = \frac{P}{A_s} \tag{14.7}$$

式中：A_s 为螺纹啮合处剪切面积。按方形螺纹保守考虑，其中只有 1/2 的啮合区域处于接触状态，因此，对外螺纹，剪切面积为

$$A_s = \frac{\pi D_{\min} L}{2} \tag{14.8a}$$

对于内螺纹，剪切面积为

$$A_s = \frac{\pi D_{\text{maj}} L}{2} \tag{14.8b}$$

式中：L 为螺牙啮合深度。

UN 系列的螺纹在小径圆柱上具有较大的接触面积，能够更精确地控制内外螺纹的接触。这种情况下的外螺纹剪切面积为

$$A_s = \pi N D_{\min_n} L \left[\frac{N}{2} + \frac{(D_p - D_{\min_n})}{\sqrt{3}} \right] \tag{14.9a}$$

对于内螺纹，剪切面积为

$$A_s = \pi N D_{\text{maj}} L \left[\frac{N}{2} + \frac{(D_{\text{maj}} - D_{p_n})}{\sqrt{3}} \right] \tag{14.9b}$$

式中：n 表示的是螺母或者螺套；D_p 为节径，为了便于计算，可以假定等于中径 D_m；N 表示每英寸长度上的螺牙数。

对于不同规格的螺纹，在使用式（14.9a）和式（14.9b）时，螺纹啮合深度（式（14.8a）中的分子）需要乘以一个系数，这个系数范围对于外螺纹为 0.55 ~ 0.63；对于内螺纹为 0.63 ~ 0.68。由于采用了最小公差，UN 系列螺纹剪切面积的计算是保守的。为了易于使用，啮合因子取 2/3，则对于外螺纹：

$$A_s = \frac{2\pi D_{\min} L}{3} \tag{14.10a}$$

对于内螺纹：

$$A_s = \frac{2\pi D_{\text{maj}} L}{3} \tag{14.10b}$$

对于啮合深度 L 来说，由于螺母或者螺纹孔的刚度，许多标准都只考虑使用最多 3 个螺牙啮合。由 3 牙啮合产生了螺纹的全部强度。实际上，螺母材料相对螺栓更软，由于剪切屈服的缘故，因此可以允许有更多的螺牙承担应力。不

344

过,这里仍采用 3 牙规则,则式(14.10a)和式(14.10b),对于外螺纹可以写为

$$A_s = \frac{2\pi D_{\text{min}}}{N} \tag{14.11a}$$

对于内螺纹为

$$A_s = \frac{2\pi D_{\text{maj}}}{N} \tag{14.11b}$$

式中:N 为单位英寸长度上的螺牙数。

当螺纹孔的材料不如螺栓材料结实时,可以使用钢丝螺套。钢丝螺套是非常软的弹簧,载荷的均匀分布可以允许螺牙有更多的啮合,啮合深度可多达 3 倍螺栓直径;当然,刚性的螺母和螺套无法实现这样的啮合。诸如铍这样的脆性材料需要使用钢丝螺套;同样,许多像铝这样的低强度的材料,也需要采用钢丝螺套。为了考虑钢丝螺套的作用,啮合因子可以取值 0.85。

14.4 应力计算的例子

例 1 考虑一个规格为 #8 - 32 的螺栓螺母连接组合,材料为高强度抗腐蚀的热处理的 A286 号钢,预紧力为 1120lb。计算螺栓上的拉应力和螺母螺纹上的剪切应力。

根据式(14.3a)和表 14.3 计算拉应力,$\sigma = P/A_t$,可以得到拉应力 $\sigma = 80000\text{psi}$,由表 14.2 可知,它远低于材料的极限强度。

根据式(14.7)和式(14.11a)计算螺纹的剪切应力。由 $\tau = P/A_s$,得到 $\tau = PN/2\pi d_{\text{min}}$。#8 - 32 螺纹的小径为 0.126 英寸,可以得到 $\tau = 45300\text{psi}$,可以看到远低于螺纹材料的剪切强度(极限拉伸强度/$\sqrt{3}$)。

例 2 考虑一个规格为 #8 - 32 的高强度、抗腐蚀、热处理的 A286 号钢螺钉,拧入到一个铝 6061 - T6 的螺纹孔中,预紧力为 1120lb。计算螺纹孔中的螺纹的剪切应力。

根据式(14.7)和式(14.11b)计算螺纹剪切应力,由 $\tau = P/A_s$,得到 $\tau = PN/2\pi D_{\text{maj}}$。由表 14.3 可知,$d = 0.164$,因此 $\tau = 34800\text{psi}$,远超过了铝螺纹的剪切强度 24000psi(极限强度/$\sqrt{3}$),因此,螺纹会发生脱扣,需要采用钢丝螺套来分配这个载荷。

采用钢丝螺套后,如果使用一个 1.5 倍螺栓直径的螺纹啮合深度,由 $\tau = P/A_s$,其中剪切面积为 $A_s = 0.85\pi \times 0.164 \times 1.5 \times 0.164$,可得应力 $\tau = 10400\text{psi}$,低于 24000psi,满足要求。

14.5 螺栓载荷

螺栓载荷包括被连接零件在装配过程中通过扭矩产生的预紧力、外部施加的静态或者动态加速度载荷,以及由于接头/螺栓热膨胀系数的差异产生的热载荷(见14.6节)。

14.5.1 预紧力

在螺栓上施加扭矩进行紧固,就会对被连接零件产生压缩,从而在螺栓上形成拉力。一般来说,预紧力产生的应力应为其屈服应力的75%,或者其极限强度的50%。摩擦在实现所需的预紧力时发挥了非常大作用。在图14.4中,通过考虑平衡条件可以看到,在拧紧过程中扭矩和预紧力之间的关系为

$$T = \frac{FD_m}{2}\left(\frac{l + \pi\mu D_m \sec\alpha}{\pi D_m - \mu l \sec\alpha}\right) + \frac{F\mu_c D_c}{2} \tag{14.12}$$

在拧松过程中,其关系为

$$T = \frac{FD_m}{2}\left(\frac{-l + \pi\mu D_m \sec\alpha}{\pi D_m + \mu l \sec\alpha}\right) + \frac{F\mu_c D_c}{2} \tag{14.13}$$

式中:μ 和 μ_c 分别为螺纹和螺栓头部的摩擦系数;D_c 是螺栓头部的直径。如图14.4所示,考虑方形螺牙的一个升角,它的牙型角为零。正如在美制统一标准系列螺纹中那样,为考虑非零牙型角的情况,需要对式(14.12)和式(14.13)进行修改。

一般来说,由式(14.12)和式(14.13)可知,拧松扭矩大约为拧紧扭矩的60%~70%。在静态、动态或者热测试后检查力矩是否释放时,这个百分数的差别可用来检查螺纹是否松弛,这是由于拧松扭矩要比拧紧扭矩低。检查螺纹松动的另一个更好的方式,就是尝试逐步拧紧螺栓,观察螺纹的运动量。由拧松状态式(14.13),还可以得到一个进一步的结论:在低摩擦条件下,当下式成立时,螺纹会发生自动松弛,即

$$\mu < \tan\lambda \tag{14.14}$$

美制统一螺纹系列的升角接近3°,当 $\mu > 0.05$ 时,就可以实现自锁。

一般来说,对于没有润滑的螺栓,摩擦系数的典型值为 $\mu = \mu_c = 0.15$,而对于有润滑的情况,摩擦值为 $\mu = \mu_c = 0.08$。注意:通常大约有40%的扭矩用于克服螺栓头部和螺母之间的摩擦,40%的用于螺纹摩擦,而只有约20%的扭矩用于螺栓拉伸。

346

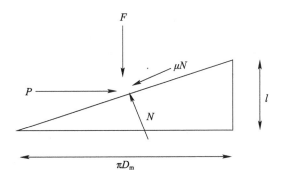

图 14.4　在预紧力作用下螺牙的摩擦(N 表示施加在螺牙上的法向(垂直方向)的力)

在拧紧力矩施加过程中,螺栓会发生扭曲。螺栓的扭转剪切应力为

$$\tau = \frac{hTR}{J} \tag{14.15}$$

式中:J 是极惯性矩;R 是螺栓半径(等于螺栓小径的 $1/2$);h 是一个分数常数。螺纹扭矩和螺纹摩擦会扭转螺栓,而螺栓头部(或者螺母)承载面的摩擦却不会。由于大约有 40% 的扭矩用于螺栓头(螺母)摩擦,因此,$h \approx 0.6$,则

$$\tau = \frac{0.6TR}{J} = \frac{9.6T}{\pi D_{min}^{3}} \tag{14.16}$$

这个应力需要和许用剪切应力对比。扭矩去除时,扭转应力也会消失,但是预紧力和拉应力会一直保持在螺栓中。

把摩擦数值带入到式(14.12)中,对于美制统一螺纹系列,可以得到近似拧紧扭矩为

$$\begin{cases} T = 0.2DP(对于未润滑的螺母和螺纹) \\ T = 0.15DP(对于未润滑的螺母和润滑的螺纹) \\ T = 0.13DP(对于润滑的螺母和螺纹) \end{cases} \tag{14.17}$$

由于摩擦的不确定性,在预紧力非常关键的地方,安全因子取 1.25。

通常需要对螺栓进行润滑。对于螺钉、螺母或者螺套,固体润滑可使用二硫化钨或者二硫化钼。润滑的作用有如下几个:减小螺纹与螺栓头部或者螺母之间的摩擦;减小摩擦影响的不确定性(从而增加其可预测性);防止相似材料之间的磨损。

螺钉的螺纹和头部经常要同时润滑。有时用润滑螺套代替螺纹的润滑。如果螺钉润滑了,那么螺套和螺母就不用再润滑。如果螺母没有润滑,而螺栓头部采用了润滑,那么就会产生预紧力的差异,具体取决于螺母(螺栓头部)是否有摩擦扭矩。表 14.4 基于式(14.12)给出了一个典型的力矩列表,其中包含了推荐的预紧力数值。

表 14.4　几种标准强度和高强度紧固件

表 14.4　几种标准强度和高强度紧固件
在有无润滑情况下典型的扭矩和预紧力要求

材料	有无润滑方式							
	固体润滑				无润滑			
螺栓规格	18 – 8	A286	18 – 8	A286	18 – 8	A286	18 – 8	A286
	扭矩/(lb·in)		预紧力/lb		扭矩/(lb·in)		预紧力/lb	
4 – 40	3.5	8	200	480	4.5	11	200	480
8 – 32	12	28	470	1120	15	37	470	1120
10 – 32	19	46	670	1600	25	60	670	1600
1/4 – 20	40	95	1070	2540	55	130	1070	2540

14.5.2　外部施加载荷

在螺钉和螺栓上施加扭矩,一般会使其应力达到其极限强度的50%,或者屈服强度的75%,二者取最小值。一般来说,被固定在一起的零件和螺栓相比,具有更大的刚度。因此,在外载荷作用下,螺栓上的载荷只有少量增加,这是由于大部分外部施加的载荷,都用于释放被固定的刚性零件上的压力,因而螺栓上的拉伸最小,螺栓力增加也最小。一旦克服了夹紧力,零件就会分离,螺栓就需要承担全部的外部载荷,此时,螺栓载荷就会随着外部载荷线性增加。因此,超过螺栓的预紧力不是一个好的做法;这样做就会丧失螺栓锁紧功能,导致螺栓弯曲以及产生疲劳问题。

上述讨论可以由下面的数学公式来描述:

$$P_b = \frac{k_b P}{k_b + k_m} \tag{14.18a}$$

$$F_b = P_b + F_i \tag{14.18b}$$

$$P_m = \frac{k_m P}{k_b + k_m} \tag{14.18c}$$

$$F_m = P_m - F_i \tag{14.18d}$$

$$P = P_b + P_m \tag{14.18e}$$

式中:P 为外部施加载荷;P_b 为外部载荷作用下在螺栓上产生的载荷;P_m 为在外部载荷作用下连接的零件上产生的载荷;F_i 为螺栓预紧力;F_b 为总的螺栓载荷;F_m 为零件上的总载荷;k_b、k_m 分别为螺栓和连接零件的刚度。

结合式(14.18a)和式(14.18b),螺栓上的合力也可以写为

$$F_b = F_i + P\left(\frac{k_b}{k_b + k_m}\right) \tag{14.18f}$$

当然,一旦释放零件上的压力,零件就会分离,全部载荷将由螺栓承担,因此,式(14.18a)~式(14.18f)就不再适用。

为了说明这个情况,假定零件的刚度是螺栓刚度的 5 倍。图 14.5 说明了在 1000lb 预紧力作用下螺栓载荷和外部载荷之间的关系。当外部载荷为零时,螺栓载荷为 1000lb;当外部载荷为 1000lb 时,螺栓载荷仅为 1180lb;当外部载荷为 1200lb 时,螺栓载荷也为 1200lb,此时,连接的零件发生分离。超过这个数值后,螺栓载荷和外力相等。

从图 14.5 还可以看到,如果螺栓上没有施加预紧力,产生的载荷会低于有预紧力的情况。这样容易产生误导,原因在于可能会产生间隙。高的预紧力可以防止在外部载荷下产生间隙,并且可以在循环加载中可以形成数值较低的交变应力反转(见第 11 章)。螺栓在合理预紧的条件下,即使没有采用弯曲形状的牙底,一般也不会出现疲劳问题,这是由于载荷绕均值的波动和反转很小。不过,由于机加缘故产生的牙底缺陷或者类似问题,在疲劳问题中必须考虑应力集中因子。在报告的疲劳强度数值中折减因子一般取 3。另外,注意到,由于局部应力的重新分配,应力集中不会影响静态强度。

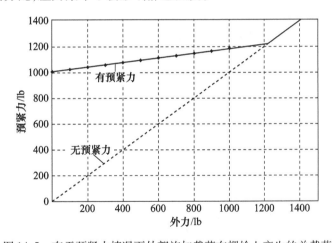

图 14.5　有无预紧力情况下外部施加载荷在螺栓上产生的总载荷

14.5.3　外部振动载荷产生的螺栓疲劳

使用第 11 章中改进的古德曼疲劳图表来计算许用的疲劳载荷。由式(11.1)和式(11.2)可以得到

$$\frac{S_a}{S_e} + \frac{S_m}{S_u} = 1$$

或者

$$S_a = S_e \left(1 - \frac{S_m}{S_u} \right)$$

式中：S_a 为许用的交变应力；S_e 为在给定循环次数下完全反转的疲劳强度；S_u 为极限抗拉强度；S_m 为平均应力。

14.5.4 实例分析

考虑一个材料为 A286、规格为#8 – 32 的钢螺栓，预紧力为 1120lb（由此产生的预压应力 80000psi），连接的铝结构件承受压力，其刚度是螺栓的 3 倍。外部施加幅值为 500lb 完全反转的振动载荷。材料在给定循环次数下的疲劳强度为 80000psi，考虑到螺纹应力集中，这个数值需折减为 80000/3 = 26670psi。在没有预紧力或者超过预紧力情况下，实际交变应力为

$$\sigma_a = \frac{P_b}{A_t} = \frac{500}{0.014} = 35700 \text{psi}$$

在古德曼图表上，这个应力超过了疲劳强度，因此，不只是会出现间隙问题，还会发生疲劳。不过，如果预紧力为 80000psi，那么，$S_m = 80000$psi，$S_e = 26670$psi，$S_u = 160000$psi，由此可以计算得到许用交变应力为 13300psi。

根据式（14.18），实际的交变应力 σ_a 为

$$\sigma_a = \frac{P_b}{A_t} = \frac{k_b P}{(k_b + k_m) A_t}$$

可以得到 $\sigma_a = 8900$psi，小于许用交变应力，因此不会发生疲劳现象。这可以由图 14.6 形象化地进行说明。

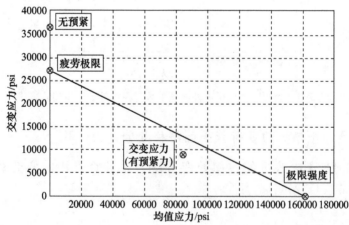

图 14.6 在改进的古德曼图表中例 14.5.4 的螺栓强度表明了预紧力的好处

14.6 热　载　荷

如果被连接的零件和螺栓材料的热膨胀系数不同,那么,在热浸泡条件下,螺栓就会变得更紧或者松弛。螺栓一般会相对于连接的零件趋于自由膨胀或收缩(无应力应变状态,见第 1 章),但是,由于受到连接零件的阻止,因此会产生预紧力和应力的变化。

忽略被连接的零件一般比螺栓材料刚度更好的这个微弱优势,热载荷产生的附加载荷(式(1.49)和式(1.50))为

$P = AE\Delta\alpha\Delta T$(和螺栓长度无关)

$\sigma = E\Delta\alpha\Delta T$(和螺栓长度以及面积都无关)

其中

$$\Delta\alpha = \alpha_b - \sum \frac{\alpha_m L_m}{L_b}$$

式中:AE 为螺栓截面积和模量的积;m 表示连接的零件;b 表示螺栓;L 是长度。这个附加载荷会使预紧力大大增加或者降低。

如果不忽略零件的刚度优势,附加载荷一般可以由下式来计算:

$$\Delta T \left[\alpha_b L_b - \sum \alpha_m L_m \right] = \Delta P \left[\frac{L_b}{A_b E_b} + \sum \frac{L_m}{A_m E_m} \right] \tag{14.19a}$$

$$\Delta P = \frac{\Delta T \left[\alpha_b L_b - \sum \alpha_m L_m \right]}{\left[\frac{L_b}{A_b E_b} + \sum \frac{L_m}{A_m E_m} \right]} \tag{14.19b}$$

式中:A_b 是螺栓应力面积;A_m 是受压零件的有效面积,保守计算可以选择螺栓垫圈直径内的面积,或者更为合适地,考虑到压力的扩散,采用从垫圈到安装面30°角范围内的面积[1]。

注意:如果计算的应力超过了屈服强度,不一定意味着有问题,这是由于热应变小于螺栓的伸长能力,因此螺栓不会发生失效。预紧力随着时间会逐渐松弛5% 左右,这是正常现象。实际上,在一些不适用于大部分光学系统的标准中,螺栓会通过预紧达到屈服点,即所谓的扭矩屈服方法(TTY)。扭矩屈服方法唯一的问题就是:如果螺栓发生屈服,就不应当再重新使用,这是因为配对的螺牙可能不再具有合适的啮合位置。

14.6.1 实例分析

例 1 考虑用一个规格为 #10 - 32 的标准不锈钢螺栓连接一个结构件

（图14.7），预紧力为800lb，螺栓应力为40000psi。如果结构件和螺栓材料的CTE分别为$1.6 \times 10^{-6}/℃$和$17 \times 10^{-6}/℃$，计算在从室温（20℃）均匀温度变化至−80℃条件下预紧力的变化量。螺栓截面积为$0.02in$[2]。保守地假定结构件的刚度高于螺栓刚度。螺栓模量为29Msi，屈服强度为50000psi。

再次使用式（1.49）和式（1.50）。因为采用了钢丝螺套，螺栓和结构件的有效长度是相同的。因此，可以得到

$$\Delta P_b = A_b E_b \Delta \alpha \Delta T = 0.02 \times 29 \times (17 - 1.6) \times [20 - (-80)] = 893lb$$

$$\Delta \sigma = E_b \Delta \alpha \Delta T = 44600psi$$

螺栓按照这个量预紧，螺栓总载荷为1693lb，应力为84600psi，超过了螺栓的屈服极限。虽然螺栓不会断裂，但是如果需要重新使用，最好选择高强度的螺栓，并施加1000lb的预紧力，产生40000psi的预紧应力，以应对16000psi的极限强度和120000psi的屈服强度。在这种情况下，屈服强度和极限强度都具有正的安全余量。

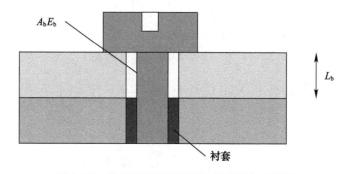

图14.7　热载荷计算时螺栓与钢丝螺套示意图

例2　考虑一个规格为#10−32的标准不锈钢螺栓通过一个螺母连接了两个结构件，如图14.8所示，预紧力为800lb，产生的应力为40000psi，也就是其极限强度的1/2。如果垫圈材料为不锈钢，第一个结构件为殷钢，CTE为$1.6 \times 10^{-6}/℃$；第二个结构件材料为铝，CTE为$22.5 \times 10^{-6}/℃$；螺栓和垫圈的CTE为$17 \times 10^{-6}/℃$；考虑结构件的刚度，计算从室温（20℃）均匀降温至−80℃条件下预紧力的变化量。螺栓的截面积为$0.02in^2$，模量为29Msi，殷钢的模量为21Msi，铝的模量为10Msi。垫圈的厚度为0.060in，外径（OD）0.375，内径（ID）0.25in。每个结构件厚度都是0.125in。

使用式（14.19b），结构件面积可保守地按垫圈下的面积计算，或者更为合适地，因为受压面积会扩散，考虑采用垫圈下30°范围内的面积，如图14.8所示。可以得到如下结果：

352

$$A_{washer} = \frac{\pi}{4}(0.375^2 - 0.25^2) = 0.061\,in^2$$

$$A_{member} = \frac{\pi}{4}(0.519^2 - 0.25^2) = 0.162\,in^2$$

$$\Delta P = \frac{\Delta T[\,\alpha_b L_b - \sum \alpha_m L_m\,]}{\left[\dfrac{L_b}{A_b E_b} + \sum \dfrac{L_m}{A_m E_m}\right]}$$

$$\Delta P_b = \frac{100(17 \times 0.31 - 17 \times 0.06 - 1.6 \times 0.125 - 22.5 \times 0.125)}{\left[\dfrac{0.31}{0.02 \times 29} + \dfrac{0.06}{0.061 \times 29} + \dfrac{0.125}{0.162 \times 21} + 0.125(0.162 \times 10)\right]}$$

$$= 182\,lb$$

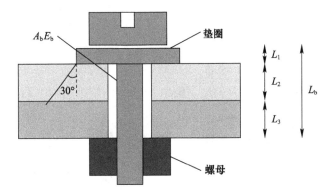

图 14.8　计算热载荷时多个安装界面条件下螺栓和螺母示意图

螺栓将拧紧182lb,因此,总的螺栓载荷为982lb,应力为49100psi,低于材料的极限强度和屈服强度,因此是安全的。高膨胀的铝有助于抵消低膨胀殷钢的影响。

注意:如果预紧力的变化导致螺栓拧紧或松弛太多,可以采用一个或多个Belleville®垫圈。这些垫圈的刚度远远小于螺栓的刚度(根据式(14.19a)和式(14.19b)),从而可以大大降低预紧力的变化。为了施加合理的预紧力,必须谨慎地选择 Belleville®垫圈;堆叠的垫圈会受到摩擦变化的影响,因此建议谨慎使用,这将在 14.7.5 节中进一步讨论。

14.7　垫　　圈

垫圈直接用在螺钉头下面或者螺母上面。有许多种类的垫圈,不过一般来说,可以归结为 3 类,即平垫圈、锁紧垫圈和弹簧垫圈。

14.7.1　平垫圈

平垫圈有助于均匀分布螺栓或者螺母下的载荷,也有助于控制摩擦以便在扭矩作用下产生合理预紧力。最后,它们还提供了一个光滑平面,使螺栓更不易发生松动。在光学应用中,平垫圈是必须的,关于它们没有什么好说的。不过,为了有效起作用,它们需要覆盖到螺栓孔外部的区域,而不能在其区域内,否则就会产生弯曲,从而达不到预期效果。垫圈应力计算,就是把载荷除以垫圈面积。在合理使用条件下,平垫圈很少会出现问题。

14.7.2　锁紧垫圈

锁紧垫圈有几种类型,包括图 14.9(a)所示的开口垫圈和图 14.9(b)所示的齿型垫圈。尽管锁紧垫圈的目的在于防止螺栓在外载荷特别是振动载荷下发生松动,不过关于它的用处还有许多争议。例如,齿型垫圈通过设计咬合进被压零件内,从而提供机械锁定。然而,由于咬合生成的微粒会产生污染,在有光学零件的场合,这一般不是个好方法。因而,应该避免使用这种垫圈。

(a)　　　　　　　　　　(b)

图 14.9　锁紧垫圈类型
(a)开口垫圈;(b)齿型垫圈。

在螺栓上施加预紧扭矩时,开口垫圈能够产生一种弹簧效应。当垫圈受到完全压缩,它们就变成了一个平垫圈,从而使得这种"弹性"的好处产生可疑。尽管开口垫圈还能通过卡住被压零件而产生辅助锁紧,但是开口端也会产生污染问题。进一步来说,大量证据充分的实验已经证实,开口垫圈在振动环境中对于阻止螺栓松动如果起作用,这种作用也非常微小。事实上,在一些标准中不允许使用开口垫圈。

14.7.3　锁紧螺母

锁紧螺母确实能够提供必要的锁紧功能。有几种类型的锁紧螺母,采用了"变形的"螺牙形式,可以阻止螺纹松动。不过,这种形式的代价是,高的工作力矩和摩擦,会降低螺栓良好的预紧载荷控制能力。另外还有几种类型的锁紧螺母,采用了楔形螺牙,如螺旋线锁紧螺母。这种形式可以降低工作力矩,不过,由于摩擦,也会导致比较差的预紧控制。

14.7.4 锁紧和胶铆合

使用环氧胶粘住螺牙,会阻止螺栓松动。当然,如果需要卸掉螺栓,就可能会出现问题。另外一种做法,就是使用环氧胶绕着螺栓头和垫圈,或者销钉涂敷,从而实现和被压零件的"铆合(Stake)",如图 14.10 所示,螺钉头和销钉一个小圆弧段涂覆了环氧胶珠。一般来说,由于环氧胶强度不够高,无法抵抗全部的预紧力矩,即便是螺栓头全部涂了环氧胶,胶珠铆合也不会防止预紧力的损失。不过,胶铆合确实可以在预紧力消失的情况下,防止螺栓进一步松动,此时,环氧胶仅仅需要抵抗螺栓质量和加速度乘积产生的力。例如,考虑一个螺栓头部整个圆周都涂敷环氧胶的情况,胶珠厚度(Thoat thickness)为 t,可以得到扭矩为

(a)　　　　　　　(b)

图 14.10　胶铆合
(a)螺栓;(b)销钉。

$$T = P'\pi DR = \frac{P\pi D^2}{2} \qquad (14.20)$$

式中:P' 为剪切流,单位为 lb/in;D 是螺栓头部直径;R 是螺栓头部半径。剪切应力为

$$\tau = \frac{P'}{t} = \frac{2T}{\pi D^2 t}$$

根据扭矩和应力的关系(式(1.31)),也可以得到同样的解,即

$$\tau = \frac{TR}{J} = \frac{TR}{2\pi R^3 t} = \frac{2T}{\pi D^2 t}$$

使用高强度螺栓扭矩列表(表 14.4),并根据 NAS 螺栓直径标准把螺栓公称直径乘以 1.5,就可以得到给定环氧胶剪切强度下所需要的拧松力矩,一般量级为

2500psi。因此，可以得到

$$T = \pi D^2 t \frac{\tau}{2} \qquad (14.21)$$

表14.5给出了破坏环氧胶和预紧力所需要的扭矩。可以看到，对于较大胶珠厚度当螺栓规格大于#8时，以及对于较小胶珠厚度当螺栓规格大于#2时，环氧胶不足以控制全部扭矩。另外，如果需要替换螺栓，当环氧胶全覆盖螺栓时，不仅需要非常大量的工作来清理，还会带来污染问题。

基于这个原因，首选措施为局部胶铆合；虽然局部胶铆合不能防止预紧力的损失，但是确实可以防止螺纹回转，并可以充当螺纹松动的指示器。在振动中导致预紧力损失的摩擦力所发挥的作用[3]，将在14.8节讨论。

表14.5　破坏几种胶珠尺寸的环氧胶所需的扭矩

螺栓规格	预紧力	破坏胶铆合所需扭矩/(lb·in)	
		1/8in 胶珠	1/16in 胶珠
2	4	8	4
4	8	13	7
6	15	20	10
8	28	29	14
1/4	95	66	33

总之，对于螺栓和垫圈进行胶铆合处理是一个很好的做法，可以消除可疑的锁紧垫圈带来的问题。

14.7.5　弹簧垫圈

弹簧垫圈有几种形式，诸如波纹弹簧或者螺旋弹簧垫圈。图14.11是一个螺旋弹簧垫圈的例子。由于弹性垫圈的刚度远远小于螺栓本身的刚度（一个数量级），材料之间的不同热膨胀变形很容易被弹簧吸收，因此，它们能大大降低热致载荷的变化。在螺栓和其配合的零件具有不同的热膨胀系数，并经历热浸泡条件时，忽略螺栓刚度影响，修改式(14.19b)，增加弹簧垫圈的刚度影响k_w，可以得到

$$\frac{P}{k_b} = \Delta\alpha\Delta TL - \frac{P}{k_w} \qquad (14.22)$$

如果$k_b = 10k_w$，那么$P = \dfrac{AE\Delta\alpha\Delta T}{11}$，可以看到相比式(1.49)，载荷大大降低。

弹簧垫圈也不是万能的。如果扭矩太大，垫圈被压平，弹性垫圈的优势将被抵消。因而，在使用的时候需要小心控制。为了得到所需的预紧力，弹簧垫圈

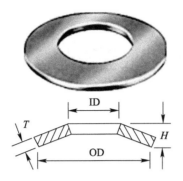

图 14.11 Bellelive®螺旋弹簧垫圈（改编自俄亥俄巴
恩斯集团雷蒙德联合弹簧公司 1994 年目录）

可能需要几层堆叠,或者相互以并联的方式增加载荷,或者上下颠倒以减小载荷,或者组合使用上述两种方式。垫圈之间的摩擦会增加预紧力的不确定性,并且也使装配变得复杂。弹性垫圈用处很大,但是为了正确使用需要特别谨慎。

14.8　摩擦滑动和销钉

14.8.1　摩擦

正如之前指出的那样,螺栓实现预紧力主要通过摩擦。如果摩擦被克服,那么预紧力就会下降。这经常发生在振动加载过程中。摩擦一般发生在螺栓头部、垫圈、螺套或螺母的螺牙以及与它们配合的界面上。螺栓头部摩擦系数一般很低(接近 0.15),如果润滑,就会变得更低(参考 14.5.1 节)。横向力 F 作用下会产生剪切力 P,当下属条件成立时,连接会发生滑动,即

$$F > \mu P \qquad (14.23)$$

由于匹配的螺牙间存在正负公差,因此任何滑动都会使螺牙移动,从而进一步减小预紧力。由于预紧力或者法向载荷的降低,在接触界面上也可能会发生滑移。一般来说,这个地方的摩擦也非常低。在诸如飞行器发射过程中那样的高加速度的振动环境下,接头可能会产生滑动。经验表明,甚至在 $F < \mu P$ 时,也可能会产生滑动。正如我们看到的那样,螺栓锁紧经常变得不起作用或者不合乎需要。这对于重要的高精度光学系统不是个好现象,因为即便是微小的运动量(亚毫英寸级)也会带来失调以及视轴和波前误差。

14.8.2 销钉

摩擦问题可以使用起剪切作用的销钉来解决。销钉有几种形式(定位销、锥销、压合销、滑合销等),它们的用途都是为了防止错位运动。正确使用销钉,就会解决螺栓摩擦问题。

正如在第 1 章中剪应力计算时讨论的那样,销钉应力的计算很简单。对于单剪情况,剪应力为

$$\tau = \frac{V}{A} \tag{14.24a}$$

对于双剪情况,剪应力为

$$\tau = \frac{V}{2A} \tag{14.24b}$$

式中:V 为剪切力。

尽管螺栓能承载一部分横向力,但由于螺栓假定在螺栓孔内能够滑动,因此,在分析中,必须假定销钉承担全部横向载荷。由于公差缘故,一些螺栓表面可能会和螺栓孔表面接触,因此这是一个保守假定。不过,实际并不总是这种情况。

一旦根据式(14.24)确定了销钉尺寸,就需评估配合零件上的应力,包括销钉承压应力(销钉表面受力)以及剪切流变应力(和边缘距离有关)。

14.8.2.1 承压应力

销钉承压应力(Bearing Stress)为

$$\sigma_{\mathrm{b}} = \frac{V}{Dt} \tag{14.25}$$

式中:D 是销钉直径;t 是啮合面深度。这是个压应力。一般来说,承受压力的零件不会发生生效,但是变形会受到限制。许多材料使用的许用承压应力,为母材极限强度的 1.5 倍。变形能理论(von Mises 方法)指出,剪切失效时极限强度提高了 $\sqrt{3}$ 倍(参看 16.5.5 节)。在后者条件下,如果达到了全部的承压强度,那么

$$P = \sqrt{3}\,\sigma_{\mathrm{u}}Dt \tag{14.26}$$

14.8.3 剪切流变

参考图 14.12,剪切流变应力为

$$\tau = \frac{V}{2\left(e - \dfrac{D}{2}\right)t} \tag{14.27}$$

式中:e 为销钉孔中心到零件边缘的距离。注意:对于延展性的 von Mises 类型的材料,剪切强度就是极限强度除以 $3\sqrt{3}$;在达到全部承压强度时,可以计算出所需的 e/D 比值。

利用变形能理论,由式(14.26)和式(14.27),可以得到

$$P = \sqrt{3}\sigma_u Dt = \frac{2\left(e - \dfrac{D}{2}\right)t\sigma_u}{3}$$

因此,有

$$e/D = 2.0 \qquad\qquad (14.28a)$$

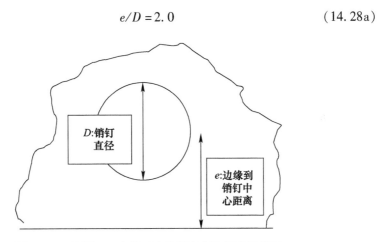

图 14.12　计算 e/D 比值时边缘距离和孔径的示意图

有几个标准都采用了这个 e/D 要求。对于承压强度如果不太保守,可以假定 $\sigma_b = \sigma_u$,这样可以得到

$$e/D = 1.4 \qquad\qquad (14.28b)$$

在其他几个标准中,都使用 $e/D > 1.5$ 作为一个准则。

当然,如果相对于载荷销钉尺寸很大,或者载荷远低于最大许用载荷,非常小的 e/D 比值,甚至有时小于 1.0,都是可以接受的,正如把实际载荷施加到式(14.27)中那样。如果假定销钉承担所有剪切载荷,螺栓承担所有拉伸载荷,那么,就可以得到一个稳定的光学系统。

14.8.4　实例分析

考虑一个直径为 3/16in 的钢销钉,承受 500lb 的单剪载荷。销钉承载的铝零件表面厚度 t 为 3/16in。边缘距离 e 为 3/16in。销钉剪切屈服强度为 40000psi,铝的剪切屈服强度为 20000psi,承压屈服强度为 50000psi。对于屈服

强度选用安全因子1.25,确定所有零件是否满足要求。

对于销钉本身,由式(14.24a)可以得到,$\tau = \dfrac{(FS)V}{2A} = 22650$,远小于40000psi,因此是满足要求的。对于铝表面的承压应力,由式(14.25)可以得到,$\sigma_b = \dfrac{(FS)V}{Dt} = 17800$,小于50000psi,也是满足要求的。

对于剪切流变应力,已经知道$e/D = 1.0$,小于标准推荐值,因此,需要计算应力以确保是否满足要求。根据式(14.27),可以得到$\tau = \dfrac{(FS)V}{2\left(e - \dfrac{D}{2}\right)t} = 18000\text{psi} <$

20000psi,因此也是满足要求的。

14.9　螺栓组合载荷

当摩擦不适用于螺栓剪切的时候,也就是说,螺栓体承受压力或者受到约束,同时承受剪切和拉力,那么,由于螺栓是延展性材料,可以使用von Mises准则计算最大应力。由第1章,最大应力为

$$\sigma_{max} = \sqrt{\sigma^2 + 3\tau^2} \tag{14.29}$$

如果引入安全因子:

$$FS = \frac{1}{R} \tag{14.30}$$

为了得到正的安全余量,R必须小于1,即

$$R = \sqrt{\left(\frac{f_t}{F_t}\right)^2 + \left(\frac{f_s}{F_s}\right)^2} \leqslant 1 \tag{14.31}$$

式中:f_t和f_s分别为实际的拉应力和剪切应力;F_t和F_s分别为许用的拉应力和剪切应力。式(14.31)证明如下。下面我们使用了von Mises(MS)应力方程推导螺栓相互作用公式,即

$$MS = \frac{1}{R} - 1$$

$$R = \sqrt{\left(\frac{f_t}{F_t}\right)^2 + \left(\frac{f_s}{F_s}\right)^2}$$

$$\frac{1}{R} = \left[\left(\frac{f_t}{F_t}\right)^2 + \left(\frac{f_s}{F_s}\right)^2\right]^{-1/2}$$

不过,由于

$$\frac{1}{R} = \frac{F_t}{\sigma_{max}}$$

$$\sigma_{max} = \sigma_{Vonmise} = \sqrt{f_t + 3f_s^2}$$

$$F_s = \frac{F_t}{\sqrt{3}}$$

因此,可以得到

$$\frac{1}{R} = \left[\left(\frac{f_t}{F_t}\right)^2 + \left(\frac{f_s\sqrt{3}}{F_t}\right)^2 \right]^{-1/2}$$

$$\frac{1}{R} = \left[\left(\frac{f_t}{F_t}\right)^2 + 3\left(\frac{f_s}{F_t}\right)^2 \right]^{-1/2}$$

$$\frac{1}{R} = \left[\frac{f_t^2}{F_t^2} + \frac{3f_s^2}{F_t^2} \right]^{-1/2} \tag{14.32}$$

$$\frac{1}{R} = \left[\frac{1}{F_t^2}(f_t^2 + 3f_s^2) \right]^{-1/2}$$

$$\frac{1}{R} = F_t (f_t^2 + 3f_s^2)^{-\frac{1}{2}} = \frac{F_t}{\sigma_{max}}$$

$$\sigma_{max} = \sqrt{(f_t^2 + 3f_s^2)} \quad Q.E.D$$

14.9.1 螺栓分布圆

在一个圆上分布有任意数量的螺栓时,计算在力矩作用在下最大的螺栓载荷。考虑一个法兰连接,两个安装面通过在直径为 D 的螺栓圆上 N 个均布的螺栓连接($R = D/2$),受到绕直径轴的力矩 M 作用,如图 14.13 所示。

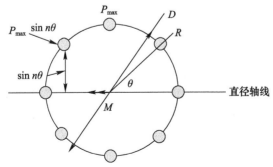

图 14.13　在力矩作用下计算螺栓载荷的螺栓分布圆示意图

361

注意:最大拉力 $P_{\max}$ 发生在最远端的螺栓上($\theta = 90°$)。其余螺栓上的载荷 P_b 为

$$P_b = P_{\max}\sin(n\theta) \tag{14.33}$$

式中:$\theta = \dfrac{2\pi n}{N}(\text{rad})$,$n = 1, 2, \cdots, N$。对绕直径轴的力矩求和,可以得到

$$M = \sum P_{\max}R\sin^2(n\theta)$$

或者

$$M = P_{\max}R\sum \sin^2(n\theta) \tag{14.34}$$

注意到,根据三角恒等式:

$$2\sin^2(n\theta) = 1 - \cos(2n\theta)$$

即

$$\sin^2(n\theta) = \frac{(1 - \cos(2n\theta))}{2}$$

$$\sum \sin^2(n\theta) = \sum \frac{(1 - \cos(2n\theta))}{2} = \frac{1}{2}\left(N - \sum \cos\frac{4\pi n}{N}\right)$$

根据余弦函数对称性,可以得到

$$\sum \cos\frac{4\pi n}{N} = 0$$

因此,有

$$\sum \sin^2(n\theta) = \frac{N}{2} \tag{14.35}$$

把式(14.35)代入式(14.34),可以得到

$$M = \frac{P_{\max}RN}{2}$$

$$P_{\max} = \frac{2M}{RN} \tag{14.36}$$

需要注意的是,式(14.36)的值不能和螺栓预紧力直接相加,而是和被压零件的刚度有关,正如式(14.18)所示。由于载荷路径的并联,可以得到

$$P_b = P_{\max}\left[\frac{k_b}{(k_b + k_m)}\right] + P_i \tag{14.37}$$

前提是最大载荷 $P_{\max}$ 小于预紧力,在良好设计实践中,这个条件是必须的。

362

14.9.1.1　实例分析

一个光学系统组件重 50lb(W)，通过在直径 20in 分布圆上 8 个均布的规格为 1/4 – 20 的螺栓，和一个安装法兰连接。系统质心到安装界面距离 e 为 10in。组件在每个轴线方向都承受 35g 的发射载荷(G)，每个螺栓的预紧力都是 25000lb。安装界面零件的刚度为螺栓的 4 倍。计算在发射过程中螺栓载荷。

在光轴方向，最大载荷为 $P_{max} = \dfrac{WG}{8} = 219\text{lb}$。在光轴正交方向，根据式(14.36)，$P_{max} = \dfrac{2M}{RN}$，其中 $M = WGe$，$P_{max} = 4381\text{lb}$。根据式(14.37)，计算出螺栓载荷为

$$P_b = P_{max}\left[\frac{k_b}{(k_b + k_m)}\right] + P_i = P_{max} = \frac{438}{5} + 2500 = 2588\text{lb}$$

参 考 文 献

1. J. Shigley and L. Mitchell, *Mechanical Engineering Design*, Fifth Edition, McGraw-Hill, New York (2000).
2. *Machinery's Handbook*, 27th Edition, Industrial Press, New York (2004).
3. G. H. Junker, "New criteria for self-loosening of fasteners under vibration," *Transactions of the Society of Automotive Engineers* **78**(1), 314–335 (1969).

第15章　非线性特性的线性分析

在第1章中,我们发现对于线弹性材料特性,利用胡克定律很方便计算载荷和热产生的应力。不过,有些情况下材料特性是非线性的,因此需要使用非线性理论。和常规胡克类型的方法不同,它们需要使用塑性分析方法。然而,在一些情况下可以避免使用复杂的塑性分析方法。在第4章中我们看到了材料CTE随着温度变化具有非线性特性的一个例子,采用割线热膨胀系数的方法得到完美解决。本章将讨论这种应用,并把它推广应用到非线性弹性模量。对于非线性的、非胡克类型材料,本章提出了应力计算的一种理论方法。

15.1　线　性　理　论

诸如胶黏剂等许多材料都具有非线性的应力–应变特性,特别是在随着温度变化时,它们的弹性模量会随着温度降低而增加。几乎所有的材料CTE都具有随温度变化的非线性特性,一般都是随着温度增加而增加,随温度降低而降低。由于分析人员都倾向于采用线性模型来处理问题,为了理解如何处理这些情况,这里回顾了第1章中介绍的胡克定律,然后提出了利用割线弹性模量来考虑这类温度相关特性的分析方法。

先从线弹性开始分析。考虑一个具有线性特性的一维梁结构,在轴向载荷作用下它的位移由式(1.1)给出,$F = kx$,其中 k 为常数,常称为材料的弹簧常数。

对于图15.1中的梁,长度为 L,截面积为 A,根据式(1.2),可以得到在载荷 P 作用下应力为 $\sigma = P/A$,应变为 $\varepsilon = x/L$(无量纲量,由式(1.3)计算)。

由于力和位移成正比,因而,应力和应变也成正比,或者(根据计算应力的胡克定律,式(1.4)),可以得到应力为 $\sigma = E\varepsilon$,其中 E 为弹性模量,是材料的固有属性。

把式(1.3)和式(1.4)代入式(1.2),可以得到式(1.5),重写如下:

$$x = \frac{PL}{AE}$$

364

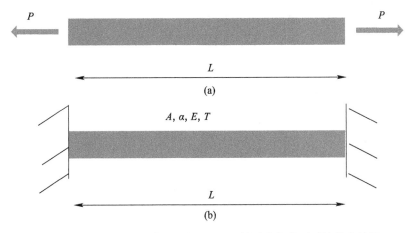

图 15.1 （a）轴向拉力作用下的梁和（b）热浸泡条件下刚性约束的梁

在热载荷作用下，如果梁的膨胀受到限制，根据式（1.50），产生的应力为 $\sigma = E\alpha\Delta T$。

同样，上述方程适用于线性应力 – 应变关系。式（1.1）中 k 的值，为图 15.2 所示的力位移曲线上的斜率常数，式（1.4）中 E 的值，就是图 15.3 所示的应力应变曲线上的斜率常数。

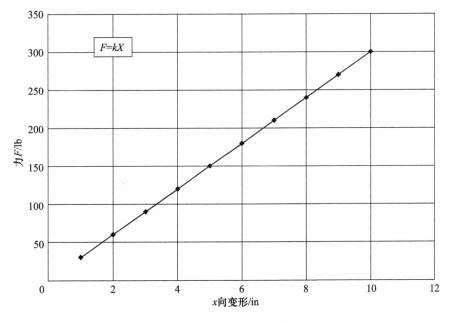

图 15.2 一维胡克定律

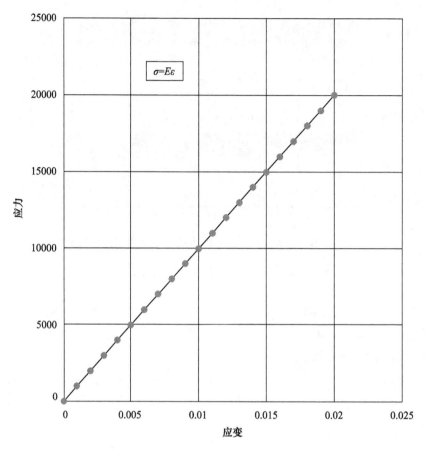

图 15.3　胡克定律线弹性区域内应力－应变关系

15.2　非线性系统的割线和切线特性

当材料的应力应变曲线为非线性时,胡克定律本身不再适用,这种材料称为非胡克类型的材料。非胡克类型的材料不具有完整的弹性恢复能力。也就是说,当载荷移除时,材料可能不会恢复到线弹性理论假定的零应变状态。这就需要深入塑性分析领域进行研究,塑性分析具有一套自己的规则。不过,对于卸载后能恢复到零应变的非线性材料,称为准胡克类型的。可以使用准胡克类型的模型,以避免复杂的塑性分析计算,对于简单情况,这确实可以对塑性特性进行很好的近似。

这里给出了几个简单的定义。在几何学上,切线由和一个曲线或曲面仅有

366

一个点接触的直线来定义;从几何学(而不是三角学)来说,割线定义为和一条曲线具有两个以上交点的直线。

15.2.1 热膨胀系数

瞬态 CTE 就是热应变曲线上在任意应变 - 温度点处的斜率;割线 CTE 由连接热应变曲线上两个点的直线定义。线性系统的 CTE 总是为常数,割线 CTE 和切线 CTE 相等。非线性系统的 CTE 随着应变变化,因而,割线 CTE 和瞬态 CTE 是不相等的。这可以从图 15.4(a)和(b)中看到,其中(a)给出了某种材料假设为常数的瞬态 CTE 与温度的曲线;(b)在热应变图上同时显示了瞬态和割线 CTE 曲线。注意:瞬态 CTE 就是热应变曲线的斜率,即

$$a_i = \frac{\mathrm{d}\varepsilon}{\mathrm{d}T} \tag{15.1}$$

因而

$$\varepsilon = \int a_i \mathrm{d}T \tag{15.2}$$

由于大部分材料的 CTE 数据都报告了热应变,可以直接使用这些数据,没有必要对式(15.2)进行积分。同时还注意到割线 CTE 为

$$a_{\mathrm{sec}} = \int a_i \frac{\mathrm{d}T}{\Delta T} \tag{15.3}$$

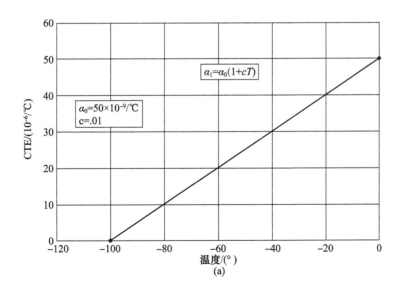
(a)

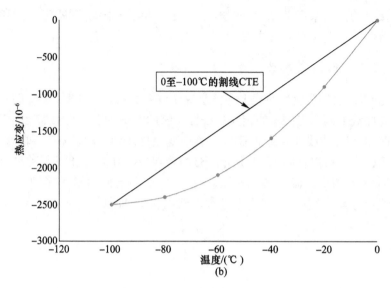

图 15. 4 （a）瞬态 CTE - 温度曲线和（b）热应变 - 温度曲线
（瞬态 CTE 是热应变曲线上任意点处的斜率,而某个范围内的割线
CTE 就是连接这两个端点直线的斜率）

15. 2. 2 弹性模量

切线弹性模量就是在应力 - 应变曲线上任意应力应变点处的斜率。割线弹性模量由应力应变曲线上连接任意两点的直线来定义。对于线性系统（胡克类型）来说,模量总是一个常数,因此割线弹性模量和切线弹性模量是相等的。对于模量随着应变发生变化的非线性系统（准胡克类型的）,割线弹性模量就不再和切线弹性模量相等。

从图 15. 5 的图中可以看出这些关系,其中给出了某种材料假定为常数的瞬态（切线）弹性模量与温度的曲线,同时还给出割线弹性模量。注意:瞬态（切线）弹性模量是应力 - 应变曲线的斜率,即

$$E_i = \frac{d\sigma}{d\varepsilon} \tag{15.4}$$

$$\sigma = \int E_i d\varepsilon \tag{15.5}$$

割线模量为

$$E_{sec} = \int E_i \frac{d\varepsilon}{\Delta\varepsilon} \tag{15.6}$$

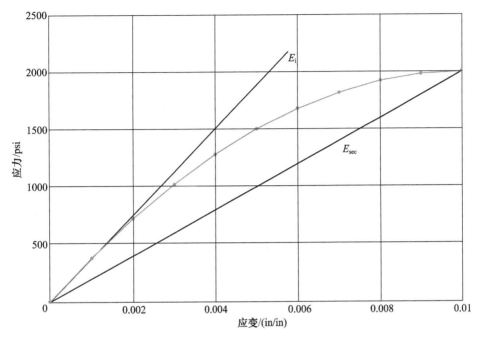

图 15.5 某种非线性胶黏剂假设的应力 – 应变曲线(瞬态或者切向模量就是应力应变曲线上任意点处的斜率;割线或者有效模量就是应力应变曲线上任意两点之间直线的斜率)

15.3 非线性模量

图 15.5 给出了某种非线性胶黏剂假设的应力 – 应变曲线。在小应变情况下,应力 – 应变曲线是线性的,在应变变大以后,就迅速变成非线性的。这里,从曲线的斜率可以看到,E 不是一个常数,在任意点处的模量由式(15.4)给出。

由式(15.5)可以得到

$$\sigma = \int \frac{\mathrm{d}\sigma}{\mathrm{d}\varepsilon}\mathrm{d}\varepsilon \qquad (15.7)$$

由此很容易计算产生的应力。

例如,假定图 15.5 中的胶黏剂材料满足以下关系式:

$$\sigma = 2500\sin(78.5\varepsilon) \qquad (15.8)$$

式中:应力的单位 lb/in²,应变的范围为 0 ~ 2% (角度单位为 rad)。因此,有

$$E_\mathrm{i} = \frac{\mathrm{d}\sigma}{\mathrm{d}\varepsilon} = 196250\cos(78.5\varepsilon) \qquad (15.9)$$

如表 15.1 所列,切线模量是应变的函数。注意:模量接近 200000psi,并且

369

在峰值应变2%处,模量下降为零。当然,在峰值应变处的峰值应力不是零,而是2500psi(由式(15.8)得到)。

表 15.1　某种胶黏剂在室温下切线模量和应变数值

应变	切线模量/psi
0	196250
0.005	181300
0.01	138800
0.015	75200
0.02	0

使用式(15.6)割线公式,对于图15.5中曲线上任意应力 - 应变的组合都可以得到同样的结果。例如,在峰值应变2%处,割线模量为

$$E_{\rm sec} = \frac{2500}{0.02} = 125000 {\rm psi}$$

15.4　非线性热应力

接下来,回顾一下热应力的胡克定律。在热浸泡条件下,对于非线性的瞬态模量一个传统明智的做法,就是在线性分析中使用切向模量的最大值。这种做法的前提是:应变锁定在结构中,应力只和最终的模量有关(也就是和路径无关)。这个前提是不正确的,使用了错误的数学公式。不过,这个方法确实可以得到一个保守的分析,其代价就是可能产生过设计。对于非线性CTE,传统的做法就是在线性分析中使用割线CTE,这种做法是正确的。

当模量和热膨胀系数都发生变化,并且采用传统方法时,热致应力和载荷的计算都是保守的。使用传统方法是因为它比较简单,但简单不一定是更好的。下面说明了使用完整的割线方法的正确方式。

例如,考虑作为温度函数的应力 - 应变曲线是非线性(准胡克类型)的情况。此时,模量随着温度发生变化,而热膨胀系数同样也随着温度发生变化。

使用式(15.4),可以得到

$$E_{\rm i} = \frac{{\rm d}\sigma}{{\rm d}\varepsilon}$$

同时注意到,热膨胀系数也随温度变化(式(15.1)),即

$$a_{\rm i} = \frac{{\rm d}\varepsilon}{{\rm d}T}$$

这样,就可以得到

$$\sigma = -\int \frac{\mathrm{d}\sigma}{\mathrm{d}\varepsilon}\frac{\mathrm{d}\varepsilon}{\mathrm{d}T}\mathrm{d}T \tag{15.10}$$

由于 $E_i = \dfrac{\mathrm{d}\sigma}{\mathrm{d}\varepsilon}, a_i = \dfrac{\mathrm{d}\varepsilon}{\mathrm{d}T}$,代入上式并重写,可以得到

$$\sigma = -\int E_i \alpha_i \mathrm{d}T \tag{15.11}$$

这就是计算热应力的准胡克定律关系式。这个积分是温度的函数,瞬态模量和瞬态 CTE 都用温度的函数表示。

15.5　特　殊　理　论

15.5.1　常数 CTE

考虑某种胶黏剂,它的模量随着温度线性变化,如图 15.6 所示。现在,在整个温度范围内,假定 CTE 为常数。在这个例子中,模量 – 温度关系为

$$E_i = E(T) = E_0 - bT$$

式中: $b = 0.01E_0$,CTE 为常数 a_0,温度变化范围从 0 到 T,单位为℃。

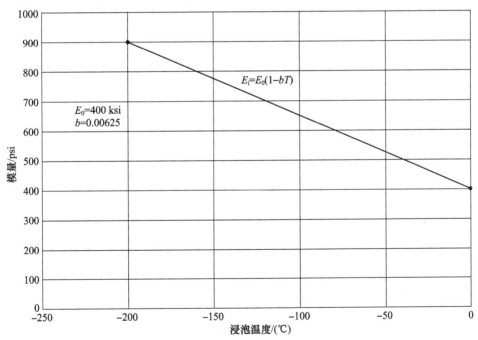

图 15.6　模量随温度线性变化

由式(15.11)，可以得到

$$\sigma = -\int E_i \alpha_i dT = -a_0 \int E_i dT = -a_0 \int (E_0 - bT) dT \qquad (15.12)$$

$$\sigma = -a_0 \left(E_0 T - \frac{bT^2}{2} \right) \qquad (15.13)$$

把 b 代入上式，可以得到

$$\sigma = -\alpha_0 \left(E_0 T - \frac{0.01 E_0 T^2}{2} \right)$$

$$\sigma = -\left(\alpha_0 E_0 T - \frac{0.01 \alpha_0 E_0 T^2}{2} \right)$$

$$\sigma = -\left(\alpha_0 E_0 T - \frac{0.01 \alpha_0 E_0 T \cdot T}{2} \right) \qquad (15.14)$$

在热浸泡至 $-100°$ 时，可以得到

$$\sigma = -(a_0 E_0 T + 0.50 \alpha_0 E_0 T) = -1.5 \alpha_0 E_0 T$$

$$\sigma = 150 \alpha_0 E_0 \qquad (15.15)$$

对于正的 CTE 值，这个应力为拉应力。

注意：如果使用传统方法，利用最大模量值来计算（在 $T = -100℃$ 处的模量 $E = 2E_0$），可以得到 $\sigma = -2\alpha_0 E_0 T = 200 \alpha_0 E_0$，这个结果是相当保守的。进一步还可以看到，如果使用割线模量值来计算，不需要积分计算，就可以得到和式(15.15)完全一致的结果。

割线模量为

$$E_{\text{sec}} = \frac{(E_0 + 2E_0)}{2} = 1.5 E_0 \qquad (15.16)$$

$$\sigma = -1.5 \alpha_0 E_0 T = 150 \alpha_0 E_0$$

可以看到，和式(15.15)完全一致。

15.5.2 常数模量

接下来，考虑胶黏剂的 CTE 在温度范围内随温度线性变化的情况，如图 15.4(a)所示。现在，假定在整个温度范围内模量为常数。这个例子中模量和温度的关系为：$E_i = E_0$（常数），$\alpha_i = \alpha_0 + 0.01 \alpha_0 T$，温度的变化范围从 $0℃$ 到 $T℃$。

由式(15.11)可以得到

$$\sigma = -\int E_i \alpha_i \, dT = -E_0 \int \alpha_i \, dT = -E_0 \int (\alpha_0 + 0.01\alpha_0 T) \, dT$$

$$\sigma = -\left(\alpha_0 E_0 T + \frac{0.01\alpha_0 E_0 T^2}{2} \right)$$

$$\sigma = -\left(\alpha_0 E_0 T + \frac{0.01\alpha_0 E_0 T \circ T}{2} \right) \tag{15.17}$$

在热浸泡至零下 100℃ 时,可以得到

$$\sigma = -(\alpha_0 E_0 T - 0.50\alpha_0 E_0 T) = -0.5\alpha_0 E_0 T = 50\alpha_0 E_0 \tag{15.18}$$

注意:如果使用传统方法,采用最终的 CTE 值计算(在 $T = -100℃$ 处 $\alpha_i = 0$),因此,有

$$\sigma = 0 \tag{15.19}$$

这明显是错误的。进一步还可以看到,如果采用割线 CTE 值,不需要积分,就可以得到和式(15.18)完全一致的结果。

由割线 CTE 可得到

$$\sigma = -\alpha_{\text{sec}} E_0 T = -\frac{(\alpha_0 + 0)}{2} \cdot E_0 T = -0.5\alpha_0 E_0 T = 50\alpha_0 E_0 \tag{15.20}$$

显然,和式(15.18)完全一致。

割线 CTE 的好处就是它可以由热应变测量直接得到。上述例子中的热应变在图 15.4(b)中给出。

15.6　一般理论

在一般理论中,假定模量和 CTE 都随温度发生变化。考虑和上述相同的例子,其中模量和 CTE 都是非线性的,即

$$E_i = E(T) = E_0 - 0.01E_0 T$$

$$\alpha_i = \alpha(T) = \alpha_0 + 0.01\alpha_0 T$$

在前面部分可以看到,使用割线模量和常数 CTE,可以得到正确结果,即

$$\sigma = -a_0 E_{\text{sec}} T \tag{15.21}$$

或者使用割线 CTE 和常数模量,也可以得到相同结果,即

$$\sigma = -\alpha_{\text{sec}} E_0 T \tag{15.22}$$

由此可知,对于模量和 CTE 都随温度变化的情况,可能会想到使用割线属性的积,即

$$\sigma = -\alpha_{sec}E_{sec}T \tag{15.23}$$

然而,虽然这可能是个有用的近似,不过,在积分中模量和CTE两项同时变化时,这个公式却是不对的。我们需要把上式展开进行完整的积分运算。如果积分比较复杂,需要使用积分的乘法规则修改上述形式,如下所示。

假定 $E_i = E(t)$,$\alpha_i = \alpha(T)$,像之前那样进行积分运算(使用式(15.11)),为了清楚起见,忽略符号项重写如下:

$$\sigma = \int E_i\alpha_i\mathrm{d}T$$

如果积分比较复杂,可以使用积分的乘法规则,即

$$uv\mathrm{d}T = \mathrm{d}T(uv) - \int(\mathrm{d}u/\mathrm{d}T\int v\mathrm{d}T)\mathrm{d}T \tag{15.24a}$$

式中:u 和 v 是关于温度的独立函数,也就是模量和CTE函数。对热应力公式应用积分的乘法规则,可以得到

$$\sigma = \int E(T)\alpha(T)\mathrm{d}T = E(T)\int\alpha(T)\mathrm{d}T - \frac{\mathrm{d}E(T)}{\mathrm{d}T}\Big[\int\alpha(T)\mathrm{d}T\Big] \tag{15.24b}$$

尽管看上去还很复杂,但它确实简化了积分运算。

利用积分的中点求和法则,可以得到

$$\sigma = \sum E_i\alpha_iT_i \tag{15.24c}$$

再回到这个例子,即

$$\sigma = -\int E_i\alpha_i\mathrm{d}T = -\int(E_0 - 0.01E_0T)(\alpha_0 + 0.01\alpha_0T)\mathrm{d}T \tag{15.25}$$

$$\sigma = -\int(E_0\alpha_0 - 0.01E_0\alpha_0T + 0.01E_0\alpha_0T - 0.0001E_0\alpha_0T^2)\mathrm{d}T \tag{15.26}$$

$$\sigma = -(\alpha_0E_0T - 0.0001\alpha_0T^3/3)$$

当热浸泡至零下100°时,有

$$\sigma = -\Big(\alpha_0E_0T - \frac{\alpha_0E_0T}{3}\Big) = -0.667\alpha_0E_0T \tag{15.27}$$

$$\sigma = 66.7\alpha_0E_0$$

注意:如果使用割线乘积,得到的结果为

$$\sigma = -1.5\times0.5E_0\alpha_0T = 0.75E_0\alpha_0T = 75\alpha_0E_0 \tag{15.28}$$

和上面结果很接近,但很保守。如果使用传统的方法,使用最终的模量以及割线

374

CTE 来计算,得到的结果为

$$\sigma = -2 \times 0.5 E_0 \alpha_0 T = -E_0 \alpha_0 T = 100\alpha_0 E_0 \qquad (15.29)$$

这个结果就更加保守了。

15.6.1 算例分析

考虑另外一个假设的例子,其中模量和 CTE 都随着温度降低而增加,假定

$$E_i = E(T) = E_0 - 0.01E_0 T$$

$$\alpha_i = \alpha(T) = \alpha_0 - 0.01\alpha_0 T$$

执行积分运算,可以得到

$$\sigma = -2.33 E_0 \alpha_0 T = 233\alpha_0 E_0 \qquad (15.30)$$

如果使用割线的积,结果为

$$\sigma = -2.25 E_0 \alpha_0 T = 225\alpha_0 E_0 \qquad (15.31)$$

和上面结果很接近。如果使用传统方法,利用最终模量和割线 CTE 计算,得到的结果为

$$\sigma = -3.0 E_0 \alpha_0 T = 300\alpha_0 E_0 \qquad (15.32)$$

这个结果就很保守。如果(甚至更加)错误地使用传统方法,利用最终模量和最终 CTE 来计算,结果为

$$\sigma = -4.0 E_0 \alpha T = 400\alpha_0 E_0 \qquad (15.33)$$

这个结果非常保守,并且是不正确的。

15.7 割线方法总结

这里,总结一些计算热应力的割线公式如下。

(1) 常数 CTE α_0(式(15.21)):

$$\sigma = -\int E_i \alpha_i dT = -\alpha_0 \int E_i dT = -\alpha_0 E_{sec} \Delta T$$

(2) 常数模量 E_0(式(15.22)):

$$\sigma = -\int E_i \alpha_i dT = -E_0 \int \alpha_i dT = -E_0 \alpha_{sec} \Delta T$$

(3) 模量和 CTE 都变化(式(15.23)):

$$\sigma = -\int E_i \alpha_i dT$$

第三种情况中的割线模量计算并不简单,不过,根据式(15.3)重述如下,即

$$\alpha_{sec} = \int \frac{\alpha_i dT}{\Delta T}$$

以及式(15.6):

$$E_{sec} = \int \frac{E_i d\varepsilon}{\Delta \varepsilon}$$

可以得到

$$E_{sec} = \frac{\int E_i \alpha_i dT}{\int a_i dT} = \int \frac{E_i \alpha_i dT}{\alpha_{sec} \Delta T} \qquad (15.34)$$

15.8 样 本 问 题

例1 某种环氧胶的切线模量随温度线性增加,切线模量在 0℃ 时为 40000psi,在 -200℃ 时为 900000psi,如图 15.6 所示。这个胶黏剂 0℃ 时的瞬态 CTE 为 $80 \times 10^{-6}/℃$,在 -200℃ 时线性降低到 $30 \times 10^{-6}/℃$,如图 15.7 所示。

使用割线模量方法和最终模量方法计算应力并对比。环氧胶在 -200℃ 受的抗拉强度为 12000psi。

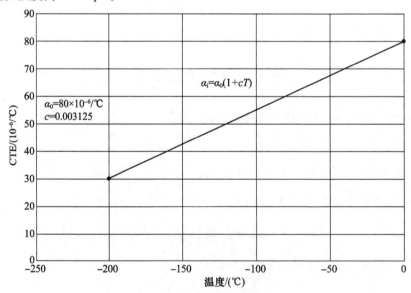

图 15.7 瞬态 CTE 与温度曲线

当温度变化量 $\Delta T = 200$℃（忽略符号项），可以得到

$$\sigma = \int E_i \alpha_i \mathrm{d}T = a_{sec} E_{sec} \Delta T$$

$$E_{sec} = \frac{\int E_i \alpha_i \mathrm{d}T}{\int a_i \mathrm{d}T} = \frac{\int E_i \alpha_i \mathrm{d}T}{\alpha_{sec} \Delta T}$$

$$\alpha_{sec} = \int \frac{\alpha_i \mathrm{d}T}{\Delta T}$$

$$\sigma = E_0 \alpha_0 \int (1 - bT)(1 + cT)\mathrm{d}T = E_0 \alpha_0 \left(T - \frac{bT^2}{2} + \frac{cT^2}{2} - \frac{bcT^3}{3} \right) = 210 E_0 \alpha_0$$

$$\sigma = 6720\mathrm{psi}$$

$$\alpha_{sec} = \alpha_0 \int \frac{(1 + cT)}{\Delta T}\mathrm{d}T = 0.69\alpha_0$$

$$\alpha_{sec} = 55 \times 10^{-6}/℃$$

$$E_{sec} = \frac{\sigma}{\alpha_{sec} \Delta T}$$

$$E_{sec} = 1.52 E_0 = 608\mathrm{psi}$$

$$E_0 = 400\mathrm{ksi}$$

$$E_{final} = 900\mathrm{ksi}$$

表 15.2 把这些结果和传统最终模量方法得到的结果进行了对比,可以看到,最终模量方法得到了非常高的应力结果。

对于二维分析,由于泊松效应,对上述公式稍微修改如下:

$$\sigma = \int E_i \alpha_i \mathrm{d}T / (1 - \nu)$$

取泊松比 $\nu = 0.35$,由割线方法得到的应力结果为 $\sigma = 10300\mathrm{psi}$,而按照最终模量方法得到的结果为 15300psi。这个错误的结果超过了该种材料在低温条件下的强度,而正确的割线方法却不会。

表 15.2 传统方法和割线方法得到的环氧胶结果对比(具有非常大的差别)

	计算方法	
	割线法	最终模量法
应力/psi	6720	9950
模量/psi	608000	900000

例2 某种 RTV 硅橡胶在 155～293K 的模量为 1000psi,在 93～155K 经过玻璃化转变温度时的模量为 1000000psi。在 155～293K CTE 为 220×10^{-6}/K,在 93～123K 经过玻璃化转变温度时 CTE 为 60×10^{-6}/K。使用割线方法和最终模量方法,计算在 93K 时的应力,并对比结果。硅橡胶在 93K 时的强度为 9000psi。硅橡胶的模量和 CTE 特性分别在图 15.8(a)和(b)给出。

利用求和方法,可以得到

$$\sigma = \sum E_i \alpha_i T_i$$

$$\sigma = 0.001 \times 220 \times 138 + 1 \times 60 \times 62$$

$$\sigma = 3750\text{psi}$$

$$\alpha_{sec} = (220 \times 138 + 60 \times 62)/200$$

$$\alpha_{sec} = 170 \times 10^{-6}/^{\circ}\text{C}$$

$$E_{sec} = \frac{\sigma}{\alpha_{sec}\Delta T}$$

$$E_{sec} = 110000\text{psi}$$

$$E_0 = 1000\text{psi}$$

$$E_{final} = 1000000\text{psi}$$

表 15.3 给出了上述结果和传统最终模量方法结果的对比,可以看出,后者具有更高的应力。

表 15.3 传统方法与割线方法得到的硅橡胶热应力对比(显示出巨大的差别)

	计算方法	
	割线法	最终模量法
应力/psi	3750	34000
模量/psi	110000	1000000

对于二维分析,考虑到泊松效应的影响,对上述公式进行稍微修改,即

$$\sigma = \int \frac{E_i \alpha_i \mathrm{d}T}{1-v}$$

泊松比取 $v = 0.40$,RTV 的强度在 93K 约为 9000psi。割线方法得到的应力为 6250psi,而传统方法得到的结果为 56700psi,错误地给出了会发生失效的结果。

已经看到,在同时考虑材料的模量和 CTE 的非线性时,相比采用最终模量进行计算的传统线性方法,割线方法计算出的热应力更有意义。不过,需要注意的是,尽管这种方法对于工作温度下性能的计算是准确的,但是,在热浸泡、热梯

378

度条件采用这种计算方式时,需要进行检查以保证结构的完整性。出于这个目的考虑,在工作环境实现之前,采用瞬态的模量和 CTE 有助于确定应力的水平。

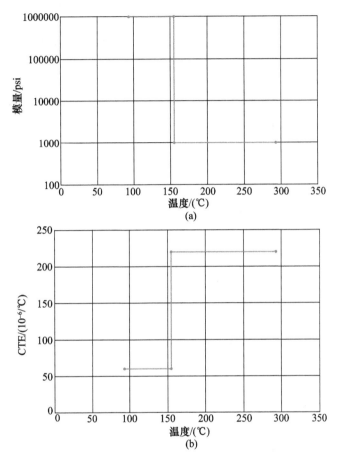

图 15.8　(a)RTV 硅橡胶瞬态模量与温度关系和(b)瞬态 CTE 与温度关系

第16章　其他类型的分析

本章介绍了其他一些适用于光学系统的分析和论述,它们对于高精度光学系统性能实现至关重要。

16.1　通　　气

当光学系统需要在真空或者太空工作时,提供合适的通气口,对于释放在密闭空间中封存的气体非常重要;否则,压力差(高达 14.7psi)可能会使零件发生过度变形;或者,更糟糕的是,由于高应力可能产生灾难性的失效,特别是对于脆性材料而言。如图 6.6 所示的背部封闭的镜片,每个六角形蜂窝单元都包含一个通气孔。如果没有通气孔,玻璃在真空状态在内部封闭的气体压力下可能会发生破碎。

在火箭上升段或者地面真空室试验中,为了使压差最小化,采用多大通气孔就成为了一个问题。分析通常表明,如果这些压力差能保持在 0.2psi 以下,在大多数情况下都会具有正的安全裕度。

考虑发射条件下的压力速率,这个数值通常会比低速真空室测试中规定的数值要严苛很多。在入轨之前压力速率的变化取决于飞行器的状态。范围一般为 1~10kPa/s(0.15~1.5psi/s)(航天飞机上压力速率名义值最大接近 5kPa/s (0.76psi/s))。不管如何,这些压力速率都会导致封闭空间和周围大气之间压力发生变化,并且压力降低到接近真空需要持续时间 100s 以上。

Mironer 和 Regan 的流量分析表明,对于 1 英尺^3 体积和直径为 1/4in 孔面积比值,也就是体积和孔面积比 V/A 等于 35000in 时,压差应限制在 0.5psi 以下。根据 Mironer 和 Regan 的工作[1],若 1 英尺^3 空间对应孔面积为 0.25in^2,也就是体积/孔面积比 V/A 为 6912,此时压差限制仅有 0.2psi。若 V/A 降低到 4000,压差会保持在 0.1psi 以下,这是个相当安全的值。

图 16.1 给出了一个压差和孔直径的关系曲线,这是根据参考文献[1]的数据推断得到的。为了保证压差最小,一种保守的方法就是要求通气孔 V/A 比值取 4000in;这样可使得结构内具有通气孔的封闭空间的应力和载荷达到最小化。

380

由于过滤网或者类似结构影响,通气孔面积应当包括流动路径中的遮拦。

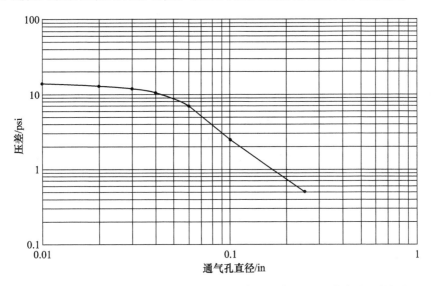

图 16.1　压差与单位立方英尺体积上通气孔直径的关系(改编自参考文献[1])

16.1.1　污染

设置通气孔的另外一个原因,就是在精密清洁前为污染气体释放提供一个逃逸通道。在严苛的应用中,一些顾客可能希望在盲孔放置通气螺钉。这可以通过钻孔(或购买)一个中心有小孔的螺钉来实现。盲孔中的压差远低于会引起螺栓或者其空腔过载的量级,这里所关注的仅是污染。

16.2　应力二次折射

现在评估一个有镀膜的窗口玻璃由于应力二次折射产生的波前差。这个误差取决于残余应力的均匀性、应力光学系数以及膜层和镜片的厚度。

未镀膜玻璃的残余应力产生于制造过程中。这些应力会随着工艺的不同而不同,精密退火产生的残余应力较低,而粗退火则会产生比较高的应力。外加应力根据方向不同会使残余应力增加或者降低。当偏振折射率在两个正交方向上都随应力变化时,会在光传输过程中产生波前差。

峰值波前差由下式给出:

$$\Delta \text{OPD} = (n_e - n_o)t = \Delta nt \tag{16.1}$$

式中:n 是正交偏振方向的折射率;下标 e 和 o 分别表示 e 光(非寻常光)和 o 光

（寻常光）方向；t 是材料的厚度。

每种材料在透射时都具有一个应力光学系数 K 使得下式成立：

$$\Delta n = K\Delta\sigma = K(\sigma_1 - \sigma_2) = 应力二次折射 \qquad (16.2)$$

式中：$\Delta\sigma$ 是正交方向主应力差。

因而，随着应力差增加，折射率差也在增加。把式（16.2）代入到式（16.1），可以得到光程差 OPD 为

$$\Delta OPD = K(\sigma_1 - \sigma_2)t \qquad (16.3)$$

应该注意的是，$\Delta\sigma$ 是沿着材料厚度方向的全部应力的平均值。因此，如果材料无残余应力，在施加外部弯曲应力时，由于平均应力（一边为压，另一边为拉，中性轴为零）为零，因此不会产生二次折射。进一步可以看到，应力差必须不均匀时才能产生波前差。如果主应力是相等的，就不会产生波前差。

K 的单位为应力的倒数。许多玻璃的 K 值接近于 $K = 3 \times 10^{-12}$/Pa，加工过程产生的残余应力为 10 ~ 100psi（也就是 68950 ~ 689500Pa）。因此，仅由残余应力产生的应力二次折射[2]近似为 $\Delta n = K\Delta\sigma = 2 \sim 20$nm/cm。

对于 1cm 厚的窗口玻璃，$\Delta OPD = 2 \sim 20$nm，当波长为 1000nm 时，峰峰值波前差为 0.002 ~ 0.02 个波长。对于 0.5cm 厚的窗口玻璃和波长 1550nm 而言，产生的峰峰值波前差为 0.0006 ~ 0.006 个波长。

16.2.1 镀膜导致的应力二次折射

透镜的镀膜通常具有一定程度的残余应力，这是由于其热膨胀特性以及沉积过程引起的内应力产生。这些应力可能会相当高。需要注意的是，导致产生应力二次折射的是沿着镜片厚度方向的平均应力，因此，可以得到

$$\Delta OPD = \sum K_i \left[(\sigma_1 - \sigma_2)_i \right] t_i \qquad (16.4)$$

式中：i 表示镀膜或者玻璃。

在这个情况中，沿着整个零件厚度方向的平均应力仍旧为零，和镀膜残余应力的大小无关，这是由于这些应力是自平衡的。例如，一个零件上下表面某种材料膜层中都具有高残余压应力，在玻璃上就会产生低的拉应力，所有这些力必须直接保持平衡，这样就形成了总的零平均应力。因而，如果膜层和玻璃的应力光学系数相等，就不会产生波前差。即便是上下表面镀膜的应力不同，这个结果也是成立的，这是由于所有应力都仍旧是自平衡的，这很容易证明[3]。

不过，需要注意的是，如果膜层[4]和玻璃的应力光学系数不同，并且应力差和幅值都随着距离发生变化，这样确实会发生应力二次折射，因而也会产生波前差。一般来说，由于膜层厚度相对玻璃非常小，因此，要发生这种情况，需要高膜层应力、高膜层应力光学系数以及大的膜层厚度。

16.2.2 残余应力

和计算应力二次折射产生的波前差（或者延迟）方式一样,如果测量延迟,反过来也可以计算应力。只要材料是透明的,我们就可以用偏振测量法来测量延迟。在测量出延迟后,使用式(16.2)可计算主应力差。

例如,考虑一个圆形镜片,由于加工过程中边缘冷却在边缘处产生了残余的环向应力。主环向应力 σ_1 沿切向轴线方向,沿着径向轴线方向无主应力 σ_2。镜片中心应力非常低,并且径向应力和切向应力相等。

由式(16.1)可以看到,测量的是主应力差,因此,无法测量在镜片中心的延迟,而边缘延迟则是非常明显的。由于边缘处径向应力为零,因此,我们可以直接得到此处的切向主应力。

在径向和切向主应力都存在的情况下,在表面法向偏振测量,只能确定主应力差。不过,如果假定和镜片垂直的第三主应力 σ_3 为零,可以把偏振仪旋转一个角度来观测这个表面。测量这个状态下的延迟,它与初始法向测量的数值不同,可以作为初始测量值的补充。这样,就有了两个方程和两个未知数,并且还知道观测角度,因此,可以计算出每个方向的应力大小。对于非均匀应力下的应力二次折射问题,Doyle 等人的著作[5]对于需要更高级分析的读者,给出了一个非常全面深入的讨论。

16.3 管和槽的胶接

对于管(Tube)和凹槽(Groove),或者类似的管和凸台(Boss)的胶接连接,通过计算可以确定环氧胶的应力。如图 16.2 所示,胶接的圆管在所有的自由度上都承受了载荷。

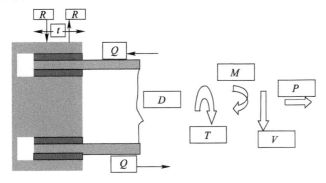

图 16.2 胶接凹槽对拉剪、弯矩以及扭矩的反作用

16.3.1 弯曲力矩

首先回顾只有弯曲力矩的情况。考虑一个薄壁圆管内外径都和一个凹槽胶接的情况。如图16.2所示，由于圆管的插座作用(Socket Action)，总力矩 M 作用下的反作用力由胶层的剪切和拉压同时承担。在两个刚度传递路径上载荷分配下，一部分载荷由胶层剪切承担，一部分由胶层拉压(bearing)承担。下面确定每部分的比例。注意：由于拉压传力路径的存在，这里不存在胶的剥离问题。

为了确定剪切应力，回顾第14章中建立的计算弯矩作用下圆形法兰上螺栓载荷的公式。可以看到(式(13.36))

$$P_{max} = \frac{2M}{RN}$$

式中：N 是螺栓的数量。对于一个连续的圆形胶接凹槽把这个公式推广，把圆周分成 N 等分，其中每份都具有一个单位英寸的宽度，也就是说，$N = \pi D = 2\pi R$。因此，式(13.36)可以变为

$$P = \frac{2M}{RN} = \frac{M}{\pi R^2} \tag{16.5}$$

胶的剪切应力为

$$\tau = \frac{P}{A}$$

式中：A 等于胶接长度 $t \times 1 = t \mathrm{in}^2$，因而，对于单剪情况，有

$$\tau = \frac{M}{\pi R^2 t} = \frac{4M}{\pi D^2 t} \tag{16.6a}$$

对于胶接凹槽受双剪情况，有

$$\tau = \frac{M}{2\pi R^2 t} = \frac{2M}{\pi D^2 t} \tag{16.6b}$$

在这个情况下(图6.2)，$M = QD$ 是剪切承载的那部分载荷，其中 D 是管的平均直径，t 为胶接长度。由于 $\tau = \frac{Q}{A}$，可以令这个结果(双剪)和式(16.6b)相等，得到的有效面积如下：

$$A = \frac{\pi Dt}{2} \tag{16.7}$$

接下来，计算承载压应力(Bearing Stress)：

$$\sigma = \frac{P}{2Dt} = \frac{M}{Dt^2} \tag{16.8}$$

384

在这个情况下，$M = \dfrac{Pt}{2}$，是拉压承载的那部分载荷。其有效面积为

$$A = 2Dt \qquad\qquad (16.9)$$

计算剪切刚度为

$$K_Q = \frac{AG}{n} \qquad\qquad (16.10)$$

式中：A 由式（16.7）给出；G 是环氧胶的剪切模量；n 是环氧胶的厚度。

拉压刚度计算如下：

$$K_P = \frac{AE}{n} \qquad\qquad (16.11)$$

式中：A 由式（16.9）给出。对于高的泊松比 μ，$E \approx 3G$，可以得到刚度比为

$$\frac{K_P}{K_Q} = 4 \qquad\qquad (16.12)$$

剪切刚度为

$$K_{Q\theta} = \frac{M}{\Theta}$$

$$\Theta = \frac{M}{D} \qquad\qquad (16.13)$$

$$\Theta = \frac{Q}{K_Q D} = \frac{M}{k_Q D^2}$$

$$K_{Q\theta} = K_Q D^2 \qquad\qquad (16.14)$$

$$K_{P\theta} = \frac{M}{\Theta}$$

$$\Theta = \frac{2P}{K_P t} = \frac{4M}{K_P D^2} \qquad\qquad (16.15)$$

$$K_{P\theta} = \frac{K_P t^2}{4} \qquad\qquad (16.16)$$

不过，根据式（16.12），可以得到

$$K_P = 4K_Q$$

因此，有

$$K_{P\theta} = K_{Q\theta}\left(\frac{t}{D}\right)^2 \qquad\qquad (16.17)$$

可以看到，弯矩分配到剪切和拉压载荷的比为胶接啮合长度与直径比值的

平方$\left(\dfrac{t}{D}\right)^2$。对于小的啮合长度、大的直径,几乎所有的载荷都由剪切承载;对于大的啮合长度、小的直径,几乎所有的载荷都由拉压承载。

进一步可以根据式(16.6)和式(16.8)计算应力,即

$$\tau = \frac{\dfrac{2M}{\pi D^2 t}}{1 + \left(\dfrac{t}{D}\right)^2} \tag{16.18}$$

$$\sigma = \frac{\dfrac{M}{Dt^2}\left(\dfrac{t}{D}\right)^2}{1 + \left(\dfrac{t}{D}\right)^2} \tag{16.19}$$

使用 von Mises 准则(式(1.44))对应力进行合成:

$$\sigma = \sqrt{(\sigma^2 + 3\tau^2)}$$

考虑适当的安全因子后,可以把 von Mises 应力和抗拉极限强度对比,把剪切应力和剪切极限强度对比。

16.3.2 轴向载荷

在轴向载荷 P 作用下,凹槽的内外胶层共同承担载荷,因此,应力为

$$\tau = \frac{P}{A} = \frac{P}{2\pi Dt} \tag{16.20}$$

16.3.3 扭转

在扭矩 T 作用下(考虑第 14 章剪切流动的影响,特别是式(14.21),公式重写如下),可以得到凹槽单剪切情况下的剪切应力为

$$\tau = \frac{2T}{\pi D^2 t}$$

对于双剪情况,剪切应力为

$$\tau = \frac{T}{\pi D^2 t} \tag{16.21}$$

16.3.4 剪切

此时,这个载荷受到圆管和凹槽界面上拉压(支承力)载荷的反作用。相应的应力为

386

$$\sigma = \frac{V}{A} = \frac{V}{2Dt} \tag{16.22}$$

这是由于存在两层胶斑（内和外层），并且在胶层长度方向均分为两部分（拉和压）。利用 von Mises 准则可以把所有来源的剪切和正应力合并。

16.3.5　管和凸台的胶接

如果管和凸台胶接，如图 16.3 所示，除了胶层是单剪情况外，式(16.19)~式(16.22)都相同，因此所有的应力都需要乘以 2。表 16.1 给出了圆管和凸台胶接应力的总结。这些应力只要除以 2 就可以得到圆管和凹槽胶接条件下的应力。

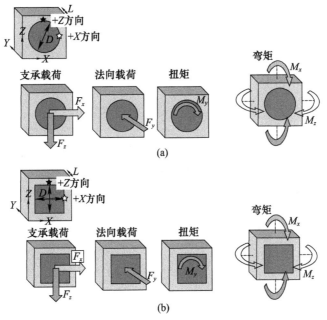

图 16.3　管和凸台单剪胶接
（a）圆管；（b）方管。

表 16.1　圆管和凸台单剪胶接状态下的胶接应力公式

+Z 位置	$\sigma_z = \dfrac{F_z}{DL}$	$\tau_{xy} = \dfrac{F_y}{\pi DL}$	$\tau_{zx} = \dfrac{2M_y}{\pi D^2 L}$	$\tau_{xy} = \dfrac{4M_x}{\pi D^2 L\left[1 + \left(\dfrac{L}{D}\right)^2\right]}$	$\sigma_z = \dfrac{2M_x\left(\dfrac{L}{D}\right)^2}{DL^2\left[1 + \left(\dfrac{L}{D}\right)^2\right]}$
+X 位置	$\sigma_x = \dfrac{F_x}{DL}$	$\tau_{yz} = \dfrac{F_y}{\pi DL}$	$\tau_{xy} = \dfrac{2M_y}{\pi D^2 L}$	$\tau_{yz} = \dfrac{4M_z}{\pi D^2 L\left[1 + \left(\dfrac{L}{D}\right)^2\right]}$	$\sigma_x = \dfrac{2M_z\left(\dfrac{L}{D}\right)^2}{DL^2\left[1 + \left(\dfrac{L}{D}\right)^2\right]}$

16.3.6 方形凸台

如果凸台不是圆形的,而是方形的,那么在扭矩或者扭转剪切条件下,由于还存在着支承方向的传力路径,因此会产生额外好处。对式(16.16)~式(16.22)进行修改,结果在表16.2中列出。

表16.2 方管和凸台单剪胶接状态下的胶接应力公式

+Z 位置	$\sigma_z = \dfrac{F_z}{DL}$	$\tau_{xy} = \dfrac{F_y}{4DL}$	$\tau_{zx} = \dfrac{M_y}{2D^2L\left[1+\left(\dfrac{L}{D}\right)^2\right]}$	$\tau_{xy} = \dfrac{M_x}{1.5D^2L\left[1+\left(\dfrac{L}{D}\right)^2\right]}$	$\sigma_z = \dfrac{2M_x\left(\dfrac{L}{D}\right)^2}{DL^2\left[1+\left(\dfrac{L}{D}\right)^2\right]}$
+X 位置	$\sigma_x = \dfrac{F_x}{DL}$	$\tau_{yz} = \dfrac{F_y}{4DL}$	$\tau_{xy} = \dfrac{M_y}{2D^2L\left[1+\left(\dfrac{L}{D}\right)^2\right]}$	$\tau_{yz} = \dfrac{M_z}{1.5D^2L\left[1+\left(\dfrac{L}{D}\right)^2\right]}$	$\sigma_x = \dfrac{2M_z\left(\dfrac{L}{D}\right)^2}{DL^2\left[1+\left(\dfrac{L}{D}\right)^2\right]}$

16.4 胶接的挠性元件

第3章讨论了采用叶片挠性元件的反射镜准运动学支撑。正如在3.3节中指出的那样,挠性元件和镜片直接刚性胶接(不采用枢轴的话),就不会释放所需要的绕径向的转动自由度。因而,挠性元件胶接后在承载惯性载荷时,胶层本身不仅要直接承受剪切,还要承受弯矩作用。为了避免胶接失效,计算力矩产生的胶的应力就非常重要。

图16.4所示的叶片挠性元件采用纯运动学支承,也就是说,释放了所有要求的自由度,考虑挠性元件承受的全部反作用力。

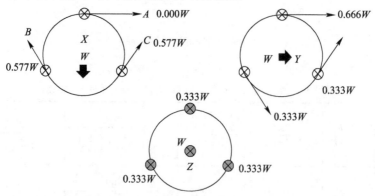

图16.4 纯运动学假设下理想化的切向挠性元件的反作用力(铰接)

然而,如果挠性元件是刚性胶接的话,在 Z 方向(竖直)受力时就会存在扭矩(图 16.5),导致在胶层产生扭转和直接剪应力。胶的应力按照下式合成:

$$\tau = \frac{kM}{bt^2} + \frac{W}{3bt}$$ (16.23)

式中: b 为胶面宽度; t 为胶层高度。正如 1.3.5 节中讨论的, k 取决于矩形形状(b/t 比),取值范围为 $3 < k < 5$。力矩值可以像滑动支撑悬臂梁那样计算(参考第 1 章和表 1.1),或者为

$$M = \frac{WL}{6}$$ (16.24)

把这个应力和胶的剪切强度对比,在室温下前者是保守的,因为最大应力发生在最外侧,而中心应力最小。胶黏剂将会发生塑性流动,并且不会失效直到达到一个平均强度数值,一般为外层边缘应力的 1/2。不过,寄希望于胶接剂完全的塑性流动不是个好注意,在重复循环或加载下,胶黏剂可能会发生提前失效。因此,建议降低 k 值,使它不大于 1.5。

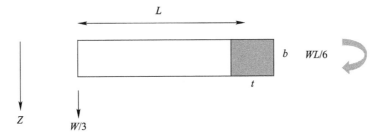

图 16.5　刚性胶接切向挠性元件产生了绕镜片中心的弯矩,导致产生高的胶接应力

对于横向载荷(X、Y 方向),直的挠性元件不会存在弯矩,但是,如果挠性元件是弯曲的,或者以其他方式非刚性连接到支承框,就会产生绕着 Z 轴的剥离或者劈裂弯矩。这时,胶层上产生的应力近似为

$$\sigma = \frac{V}{A} = \frac{V}{bt} + \frac{6Mz}{tb^2}$$ (16.25)

其中力矩需要通过更详细的分析来确定。在这个情况下,环氧胶的劈裂强度一般小于它的剪切强度,大概是其 1/2,因此要特别小心。

16.4.1　实例分析

图 16.6 所示为某切向挠性元件长 1in、宽 3/8in,通过一个长 3/8in 的方形胶斑和镜片连接。由于设计空间约束,偏心弯曲为 1/8in。如果胶许用剪切强度

为 1250psi,许用劈裂强度为 625psi,确定在来自挠性元件的竖直方向 20lb 发射载荷和 40lb 横向载荷作用下胶接强度是否充足。

这里胶接面积为 0.14in^2;对于一个末端滑动支撑的悬臂梁,竖直载荷产生的弯曲力矩为 $M = PL/2 = 10$lb·in。根据式(16.23),并由图 1.7 和图 1.8 以及式(1.29),取 $k = 4.8$,计算得到的应力为 $\tau = 1050$psi,小于 1250psi,因此是安全的。

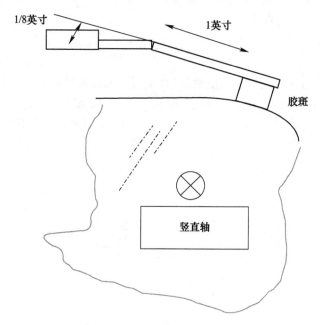

图 16.6 例 16.4.1 中和镜片胶接的切向挠性元件

对于横向载荷,使用式(16.25),可以得到应力为 $\sigma = 500$psi,小于劈裂强度 625psi,因此也是安全的。在这些计算中都没有使用塑性折减因子 k。

16.5 接 触 应 力

当两个物体在载荷作用下在一个小区域相互接触,就会产生接触应力。这些应力本质上是高度局部化的;但在超过了一定特征距离之外,它们可以按照常规方式计算。对于韧性材料而言,由于可能会发生屈服导致应力重新分配,因此允许存在接触应力。不过,仍旧不能忽视这些接触应力;它们会产生永久变形,并且局部化的缺陷在重复载荷下可能会成为疲劳失效的源头。脆性材料容易发生断裂,因此不允许存在接触应力。因而接触应力分析对设计非常重要。

第 3 章中讨论了运动学,解释了理想的运动学支承仅承载 6 个稳定自由度上的载荷。理想上来说,这种形式可由一种三点支承构成,即通过球 - 平面(1 个自由度)、球 - 锥(3 个自由度)、球 - 槽(2 个自由度)实现 6 个强制约束。需要说明的是,由于可能存在摩擦、黏滑、锁紧以及运动,不存在"理想运动学"支承,因此近似或者准运动学支承是理想运动学支承之外的首选。不过,在许多设计中(如快反镜中的枢轴设计、球铰设计、硬挡块设计等),接触应力是无法避免的。

有许多资料来源提供了各种工况下详细的接触应力的计算方法。这里的讨论目的不在于详细介绍解决这类问题所需的弹性理论,而是为了说明最常见条件下接触应力的本质,即球 - 面、球 - 锥、球 - 槽组合。

16.5.1　球 - 面接触公式

对于放置在平板上的一个球面,接触应力[6]由下式计算:

$$\sigma = 0.918\sqrt[3]{\left(\frac{P}{K^2\lambda^2}\right)} \qquad (16.26)$$

式中:K 为球面半径;P 为外载荷,以及

$$\lambda = \frac{1-\nu_1^2}{E_1} + \frac{1-\nu_2^2}{E_2} \qquad (16.27)$$

接触位移 y 为

$$y = 1.04\sqrt[3]{\left(\frac{P^2\lambda^2}{K}\right)}$$

接触半径 a 由下式给出,即

$$a = 0.721\sqrt[3]{(PK\lambda)} \qquad (16.28)$$

16.5.2　球 - 锥接触公式

为了理解球面在锥面上的情况,首先看一下圆柱和平面线接触的情况。这种条件下的接触应力为[7]

$$\sigma = 0.798\sqrt{\frac{p}{D\lambda}} \qquad (16.29)$$

其中,$p = P/L$。矩形接触区域的宽度 b 为

$$b = 1.6\sqrt{(pD\lambda)} \qquad (16.30)$$

接触位移 y 为

$$y = \frac{2p\lambda}{\pi} \Big[\frac{1}{3} + \ln\Big(\frac{2D}{b} \Big) \Big] \qquad (16.31)$$

式中:L 是圆柱的长度。

16.5.2.1 实例分析

例 1 考虑一个不锈钢球直径为 0.50in,在 25lb 压力下放置在同样材料的一个平板上,计算接触半径、变形以及产生的压应力。

由表 2.2 可知,$E_1 = E_2 = 29$Msi,$v_1 = v_2 = 0.30$。把这些值代入式(16.26) ~ 式(16.28),可以得到 $\sigma = 22500$psi,$y = 0.00018$in,$a = 0.0067$in。

例 2 考虑一个直径为 0.50in、长 1in 的不锈钢圆柱,在 25lb 压力作用下,放置同样材料的平板上,计算接触半径、变形以及产生的压应力,并和算例 1 中的结果对比。

代入数值计算,可以得到 $\sigma = 22500$psi,$y = 0.0000075$in,$b = 0.0015$in。和例 1 中的球面接触情况对比,应力和变形都降低了一个数量级。

16.5.3 球－锥接触分析

对于球－锥接触,我们计算了圆锥接触的展开长度,由此得到了圆柱和平板线接触情况。参考图 16.7(a),在竖直载荷作用下,展开的接触长度为

$$L = \pi D \cos\theta \qquad (16.32)$$

反作用力和 $P/\sin\theta$ 有关,而变形和 $P/\sin^2\theta$ 有关。因而,可以把式(16.29)重写为

$$\sigma = 0.798\sqrt{\frac{q}{D\lambda}}$$

其中,$q = \dfrac{P}{\pi D \cos\theta}$。矩形接触区域的宽度 b 为

$$b = 1.6\sqrt{\frac{q}{\sin\theta} D\lambda}$$

接触位移为

$$y = \frac{\frac{2q\lambda}{\pi} \Big[\frac{1}{3} + \ln\Big(\frac{2D}{b} \Big) \Big]}{\sin^2\theta} \qquad (16.33)$$

在横向载荷 W 作用下,参考图 16.7(b),展开的接触长度 L(沿着圆周只有一半的区域接触)为

$$L = \frac{\pi D \cos\theta}{2}$$

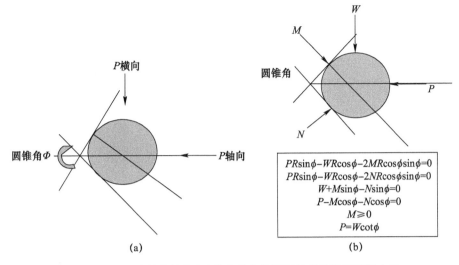

图 16.7　(a)球锥布局和(b)横向载荷作用下的球锥及其平衡方程

反作用力和 $W/\cos\theta$ 有关,而变形和 $W/\cos^2\theta$ 有关。力是正弦分布的,可以重写式(16.29)如下:

$$\sigma = 0.798\sqrt{\frac{2q}{D\lambda}}$$

接触矩形区域宽度 b 为

$$b = 1.6\sqrt{\frac{2q}{\cos\theta}D\lambda^2}$$

接触区域位移 y 给出如下:

$$y = \frac{\frac{4q\lambda}{\pi}\left[\frac{1}{3} + \ln\left(\frac{2D}{b}\right)\right]}{\cos^2\theta} \tag{16.34}$$

通过其他替代技术[8,9],把球 – 锥接触展开为圆柱和平板的接触,可以计算出在轴向预紧载荷下的接触刚度 K_a,以及在横向面内重力作用下的刚度 K_1。这个公式本质上就是一个圆柱装卡在两个平板之间,并根据载荷正余弦分布以及产生的相应位移进行了修正。

刚度可以按照下式计算(根据式(16.33)和式(16.34)):

$$K_a = \frac{\pi^2 D \sin^2\theta\cos\theta}{2\lambda\left[\frac{1}{3} + \ln\left(\frac{2D}{b}\right)\right]} \tag{16.35}$$

$$K_1 = \frac{\pi^2 D \cos^3 \theta}{4\lambda \left[\frac{1}{3} + \ln\left(\frac{2D}{b}\right)\right]} \tag{16.36}$$

也可以写为另外一种形式：

$$K_a = \frac{2\pi^2 E_c R \cos\alpha \sin^2\alpha}{\ln\left(\frac{4d_1}{b_{max}}\right) + \ln\left(\frac{4d_2}{b_{min}}\right) - 2} \tag{16.37}$$

$$K_1 = \frac{\pi^2 E_c R \cos^3\alpha}{\ln\left(\frac{4d_1}{b_{max}}\right) + \ln\left(\frac{4d_2}{b_{min}}\right) - 2} \tag{16.38}$$

在上述式子中,有

$$b_{max} = \sqrt{\frac{4P_{max}R}{\pi E_c}}$$

$$b_{min} = \sqrt{\frac{4P_{min}R}{\pi E_c}}$$

$$P_{max} = \frac{1}{2\pi R \cos\alpha}\left(\frac{F_a}{\sin\alpha} + \frac{2F_r}{\cos\alpha}\right)$$

$$P_{min} = \frac{1}{2\pi R \cos\alpha}\left(\frac{F_a}{\sin\alpha} - \frac{2F_r}{\cos\alpha}\right)$$

图 16.7 中的圆锥角为 90°,一半的圆锥角为 45°。杨氏模量 $E = 44000\text{psi}$ (氮化硅铝);$F_r = 10\text{lb}$(镜片移动部分重量);$F_a = 13\text{lb}$(预紧载荷);$E_c = E/2$;b 是接触区域的半宽;$d_1 = R$;$d_2 = 10R$;球的半径为 $R = 0.25\text{in}$。

可以看到,式(16.35)和式(16.36)计算结果分别与式(16.37)及式(16.38)给出的结果基本相等。

16.5.4 运动学耦合

回顾三齿运动学耦合[10,11],在施加卡紧力后它就会产生接触应力。在使用线接触的许多应用中,结果都表明,采用高的预紧力和重力都是可以接受,与之相比,使用球面接触的装置则会产生非常高的应力。

当光学系统的镜片需要精确配准时,使用运动学耦合技术非常具有吸引力。和传统的球 – 槽 – 沟组合的运动学支承不同,利用圆柱线接触的耦合,可以减小局部的接触应力。图 16.8(b) 给出了这样一种装置的示意图,它具有 6 个自由度。这个耦合由两个相同部分构成,其中每个圆柱体都有一个内腔,其上一半为

394

圆柱齿,另一半为平面。这个装置能够提供必要的 6 个自由度约束而没有过约束,当然除了摩擦力的影响。这些摩擦力的影响并不严重,因为独立的装配系统能够容许这些力。这种运动学构型能够提供可重复的配准。

对于可能承受高的重力加速度的精密系统而言,为了承载这些力,这种装置的两部分必须装夹固定到一起。这些夹紧力会在圆柱和平面之间产生接触应力,它们必须保持在许用值范围内,以避免会出现微动、磨损或损坏。为此,下面将要讨论这些应力和装卡力以及接触面积之间的关系。

16.5.4.1 接触应力

考虑图 16.8 所示的在夹紧力作用下的耦合装置,其中载荷由 3 个长度为 L 的线接触承担。长度 L 等于柱体外径 D 减去内部空腔的直径。为了能够提供配准、确保重复性以及应力最小化,圆柱的接触半径建议取为柱体半径的 0.5~2.0 倍,首选值为 1.0[7]。建议接触平面和圆柱呈 45 度角,高度为柱体半径的 1/15。

根据 16.5.2 节的标准理论,接触压应力可以重写如下(式(16.29)):

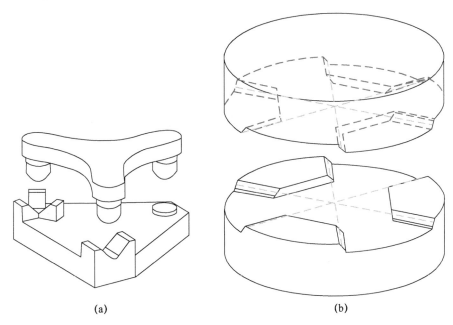

图 16.8 (a)标准的运动学支承和(b)运动学耦合
降低了接触应力(图片改编自参考文献[11])

$$\sigma = 0.798 \sqrt{\frac{q}{K\gamma}}$$

式中:q 是接触载荷 P 除以接触长度 L;K 是圆柱接触直径,$R < K < 4R$;

R 是柱体半径,等于 $D/2$;$\gamma = 2(1-\mu^2)/E$,其中 μ 为材料的泊松比;E 是材料的弹性模量。

表面变形为

$$y = \frac{2q\gamma}{\pi}\left[\frac{1}{3} + \ln\left(\frac{2D}{b}\right)\right]$$

其中,接触宽度 $b = 1.6\sqrt{qK\gamma}$。由此可以计算载荷作用下的应力和变形并与许用值对比;或者也可以计算在给定许用应力或变形下的许用载荷。

16.5.4.2 实例分析

考虑一个殷钢 36 材料制备的耦合装置,外径为 1in,内部空腔直径为 0.5in,由此形成的接触长度为 0.5in。可以看到,圆柱的接触半径的 2 倍等于柱体外径,即 $2R = D$。殷钢的弹性模量为 2.05×10^7 psi,泊松比为 0.3,极限强度为 71000psi,因此,它的赫兹应力为 $1.732 \times 71000 = 123000$ psi。安全系数取 1.40,并注意到夹紧力由 3 个线接触承担,在 45°平面上产生的法向力就会增加 $\sqrt{2}$ 倍,在许用夹紧力 $3P\sqrt{2\times1.4} = 3780$ lb 作用下,变形为 $y = 25\mu m$。因此,假定在加载下有 1% 永久变形,变形的重复性为 $0.25\mu m$。

在这种情况下,装配力非常高;这些载荷会随着柱体直径变小而减小,随着直径增大而增加。图 16.9 给出了许用载荷(假定和例子采用相同参数)和柱体直径关系的曲线。1% 的永久变形规定限制了大直径柱体上的载荷。

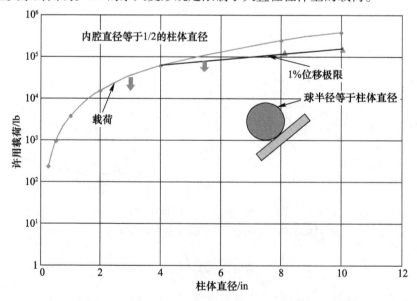

图 16.9 例 16.5.4.2 中许用耦合载荷与柱体直径关系

通过比较可以看到,在这个情况下,如果是采用球接触(同样半径)而不是柱接触,许用载荷可能会降低 20 倍,从而可以看到三齿耦合的好处。

对于更宽范围的柱体直径以及材料,三齿耦合允许有相对更高的夹紧载荷。使用电子表格,并采用适当的安全系数,可以很方便地确定许用载荷和变形。

16.5.5 许用载荷:赫兹应力

对于赫兹类型的接触应力,由于赫兹应力局部化和受压特性,它的许用应力要高于常规的材料极限强度。不同资料的来源都表明,赫兹强度为材料极限压力强度的 1.6 ~ 4 倍。几乎所有来源都表明,失效不是发生受压状态,而是在剪切状态,并且发生在接触表面以下,赫兹剪切应力数值为压应力计算值的 1/3。

基于这个假设,并注意到对于大多数材料而言,剪切强度是压缩强度的 $1/\sqrt{3}$ 倍(使用应变能理论),可以得到许用的抗压强度为

$$S = \frac{3\sigma}{\sqrt{3}} = 1.732\sigma \qquad (16.39)$$

这个值在文献中能查阅到的数值范围中处于较低端,因此是比较保守的。

对于像铍这样的材料,它们的剪切强度为压缩强度的 80% ,可以得到

$$S = 2.4\sigma \qquad (16.40)$$

对于玻璃和陶瓷,它们具有高的抗压和抗剪强度,抗拉强度较低,拉应力对于线接触不会发生,但是对于环形接触却可能发生。和发生在表面以下的剪切应力不同,拉伸应力发生在表面的边缘。这样通常会导致在接触点附近形成一个"环状"赫兹裂纹。图 16.10 给出了一个典型的位移云图,显示了环形接触区域内压、剪以及拉伸应力。边缘的拉伸应力由下式给出[12],即

$$\sigma_t = 1/3(1 - 2\mu)\sigma_c \qquad (16.41a)$$

式中:σ_t 是威布尔 A 拉伸强度。在泊松比为 0.25 时,边缘产生的拉伸应力为

$$\sigma_t = 1/6(\sigma_c) \qquad (16.41b)$$

使用这个信息,同时选用一个安全因子,就可以计算许用载荷。在这个情况下,许用载荷会降低安全因子的平方根倍,这是由于载荷和应力不是线性的,而是和安全因子的平方根成正比。最后,可以计算出变形。一般来说,只要变形是弹性的,应力都将是设计的驱动因素。不过,随着载荷和变形的增加,可以考虑使用影响重复精度的永久变形的百分数。

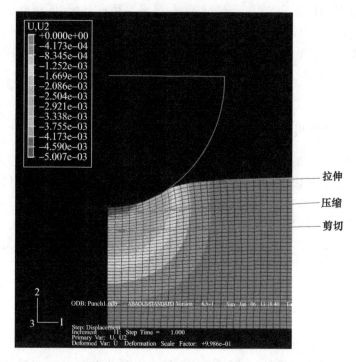

图 16.10　球 - 平面接触典型的应力模式图(图中显示了最大拉压剪区域)

16.6　摩　　擦

摩擦是一种阻碍两个表面相互运动的力。这个力和表观接触面积无关[13]，而是取决于表面粗糙度。

两种材料之间的摩擦系数 μ，表示的是物体上作用的法向力和移动它所需横向力之间的关系，即

$$F = \mu N \qquad\qquad (16.42)$$

考虑图 16.11 所示的物体，在重力作用下静置在一个倾斜的表面上。根据平衡条件，可以得到

$$\sum Fxx' = 0$$
$$F = W\sin\theta$$
$$\sum Fyy' = 0$$
$$N = W\cos\theta \qquad\qquad (16.43)$$

式中:F 是摩擦力;W 是物体重量;θ 是表面倾斜角度。把式(16.42)代入到式(16.43)中,可以得到

$$\mu = \tan\theta \qquad (16.44)$$

因此,作为摩擦系数一个常见表征方式,可以把物体放在水平面上,使平面转动一个角度,测量物体开始滑动时的角度。摩擦系数就是这个角度的正切值。

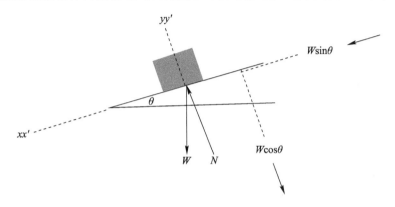

图 16.11　重力下静置在斜面上的物体受力示意图(在摩擦力下处于平衡)

尽管这是个非常简单的考察,但摩擦绝没有这么简单。多年来,为了解释摩擦现象已经提出了许多理论[14]。根据表面不同,摩擦中起作用的有分子间的作用力、胶合力以及犁沟作用(Plowing Action)、表面粗糙度,或者与之接触的微凸起(接触点)。因此,摩擦系数取决于实际接触区域,并具有非常大的变化。

大部分理论都表明,摩擦系数取决于实际接触区域,而不是表观的接触区域。因而,当两个光学表面经过完美研磨抛光,高度的接触导致形成了非常大的接触区域。这里分子间的作用力占主导,摩擦系数值非常高。采用这样的光学接触方式,表面之间很难分离。

如果两个表面很光滑,但没有经过研磨抛光,因为物体只在几个点上滚动,因而相互接触的微凸起可能很少,这样就会产生非常低的摩擦。如果表面是粗糙的,微凸起和实际接触区域就会增加,从而产生高的摩擦。这样,就会产生犁沟作用,这是由于微凸起塑性变形产生了运动[15]。

假定接触半径相对微凸起的曲率半径非常小,根据赫兹理论就可以确定微凸起的接触半径。这个理论还表明[16],材料的强度越高,摩擦就越低。还有其他一些理论也表明,摩擦系数和微凸起弹性变形以及载荷大小有关;其他理论还表明,随着材料拉伸强度增加,材料的摩擦系数降低。最后,如果微凸起很高,并且载荷很小,那么摩擦又会趋于更低。

摩擦和许多因素都高度相关,因此这里没有给出表格化的数据。一般来说,

静摩擦系数的范围从大约 0.05(高度润滑的表面)到超过 1.0,对大多数材料而言,典型范围是在 0.2 ~ 0.8,同样也和表面粗糙度有关,见表 16.3。

表 16.3　不同材料静摩擦系数定性对比,一般来说,低、中、高摩擦系数
对应的范围分别为 0.03 ~ 0.30、0.30 ~ 0.7 和 0.7 ~ 1.2

材料	静摩擦
冰	最低
润滑剂	低
钢	中低
钛	中
玻璃	中
铝	中高
银	高
橡胶	最高

16.6.1　表面粗糙度

基于上述讨论,文献研究表明,表面粗糙度对于减小摩擦非常重要:粗糙度越大,摩擦就越大。这个关系主要是由于粗糙度的接触点所致,这些接触点也称为微凸起(Asperity),它们是粗糙度的峰值。粗糙度用 Ra 或 s 来定义,以均值或者 RMS 来测量,在报告中给出的单位为 μm 或者微英寸。

对平面上的球施加预载,就会产生接触应力和接触区域。如果微凸起较高,并且预载小,只有高点实现接触,接触区域大大低于赫兹计算的区域。当下面的关系成立时,可以忽略对表面粗糙度的影响,即

$$\alpha = \frac{\sigma R}{a^2} < 0.05 \qquad (16.45)$$

式中:R 为球半径;a 为接触区域半径;σ 为单位是英寸的粗糙度尺寸;α 为无量纲量。

由式(16.45)可以注意到,接触半径 a 越小,α 就越高。对于高预载,α 将会增加,从而产生一个更低 α;这意味着,特别是对于较小载荷,要更为关注粗糙度。

例如,考虑一个球接触,球半径为 0.25 英寸,接触载荷为 13lb。若球放置在平面上,根据式(16.28)得到接触半径为 0.0048 英寸。代入式(16.45)可得到所需粗糙度为 $\sigma = a^2 \alpha / R = 4.6$ 微英寸。这样才能使摩擦力最低限度降低。

400

16.7 大 位 移

当位移超过了材料厚度的 1/2,小变形理论假设就不再适用。这种情况下,薄膜作用力将会阻止材料出现过度的弯曲。例如,在鼓面施加一个压力,大部分载荷将是薄膜作用产生的,而不是弯曲产生的。这个已经应用到了光学支承中,如设计具有径向刚硬轴向柔软功能的膜片支承。

弯曲和薄膜载荷组合的公式是超越的和非线性的[17],需要经过非常大量的计算和查表来求解,或者需要采用复杂的非线性有限元建模方法。不过,在假定只存在薄膜应力的情况下,可以把鼓面近似为一个只承载拉伸载荷的薄膜,在压力下的位移计算如下[18]:

$$y = \sqrt[3]{\frac{qa^4}{K_2 Et}} \qquad (16.46)$$

式中:$K_2 = 3.44$;E 是板的弹性模量;t 是板的厚度。
应力计算如下:

$$\sigma = \frac{K_4 y^2 E}{a^2} \qquad (16.47)$$

其中,在边缘处 $K_4 = 0.748$,在中心处 $K_4 = 0.965$。

对于其他边缘条件以及对于矩形板,在施加均匀压力时,可以参考应力应变关系手册[19]。

16.8 窗 口

许多光学系统都需要窗口玻璃,以保护关键的零件,同时允许光线合理传输。尽管平板窗口的畸变远不如弯曲镜片那么重要,但是窗口玻璃上的波前差也确实需要考虑。

16.8.1 弯 曲

窗口玻璃在许多条件下都会发生变形,包括在第 4 章中看到的压力差(产生弯曲)以及轴向梯度(沿着厚度方向)等条件。这里介绍了 Barnes 给出的光程差计算公式,即

$$\mathrm{OPD} = \left[(n-1)\frac{h}{2n} \right] \left[\left(\frac{\partial Y}{\partial x} \right)^2 + \left(\frac{\partial Y}{\partial y} \right)^2 \right] \qquad (16.48)$$

式中:n 是窗口玻璃的折射率;h 是其厚度。知道了玻璃表面的弯曲变形,就可以计算出它的光程差。幸运的是,对于大部分应用而言,这个影响都很微小。例如,把由式(4.28)计算的热梯度位移代入到式(16.48)中,可以得到

$$\text{OPD}_{\text{ax}} = \frac{h(n-1)}{2n}\left(\frac{\alpha\Delta T_{\text{ax}}r}{h}\right)^2 \qquad (16.49)$$

可以看到,上式中的平方项有助于实现较小的光程差。下面小节给出了实现较小光程差的一个例子。

16.8.2 横向热梯度

横向热梯度在很大程度上不会使平板窗口发生变形,但是由于折射率,特别更显著的是它相对温度的变化量$\left(\text{即}\dfrac{\text{d}n}{\text{d}T}\right)$,横向热梯度也会产生不良影响。这里光程差计算公式为

$$\text{OPD}_{\text{r}} = h\left[\alpha(n-1)(1+\nu) + \frac{\text{d}n}{\text{d}T}\right]\Delta T_{\text{r}} \qquad (16.50)$$

相比于弯曲情况,我们看到它对于 CTE 依赖性更强,并且占主导的是折射率相对温度的变化。为此,表 16.4 给出一种具有较差$\dfrac{\text{d}n}{\text{d}T}$值的低热膨胀系数玻璃和一种具有优秀$\dfrac{\text{d}n}{\text{d}T}$值得高热膨胀系数玻璃的属性。下面例子给出了一个比较。

算例:一个直径 6in、厚度 0.6in 的窗口玻璃,承受 0.1℃的径向温度梯度和 1℃的轴向温度梯度。计算和对比熔石英与 BK−7 两种玻璃的光程差。

在横向热梯度作用下,参考表 16.4 中的数据以及式(16.50),可以得到:对于熔石英光程差 OPD = 7.32×10^{-7}in(0.029λ 峰值可见光波长);对于 BK7 光程差 OPD = 3.64×10^{-7}in(0.0145λ 峰值可见光波长)。尽管 BK−7 热膨胀系数高,但是由于它具有优秀的$\dfrac{\text{d}n}{\text{d}T}$值,因此,BK−7 窗口性能优于熔石英 2 倍。

表 16.4　两种玻璃材料 CTE 和折射率数值

材料	模量/Msi	泊松比	CTE /(10^{-6}/℃)	折射率	dn/dT /(10^{-6}/℃)
熔石英	10.6	0.17	0.56	1.47	11.9
BK−7	11.8	0.21	7.1	1.52	1.6

在轴向热梯度作用下,参考表 16.4 中的数据以及式(16.49),可以得到:对于熔石英,OPD = 3×10^{-8}峰值的可见光波长;对于 BK−7,OPD = 5×10^{-6}峰值

的可见光波长。尽管轴向梯度结果是径向的十倍,但是二者都是可以忽略的。表 16.5 列出了所有结果。

表 16.5 横向热梯度下低 dn/dT 比低 CTE 更有利于
提高性能,而轴向热梯度下对性能的影响很小

玻璃材料	厚度/in	$dn/$ $/(10^{-6}/℃)$	径向梯度/℃	横向梯度/℃	OPD 误差 λ(表面 p-p 值)	
					径向	轴向
熔石英	0.6	11.9	0.1	1	0.029	3×10^{-8}
BK-7	0.6	1.6	0.1	1	0.015	5×10^{-6}

16.9 尺寸不稳定性

尺寸不稳定性是指所有材料由于内部作用和/或外部环境影响而产生的尺寸变化的特性。从前面部分我们知道,在载荷(应变)或者温度(特征应变)环境下,材料会发生尺寸变化。对于前者,应变伴随着应力;对于后者,当材料的运动受到约束时也可能存在应力。尽管我们期望应力和应变是稳定的,但是在没有外部环境变化或者在内部因素影响下,尺寸的不稳定性可能还会发生。

如果一个材料在某个固定温度或在载荷下被拉伸变形后,仍会持续发生尺寸变化,这就发生了尺寸不稳定性。尺寸不稳定性的来源非常多,所有因素都涉及材料内部分子级的变化。一些常见的例子包括蠕变、滞后、残余(内部)应力、外部应力松弛、玻璃化转变。由定义可知,所有的不稳定性都是暂时的。

16.9.1 玻璃化转变温度

在第 9 章充分讨论了玻璃化转变温度的影响,其中某些材料,最主要的就是聚合物类材料,在载荷下经过脆性(玻璃态)和更加韧性(橡胶态)阶段时,会出现一次性的应变变化。这就会导致 CTE 和模量都发生变化(在第 15 章给出了在分析中考虑这些属性变化的方法)。在玻璃化转变中,最为关心的就是在玻璃化转变温度时发生的相变,它会导致蠕变效应,如果第一次经历玻璃化温度,就会在尺寸上产生不可逆的永久尺寸变化。经历一次玻璃化转变后的循环不会再扩展这个蠕变过程。这个变化量约在 3%。如果在关键的、对于光学对准比较敏感的区域使用环氧胶,必须考虑玻璃化转变造成的蠕变影响。这种蠕变是应力水平的函数,在更高的应力下可能会更高。一般来说,在较低的应力(低于200psi),这个变化量不一定高到足以产生配准失调(0.005 英寸厚环氧胶 3% 的

变化量产生的永久变形为 0.00015 英寸)。如果发生在和研磨好的镜片胶接过程中,这样的变化量可能会改变面形误差。为了避免这种代价昂贵的担忧,一般可取的做法是在抛光之前进行镜片的胶接。

16.9.2 滞后

第 2 章介绍了某种特定的玻璃陶瓷在循环加热后,CTE 和滞后特性都会发生微小变化。滞后和冷却率有关,并且是可控的。滞后(永久应变)由于工艺的不同也会发生在其他一些材料上(在热循环后)。例如,由于晶粒的重新分布,早期真空热压成型(VHP)的铍在热循环至低温环境后没有恢复到零应变,甚至在进一步多次循环后会变成永久应变。通过热等静压(HIP),这个异常现象已经很大程度上解决,特别像光学级的 O30 这些采用了精细粉末的铍产品。

另外一个例子,就是石墨和玻璃纤维玻璃复合材料(还有金属基复合材料),在循环至低温后也具有滞后特性和 CTE 的变化。这是由于玻璃(或者石墨)纤维与环氧树脂系统热膨胀系数具有较大差异的缘故。冷浸至极低温度会产生局部应力,导致层间应力释放,也就是微裂纹。这些微裂纹使得 CTE 永久地朝着具有更低 CTE 的纤维处变化。这些微裂纹也会产生 10% ~20% 的强度退化;如果安全系数足够高,这些微裂纹不会是灾难性的。图 16.12 给出了热循环后 CTE 的变化情况(和图 13.5 相同)。通过纤维合理铺层以及使用更薄的铺层,可以大大降低微裂纹现象。树脂基体技术的进步,特别是氰酸酯的使用,已经大大降低了对微裂纹的担忧。

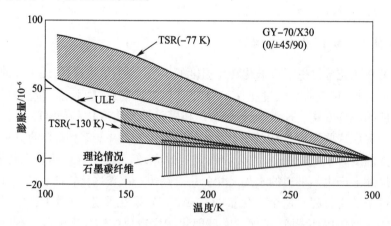

图 16.12 在冷浸泡条件下厚层复合材料层间应力释放(TSR)
产生了负 CTE 变化,这是由于纤维起主导作用所致(转载自文献[21])

16.9.3 外部应力关系

第7章说明了某些玻璃陶瓷在外应力作用下,应力松弛(即使在室温也会发生)对粒子基团(碱基氧化物)分子重新排布的影响(这就是所谓的Pepi效应,由本杰明·富兰克林首次发现,作者在这方面进行了深入研究)。这些变化也会发生在固定载荷作用下(延迟应变蠕变)和固定载荷去除以后(延迟应变恢复)。这些延迟效应在比较温暖的环境下会更加显著。造成这种效应的碱性氧化物有氧化铯、氧化铷、氧化钾、氧化钠以及氧化锂。尽管所有这些氧化物都能产生延迟效应,但贡献最大的是氧化锂。

16.9.4 蠕变

蠕变是在固定的温度环境下,特别是在温暖的室温环境下,存在的另外一种形式的尺寸不稳定性。大多数金属材料在极高温度下蠕变非常显著,而环氧胶则在相对低的温度条件下(在25~70℃)特别显著,并且随着温度增加而增加。第9章讨论了胶黏剂的这种现象。

16.9.5 玻璃和陶瓷

玻璃和玻璃陶瓷(诸如Zerodur®)具有非常优秀的时间稳定性。已观察到它们自身的变化量每年只有约0.1×10^{-6}[22]。因而,10年的应变变化量预期只有约1×10^{-6}。这对指标要求严格的玻璃镜片是个很好的信息。另外还注意到,这种优秀的稳定性对于Zerodur®和熔石英玻璃都是存在的,不过前者在应力作用下会存在延迟弹性影响[23](第7章),并且在温暖和冷的环境下还存在滞后现象[24,25]。

16.9.6 Invar 36

第2章指出了Invar 36一些优秀的特性(如果不是特殊的),其中之一就是它优秀的CTE特性。不过,Invar的时间稳定性(在没有温度变化的条件下随时间的膨胀变化),高度依赖于热处理工艺。正如表16.6所列,碳含量和热处理的变化都会影响时间稳定性。注意:如果不进行热处理,会导致很高的尺寸不稳定性,而降低碳含量却具有积极效应。同时,还注意到,未热处理的Invar尺寸不稳定性10年后可能接近100ppm,比玻璃高3个数量级。

为了提高Invar的稳定性,并避免改变其他特性,必须正确进行热处理。尽管光学行业有多种不同的方法实现稳定性,不过在退火和机加后进行应力释放就可以使CTE达到名义状态,产生高的尺寸(时间)稳定性。如果成本不是很昂贵,下面给出了 Lement 等人[26]推荐的一种处理方法,具体步骤如下。

（1）粗加工。

（2）在盐中加热至840℃。

（3）水淬火。

（4）半精加工。

（5）在315℃应力释放 1h。

（6）空气冷却。

（7）在93℃应力释放 24h。

表 16.6　Invar 36 的时间稳定性(10^{-6})

处理方法	1 年	10 年	备注
无	10 ~ 35	35 ~ 100	无热处理或者在重加工后
热处理、应力释放	2	10	碳含量 < 0.06%
特殊低碳	1	3	碳含量 < 0.02% ,其他杂质很少

尽管这些热处理能导致时间稳定性,但是水淬火会把 CTE 值降低到一个不确定的数值,因此建议小心操作。另外,还注意到,消除碳和其他杂质会得到一个非常稳定的 Invar;不过,由于成本高昂,实际上是不可行的。首选常规的热处理法,除非是需要绝对的稳定性。

16.9.7　内部（残余）应力

或许光学系统中最常见的不稳定形式就是由残余应力所致。残余应力是各种加工过程造成的材料内部固有的应力。结构中的残余应力会形成自平衡,也就是说,在结构上没有净力作用。因此,如果结构在某个层上受到高的压力,那么,在剩余其他层上就会有拉力与之平衡。如果受压层相对较薄,由于力的平衡,拉应力在幅值上就会非常的低。

16.9.7.1　沉积残余应力

在第4章,我们讨论了镜片薄的膜层或者覆层相对基体由于 CTE 不同在热浸泡作用下发生的双元金属效应。在膜层或者覆层中存在残余应力的情况下,也会发生类似效应。这些应力发生在加工沉积过程中,并且和具体工艺有关。在本节末尾,给出了一个镜片覆层沉积残余应力的例子。

由于这个应力是残余的,因此会受到应力松弛,也就是说,它会随着时间发生变化,导致尺寸改变。当温度升高,超过室温时,这个现象就会特别明显,这是由于分子运动增加,产生了应力的重新分布。温度越高,松弛就越明显。因而,对于关键的光学元件,刚好在它们工作和非工作(生存)经历的最大温度之上进行热循环就非常重要。在沉积温度之下的应力松弛很微小,但是对于高性能光学系统要求严苛的性能准则来说,又可能是非常大的。

镜片镀膜(通常亚微米的厚度)和镜片覆层(最大 100μm 厚度)加工过程会产生内部残余应力。这些应力一部分是由于高温冷却导致(CTE 差),一部分是由于沉积过程本身。和具体工艺有关,残余应力可能在 4000~40000psi。第 4 章中的公式说明了这些应力如何使镜片发生变形;沉积层越厚,变形就会越大。

在镜片镀膜后,我们只能接受这个变形;在覆层处理后产生的变形则可在镀膜前进行抛光处理。不过,残余应力仍旧存在。因此,应力松弛问题也必须考虑。

覆层中的残余应力可以通过热循环至非常高温度来缓解[27];也可以通过刚好在幸存温度上下进行热循环来部分缓解;当然,还可以通过热循环至高于镀膜温度来缓解。经验表明,需要 3 次或更多次的热循环,才能在最终抛光和镀膜之前,把应力松弛速率(弛豫速率)降低到一个合理的水平。

例如,图 16.13 给出了一个带有覆层的镜片残余应力对松弛影响的情况。可以看到,当温度循环至 175° 时,应力降低量只有约 2%;不过,由式(4.48)可以看到,这个小的降低量也可使高径厚比镜片性能发生严重退化。在预期最大温度之上(另外还有之下)对镜片进行几次热循环,只要没有超过那些最大极限温度值,那么松弛就会稳定。然后,再对镜片进行抛光处理。当然,如果这些变化发生在抛光之后的镀膜过程中(由于高的镀膜残余应力),那么,这些变化就无法改变,或者可以选择采用主动控制的方式,诸如调焦或者驱动的方法。幸运的是,大部分镀膜都很薄(小于 1μm),因而,这对于较低径厚比的镜片来说并不严重。

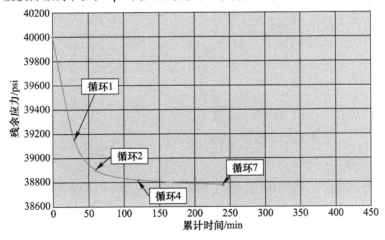

图 16.13 碳化硅的硅镀层应力松弛与时间关系

16.9.7.2 机加残余应力

表面的机加会产生残余应力。机加过程会在去除材料的表面下产生微小的亚表面裂纹，一般会在表面附近产生很高的内部压应力。缺陷的深度取决于机加切割的深度。在研磨过程中也会产生类似的压应力，裂纹尺寸由粒度决定。不论如何，如果残余应力足够高，或者不能被接下来的可控研磨去除[28]，为了避免应力松弛，这些应力都需要进行稳定化处理。机加残余应力的稳定化，是通过应力反复和局部高应力的重新分布来实现，这些应力通常超过了材料的屈服点。

16.9.8 金属镜片

金属镜片诸如铝镜或者铍镜，在机加过程产生的应力，在一定程度上可以通过热处理来去除。不过，对于铍镜，为了实现完全的应力去除，热处理温度需要接近退火点，远远高于精密镜片要求的温度。

铍镜机加过程中的残余应力，会使表面晶体的基平面发生重定向[29]，从而使表面附近产生更高的CTE。因而，如果没有消除残余应力，温度变化将会使变形发生改变。为此，进行等温暴露或者热循环可以减缓这种影响。

图16.14给出了一个经典的例子[29,30]。一个具有很高残余应力的铍零件，在不同的温度极值范围内进行了热循环。可以看到，较高的温度能显著降低应力，但即便是在较低温度下，应力也会有一定程度释放。同样，作为一个最小温度范围值，刚好在规定的温度极值上下进行热循环非常重要。经过几次热循环就可使材料稳定。

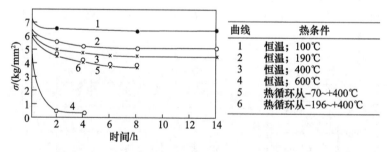

曲线	热条件
1	恒温；100℃
2	恒温；190℃
3	恒温；400℃
4	恒温；600℃
5	热循环从 -70~+400℃
6	热循环从 -196~+400℃

图16.14 铍零件残余应力释放（摘自文献[29]）

需要再次指出的是，对于铍镜，它的晶粒结构是各向异性的，这会产生双重效应。另外，除了残余应力松弛之外，和未受扰动材料相比，在有残余应力条件下表面晶粒结构的CTE也是不同的，可能约为1×10^{-6}/℃。因而，随着温度变化会发生双元金属效应，会进一步加重应力松弛。因此，在许多处理过程中，热循环温度都显著高于生存的极限温度，以去除尽可能多的残余应力，并使得对应力松弛和 CTE 的担心达到最小化。

在铝以及其他材料的机加中,也会发生类似现象。读者对这些材料进行温度循环时应当坚持推荐的应力释放准则。

参 考 文 献

1. A. Mironer and F. Regan, "Venting of space shuttle payloads," Shuttle Environment and Operations Meeting, American Institute of Aeronautics and Astronautics, Washington, D.C. (1983).

2. K. Schwertz and J. Burge, *Field Guide to Optomechanical Design and Analysis*, SPIE Press, Bellingham, Washington (2012) [doi: 10.1117/3.934930].

3. S. Timoshenko, "Analysis of bi-metal thermostats," *J. Optical Society of America* **11**(3), 233–255 (1925).

4. T.-C. Chen, C.-J. Chu, C.-H. Ho, C.-C. Wu, and C.-C. Lee, "Determination of stress-optical and thermal-optical coefficients of Nb_2O_5 thin film material," *J. Applied Physics* **101**, 043513 (2007).

5. K. B. Doyle, V. L. Genberg, and G. J. Michels, *Integrated Optomechanical Analysis*, Second Edition, SPIE Press, Bellingham, Washington, p. 265 (2012) [doi: 10.1117/3.974624].

6. R. J. Roark and W. C. Young, *Formulas for Stress and Strain*, Fourth Edition, McGraw-Hill, New York, p. 319 (1965).

7. A. Foppl, *Technische Mechanik*, Vol. **5**, p. 350, Kessinger Legacy Reprints, Germany (1905).

8. L. C. Hale, "Principles and Techniques for Designing Precision Machines," Appendix C, Contact Mechanics, Ph.D. thesis, Massachusetts Institute of Technology, pp. 417–426 (1999).

9. P. Yoder, Jr. and D. Vukobratovich, *Opto-Mechanical Systems Design*, Fourth Edition, Vol. **1**, CRC Press, Boca Raton, Florida, p. 585 (2015).

10. L. C. Hale, "Three tooth kinematic coupling," U.S. Patent 6065898A, 23 May 2000.

11. L. C. Hale and J. S. Taylor, "Experiences with opto-mechanical systems that affect optical surfaces at the subnanometer level," 2008 Spring Topical Meeting for the American Society for Precision Engineering, LLNL-CONF-402688 (2008).

12. S. Timoshenko and J. Goodier, *Theory of Elasticity*, Second Edition, McGraw-Hill, New York, p. 376 (1951).

13. G. Amontons, "On the resistance caused in machines, both by the rubbing of the parts that compose them, and by the stiffness of the cords that one

uses in them, & the way of calculating both," *Histoire de l'Académie royale des sciences*, Paris, pp. 206–222 (1699).

14. J. F. Archard, "Contact and rubbing of flat surfaces," *J. Applied Physics* **24**(8), 981–988 (1953).
15. F. P. Bowden and D. Tabor, *The Friction and Lubrication of Solids*, Oxford University Press, Oxford, pp. 87–89 (1950).
16. K. Miyoshi and D. H. Buckley, "Relationship between the ideal tensile strength and the friction properties of metals in contact with nonmetals and themselves," NASA Technical Paper 1883 (1981).
17. S. P. Timoshenko and S. Woinowsky-Krieger, *Theory of Plates and Shells*, Second Edition, McGraw-Hill, New York, pp. 4–32 (1959).
18. H. H. Stevens, "Behavior of circular membranes stretched above the elastic limit by air pressure," *Proc. Soc. Experimental Stress Analysis* **2**(1) (1944).
19. R. Roark and W. Young, *Formulas for Stress and Strain*, Fifth Edition, McGraw-Hill, New York, p. 408 (1975).
20. W. P. Barnes, "Optical windows," *Proc. SPIE* **10265**, *Optomechanical Design: A Critical Review*, 102650B (1992) [doi: 10.1117/12.61108].
21. J. W. Pepi, M. A. Kahan, W. H. Barnes, and R. J. Zielinski, "Teal Ruby: design, manufacture, and test," *Proc. SPIE* **0216**, pp. 160–173 (1980) [doi: 10.1117/12.958459].
22. S. F. Jacobs, "Variable invariables: dimensional instability with time and temperature," *Proc. SPIE* **10265**, *Optomechanical Design: A Critical Review*, 102650I (1992) [doi: 10.1117/12.61115].
23. J. W. Pepi and D. Golini, "Delayed elasticity in Zerodur® at room temperature," *Proc. SPIE* **1533**, pp. 212–221 (1991) [doi: 10.1117/12.48857].
24. S. F. Jacobs, S. C. Johnston, and G. A. Hansen, "Expansion hysteresis upon thermal cycling of Zerodur," *Applied Optics* **23**(17), 3014–3016 (1984).
25. S. C. Wilkins, D. N. Coon, and J. S. Epstein, "Elastic hysteresis phenomena in ULE and Zerodur optical glasses at elevated temperatures," *Proc. SPIE* **0970**, pp. 40–46 (1989) [doi: 10.1117/12.948176].
26. B. S. Lement, B. L. Averbhach, and M. Cohen, "The dimensional behavior of Invar," *Transactions American Society for Metals* **43**, pp. 1072–1097 (1951).
27. J. Mullin, "Viscous Flow and Structural Relaxation in Amorphous Silicon Thin Films," Ph.D. thesis, Harvard University, Cambridge (2000).
28. J. W. Pepi, *Strength Properties of Glass and Ceramics*, SPIE Press, Bellingham, Washington, p. 133 (2014) [doi: 10.1117/3.1002530].
29. R. A. Paquin, "Dimensional instability of materials: How critical is it in

the design of optical instruments?" *Proc. SPIE* **10265**, *Optomechanical Design: A Critical Review*, 1026509 (1992) [doi: 10.1117/12.61106].

30. I. Kh. Lokshin, "Heat treatment to reduce internal stresses in beryllium," [translated from Russian] *Metal Science and Heat Treatment* **12**(5), pp. 426–427 (1970).